自然科普6

金屬材料
化學定性定量分析法（上）

張奇昌　編著

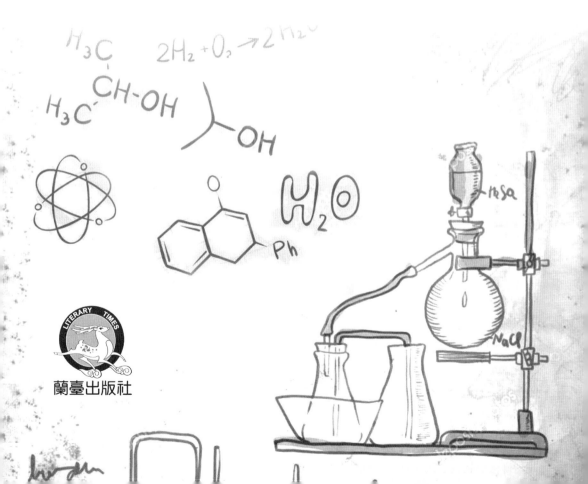

蘭臺出版社

序　言

　　分析化學係利用各種化學、物理原理來探討決定物質成份組成（Compositions）之一門科學；其為檢定物質組成元素之種類（Constituents）及大約分量者，謂之定性分析化學（Quatitative analytical chemistry）；而定量分析化學（Quantitative analytical chemistry）則確定成份元素之準確組成份量（Exact amount of the constituents），故二者有密切相關性。供作機械製造或建築用的金屬材料，必須經過化學成份分析、力學試驗、甚或金相檢驗。化學成份分析法可分為乾分析法與濕分析法，前者如放射光譜測定法，操作方便，但設備昂貴。本書則採用濕分析法，就是將材料試樣溶解後，以定性與定量化學分析法，測試其所含元素的種類與濃度。

　　金屬材料通常所含的化學元素，不外下述 23 種：碳（C）、硫（S）、磷（P）、矽（Si）、錳（Mn）、銅（Cu）、鐵（Fe）、鎳（Ni）、鉬（Mo）、鋁（Al）、錫（Sn）、銻（Sb）、鋅（Zn）、鉛（Pb）、鎂（Mg）、鎢（W）、鉻（Cr）、釩（V）、銀（Ag）、鉍（Bi）、鎘（Cd）、鈷（Co）、鈦（Ti）等。本書依據上述 23 種元素，共分二十三章，每一章敘述一種元素的定性與定量化學分析法。

　　中醫師看病，首先使用「望、聞、問、觸」法，瞭解病患的身心狀況；然後使用「切」法，藉由脈搏跳動狀況，瞭解患者的病況。最後再綜合「望、聞、問、觸、切」所得的結果，確定病況，然後對症下藥。同理，對各種金屬材料進行定性或定量測試以前，對於試樣的資訊瞭解愈多，愈能簡化分析方法，甚或無需經過定性，就能逕行定量分析，分析結果亦愈準確。譬如鐵礦在鼓風爐內，在高溫下與焦碳所生成之一氧化碳作用後，即得「生鐵」，其含碳量約為 2.5 ～ 4.5%；「生鐵」再精煉後，若煉成「鋼」，則碳量等於 0.02 ～ 2%；若煉成「鑄鐵」，則碳量大於 2%；若煉成「純鐵」，則碳量小於 0.02%。另外，供作鐵軌的「鋼鐵」含碳量為 0.5 ～ 0.6%；用作「安全剃刀片或銼刀」的「鋼鐵」含碳量為 1.2 ～ 1.3%，「銑刀或鑽頭」則為 1.1 ～ 1.2%。因此，本書在各章前頭，均適度提供各該元素以及該元素的合金與化合物的冶煉、合成、用途、物理與化學性質、以及化學定性與定量分析

法之文字敘述，供作實際樣品進行全程定量分析實驗之重要參考。

　　書中各章的分析實例中，係依金屬材料種類，列舉適當的分析方法；這些方法均為筆者服務於「國軍聯勤高雄六十兵工廠材料試驗所」歷時約七年期間所撰寫與採用者，不僅分析步驟簡單，而且結果準確。另外，在分析步驟中，每一個步驟，譬如加熱、冷卻、稀釋、添加試劑的種類與劑量，以及每一種試劑的化學反應現象……等，都有詳細的註釋。最後連串整個分析實驗的化學反應程式，顯示整個實驗原理。分析人員了解整個化學分析原理後，才能掌控整個分析步驟，因此不僅能提高工作興趣，而且在冗長的分析過程中，也就不容易犯錯了。這是本書最大的的特色。

　　鋼料與旋轉中之砂輪接觸時，依照含碳量之多少，會產生各種粗細長短不同的火花線條，火花線條還會分枝，枝上開花，花上並附花粉；含碳量愈大花粉也愈多；碳量大到某種程度時，花粉結實累累，宛如稻穗。另外，藉著火花顏色，亦可研判其他合金元素的含量。這些現象宛若上帝的傑作。研判火花所表現的特質，可迅速鑑定鋼料的種類及化學成份。因此判別機械成品的各部材料而無法取樣時，以手砂輪機研磨其不重要之表面，而得火花特質，即可判別材質。或煉鋼時，取少量鋼鐵熔液快速凝固後，藉其火花特質，可立即得知成份，結果可作為煉製過程之重要參考。因此作者在首章碳的定量法中，特別列出「火花觀測法」，這種簡易又實用的方法，在其他化學分析書籍，尚未見到，這也是本書的一大特色。

　　本書內容理論與實用並重，因此無論對初學或熟手，都很適用。另外，本書附錄所載的各項資料，旨在讓讀者瞭解定性與定量化學的基本概念，以及簡化定量分析上的各項計算，甚具利用價值。

　　本書除適於從事金屬化驗、或無機分析研究之從業人員使用外，亦可供高工、高農、專科以及大學理、工、農、醫學生自修及參考之用。

　　筆者才疏學淺，工作之餘，編著本書，錯誤難免，敬請各位先進指正，以便改進！

經　歷

一、生於民國二十八年次。桃園縣新屋鄉後庄村洽溪莊人。民國三十五年入新屋鄉大坡國民學校；畢業後就讀省立桃園農業職業學校〔初級部至高級部，綜合農業科（包括農藝、園藝、森林、畜牧獸醫）〕，共六年；四十七年畢業後，金門砲戰伊始，投筆從戎，就讀國防大學理工學院化學工程系；主要學習領域：毒氣、火炸藥、爆炸、燃燒、分析化學及化學工程。民國五十二年二月二日軍校畢業後，加入「反攻大陸」的行列。首先分發台中成功嶺，擔任陸軍總司令部經理署台中分庫排長及聯勤總司令部糧秣廠成品庫庫長，提供各種戰鬥口糧與罐頭（如 11015 及 11024 口糧、豬肉罐頭、牛肉罐頭等），支援金門前線、緬甸金三角（李彌將軍部隊第三軍五十二、五十三師）以及雲南十萬大山等中國西南山區的反共救國軍。另負責開拓與監修成功嶺上的某些道路。

二、為解決戰場上吃的問題，五十二年七月調陸軍總司令部經理署「陸軍食品研究所」，研究戰鬥口糧，計 5 年半，跟隨台大農化系王西華教授（日本京都大學博士）、實踐家專麥強教授（當時負責全國廚師之出國檢定考試）及味全公司食品研製專家陳朝有先生，學習營養化學、生物化學、細菌學、食品加工等，負責米飯與麵食（如野戰速食乾飯、飯罐頭、麵罐頭）、水果（如橘子罐頭）、蔬菜（如花瓜、蕃茄罐頭）以及肉類（雞、鴨、魚、兔、豬、及兔豬混合等肉罐頭）等食品之研製，並著有《米麵食譜》一本，台大圖書館曾收藏。

三、越戰期間，為研製 M16 輕機槍及子彈，五十六年調國防部高雄六十兵工廠材料試驗所，任中尉工程師，負責機槍及子彈材質在製造前後及整個製程期間，在化學、力學、及金相學等方面之鑑測。機槍研製完成後，六十二年元月二十二日，十年役滿，以少校退伍，退伍金總共五萬元。

四、退伍次日，參與國家十大重化建設，任職於經濟部「中台化工有
　　限公司（後改隸中國石油化學公司高雄廠，簡稱中化）」。

五、赴荷蘭進修。並在荷蘭女皇朱莉安娜所屬的「司太密卡笨
　　（STAMICARBON）化學公司」，從事己內醯胺（Caprolactam；
　　即尼龍絲未聚合（Polymer）前之單體（Monomer）原料）之研製。

六、在世界上第一座生產「己內醯胺」單體的英國「耐普羅（NYPRO）
　　化學公司」當實習化學工程師。回國不久，台灣電視公司播出「耐
　　普羅工廠」發生大爆炸，死傷約 120 人，逃過一劫。

七、參與「中台化工公司」建廠。建廠與性能試驗（Performent test）
　　完成，正式生產後，辭職獲准。在廠期間，依次擔任建廠、試車、
　　化學、操作等工程師以及企畫師。

八、進入中山科學研究院，在電子研究所服務，從事「雄蜂一型飛彈
　　彈內多層印刷電路板之研製與檢測」。任務完成後因故辭職。

九、在位於屏東縣鹽埔鄉東寧村之開豐公司磁磚工廠任職廠長，後因
　　故辭職。

十、重回中科院化學研究所，參與「青雲微原子炸彈」之研製理論與
　　實驗，完成「選擇性氣體爆炸熱流體力學之理論研究」、「空氣
　　炸彈之研製」、「將毒氣與炸藥合併轉化為民生用品之碳化學研
　　究」、「飛彈水平感應器〈Level Sensor〉之研製」，以及「飛彈
　　尋標器之玻璃加工，以及玻璃與白金及藍寶石焊接之研究」。

十一、因任務需要，調任天弓計畫室，參與天弓擎天計畫地對空飛彈
　　　之研製。

十二、調飛彈火箭研究所任職。負責衝壓引擎火箭高密度液體燃料之
　　　選擇，並與化學研究所合作，完成擎天計畫、雄風三型與雄風二
　　　Ｅ型等「吸氣式引擎發動機飛彈」所用「高能燃油」之研製。

十三、分別完成擎天計畫與雄風三型飛彈之衝壓噴射引擎（Ramjet）點
　　　火器、「噴射引擎與加力火箭（Boost）地試脫節機構」之研製、
　　　以及參與衝壓引擎發動機之燃燒噴射試驗。

十四、在中科院服務歷時約三十年，在飛彈火箭研究所任職約二十餘

年。九十三年以簡任十級技正副研究員退休。退休後一週，國防部正式宣布雄風三型飛彈研發成功（分見各大報之報導。）

十五、退休次日（931201）與中華技術學院合作，在張安華教授領導下，參與台灣大學的「台灣綠色化學程序尖端技術四年計畫專案研究」之分項計畫「光纖微反應器反應與動力」之次計畫「微反應器光源與光纖之接合設計」。本設備可將各種廢氣（如汽油燃燒後之產物 $CO_2 + H_2O$）同時與通過光纖之紫外線（UV）及披覆於光纖上之奈米級觸媒（TiO_2）進行人工光合作用，變成有用的原料（如酒精、甲醛⋯⋯），以期減少台灣的空氣污染與增加廢物回收。完成實體與研究報告後，在台大化工研究所多位教授、碩博士研究生，以及有關研究（如中科院、工技院）與生產單位之有關人員前，發表研究報告，並獲台大化工研究所觸媒研究室吳紀聖教授核准在案，並獲頒研究獎金。

著 作

1. 《兵工材料化學檢驗法》（共三冊），國防部聯勤總部高雄六十兵工廠，58 年 6 月 30 日。

2. 《經濟部中台化工公司第二批操作人員出國研習己內醯胺製造程序及生產方法報告書》（出國人員九人合著），經濟部中台化工公司高雄廠，63 年 9 月。

3. 《現代工業之放射線照相》，高雄市大光明圖書公司，65 年 12 月。

4. 《實用氣相色層分析學》，台北市大中國圖書公司，67 年 9 月。

5. 《印刷電路板及軍用電子裝備檢驗規範》（二人合著），中山科學研究院電子研究所，67 年 8 月。

6. 《多層印刷電路板檢驗規格》，中山科學研究院電子研究所，68 年 1 月 29 日。

7. 《印刷電路製作》，台北市三民書局，71 年 3 月。

8. 青欣計畫（碳化學研究）有毒物料之處理，中山科學研究院化學研究所，71 年 12 月 1 日。

9. 《天弓計畫液體衝壓引擎點火器研究報告》，中山科學研究院天弓計畫室衝壓發動機組，76 年 5 月 25 日。

10. 《天弓液體衝壓引擎噴焰式點火器改進報告》（二人合著），中山科學研究院天弓計畫室衝壓發動機組，78 年 6 月 30 日。

11. 《烴類飛航燃料常識與應用》，中山科學研究院天弓計畫室衝壓發動機組。80 年 5 月 26 日。

12. 《燃燒與爆炸 – 理論計算》，台北市大嘉出版社，78 年 1 月 1 日。

13. 〈液體火箭推進劑之特性與處理〉，中山科學研究院火箭飛彈研究所液體推進組，81 年 6 月 26 日，編號：REP-12-81014；報告單位編號：07。

14. 〈液體火箭氧化性推進劑之應用研究〉，中山科學研究院火箭飛彈研究所液體推進組，82 年 6 月 30 日，編號：REP-12-82027；報告單位編號：05。

15. 〈捷鋒一號飛試失效之異常分析〉，中山科學研究院火箭飛彈研究所液體推進組，87 年 11 月 1 日，編號：REP-12-87013。

16. 〈第二研究所液體推進組 6S 活動成果稽核報告〉，中山科學研究院火箭飛彈研究所液體推進組，90 年 12 月 31 日，編號：REP-LP-90024。

17. 〈衝壓引擎點火器組裝標準作業程序及組裝查核表〉，中山科學研究院火箭飛彈研究所液體推進組，93 年 4 月 20 日，編號：REP-12-85013；報告單位編號：REP-LP-93018。

18. 〈整體式火箭衝壓引擎（Integral Rocket Ramjet；IRR）地試模型可拋棄噴嘴機構〉，中山科學研究院火箭飛彈研究所液體推進組，93 年 3 月 6 日，編號：CSIRR-93B-E0069。

19. 〈雄三計畫液體衝壓引擎噴焰式點火器研製及試驗〉，中山科學研究院火箭飛彈研究所液體推進組，91 年 12 月 24 日，編號：CSIRR-92B-E0583；報告單位編號：REP-LP-92055。

20. 〈雄三衝壓引擎點火器點火異常分析〉，中山科學研究院火箭飛彈研究所液體推進組，91 年 12 月 23 日，編號：CSIRR-91B-E0550。

21. 〈雄三噴焰式點火器點火延時與壓力突昇之探討與改進 - 液體衝壓引擎上的應用實例〉，中山科學研究院火箭飛彈研究所液體推進組，92 年 12 月 24 日，編號：CSIRR-92B-E0584；報告單位編號：REP-LP-92056。

22. 〈雄三噴焰式點火器設計—液體衝壓引擎上的應用實例〉，中山科學研究院火箭飛彈研究所液體推進組，93 年 2 月 17 日，編號：CSIRR-93B-E0031；報告單位編號：REP-LP-93004。

23. 〈航空燃油—飛機與飛彈燃油之研製、性質及應用〉，中山科學研究院火箭飛彈研究所液體推進組，93 年 10 月 10 日。

24. 《金屬材料定性定量化學分析法》，蘭臺出版社，2021 年 5 月 22 日。

25. 《實用 C++ 程式語言設計》，出版中。

26. 《微反應器光源與光纖之接合設計》〈三人合著〉，國立台灣大學「台灣綠色化學程序尖端技術四年計畫」之分計畫「光纖微反應器反應與動力」之分包項目，中華科技大學，94 年 6 月 30 日。

27. 《禪味集》，出版中。

目　錄

第一章 碳（C）之定量法

1-1 前言

今日工業用的鐵和鋼，均係由鐵礦石冶煉而得。鋼鐵中除了鐵元素以外，通常還含有五種基本元素，C、Si、S、P、Mn，其中以 C 含量對鐵和鋼的影響最著，因此通常以含碳量，作為鐵和鋼的基本因素。

鐵礦石在高溫的鼓風鼓內，與焦碳所生成之 CO 作用，即得生鐵，其含碳量約為 2.5～4.5%。生鐵含有較多的 C、Si、S、P、Mn，故質脆，因此不能藉軋延或鍛造，製成各種形狀之鋼料。若能除去或減少這些對加工有害的元素，就可變成能被軋延或鍛造的鐵。為了要得到這種能加工的鐵，必須把生鐵加以精煉，而得到所謂的鋼（Steel）。這種生鐵的精煉作業，稱為煉鋼。

煉鋼時，利用空氣或鐵礦石中的 O_2，燃燒或氧化生鐵中的 C、Si、S、P、Mn 等元素，便可減少這些元素的含量。因生鐵的成份或鋼的使用目的不同，故需選擇適當的煉鋼法。主要的煉鋼法有平爐、轉爐和電爐等三種煉鋼法。

鋼與鐵雖都是鐵與碳的合金，但因含碳量不同而異。含碳量等於 0.02～2% 的 Fe-C 合金，稱為鋼；大於 2% 者，則為鑄鐵（Cast iron）；小於 0.02% 者，稱作純鐵（Iron 或 Pure iron）。

在常溫時，鋼鐵中的碳，並非以純元素狀態混在鐵中，而是和鐵的一部分，化合成碳化鐵，或稱雪明碳鐵（Cementite, Fe_3C），混合在鐵中。雪明碳鐵是一種具有金屬光澤、硬度高、質地脆的結晶組織。若鋼中的含碳量增加，雪明碳鐵的含量亦隨之增加。因為鋼是雪明碳鐵和鐵的混合物，所以雪明碳鐵增加時，鋼的硬度也會增加。所以鋼的分類法，除了由碳量的多少而分為低碳鋼、中碳鋼及高碳鋼外，又可由硬度的大小，分為極軟鋼、軟鋼、硬鋼及極硬鋼等四種。

鋼料由於熱處理方法不同，組織也不同，因此為了比較鋼鐵的基本組

織，通常把鋼鐵加熱到高溫，然後使它慢慢冷卻到常溫，此時所得的組織，稱為標準組織或正常化組織（Normal structure）。鋼鐵正常化（Normalization）後，隨著鋼鐵中含碳量之不同，在顯微鏡下所呈現的各種正常化組織亦異（圖 1-1）。這些組織的變化，概述如下。

　　純鐵的組織，是由所謂的肥粒鐵（Ferrite）構成（圖 1-1 ①）。若加少量碳於鐵中，則組織內除了肥粒鐵外，還會呈現波來鐵（Pearite）（圖 1-1 ②）。波來鐵為鐵和雪明碳鐵互疊而成的層狀組織（圖 1-1 ③）。隨著含碳量的增加，肥粒鐵逐漸減少，而波來鐵則逐漸增加（圖 1-1 ④）。待含碳量增至 0.8% 時，全部變為波來鐵（圖 1-1 ⑤）；含碳量再增加時，白色網狀的雪明碳鐵就會出現在波來鐵晶粒的周圍，而且晶粒內部也會出現白線狀的雪明碳鐵（圖 1-1 ⑥）；這些網狀和白線狀的雪明碳鐵，隨含碳量的增加而變粗。通常含碳量等於 0.8% 的鋼，稱為共析鋼（Eutectoid steel）；0.8% 以下者為亞共析鋼（Hypoeutectoid steel）；0.8% 以上者，稱作過共析鋼（Hypereutectoid steel）。

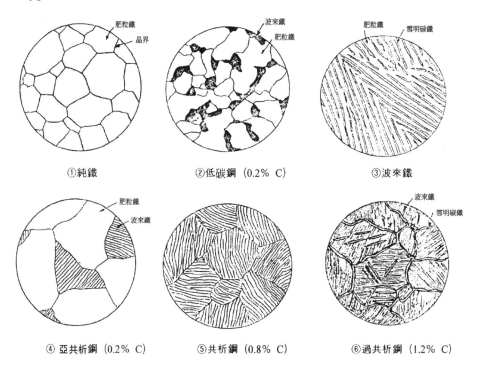

①純鐵　　　　②低碳鋼（0.2% C）　　　③波來鐵

④亞共析鋼（0.2% C）　　　⑤共析鋼（0.8% C）　　　⑥過共析鋼（1.2% C）

圖 1-1　鋼鐵正常化後，隨著鋼鐵中含碳量之不同，內部組織亦異

　　鋼鐵除了具有上述各種結晶狀態外，在熱處理過程中，由於鋼鐵含鐵量、傳熱介質（如空氣、水、或油）、以及溫度升降之範圍及速度等因素之不同，鋼鐵中之 Fe-C 合金，又可產生奧斯田鐵（Austenite）、糙斑鐵（Sorbite）、吐粒散鐵（Troostite）、變韌鐵（Bainite）及麻田散鐵（Martensite）等不同組織。

　　鋼鐵的各種機械性質，和含碳量及顯微鏡組織有密切的關係（圖1-2）。例如亞共析鋼之抗拉強度、降伏點和硬度等，隨含碳量的增加而增加，但伸長率及斷面縮率則隨含碳量的增加而減少。而過共析鋼，除了硬度和降伏點隨含碳量的增加而增加外，其他的機械性質大致不變。

　　工業用碳鋼之含碳量，約在 0.05 ～ 1.5% 左右；含碳量不同，用途亦異。一般言之，含碳量低者，大都作為構造用材料；反之，則用為工具材料。各種碳鋼與合金鋼之組成（或含碳量）與用途舉例，分別見表 1-1 ～ 1-3、8-2、9-1 ～ 9-3、16-1 ～ 16-4、17-2 ～ 17-6。

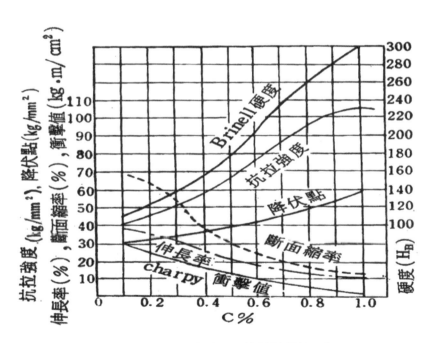

圖 1-2　碳鋼的含碳量和機械性質的關係

表 1-1　機械構造用碳鋼（CNS 2800 G 63）之化學成分與用途

種類	符號	化學成分(%)		用　途　例	外國類似規格
		C	Mn		
機械構造用碳鋼	S 10 Cl	0.08~0.13	0.30~0.60	鉚釘、熔接管、Kelmet 襯底。	SAE 1010 JIS S10C
	S 15 Cl	0.13~0.18	0.30~0.60	鋼筋, 鉚釘, 造船, 建築, 車輛, 螺栓, 螺帽, 小形軸, 鍛造品。	SAE 1015 JIS S15C
	S20C1	0.18~0.23	0.30~0.60	同上	SAE 1020 JIS S20C
	S25C	0.22~0.28	0.30~0.60	造船, 汽鍋, 螺栓, 螺帽, 馬達軸, 小形軸, 鍛造品。	SAE 1025 JIS. S25C
	S30C	0.27~0.33	0.60~0.90	螺栓, 螺帽, 小形機件, 軸, 桿, 螺椿。	SAE 1030 JIS S30C
	S35C	0.32~0.38	0.60~0.90	小形接件, 軸, 螺栓, 桿, 槓桿。	SAE 1035 JIS S35C
	S40C	0.37~0.43	0.60~0.90	連軸, 軸, 接頭。	SAE 1040 JIS S40C
	S45C	0.42~0.48	0.60~0.90	曲柄軸, 軸, 捍, 汽缸, 輕軌條。	SAE 1045 J IS S45 C
	S50C	0.47~0.53	0.60~0.90	鍵, 銷, 軸, 曲柄軸, 外輪, 桿。	SAE 1050 JIS . S50C
	S55C	0.52~0.58	0.60~0.90	鍵, 銷, 軸, 軌條, 外輪。	SAE 1055 J IS S55C

註：Si：0.15-0.35%　　P≦0.03%　　S≦0.035%　　Cu≦0.3%

表 1-2　普通鑄鋼之含碳量與用途

分類	含碳量(%)	用　途　例
低碳鋼	0.10~0.20	電氣機器用零件
	0.15~0.20	退火臣、鋼液盛桶、支架
中碳鋼	0.18~0.25	鐵路車輛用零件
	0.25~0.35	造船用、橋梁用
高碳鋼	0.35~0.60	分塊或粗軋筒
	0.40~0.50	齒輪、工作母機、汽車和鐵路車輛用零件

表 1-3　各種碳鋼之用途

碳 鋼 含碳 量 (%)	用　　途　　例
0.04 ~ 0.1	鎖、熔接棒、管、白鐵皮、深衝用鐵板。
0.1 ~ 0.2	螺栓、螺帽、鉚釘、洋釘、建築用鋼筋、滲碳用鋼料
0.2 ~ 0.3	橋樑、柱子、鍋爐、起重機
0.3 ~ 0.4	軸、齒輪、螺栓
0.4 ~ 0.5	軸、鏟、船殼
0.5 ~ 0.6	鐵軌、軸、外輪胎
0.6 ~ 0.7	木工鋸、鍛造用模、外輪胎
0.7 ~ 0.8	鎚、砧、衝頭、鋸條、剪斷機刀口
0.8 ~ 0.9	針、衝床用模、圓鋸、岩石用鑽頭
0.9 ~ 1.0	彈簧、刀具
1.0 ~ 1.1	刀具
1.1 ~ 1.2	刀具、銑刀、螺絲攻、鑽頭、絞刀
1.2 ~ 1.3	安全剃刀片、銼刀
1.3 ~ 1.4	雕刻用刀具
1.4 ~ 1.5	冷硬鑄鐵用刀具、模

　　鋼鐵中碳的定量，除了碳原子放射光譜測定法外，一般使用較簡便的火花試驗及燃燒測定兩法。光譜法所用儀器甚昂，理論及操作方法亦較繁，故暫不予介紹。

　　碳之定量，通常以定碳器燃燒法為主。定碳器種類雖多，但基本設計則大同小異。在此乃以美國 LINBERG、DIETERT 及 LECO 等公司所設計之定碳器（後二者可同時作硫之定量，故亦稱定碳定硫器）當作實例，加以說明。

1-2 分析實例

1-2-1 火花觀測

　　火花試驗法為判別鋼鐵種類最簡易的方法。化學成份分析儀雖快速又正確，但設備昂貴。

　　一般來說，含碳量愈高，火花測試時，其閃點會愈多愈明顯，低碳鋼、中碳鋼及合金鋼，都可使用這種簡易方式來判定。但若材質為 C1018 或 C1022（都屬低碳鋼），二者含碳量相差無幾，所生成的火花大同小異，但經驗深厚者，只要用心觀測，還是可以看出其差異。

1-2-1-1 試驗目的

　　利用鋼料中的含碳量、元素種類、以及各元素組成百分比的不同，於高速旋轉中的砂輪上，加以研磨時，由產生的火花所表現的特質，可迅速鑑定鋼料的種類及化學成份。鑑定結果可供作下列用途：

（一）廢料材質之檢視，俾利分類及利用。

（二）推定材料表面脫碳，滲碳及氮化的程度。

（三）推定鋼料在高溫時的耐氧化性。

（四）判定鋼料是否已淬火。

（五）不同鋼料混雜時，檢別其異種鋼材，以免誤用材料。

（六）欲判別機械成品的各部材料而無法取樣時，以手砂輪機研磨其不重要之表面，而得火花特質，即可判別材質。

（七）推定展性鑄鐵的石墨化程度。

（八）煉鋼時，取少量鋼鐵熔液快速凝固後，藉其火花特質，可立即得知成份，結果可作為煉製過程之重要參考。

1-2-1-2 試驗原理

　　當鋼料與旋轉中之砂輪接觸時，砂輪之磨料粒，會產生切削作用。鋼料受其切削作用，形成不可計數之微細屑片，沿同砂輪面之切線方向而飛出。屑片因切削工作熱量作用，升至熾熱溫度，同時受空氣之氧化作用，溫度更形提高，所以在空中能形成一條一條的光亮線條（圖 1-3），以迄氧化作用完了為止。

圖 1-3　鋼鐵試樣在砂輪上研磨以產生火花之適當角度

若鋼料中含有足夠之碳素，燃燒成 CO_2 氣體後，就會膨脹而突破屑粒之範圍，因而在光亮的線條上，生成若干爆炸之火花，其亮度較線條為高。碳素含量愈高者，爆炸火花之數量亦愈多。

將被磨削之鋼料屑粒，置於顯微鏡下，可發現若干小粒，變成中空之球狀物，其中一端有爆破口，顯示爆炸之火花，是經由碳素燃燒，產生高壓氣體，而達到微爆（Microexplosion）的程度；而且碳素愈多，爆炸之火花亦愈多。

圖 1-4 顯示，整個火花束可區分為三段：(1) 靠近砂輪端者，稱為根部或花根；(2) 位於中央段者，稱為中央；(3) 離砂輪最遠的火花末端者，稱為尖端、梢部或花端。合金鋼因受合金元素之影響，火花會被合金所隱蔽，而顯示各種不同之特徵。以下就碳鋼與合金鋼火花的特徵，分別說明如下。

（一）碳鋼火花的特徵

圖 1-4 為碳鋼含碳量與火花特徵之關係圖，其中以火花數，火花大小及火花之明亮度為最有效之判別基準。含碳量小於 0.5% 之碳鋼，在含碳量相差 0.05% 時，火花有顯著的差異，因而易於判別。含碳量大於 0.5% 之碳鋼，其火花之流線角度，較低碳鋼或中碳鋼為大；流線細而短，中段處較多，除了多分枝了三枝花外，花上並附花粉；花的根部呈現紅色，向外則轉變為金黃色，而三枝花的花粉則亦為金黃色。碳含量愈多，流線愈細愈短，花粉也愈多。故高碳鋼之火花判別，通常較為困難。

（二）合金鋼火花特徵

合金鋼火花依合金元素種類而異。合金元素大致可分為助長碳破裂及阻止碳破裂二大類。圖 1-4 與表 1-4 顯示，Mn、Cr、V 之合金元素有助長碳破裂之趨勢。火花顏色與合金元素之氧化性大小有關，氧化性元素，如 Al、Mn、Si、Ti 等，可增加火花之光輝，故可使火花呈白色、金色；非氧化性元素，如 Ni、Cr、W 等，可減少其光輝，使火花呈橙色或紅色。合金鋼所含合金元素的火花特徵，見圖 1-4 與表 1-4。

1-2-1-3 試驗步驟

（一）以砂紙研磨標準試棒或試片之表面，再將表面清理乾淨。戴上安全眼鏡及手套，穿著長袖衣物。環境的光線要暗一點，如此才不

會被其他光線所干擾，因此試驗前宜關閉室內燈光，並打開火花試驗機電源。

（二）研磨時，首先要調整研磨角度，使火花之方向成水平或微向上傾斜為宜（本實驗以在砂輪上緣實驗為佳）。亦即研磨的角度，從砂輪側面視之，約在 1 點鐘的位置；若要噴出的火花稍高於水平線，則材料試棒應在上死點右傾 5 度的位置。至於研磨的力道，則以能使含 0.20%C（S20C）的碳鋼標準棒，產生總長度為 50 公分火花為度（見圖 1-3）。

（三）沙輪的選擇：

材料硬度不同，適用的沙輪亦異；通常最常採用黑色的氧化矽砂輪及綠色的碳化矽砂輪。譬如：

①高速鋼 ==＞氧化矽砂輪。火花為暗紅色。

②碳化鎢 ==＞碳化矽砂輪。因砂輪較軟，無法產生火花。

③鑄鐵 ==＞氧化矽砂輪。因鑄鐵含碳量過高，無法產生火花。

④碳鋼 ==＞氧化矽砂輪。火花為明亮的黃色；含碳量愈高，花束分枝愈多。

⑤車刀 ==＞車刀分兩部份，刀把通常以碳鋼製成，刀身常以碳化鎢製成，以碳化矽砂輪研磨之，無法產生火花。

⑥雕刻刀 ==＞氧化矽砂輪。火花顏色同碳鋼。

（四）火花觀測

（1）為了使技術人員 熟悉火花觀測，首先可以同一力道，研磨不同含碳量的碳鋼標準棒，進行火花實驗。熟悉碳鋼的火花特性後，再進一步觀察其它合金鋼標準棒的火花特性。鋼種成分推定後，與已知成分的火花試驗標準棒比較。然後觀察火花，並描圖及攝影紀錄（須關閉室內燈光，使用腳架，不使用閃光燈），再將實驗觀察結果與材料課本中所述內容相互比較，是否吻合（見圖 1-5）。為了達成這項目的，茲例舉下列不同的鋼種，來訓練技術人員：

①分別研磨 SKD61 與 SKD11，並對照二者的火花的顏色與形狀。

② SNCM21M 與 SNCM8 二者的差異，主要是含碳量，仔細觀看在相同的力道研磨下，所產生的火花有何不同。

③ SCM4 與 SCM415，也是含碳量不同而已，也仔細觀看在相同的力道研磨下，所產生的火花有何不同。

④ 420J2 是麻田散鐵系不鏽鋼，可淬火硬化。研磨時也仔細觀看它的火花。

⑤ S45C 與 SCM4（新的標號是 SCM440），二者的含碳量差為 0.05%；SCM 則多了鉻、鉬合金元素。二者的火花有何差別？

⑥ 再以 S45C 與 SNCM8 的火花相對照。同樣，對照 S45C 與 SKD61 的火花。以此類推，分類對照，就比較能分辨出其中的差異性。

(2) 觀測結果：

①含碳量愈多，則爆破愈多，故呈斷續射線；火花長度亦愈短愈細，流線亦愈多，形態也愈趨複雜。其火花亦愈暗紅；而低碳鋼則是橙黃色。

②鉻的火花，類似麻花狀的煙火；鉬的火花，則像箭頭。

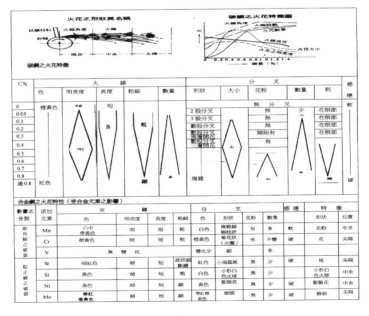

圖 1-4 之 1　圖解碳鋼與合金鋼之火花形狀與特徵

碳鋼火花之特徵（碳之破裂）

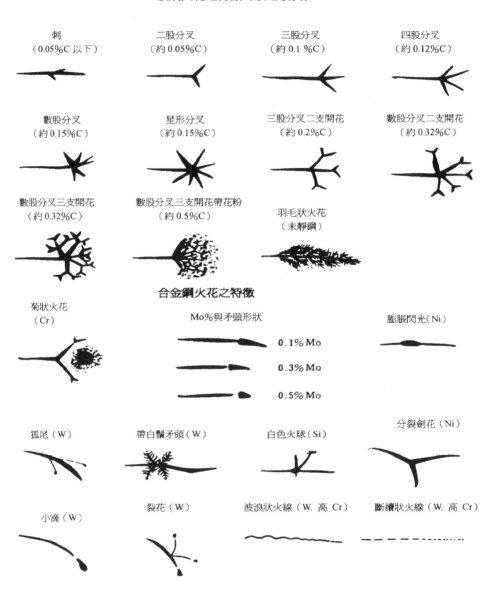

　刺
（0.05%C 以下）

二股分叉
（約 0.05%C）

三股分叉
（約 0.1 %C）

四股分叉
（約 0.12%C）

數股分叉
（約 0.15%C）

星形分叉
（約 0.15%C）

三股分叉二支開花
（約 0.2%C）

數股分叉二支開花
（約 0.32%C）

數股分叉三支開花
（約 0.32%C）

數股分叉三支開花帶花粉
（約 0.5%C）

羽毛狀火花
（未靜鋼）

合金鋼火花之特徵

菊狀火花
（Cr）

Mo%與矛頭形狀

0.1% Mo

0.3% Mo

0.5% Mo

膨脹閃光（Ni）

狐尾（W）

帶白鬚矛頭（W）

白色火球（Si）

分裂劍花（Ni）

小滴（W）

裂花（W）

波浪狀火線（W. 高 Cr）

斷續狀火線（W. 高 Cr）

圖 1-4 之 2　圖解碳鋼與合金鋼之火花形狀與特徵

表 1-4　依據火花特徵推定鋼種之程序

第1分類			第2分類			第3分類			鋼種推定	
觀察	特徵	分類	觀察	特徵	分類	觀察	特徵	分類	特徵	推定鋼種例
碳分叉之有無	有碳分叉	碳分叉系	分叉之多或少	數股分叉	<0.25%C	特殊火花	無特殊火花。碳火花單純	碳鋼	—	碳鋼（S10C，S15C）普通鋼（SS41）
									羽毛狀	未靜鋼
							有特殊火花	低合金鋼	膨脹閃光，分裂劍花（Ni）。菊狀火花，手之感覺硬，根部附近之分叉清晰（Cr）。矛頭（Mo）。	鎳鉻鋼(SNC 415)鉻鋼(SCr 420)鉻鉬鋼（SCM 415）
				數股分叉數支開花	>0.25%C<0.5%C	特殊火花	無特殊火花。碳火花單純	碳鋼	—	碳鋼鍛鋼件（SF 55）碳鋼（S30C，S45C）
							有特殊火花	低合金鋼	膨脹閃光，分裂劍花（Ni）。菊狀火花，手之感覺硬，根部附近之分叉清晰（Cr）。矛頭（Mo）。	鎳鉻鋼(SNC 631)鉻鋼(SCr 440)鉻鉬鋼（SCM 440）鎳鉻鉬鋼（SNCM 447）錳鉻鋼（SMnC 443）
				分叉多成樹枝狀	>0.5%C	特殊火花	無特殊火花。碳火花單純	碳鋼	—	碳素工具鋼(SK 3. SK 5)彈簧鋼（SUP 3. SUP4）
							有特殊火花	低合金鋼	菊狀火花，手之感覺硬，根部附近之分叉清晰（Cr）。	軸承鋼(SUJ 1，SUJ 2，SUJ 3)
									白色火球（Si）	彈簧鋼（SUP 6，SUP 7）
	無碳分叉	火線系	火線之色彩	橙色系	橙色系	特殊火花	無分叉	純鐵	—	SUY1 (電磁軟鐵)
				帶紅橙色	橙色系	特殊火花	端部膨脹	不純鋼	磁石可吸引	SUS 420J 2
									磁石難吸引	SUS 304
				暗紅色，火線細	暗紅色	特殊火花	無分叉端部膨脹	耐熱鋼	—	SUH3
						特殊火花	無分叉，斷續波浪狀火線	高速工具鋼	裂花，小滴	SKH2
									裂花，小滴	SKH3
									裂花，無小滴	SKH4
									端部帶膨脹小花	SKH9
						特殊火花	帶白鬚矛頭	合金工具鋼（SKS系）	—	SKS 2、 SKS3、SKS 4
						特殊火花	小形菊狀火花紛亂	合金工具鋼（SKD系）	—	SKD 1. SKD 11

附圖 1　碳鋼火花草圖例

附圖 1-1

約 0.05% C 鋼	C	Si	Mn
	0.05	0.14	0.28

①分叉之程度，有若干之 2 股分叉而已。
②幾乎屬於火線，火線本身粗。

附圖 1-2

約 0.1% C 鋼	C	Si	Mn
	0.09	0.25	0.45

①分叉為 3 股分叉，亦有 4 股分叉。
②就整體而言，火線顯著。

附圖 1-3

約 0.2% C 鋼	C	Si	Mn
	0.23	0.23	0.43

①分叉屬於 3 股分叉，2 支開花。
②就整體而言，火線顯著。

附圖 1-4

約 0.3% C 鋼	C	Si	Mn
	0.32	0.24	0.74

①分叉屬於數股分叉，2 支開花。
②根部可見小形分叉

附圖 1-5

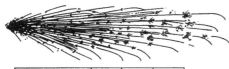

約 0.4% C 鋼	C	Si	Mn
	0.41	0.22	0.70

①分叉屬於數股分叉，3 支開花以上，形成大形
　複雜之分叉形體。
②火線細小

附圖 1-6

約 0.5% C 鋼	C	Si	Mn
	0.51	0.26	0.75

①分叉屬於大形且帶花粉。
②火線細而多。

附圖 1-7

約 0.6~0.8% C 鋼	C	Si	Mn
	0.74	0.24	0.33

①分叉呈現小形又複雜，而且數量多。
②火線短且帶紅色。

附圖 1-8

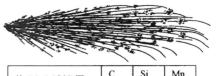

約 0.9~1.2% C 鋼	C	Si	Mn
	1.03	0.21	0.34

①分叉非常小，但數量卻甚多。
②火線短，紅色也更強。

圖 1-5 之 1　碳鋼與合金鋼火花草圖實例

附圖 1-9

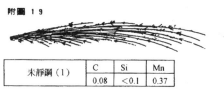

未靜鋼（1）	C	Si	Mn
	0.08	<0.1	0.37

①火線各帶著若干之刺狀分叉。於最末端部位亦見 2 支開花。
②火線帶同樣之明亮度。

附圖 1-10

未靜鋼（2）	C	Si	Mn
	0.24	<0.01	0.46

①有若干之分叉，發生於火線。碳量較同等之淨靜鋼，其分
　叉爲多。於最末端部位亦見 2 支開花。
②火線帶同樣之明亮度。
③最末端部之分叉，可見羽毛狀火花。

附圖2　合金鋼火花草圖例

附圖 2-1

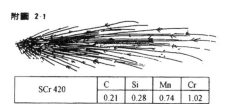

SCr 420	C	Si	Mn	Cr
	0.21	0.28	0.74	1.02

①根部附近之分叉較爲明顯。
②關於約 0.2%C 鋼之根部附近分叉之特徵。

約 0.2%C 鋼　　　　　　　SCr 420

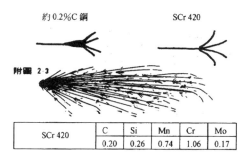

附圖 2-3

SCr 420	C	Si	Mn	Cr	Mo
	0.20	0.26	0.74	1.06	0.17

除有約 0.2%C 鋼之特徵外，帶 Mo 特徵之。

附圖 2-2

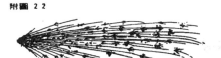

SCr 440	C	Si	Mn	Cr
	0.39	0.22	0.70	1.01

根部附近之分叉較爲明顯。

附圖 2-4

SCM 440	C	Si	Mn	Cr	Mo
	0.40	0.25	0.77	1.04	0.15

除表示 0.%C 鋼之特徵外，尙表示 Mo 特徵之矛頭，但是承
受碳分叉之影響，Mo 特徵之表示稍差。

附圖 2-5

SNC 415	C	Si	Mn	Cr	Mo
	0.16	0.26	0.56	2.04	0.37

①自根部至中央，表示 Ni 之特徵之膨脹閃光。
②火線大致上稍帶紅色。

附圖 2-6

SNC 631	C	Si	Mn	Cr	Mo
	0.32	0.29	0.49	2.68	0.66

①大致上表示紅色，火線之伸長較差。
②對 Ni 之特徵之膨脹閃光火之判別較難色。

圖 1-5 之 2　碳鋼與合金鋼火花草圖實例

附圖 2-7

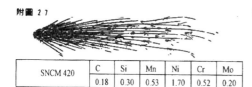

SNCM 420	C	Si	Mn	Ni	Cr	Mo
	0.18	0.30	0.53	1.70	0.52	0.20

①自根部至中央，表示膨脹閃光之特徵。

②自根部至中央之膨脹閃光特徵。

其它之含 Ni 鋼　　　　SNCM 420

③火線之根部表示稍暗，但是 Mo 之矛頭則明亮

附圖 2-9

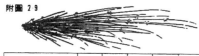

SACM　645	C	Si	Mn	Cr	Mo	Al
	0.44	0.44	0.54	1.48	0.18	0.92

①分叉少，但是可見小形分叉。

②Mo 特徵之矛頭至爲明顯。

附圖 2-11

SUP　6	C	Si	Mn
	0.63	1.57	0.85

①火線之端部稍粗。

②火花全體帶黃色

③雖不甚鮮明，但是發生 Si 特徵之白色火線

④分叉形狀細小。

附圖 2-13

SUJ　2	C	Si	Mn	Cr
	0.59	0.30	0.91	0.85

①碳分叉多而呈活潑。

②火線之表示似細小。

③自中央至端部帶花粉，較之約 0.9%C 鋼，其根部分叉
　更爲清楚。

附圖 2-8

SNCM 447	C	Si	Mn	Ni	Cr	Mo
	0.48	0.33	0.90	1.85	0.71	0.16

①分叉少，火花全體帶紅色。

②雖表示 Ni 特徵之膨脹閃光，但是 Mo 之特徵，在此難見。

附圖 2-10

3.5%Ni 鋼	C	Si	Mn	Ni
	0.12	0.31	0.86	3.66

可見帶紅色之粗火線

附圖 2-12

SUP　9	C	Si	Mn	Cr
	0.59	0.30	0.91	0.85

①火線之端部稍粗。

②火花全體帶黃色

③雖不甚鮮明，但是發生 Si 特徵之白色火線

④分叉形狀細小。

②Mo 特徵之矛頭至爲明顯。

附圖 2-14

SUJ　3	C	Si	Mn	Cr
	0.97	0.52	1.07	1.08

①較之 SUJ 2，其碳分叉較小。火線之端部稍粗。

②較之 SUT 2，除色彩增加紅色外，花粉更多。

②Mo 特徵之矛頭至爲明顯。

圖 1-5 之 3　碳鋼與合金鋼火花草圖實例

附圖 2-15

SKS 2	C	Si	Mn	Cr
	1.05	0.25	0.56	1.10

①未具碳分叉。

②火線除細小外，色彩尚帶暗紅色。

③可見帶白鬚矛頭。

附圖 2-17

SKS 4	C	Si	Mn	Cr	W
	0.47	0.26	0.47	0.68	0.75

較之 SKS 2、SKS 3，其裂花較少，而且其火線稍粗。

附圖 2-19

SKH 2	C	Si	Mn	Cr	W	Mo	V	Co
	0.77	0.23	0.33	4.08	17,60	0.54	0.86	0.25

①僅見斷續狀波浪狀火線。火線甚短。

②帶裂花，其端部仍具小滴。

③火花全體帶暗紅色，未見碳分叉。

附圖 2-21

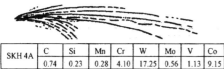

SKH 4A	C	Si	Mn	Cr	W	Mo	V	Co
	0.74	0.23	0.28	4.10	17.25	0.56	1.13	9.15

①未具裂花與小滴。

②較之 SKH 3，其斷續狀波浪狀火線較短。

③火花全體帶暗紅色，未見碳分叉。

附圖 2-16

SKS 3	C	Si	Mn	Cr	W
	0.99	0.30	0.99	0.59	0.54

較之 SKS 2，其裂花較多，其它特徵與 SUJ 2 相同。

附圖12-18

SKS 43	C	Si	Mn	Cr	W
	1.02	0.11	0.13	0.05	0.15

雖與 SKS 3 混淆不清，但較明亮。其裂花較多，其它特徵與 SUJ 2 相同。

附圖 2-20

SKK 3	C	Si	Mn	Cr	W	Mo	V	Co
	0.81	0.27	0.29	4.10	18.00	0.74	0.85	4.52

①雖屬於斷續波浪狀火線，較之 SKH 2，其量稍少且短。

②雖可見裂花與小滴，但較之 SKH 2，其形狀稍小。

③火花全體帶暗紅色，未見碳分叉。

附圖 2-22

SKH 9	C	Si	Mn	Cr	W	Mo	V
	0.85	0.20	0.30	4.10	6.06	4.90	1.89

①端部帶火花，火花之端又帶膨脹部分。

②未見小滴。

③帶暗紅色，其斷續狀波浪狀火線，較 SKH 2 稍粗且亮。

圖 1-5 之 4　碳鋼與合金鋼火花草圖實例

附圖 2·23

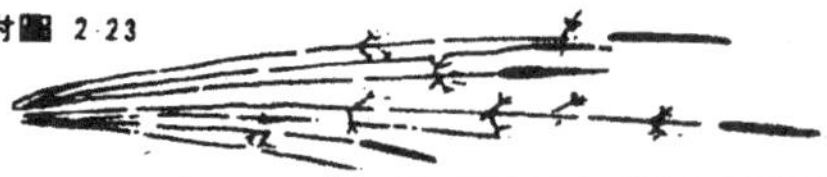

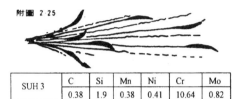

SKD 6	C	Si	Mn	Cr	Mo	V
	0.32	1.02	0.40	4.85	1.44	0.30

①生成稍長之斷續火線，火線稍粗。

②火線端部表示膨脹而帶花。

附圖 2·24

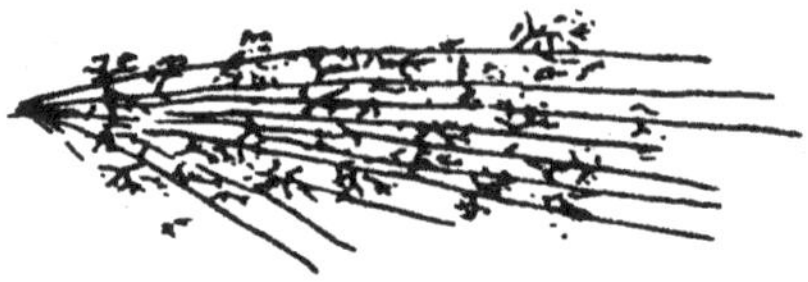

SKD 11	C	Si	Mn	Cr	Mo	V
	1.48	0.22	0.41	11.60	0.88	0.26

①火線細而短。

②多具小形菊狀火花。

附圖 2·25

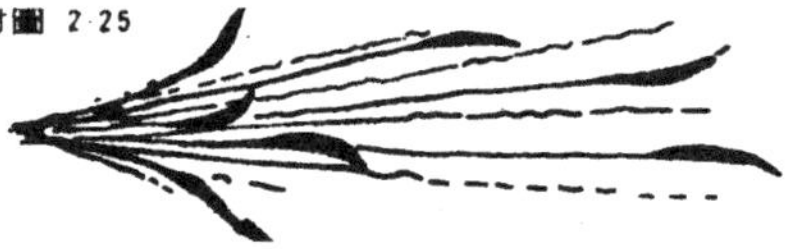

SUH 3	C	Si	Mn	Ni	Cr	Mo
	0.38	1.9	0.38	0.41	10.64	0.82

①未具碳分叉。

②火線帶暗紅色，且甚短。有一部份仍具斷續火線。

③於中央部與端部有白色之膨脹。

附圖 2·26

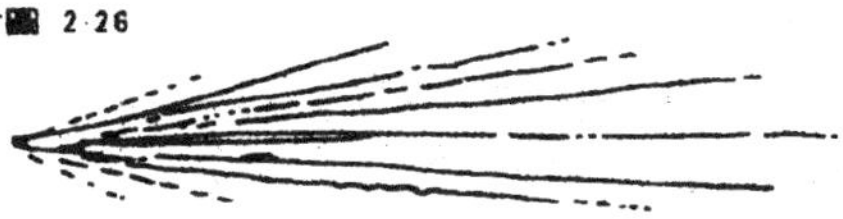

SUH 3	C	Si	Mn	Ni	Cr	W
	0.41	1.75	0.53	13.85	15.10	2.33

①未具碳分叉。

②火線帶帶暗紅色，而且很短。有一部份仍呈現斷續火線。

附圖 2·27

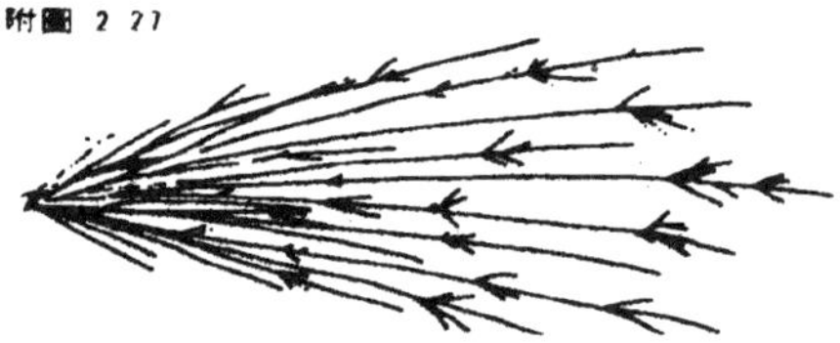

SUS 410	C	Si
	0.12	12.25

①自中央至端部帶數支分叉，其端部稍粗。

②不銹鋼之火線粗而長，且數量亦多。

附圖 2·28

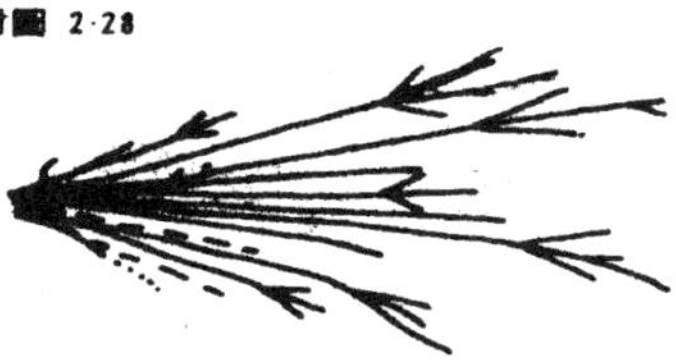

SUS 430	C	Cr
	0.06	16.00

①火線長度約爲 SUS 410 之半。

②自中央部至端部，都可見 3 股分叉。

附圖 2·29

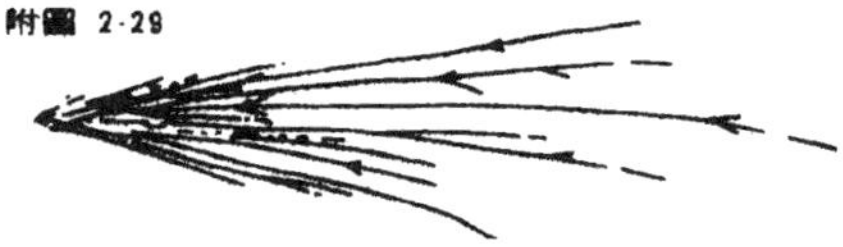

SUS 304	C	Ni	Cr
	0.07	8.66	18.12

①幾乎屬於火線，但是自中央至根部，稍見刺花。

②於根部部附近，稍見帶暗紅色之斷續火線與波浪狀火線。

附圖 2·30

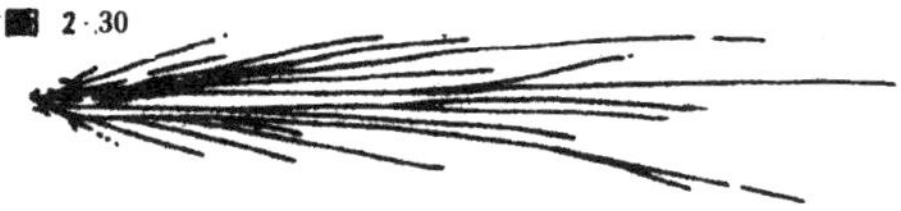

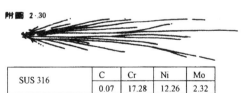

SUS 316	C	Cr	Ni	Mo
	0.07	17.28	12.26	2.32

雖非常類似 SUS 304，但是幾乎未見刺火花。

圖 1-5 之 5　碳鋼與合金鋼火花草圖實例

1-2-2 燃燒測定法

1-2-2-1 LINBERG 定碳器燃燒法

1-2-2-1-1 應備儀器：LINBERG 定碳器（如圖 1-6）

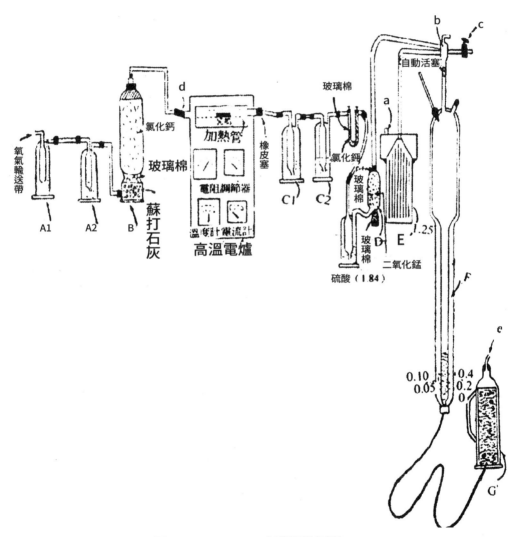

圖 1-6 LINBERG 定碳器裝置圖

　　此處，

A1（洗瓶）：內盛 KOH 溶液（50%）。可吸收輸入氧氣中之 CO_2。

A2（洗瓶）：內盛 H_2SO_4（1.84）。可吸收輸入氧氣中之水分。

B（吸收器）：內盛蘇打石灰（Soda lime）及氯化鈣。可分別吸收 CO_2 及水分。

C1, C2（氧化瓶）：內盛鉻硫酸溶液〔稱取 3.6g H_2CrO_4 →以 120ml H_2O 溶
　　　　之→加 60ml H_2SO_4（1.84）〕。能將燃燒不完全所生成之 CO，氧化成
　　　　CO_2；亦能將硫的氧化物氧化成硫酸。

D（氧化瓶）：內盛固態 MnO_2。能繼續將 CO 氧化為 CO_2；同時能吸收試
　　　　樣燃燒時所發生之 SO_2，以免其進入「吸收器 (E)」內，而使分析結果
　　　　偏高。

E（吸收器）：內盛 KOH 溶液（25%）。可吸收由於樣品燃燒所生成之
　　　　CO_2。

F（量氣瓶）：內容物見下述「水準瓶 (G)」。可量測 C %。

G（水準瓶）：內盛紅色酸性溶液（加少量 H_2SO_4 及數滴甲基橙溶液於
　　　　NaCl 溶液（26%）內即得）。舉高此瓶，可將「量氣瓶 (F)」內之氣體驅
　　　　入「吸收器 (E)」內；放低則氣體復回原瓶內。

　　　　a（通氣口）：通向大氣。

　　　　b（三路活塞）：可分別通往「吸收器 (E)」、「量氣瓶 (F)」及「出氣活
　　　　　　塞 (c)」。

　　　　c（出氣活塞）：通往大氣。可將「量氣瓶 (F)」內之氣體導出。

　　　　d（橡皮塞）：連接「吸收器 (E)」及「加熱管」。

　　　　e（通氣口）：通向大氣。

1-2-2-1-2 分析步驟

（一）空白試驗

　　　　(1) 依照圖 1-6 所示，將各附件裝置妥當。各接口應嚴防漏氣（註 A）。

　　　　(2) 旋轉「三路活塞 (b)」，使「量氣瓶 (F)」與「吸收器 (E)」相通。盡
　　　　　　量放低「水準瓶 (G)」，使「(E) 器」內套之液體升至頂部「自動活塞」
　　　　　　處，然後旋轉「三路活塞 (b)」，使「氧化瓶 (D)」與「(F) 瓶」相通。

此時「(E) 器」即對外自動封閉，同時其內之液體，應仍與頂點之「自動活塞」保持接觸。然後將「(G) 瓶」放回低處固定位置（此點未在圖上標出）。

(3) 通入氧氣，觀察「洗瓶 (A1)」與「氧化瓶 (C1)」內之氣泡流速是否相同（註 B）；若不相同，則檢查各接口，以期發現何處漏氣，而及時補救之。

(4) 俟一切裝置就緒後，通電於電爐，使爐內「加熱管」之溫度，逐漸升高至約 1300℃，然後以空白實驗驅盡內部空氣。

（二）試樣分析

(1) 依照附註（C）之規定，稱取適量試樣於瓷船內。

(2) 加約 1g 助燃劑，均勻覆於試樣上（註 D）。

(3) 關閉氧氣，打開「出氣活塞 (c)」，使系統與外界相通。

(4) 旋轉「三路活塞 (b)」，使「量氣瓶 (F)」與「出氣活塞 (c)」相通。其次舉高「水準瓶 (G)」，使「量氣瓶 (F)」內之紅色液體升高至頂點「自動活塞」處，而將「(F) 器」內之氣體悉數壓出。然後旋轉「三路活塞 (b)」，使「(E) 器」及「(F) 瓶」均對外封閉〔亦即旋至「(D) 瓶」與「出氣活塞 (c)」相通之位置〕。最後將「水準瓶 (G)」置於儀器上端之固定位置（此點未在圖上標出）。

(5) 當電爐溫度達到約 1300℃ 時，拔出「橡皮塞 (d)」，以硬鐵絲將盛試樣 之瓷船，自「加熱管」左端推至正中央。

(6) 迅將「橡皮塞 (d)」塞緊「加熱管」之管口。

(7) 關閉「出氣活塞 (c)」。然後向左旋轉「三路活塞 (b)」，讓「(D) 瓶」與「量氣瓶 (F)」相通。

(8) 俟試樣燃燒約 30 秒後，開啟並調節氧氣流之流速至每秒 3 個氣泡（註 E）。若有氣流計之裝置，則可將氧氣流調節至每分鐘 1 1/4 公升之速度。

(9) 降低「水準瓶 (G)」至儀器底端固定位置（未在圖上標出）。

(10) 當「量氣瓶 (F)」之液面被氣體壓至該瓶左邊刻度約 0.03 至 0 之

間的位置時，迅速旋轉「三路活塞 (b)」至「吸收器 (E) 及「量氣瓶 (F)」均對外封閉之位置，再立刻關閉氧氣（註 F）。

(11) 緩緩拔去「橡皮塞 (d)」後，迅速將瓷船用帶鈞之硬鐵絲取出並棄置之。

(12) 移動「水準瓶 (G)」，使其液面與「量氣瓶 (F)」之液面等高，並記錄此時「量氣瓶 (F)」之液面高度（註 G），以A代之，以備計算。

(13) 旋轉「三路活塞 (b)」至「吸收器 (E)」與「量氣瓶 (F)」相通之位置。

(14) 舉高「水準瓶 (G)」，把氣體悉數趕入「吸收器 (E)」內；再降低「水準瓶 (G)」，使氣體悉數返回「量氣瓶 (F)」內；如是上下移動「(G) 瓶」兩次，使 CO_2 悉為「吸收器 (E)」中之 KOH 所吸收（註 H）。

(15) 俟吸收作用完畢後，盡量放低「水準瓶 (G)」，使「吸收器 (E)」內之液體升至頂點「自動活塞」處，然後旋轉「三路活塞 (b)」，使「氧化瓶 (D)」與「出氣活塞 (c)」相通〔此時「吸收器 (E)」內之液體應與頂部之「自動活塞」保持接觸。〕

(16) 移動「水準瓶 (G)」，使其液面與「量氣瓶 (F)」內之液面等高，並記錄此時「量氣瓶 (F)」液面之高度（註 I），以B代之，以備計算。

1-2-2-1-3 計算

$$C\% = \frac{(B-A) \times 因數}{試樣重量(g)}$$

註：因數可依據測定時之室溫及大氣壓力條件，由儀器所附之因數表查得。

1-2-2-1-4 附註

（A）將「水準瓶 (G)」舉至頂部，使「量氣瓶 (F)」充滿紅色酸性液體。轉動「三路活塞 (b)」，使「燃燒管」與「量氣瓶 (F)」相通。然後將「燃燒管」塞緊，並將「水準瓶 (G)」放回低處。此時水柱下降至一定位置後，即不再繼續下降，表示儀器系統密封良好。

（B）兩處（A1 及 C1 瓶）氣泡冒出口之內徑大小應相等。

（C）(1) 儀器無誤差時，依照下表之規定稱取試樣。

試樣含碳量（C %）	試樣重量（g）
＞ 0.9	1
0.9-2.0	0.5
2.0-4.0	0.25
＞ 4.0	0.1-0.2

（2）儀器有誤差時，試樣之稱取法：每次開工前，均需先行測定儀器之誤差，以便校正所取試樣之重量；其法如下：

①首先選定一已知含碳量（設 C % = 0.4）之標準樣品，依本附註（C）第（1）項之規定，稱取重量（設其重量為 1.00g），當作試樣。

②依分析步驟(1-2-2-1-2 節)所述之方法處理之，以測其含碳量(C %)。

③若最後所測得之結果與已知之含碳量幾相接近（設為 0.4%±0.01%）或恰相等，則表示儀器之準確度良好，無需校正；若所得之結果與已知含碳量相差太遠（設為 0.4%±0.02），則繼續酌量增減所稱標準試樣之重量，迄所測得之結果，與已知含碳量幾相接近（設為 0.4%±0.01%），或恰相等為止。假設最後所稱之標準試樣重量為 1.20g，則在測定正式樣品時，按規定需稱取 1.00g 試樣者，則稱取 1.2g，但計算結果時，試樣重量仍以 1.00g 計算之。同理，若依本附註第①項之規定，需稱取 0.50g 試樣時，實際上應稱取 0.60g，但計算時，試樣重量仍視同 0.5g。餘此類推。

（D）（1）助燃劑〔如錫粉、V_2O_5、B_2O_3、或 CuO-ZnO（2：1）混合物等〕可促進試樣之燃燒。

（2）若爐溫高達 1300℃，不加助燃劑亦可。

（E）（1）通入氧氣，不僅可助試樣燃燒，同時能與試樣所含之碳，化合成 CO_2；並可藉其氣壓，將 CO_2 驅入「量氣瓶 (F)」內。

（2）氧氣輸入速度不可過快，否則試樣燃燒尚未完全，「量氣瓶 (F)」即已充滿氣體，致使試樣燃燒不完全；嚴重時，加熱管還會噴出火焰。速度太慢，則浪費時間，瓷船亦易燒破而溢出鐵水，使磁船和加熱管黏在一起，致加熱管無法再用。

（F）若不立刻關掉氧氣，一旦於第(11)步拔去「橡皮塞 (d)」時，氧化瓶（C1

和 C2）內之液體，由於壓力邊減，容易倒流入高溫之加熱管內，而招損毀。

（**G**）（I）「量氣瓶（F）」下部之管狀端，左右兩邊都有刻度，選擇那一邊，則視試樣含碳量多寡而定；例如，在左右兩邊刻度底下，分別刻有 1 及 1/4 字樣，此即表示：稱取 1g 試樣時，萬一其 C % 超過左邊刻度，致無法測量時，則應另稱取 1/4g 試樣，重做實驗，並在右邊刻度直接讀出試樣含碳量（C %）。

（**H**）　$2KOH + CO_2 \rightarrow K_2CO_3 + H_2O$

1-2-2-2 DIETERT 定碳器燃燒法

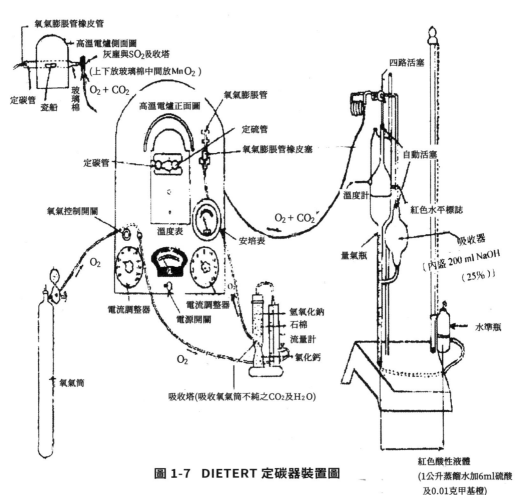

圖 1-7　DIETERT 定碳器裝置圖

1-2-2-2-2 分析步驟

（一）空白試驗

(1) 依照圖 1-7 所示，裝置妥當。檢查各接口，嚴防漏氣。開啟高溫爐電流，並慢慢增強之，使溫度漸漸增高。

(2) 旋轉「四路活塞」至 45° 位置（即四點鐘位置）（註 A），然後提升「水準瓶」至頂端，使「量氣瓶」內之紅色酸性液體到達「自動活塞」處。

(3) 將「氧氣膨脹管橡皮塞」塞緊定碳管，然後旋轉「四路活塞」至六點鐘位置（註 B）。

(4) 將「水準瓶」降至最低處（註 C）。

(5) 開啟氧氣流。當「量氣管」內之紅色酸性液體，降至離下面0之刻度尚有 3/4 吋時，立刻關閉氧氣，並拔出「氧氣膨脹橡皮塞」。

(6) 將「四路活塞」旋至四點鐘處，使「量氣瓶」內之紅色酸性液體，降至0之刻度（註 D），同時檢查「吸收器」內之 NaOH 溶液液面，是否恰與「紅色水平標誌」平行，否則應移動「紅色水平標誌」，使與 NaOH 溶液之液面相平行。

(7) 旋轉「四路活塞」至二點鐘處，然後緩緩提高「水準瓶」至高處，使紅色酸性液體達到頂端「自動活塞」處（註 E）。

(8) 慢慢降下「水準瓶」，至「吸收器」內之 NaOH 溶液液面，恰恰與「紅色水平標誌」平行，然後查看「量氣瓶」內之紅色酸性液體，是否到達 0 之刻度，否則需再重複第（2）～（8）步，迄空白試驗達到 0 為止。

（二）試樣分析

(1) 依照附註（F）所述，稱取適量試樣於瓷船內。

(2) 旋轉「四路活塞」至四點鐘位置，再提升「水準瓶」至頂端，使「量氣瓶」內之紅色酸性液體，達到頂端之「自動活塞」處。

(3) 俟高溫爐溫度達約 1300 ～ 1370℃（註 G）後，用鐵鉤將裝有試樣之瓷船，推至定碳管之正中央，再立刻將「氧氣膨脹管橡皮塞」塞

　　緊定碳管，並旋轉「四路活塞」至六點鐘位置，然後將「水準瓶」
降至最低處（註 H）。

(4) 俟試樣燃燒約 15 ～ 45 秒（註 I）後，開啟氧氣流，並調整其流速
至 1 公升／分鐘。

(5) 當「量氣瓶」內之紅色酸性液體，降至離 0 之刻度還有 3/4 吋時（註
J），立刻關閉氧氣，並拔出「氧氣膨脹管橡皮塞」，然後立刻（註 K）
用硬鐵絲將瓷船鉤出、棄去。

(6) 將「四路活塞」旋至四點鐘處，使「量氣瓶」內之紅色酸性液體，
降至 0 之刻度，然後再旋至二點鐘位置（註 L）。

(7) 慢慢提高「水準瓶」至高處，使「量氣瓶」內之紅色酸性液體，
達到「自動活塞」處，再慢慢降下「水準瓶」，至「吸收器」內之
NaOH 溶液恰恰與「紅色水平標誌」平行為止（註 M）。如此上下
移動「水準瓶」兩次，然後查看「量氣瓶」內紅色酸性液體所到
達之刻度，並記錄之。結果以 A 代之，以備計算。

(8) 旋轉「四路活塞」至四點鐘處，再提高「水準瓶」至高處，使「量
氣瓶」內之紅色酸性液體，到達頂端「自動活塞」處，以趕盡瓶
內之氣體。

(9) 重複 (3) ～ (8) 步，可以繼續分析其餘試樣。

1-2-2-2-3 計算

$$C \% （註N） = \frac{A \times 因數}{試樣重量（g）}$$

註：因數可依據測定時之室溫及大氣壓力條件，由儀器所附之因數表查得。

1-2-2-2-4 事後之處理及一般注意事項

(1) 俟實驗完畢後，將「四路活塞」旋至五點鐘位置（註 O）。

(2) 移動「水準瓶」，使瓶內液體與「吸收瓶」內之液體平高，以保持
兩者相同之溫度。

(3) 將「氧氣膨脹管橡皮塞」塞緊燃燒管，以免外界空氣進入。

(4) 儀器每隔三小時以上不用時，即需做一次空白試驗。

(5) 塞於燃燒管尾部之石棉及「吸收塔」內之玻璃棉，應逐日換新。燃燒管尾部若積沉灰塵，亦應擦淨，否則過多之灰塵，會阻礙氧氣或 SO_2 氣體之流通，而在燃燒管內，產生倒壓現象，使氣體漏出，致分析結果偏低。

(6)「四路活塞」每週應清潔一次，並重上新的凡士林，以保證其密封性。

(7) SO_2 吸收塔內之 MnO_2，若有潮濕、顏色變淺、或覆滿灰塵等之現象時，應予重換，否則分析結果偏高。

(8) 測定 2,000 個試樣後，NaOH 溶液應換新；否則一旦吸收力降低後，分析結果即偏低。

(9) 高溫爐之溫度，應適度調整之，否則過低則試樣燃燒不完全，分析結果偏低；過高，則增加灰塵，同時減少燃燒管之壽命，且能在短時間內燒破磁船，致鐵水漏至燃燒管內，而使燃燒管無法再用。

1-2-2-2-5 附註

註：除下列附註外，另參照 1-2-2-1-4 節。

（A）（B）「四路活塞」在 45° 或四點鐘之位置時，「量氣瓶」和「吸收器」即自動和外界大氣相通。在六點鐘位置，則「量氣瓶」自動和「定碳管」或氧氣流相通；而「吸收器」則自動緊閉。

（C）（H）此時若無氧氣流，「量氣瓶」內之紅色酸性液體，應自動降至離「自動活塞」約 1 吋處，並停留於此一定之高度。整個裝置若有漏氣現象，則「量氣瓶」內之紅色酸性液體，便會自動慢慢下降；此時應予檢查。

（D）此時「量氣瓶」內之紅色酸性液體，若降至 0 刻度以下，則需再添加紅色酸性液體於「水準瓶」內，使之恰恰達 0 之刻度；反之，此時「量氣瓶」內之紅色酸性液體，若升至 0 之刻度以上時，則多餘之液體，需從「水準瓶」內除去。

（E）（L）

(1) 將「四路活塞」旋至二點鐘位置，「吸收器」和「量氣瓶」即自動相通。

(2) 此時「量氣瓶」內所有氣體，皆被擠壓於「吸收器」內，故此時「吸收器」內，應有許多氣泡冒出，其中之 CO_2 氣體，即可被「吸收器」內之 NaOH 所吸收。

（F）（1）儀器無誤差時，依照下表稱取試樣。

試樣種類及含碳量（C %）		試樣重量（g）	應使用之量氣瓶型式	附　註
合金鋼	0 ～ 1.25	1.0	"B"	本儀器附有"A"、"B"、"C"等三種刻度範圍之「量氣瓶」，以便適用於含碳量不同之樣品。
	0 ～ 5.00	0.25		
生鐵	0 ～ 4.00	1.0	"A"	
	0 ～ 8.00	0.5		
低碳鋼	0 ～ 0.20	1.0	"C"	
	0 ～ 0.40	0.5		

　　　（2）儀器有誤差時，試樣之稱取，參照本附註第（1）項及 1-2-2-1-4 節之附註（C）–（2）項。

（G）熔解溫度因試樣種類而異，生鐵、碳素鋼或普通合金鋼需約 1300℃；不銹鋼則需約 1370℃。

（I）若試樣顆粒很細，則僅需 15 秒；否則需 45 秒。

（J）（1）由試樣開始燃燒至此時，約需 45 ～ 60 秒。

　　　（2）開啟氧氣流時，「量氣瓶」內之紅色酸性液體下降很慢；若突然停止下降，則表示試樣內之碳，已正和氧化合成 CO_2，同時「定碳管」內有火花出現。俟作用完全後，液體即開始下降。

（K）若不立刻取出，瓷船易被燒毀，致使鐵水漏出，而損毀定碳管。

（M）若「水準瓶」提高之速度太快，則 CO_2 不易被 NaOH 完全吸收，而隨氣泡逸去，故應儘量緩慢。

（N）C % 亦可利用本儀器所附之碳素計算卡（Dietert carbon calculator），依據直接由儀器所測得之C % 及當時之室溫及大氣壓，直接查得，而不必再經計算。

（O）此時，「量氣瓶」與「吸收器」同時與大氣隔絕，可避免外界氣體進入系統內。

1-2-2-3 LECO 定碳器燃燒法

　　LECO 定碳定硫器，係美國 LECO CORPORATION 公司之產品，國內財團法人「金屬發展中心」使用本機。其構造與使用說明甚為複雜，詳細內

容可參照該機附件「使用手冊（INSTRUCTION MANUAL）」，在此僅作簡單之介紹，俾供有意採購者之參考。本機之定碳定硫原理，與前述二者大同小異，但無需濕化學操作，因此操作簡便；又本機設計時採用「微處理器（Microprocessor）」，因此分析結果更為精確。故本機性能較前述二者更為優異。

1-2-2-3-1 應備儀器：LECO 定碳器見圖 1-8

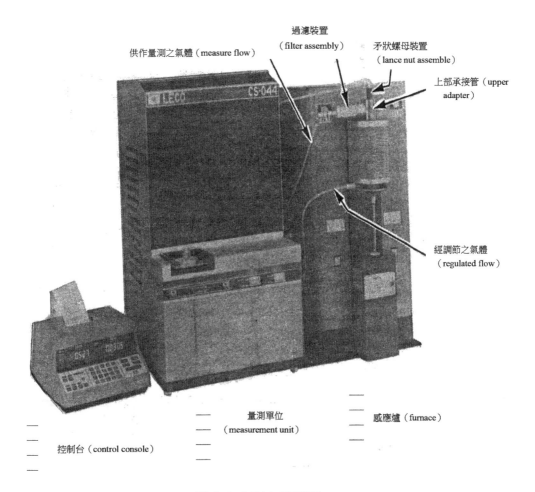

圖 1-8　LECO 定碳器

　　有關感應爐構造方面，在此僅依據本機三個次系統，各例舉一個構造簡圖說明之；而使用說明方面，則僅敘述儀器特性、分析原理、控制台說明與用途、分析步驟、以及氣體流程圖等。其餘如各種設備組件與安裝之說明、系統檢驗與校準（System checkout and calibration）、維護（Maintenance）、錯誤診斷（Diagnostics）、電訊校正（Electronic adjustment）、以及電路圖等，因篇幅甚大，請參考本機使用手冊。

　　本機包含三個次系統，即：（1）量測單位（Measurement Unit），內附天平一台。（2）感應爐（Induction Furnace）。（3）控制台（Control Console）。三個次系統裝置見下列各簡圖（圖 1-9 之 1-1 ～圖 1-9 之 3）。

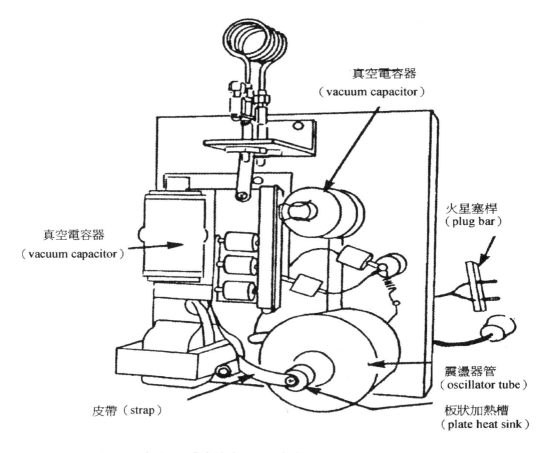

真空電容器
（vacuum capacitor）

真空電容器
（vacuum capacitor）

火星塞桿
（plug bar）

震盪器管
（oscillator tube）

板狀加熱槽
（plate heat sink）

皮帶（strap）

圖 1-9 之 1-1　感應爐之震盪器框架（Oscillator Chassis）

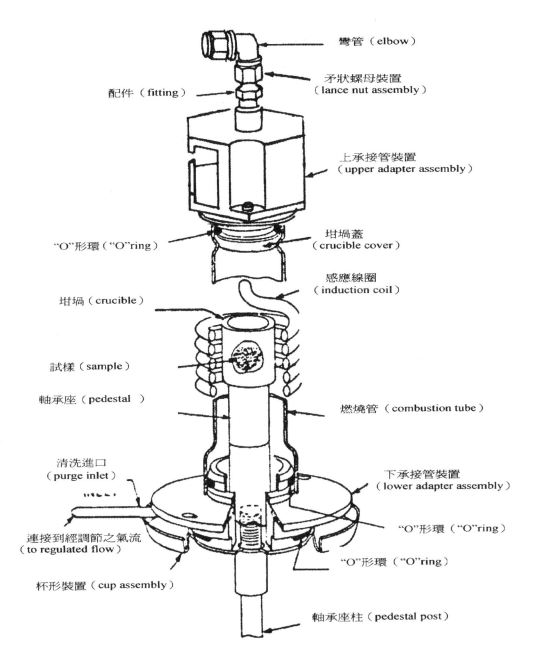

圖 1-9 之 1-2　感應爐之坩堝組成圖 (Crucible Set-Up)

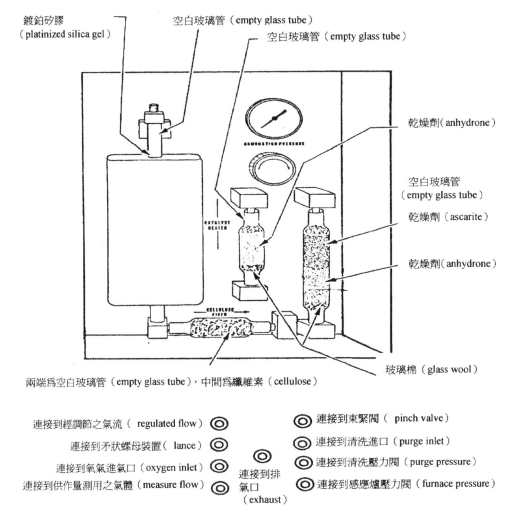

鍍鉑矽膠
（platinized silica gel）

空白玻璃管（empty glass tube）

空白玻璃管（empty glass tube）

乾燥劑（anhydrone）

空白玻璃管
（empty glass tube）

乾燥劑（ascarite）

乾燥劑（anhydrone）

玻璃棉（glass wool）

兩端為空白玻璃管（empty glass tube），中間為纖維素（cellulose）

連接到經調節之氣流（regulated flow）

連接到矛狀螺母裝置（lance）

連接到氧氣進氣口（oxygen inlet）

連接到供作量測用之氣體（measure flow）

連接到排氣口（exhaust）

連接到束緊閥（pinch valve）

連接到清洗進口（purge inlet）

連接到清洗壓力閥（purge pressure）

連接到感應爐壓力閥（furnace pressure）

圖 1-9 之 2-1　測試單位之前面的各項裝置（上）與後面（下）之氣體儀錶板（GAS PANEL）。

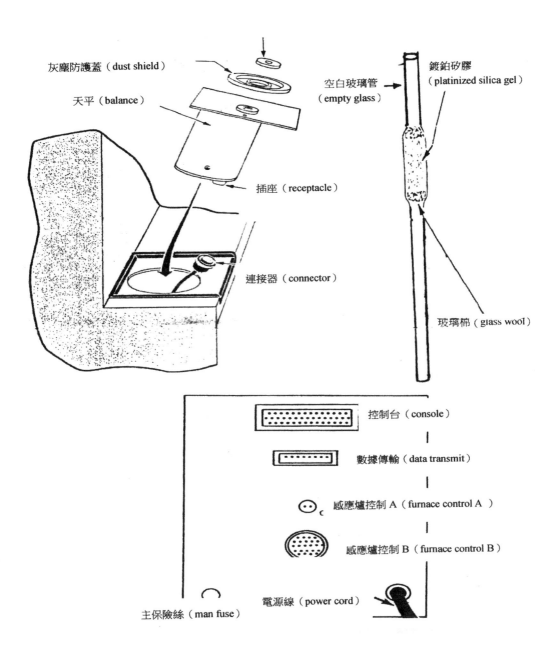

圖 1-9 之 2-2　測試單位之天平裝置(左上)、電路接頭(中下)以及觸媒管(右上)

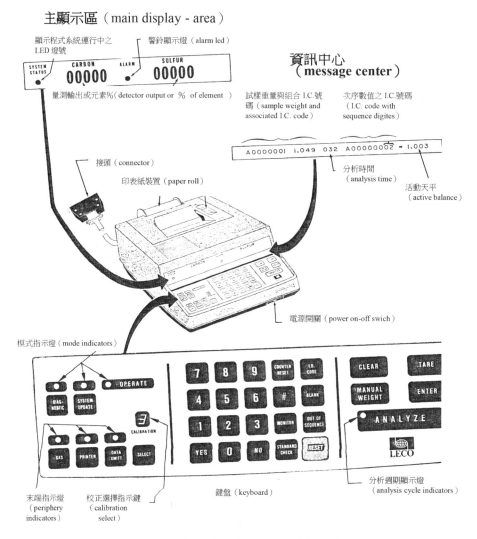

圖 1-9 之 3　控制台及其印表紙裝置圖

1-2-2-3-2 儀器特性（Characteristics）：

（一）性能規格（Performance specifications）

（1）範圍（Range）	0.35%：1 g
	0-7%：0.5g
	0-14%：0.25g
	0-35%：0.1g
	0-99.9%：＜0.1g
（2）靈敏度	碳（C）：詳如本機附件，碳與硫選擇表 （Carbon & Sulfur　Select Table） 硫（S）：3、4或5位有效數字
（3）精確度	C：（＜0.1%）±0.0002 或 ±0.5%C
	C：（＞0.01%）±0.001 或 ±0.5%C
	S：（＜0.1%）±0.0002 或 ±5%S
	S：（＞0.01%）±0.001 或 ±2%S
（4）有效數字顯示	1～5（操作者自選）
（5）每次分析所耗時間	標定：30sec
	短週期：25sec
（6）稱重精確度	±0.001 g
（7）稱量範圍（Range）	0.000 至 5.000 g
（8）偵測方法	IR 吸收
（9）溫度範圍	操作：15-38℃
	儲存：0-50℃
（10）量測單位之電力需求	標定：220-115VAC
	最大：253-126 VAC
	最小：207-103 VAC
	電流：6-12Amp，50-60Hz
（11）承載氣體：	氧氣（O_2）
①純度	＞99.5%
②輸入壓力	35P.S.I.G.（2.6kg/CM^2），標定：±3 P.S.I.

③系統壓力	11.5P.S.I.G.（0.8kg/CM^2），可調度：±0.5 P.S.I.
（12）分析時之氣 　　體流量	
①量測	3 liters/ 每次分析
②壓縮空氣	1 liter/ 每次分析
③總耗量	4 liters/ 每次分析
（13）化學試劑	①無水過氯酸鎂（Anhydrous Magnesium 　　　　　　　　　Perchlorate, MgClO$_4$）
	② NaOH
	③鍍鉑矽膠

（二）感應爐規格

（1）爐內電力規格	160-250 VAC
①頻率	50-60 Hz
② 電力	3000Watts
（2）震動器輸出	
①頻率	7MHz
② 電力	1500Watts
③柵極電流	80mA
④電極板電流 　（放置坩堝時）	450mA（max.）
⑤電極板電壓	3800VDC±5%
⑥電阻絲電壓	10.5VDC±5%
⑦溫度範圍	操作：4-40℃　儲存：-20-50℃
⑧燃燒室壓力	0-20 P.S.IG.（0-1.4kg/cm^2）（max.）
⑨氣動氣體之 供應 (Pneumatic Gas Supply)	O$_2$

壓力	33 P.S.I.. (2.31 kg/cm^2)（min）
	37 P.S.I.. (2.59 kg/cm^2)（max.）
純度	雜質（水與油）< 0.5%
O_2 總耗量	1 liter/ 每次分析
⑩化學試劑	玻璃棉

（三）控制台

①鍵盤	1 薄膜式手觸鍵
②英文字母 / 數字	40 字 LED
③積分英文字母 / 數字印表機	
印表技術	衝擊點矩陣
每線字數	34（max.）
印表速度	2 線 /sec
輸送媒	紅 / 藍墨水色帶
紙捲	寬：3.5-3.75 in　長：190 ft （max.）

1-2-2-3-3 分析原理

　　紅外線（Infrared，IR）源，包含一條鎳鉻（Ni-Cr）電阻線，可加熱至約 850℃。此種 IR 源，能發射可見能量（Visible Energy）以及紅外線譜中所有光線的波長。

　　此處只敘述有關碳的量測系統部分，但只要作一些必要的改變，硫系統的性能，亦等同於碳的量測系統。

　　在紅外線譜中，CO_2 能在準確的波長下，吸收紅外線能量。當氣體通過一個紅外線能量通過的小穴時，就可吸收紅外線能量；如此，偵測器所接收的能量就比較少。依藉準確的濾波器，就會縮減射達偵測器的其餘的波長能量。這種由於只有 CO_2 能吸收 IR 能量，因而改變偵測器所接受的能量的事實，就可偵測到 CO_2 的濃度。

　　上述的一個小穴，分為參考與量測兩個小室。當 CO_2 同時且連續的通過偵測器時，就可依據 CO_2 的濃度算出總碳量。紅外線通過的小穴，內裝一個 IR 源、一個進口馬達（Chopper Motor）、一個精確的濾波器、一個濃縮錐體（Condensing Cone）、一個 IR 偵測器、以及一個小穴本體（Cell Body）。放射能量在進入小穴本體之前，就會被震動數為 85 赫（Hertz）速率的電磁波所限定（Chopped）。這被限定的 IR 能量，首先通過一道藍寶石窗，再依次進入小穴本體、通過小穴本體，然後通過第二道藍寶石窗以及精確的濾波器。濾波器只讓 CO_2 吸收波進入濃縮錐體，用以濃縮射達偵測器的能量。這種固態偵測器，能反應射達偵測器的能量的改變，當 CO_2 氣體濃度增加時，被偵測器接收的能量指數就減少。這種偵測器，對於波長無選擇性，其偵測器的輸出（Output），為與前置電流（Pre-amp）相結合之 A.C.。

　　利用充滿 100% O_2 的流通小穴（flo-thru cell），可建立偵測器的起始參考水平（Starting Reference Level）。在這種充滿純氧的環境內，射達偵測器的能量最大。此種最大能量水平為與前置電流（Pre-amp）相結合之 A.C.；前置電流經過增幅、整流、及濾過。從這一點，資料送到「類比－數值卡（Analog-Digital Card）」，據以轉變為數位符號（Digital signs）。與自然環境下的螢幕例行工作相較，在小穴輸出處讀到的標定能量（Nominal energy）為 8.500 VDC。每次分析前，起始參考水平（Starting ReferenceLevel）由電腦讀出，然後以數位方式，調整參考水平，至到達標定水平（Nominal level）為止。譬如，小穴輸出為 8.400 VDC，則以數位方式調整之，至水平恢復為 8.500 VDC 為止。這種調整工作可使用電腦為之。若小穴輸出為標定水平，則無需調整。每當分析開始時，小穴輸出會與小穴內的 CO_2 濃度成比例減少。

1-2-2-3-4 控制台說明與用途

　　控制台是操作者在系統中的資訊與控制中心。控制台內包括一台字母與數字印表機（Alphanumeric printer）、主顯示區（Main display area）、字母與數字顯示器（Alphanumeric display）〔另稱資訊中心（Message center）〕、以及觸摸式鍵盤（Membrane touch keyboard）等。

（1）印表機

印表機旨在印製每次分析的紀錄，包括時間、日期、案號、以及樣品含碳與含硫百分比等。另可記錄本機系統的各種參數（Parameter）與作用（Action）。

（2）主顯示區

主顯示區包括兩個大數值顯示器（Large digital display）、一個系統狀況（System status）顯示燈、以及一個警報器（Alarm）顯示燈。在分析期間，大數值顯示器以動態的方式，顯示碳與硫偵測器的輸出數據；當分析完成時，則會顯示樣品含碳與硫百分比。

系統狀況顯示燈發亮，表示中心處理器（CPU）正依據程式作業中；警報器顯示燈發亮，表示本機系統故障或呈現不當條件。

（3）資訊中心

資訊中心可提供操作者有關分析步驟與參數的資訊。資訊中心可使操作者了解試樣重量記憶（Sample weight memory）的狀況及其相關驗證號碼（Identification code）；它也提供指令資訊（Instruction message），俾利操作者，按照本機所設計的各種操作程序按步操作。另外，當本機處在診斷模式（Diagnostic mode）時，它可動態式的追蹤各參數；同時當系統警報器響聲時，它會顯示有用的診斷資訊。警報器響聲所表示的意義與處治的方法，本機手冊的維修說明有詳細說明，不再贅述。

（4）控制台鍵盤說明

除了下述控制鍵外，鍵盤裝置了8個指示燈，其中三種模式指示燈（Mode indicator）亮了，分別表示目前正在運作的模式：診斷（DIAGNOSTIC）、系統更新（SYSTEM UPDATE）、或操作（OPERATE）；一次只限定一種模式指示燈發亮。另外三種球型指示燈（Periphery indicator）亮了，表示氧氣流（GAS）、印表機（Printer）、或數據輸出（DATA XMITT）正在運作中。分析指示燈（ANALYZE）亮了，表示允許進行分析工作；若指示燈滅了，表示分析工作進行中；若指示燈暗了，表示分析工作已完成。校正指示燈（CALIBRATION）亮了，顯現操作者在四種（1、2、3、或4）校正號碼之中，所選取的一種；此種號碼就是分析時，系統所使用者。按下鍵盤上的下列各種控制鍵，其作用說明如下：

DIAG MOSTIC　表示系統進入診斷模式（Diagnostic Mode），可監測 警報器與各項參數，俾利障礙排除。

SYSTEM UPDATE　可使系統進入系統更新模式（System Update Mode），因此可更新系統參數，譬如，可校準系統與天平；設定時間、日期、及溫度；另外可顯示與編輯各種常數。

RESET　可驅使系統離開任何模式，而使系統進入空轉操作模式（Idle Operate Mode），同時啟動控制台的印表機。

GAS　依據需求，自動開啟或阻止氧氣流。

PRINTER　能打開或關閉控制台的印表機功能。然而，當按下 RESET 或 MONITOR 鍵後，或每次分析工作完成後，控制台的印表機功能會自動打開。

DATA XMITT　本鍵旨在控制資料是否輸入簡易電腦、遙控印表機、遙控顯示機、或其他資料接收設備。

SELECT　能讓操作人員，依據最相近似於、且即將被分析的試樣類別，選擇不同的校正值（譬如 1，2，3 或 4）。

STANDARD CHECK　能讓操作人員，以標準樣品特定值與分析該標準樣品所得之結果作比較，以檢驗系統之校正值。控制台印表機會提供一份標準檢驗結果記錄表。

MONITOR　能打開控制台印表機功能，提供一份現行的系統參數，如溫度、氣流、電源電壓、量測小室電壓……等等，之記錄表。

OUT OF SEQUENCE	能讓操作人員在不打亂一堆資料之情況下，依據順序，完成每一個試樣之分析工作。資訊中心（Message Center）會領導操作人員，依據 Out Of Sequence 鍵所指示的分析路徑，完成分析。
#	此為消除鍵。在一個分析週期的任何時刻，都能使分析停止，並使控制台提示一個警報條件。在分析停止時間，會印出碳與硫之含量百分比。
BLANK	能讓操作人員改變或檢驗從分析結果自動減去的空白值。
COUNTER RESET	首先將「清除間隔計數器（Cleaning Interval Counter）」歸零，本計數器就會自動重新計數分析次數。
I.D CODE	能讓操作人員設定或改變四種試樣（A、B、C 或 D）中，任何一種試樣的證明號碼。
YES ←	能讓操作人員對資訊中心的詢問，作一個確定的響應；亦能用於使移動游標（>）移至資訊中心的數字區的左邊。
NO →	能讓操作人員對資訊中心的詢問，作一個否定的響應；亦能用於使移動游標（>）移至資訊中心的數字區的右邊。亦可用作診斷模式（Diagnostic Mode）的 MBS（Monitor By Step）程式 進階鍵（Advance Key）。
0 ~ **9**	用於進入 0-9 數字的數字鍵。
ANALYZE	若系統處於操作模式，按下本鍵，即可啟動分析週期。
MANUAL WEIGHT	能讓操作人員以手動設定或改變樣品重量值。

| ENTER | 可命令系統接受操作人員選擇或證實的數值，進入記憶；或接受進入經系統天平確定的一堆樣品重量值（Stack sample weight value）。 |

| CLEAR | 按下本鍵，可一次清除一堆重量或 I.D. 號碼，以便降低數值門檻（Numerical Order）。 |

| TARE | 按下本鍵，可讓操作人員隨時確定系統天平的皮重。 |

1-2-2-3-5 分析步驟

操作前必須依照本機手冊之規定，完成安裝與系統檢測。操作流程圖見圖 1-10。

（一）依據圖 1-9 之 3，選擇操作模式

(1) 按下「RESET 鍵」。

(2) 若要輸送數據，按下「DATA XMITT 鍵」；否則依照下〔第 (3)〕步操作之。

(3) 若要建立一個識別號碼值（Identification code number），按下「I.D.CODE 鍵」；否則依照下〔第 (4)〕步操作之。

(4) 若要分析標準試樣，以檢測校準值（Check calibration），則按下「STANDARD CHECK 鍵」，所得之測試數據，會反映在「Message Center（資訊中心）」；否則依照下〔第 (5)〕步操作之。

(5) 是否要選擇一個不一樣的校正？若否，則依照下〔第 (6)〕步操作之。若是，則依照下述步驟操作之：

①按「RESET 鍵」。

②按「SELET 鍵」。Message Center 將會顯示：

「SELET CALIBRATION #1」

〔註：SELET CALIBRATION（校準選項）共有 1、2、3 或 4 等四種，#1 表示選擇第 1 種。）〕

③針對校準值（Calibration number），按下所選擇的數字鍵（註：本例選擇 1）。

④系統回復「操作模式（Operate Mode）」。

(6) 是否要改變空白試驗？若否，則依照下〔第(7)〕步操作之。若是，則按下 BLANK 鍵。測試數據反映在「Message Center」上。

（二）樣品分析

(7) 按下「RESET 鍵」。

(8) 「Message Center」若顯示「EMPTY（空無）」，則使用已預先稱重之樣品，依照下〔第(9)〕步操作之。否則稱取試樣重量。

(9)將「UP/DOWN」開關的「DOWN(↓)」按下，再將坩堝置於坩堝架上。然後按下「UP（↑）」。

(10) 當分析完成後，「CARBON（碳）」與「SULFUR（硫）」的分析值就會顯示在螢幕上，然後由印表機印出分析結果。

(11) 系統回復到第(8)步，繼續樣品分析。

1-2-2-3-6 氣體流程圖

O_2、CO_2、SO_2 等氣體在系統內之流程圖見圖 1-11。流程圖內之量測單元的碳與硫的偵測器的相對位置見圖 1-12。

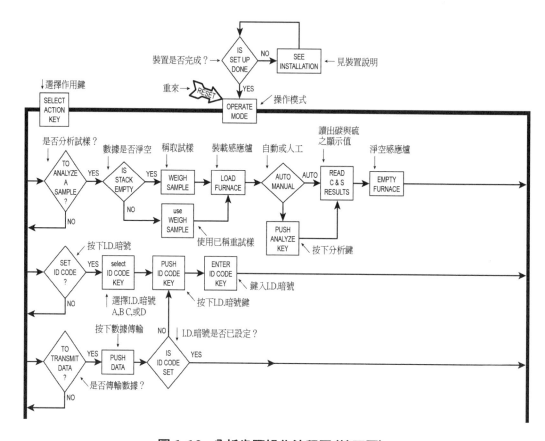

圖 1-10　分析步驟操作流程圖（接下圖）

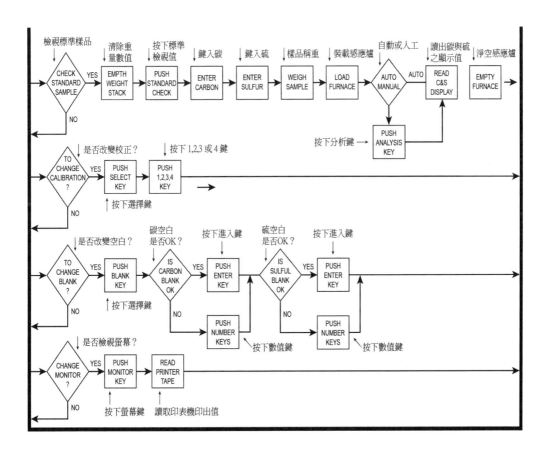

圖 1-10　分析步驟操作流程圖（承上圖）

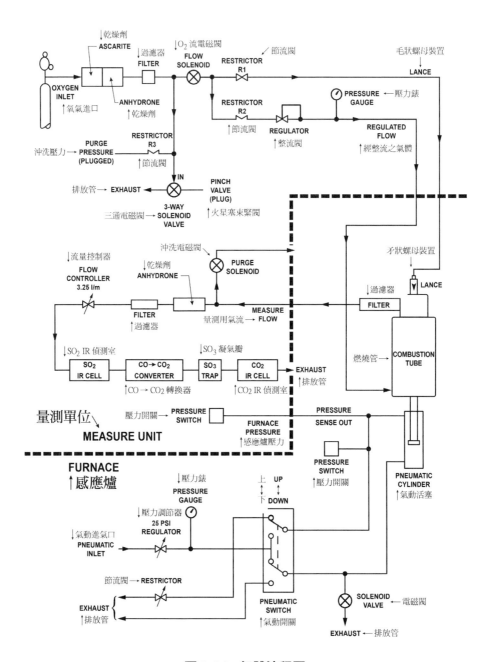

圖 1-11　氣體流程圖

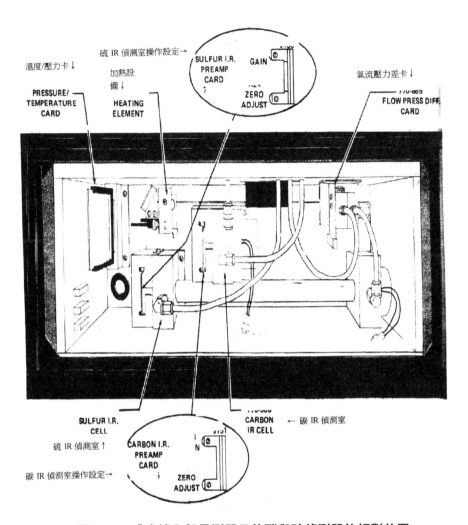

圖 1-12　感應爐內部量測單元的碳與硫偵測器的相對位置

第二章　硫（S）之定量法

2-1 小史、冶煉及用途

一、小史

英文中，「Sulfur（硫）」之一字，首先在聖經及荷馬（Homer）的著作中出現，然後次第發現其用途、製法，最後拉弗西爾（Lavoisier）研究燃燒時，才確定硫是一種元素。「Sulfur」的原意就是可燃的黃色石頭，商業上常寫成「Sulphur」。

二、冶煉

硫約佔固體地殼的 0.03%。大量的天然游離硫，產於意大利西西里島及美國路易士安那州與德克薩斯州等地；世界總產量之 80%，是在前述美國兩州。重要硫礦計有：方鉛礦（PbS）、閃鋅礦（ZnS）、辰砂（HgS）、輝銻礦（Sb_2S_3）、黃銅礦（$CuFeS_2$）及黃鐵礦（FeS）等。通常使用弗拉許法（Frash Process）開採。

三、用途

約 70% 硫，用於製造硫酸。約 34% 硫酸，用於製造肥料；化學工業及石油工業用量則分佔二、三位；少量用於金屬冶煉。故硫酸亦稱為「化學品之王」。

鋼鐵中之硫，對鋼鐵之性質影響甚大。鋼的不純物當中，硫的影響最為不良，其含量約為 0.02% 時，就會減少鋼的強度、伸長率和衝擊值。另外，硫會產生硬脆的硫化鐵（FeS），而和鐵成為共晶，包圍在肥粒鐵的晶界，成為網狀薄膜。這種共晶混合物的熔點低，加熱至鍛造溫度時，會發生熔解現象，因此鍛造時，在這些地方容易發生龜裂。這就是硫能使鋼產生高溫脆性（Red or hot shortness）的原因。

工具鋼或者需要熱處理之鋼料的硫含量，應小於 0.03%；軟鋼應小於 0.05%。普通碳素鋼含硫量，以不超過 0.04% 為宜；如為輥壓鋼，其含硫量

更應低微，否則施行輥壓時，易起折裂（Crack）。

　　然而隨著自動切削機械的進步，對材料的切削性和切削加工面的改良有各種發展，其中之一就是易切鋼的採用。易切鋼可分為硫系及鉛系兩種，前者之硫含量在 0.10 ～ 0.25% 之間。易切鋼所含之硫化錳（MnS），會使切削時所產生的切屑變細，故可改變此種鋼料之切削性。雖然這種鋼的機械性質不佳，然而，諸如螺栓、螺帽等，只需求切削容易、切削加工面良好、但不重視強度，則可採用這種鋼來製造。

2-2 性質

一、元素態硫

　　硫屬於非金屬元素，為週期表中第 VI 屬的第二個元素。平均分子量為 32.066。元素硫在形成時之狀況（如溫度）不同，故有數種性質不同之同素異形體存在，諸如 α- 硫（即斜方晶硫）、β- 硫（即單斜晶硫）、π- 硫……等。

二、硫化合物

　　硫之主要氧化狀態，以及各狀態所代表之重要化合物如次：

　　　　+ 6：H_2SO_4、SO_4^-、SO_3；　　　+ 4：H_2SO_3、SO_3^{-2}、SO_2；

　　　　0：S；　　　　　－ 1：Na_2S_2；　　　－ 2：H_2S、S^{-2}。

　　比較重要之硫化合物，計有：硫化物（Sulfide）、二氧化硫、亞硫酸、三氧化硫、硫酸、硫酸鹽及硫代酸類（Thio or sulfo acids）等。茲分述如下：

（一）硫化氫與金屬硫化物

　　硫化氫（H_2S）屬重要之硫化物，易溶於冷水，形成微酸性溶液。此溶液久露於空氣中，則逐漸氧化成硫之乳濁沉澱。硫化氫具有強烈之腐蛋臭味，且有劇毒，不宜吸入，在分析化學實驗室中，使用頗多，故應加以注意。實驗室通常以鹽酸與硫化亞鐵作用製得。

　　鹼金屬及鹼土金屬之硫化物，均為無色且易溶於水；大部份其他金屬硫化物則不溶於水或僅微溶於水。在各種不同狀況下，所得之各種金屬離子之硫化物沉澱，為傳統定性分析法過程中之重要部份。

硫化物中，尚包括多硫化物，係硫溶於硫化鹼金屬或硫化鹼土金屬溶液中而得者，如 S_2^{-2}、S_3^{-3}、S_4^{-2} 等。H_2S 及 H_2S_2 之分子結構，分別與 H_2O 及 H_2O_2 相似。

(二) 二氧化硫 (SO_2) 與亞硫酸 (H_2SO_3)

二氧化硫為燃燒硫或硫化物（如黃鐵礦）而得；實驗室則以強酸與固體亞硫酸氫鈉作用而得。而亞硫酸溶液則係將 SO_2 溶於水中而得。SO_3^{-2} 遇氧化劑（如 O_2、鹵素、H_2O_2），則變成硫酸。

(三) 三氧化硫 (SO_3) 與硫酸 (H_2SO_4)

SO_2 在空氣中氧化（以 Pd 或 V_2O_5 為觸媒），即得三氧化硫（SO_3）；主要用於硫酸製造。SO_3 為具腐蝕性之氣體，能與水劇烈化合成硫酸；亦易溶於硫酸中，而生成焦硫酸（$H_2S_2O_7$）。普通商業上所謂之濃硫酸（Concentrated Sulfric acid），係一種密度為 $1.838g/cm^3$ 的油狀液體，在空氣中微微發煙，加熱時則冒出濃白三氧化硫氣體；在 338℃ 沸騰時，其定組成為 $98\%H_2SO_4$ 及 $2\%H_2O$。硫酸稀釋時，放出大量之熱，故應將濃硫酸徐徐傾入水中，同時快速攪拌；而切忌將水傾入酸中，否則高溫之酸液會濺出容器，傷及人身。硫酸之製法有接觸及鉛室兩法，前者可得 $98\%H_2SO_4$；後者可得 $65 \sim 70\%H_2SO_4$。

(四) 硫代酸類

凡含氧酸根中，氧原子為硫原子取代一個者，總稱此類酸為硫代酸類（Thio acid），而硫代硫酸根（$S_2O_3^{-2}$）即為此類酸根之代表。硫代硫酸根係 SO_3^{-2} 與 S 煮沸而製成者。在分析化學中，最廣被使用者，為硫代硫酸鈉（$Na_2S_2O_3 \cdot 5H_2O$）。$S_2O_3^{-2}$ 易被氧化，尤易被碘氧化成四硫磺酸離子（Tetrathionate ion，$S_4O_6^{-2}$）；此種反應，對於定量分析化學，極為有用。

2-3 定量

鋼鐵中的硫，通常使用三種方法定量之：①將硫氧化成硫酸根，再使成硫酸鋇沉澱。②將硫還原成硫化氫，再以標準碘滴定之。以及③以高溫燃燒之，使釋出硫的氧化物，然後以碘酸鉀滴定之。高溫爐可使用感應（Induction）或電阻（Resistance）方式加熱。一般鋼鐵廠之爐邊分析，廣

泛採用燃燒法。在此乃以美國 DIETERT 公司所設計之定硫器作為實例加以說明。本儀器因能同時作碳之定量，故亦稱定碳定硫器，但在此僅說明定硫部份。

2-4 分析實例

2-4-1 碘酸鉀－直接燃燒法：本法不僅適用於各種金屬，而且最簡捷、準確。

2-4-1-1 應備儀器：DIETERT 定硫器（如圖 2-1）

2-4-1-2 應備試劑

（1）澱粉溶液：

稱取 9g 澱粉（純）於小燒杯內→加 5 ～ 10ml H_2O →攪拌成均勻漿液→一面攪拌，一面將其倒入已盛有 500ml H_2O（沸）之瓶中→冷卻→加 15g KI →攪拌至溶解→繼續加水稀釋成 1000ml。

（2）碘酸鉀（KIO_3）標準溶液（1ml ＝ 0.0001g S）：

稱取 0.2069g KIO_3 於 1000ml 量瓶內→加適量水溶解之→繼續加水至刻度。〔所製成之溶液，可用標準鋼當作試樣，依 2-4-1-3 節（分析步驟）校正之。〕

2-4-1-3 分析步驟

(1) 依照圖 2-1，將一切裝置妥當，再檢查各接口，嚴防漏氣。然後開啟高溫電爐，使溫度緩緩升高至 1300 ～ 1400℃。

(2) 依照附註（A），稱準適量試樣於瓷船內。

(3) 加 65 ～ 70ml HCl（3:97）（註 B）及 2ml 澱粉溶液（註 C）於「滴定器」內。

(4) 通入氧氣。然後滴加 1 ～ 2 滴 KIO_3 標準溶液於「滴定器」內，至溶液微呈藍色（註 D）為止。再加碘酸鉀標準溶液於「碘酸鉀標準溶液滴定管」，至達最上層 0 之刻度為止。

(5) 調節氧氣流為 1.5 ～ 2 公升／分鐘（註 E），然後拔出高溫電爐定硫管之「氧氣膨脹橡皮塞」，並將盛有試樣之瓷船推入「定硫管」

正中央,再迅速將「氧氣膨脹橡皮塞」緊塞於定硫管口。

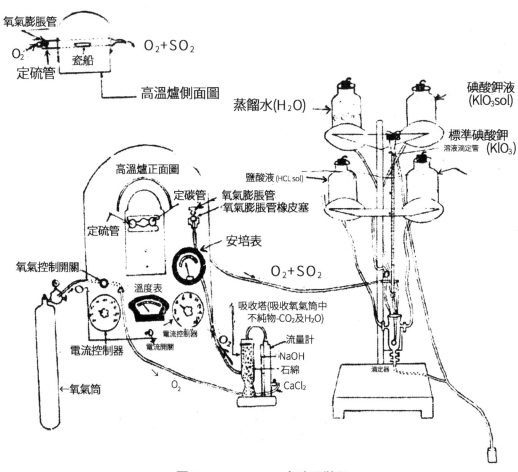

圖 2-1　DIETERT 定硫器裝置

(6)隨時注意,若「滴定器」內藍色一旦褪盡(註 F),則立刻以碘酸鉀標準溶液滴定之,使盡可能時時保持同第(4)步一樣深淺之藍色(註 G)。約 1 分鐘後,溶液若不再變色,則記下此時「碘酸鉀標準溶液滴定管」之讀數,以 A 代之,以備計算。

(7)將「滴定器」內之溶液排盡,並以其上端之蒸餾水洗淨之,即可繼續分析次一試樣。

2-4-1-4 計算

$$S\% = \frac{A \times F \times 100}{W}$$

A＝「碘酸鉀標準溶液滴定管」之讀數〔即滴定時，所耗碘酸鉀標準溶液之體積（ml）〕。

F＝滴定因數〔即每 ml 碘酸鉀標準溶液相當於硫之重量（g）〕。

W＝試樣重量（g）。

2-4-1-5 附註

（A）（1）儀器無誤差時，依下表稱取試樣：

試樣含硫量（S％）	試樣重量（g）
0.005 ～ 0.10	1.0
0.10 ～ 0.25	0.500
0.25 ～ 0.4	0.050

（2）儀器有誤差時，試樣之稱取：參照 1-2-2-1-4 節之附註。

（B）（C）（D）（E）（F）（G）：

(1) $IO_3^- + 5I^- + 6H^{+1} \rightarrow 3I_2 + 3H_2O$〔此時 I_2 與澱粉溶液結合成藍色之「碘 - 澱粉」複合體（Iodo-Starch）〕。

(2) $S + O_2 \rightarrow SO_2$

(3) $I_2 + SO_2 + 2H_2O \rightarrow HSO_4^- + 3H^+ + 2I^-$

由第（3）式可知，在水中，SO_2 能將與澱粉結合成藍色複合體之 I_2，還原成無色之 I^-。因此當溶液中無 SO_2 存在時，始有多餘之 I_2，再與澱粉相結合，而生成藍色之液體。此現象可當作滴定終點。

(4) 氧氣流速調整為 1.5 ～ 2 公升／分鐘，則「定硫管」內之試料，不僅易生成 SO_2 及／或 CO_2 之白色火花，而且瓷船內之物質，亦不致被吹散於燃燒管上，而招致毀損。若氧氣流速太小，則熔融之

試料內之 SO_2 不易逸出。

2-4-2 硫化氫發生法：本法適用於各種鋼鐵。較硫酸鋇沉澱法（見 2-4-3 節）方便，但分析結果往往偏低。

2-4-2-1 應備儀器：起硫器（如圖 2-2）。

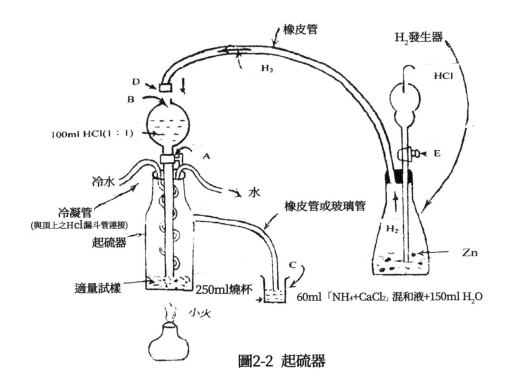

圖2-2 起硫器

2-4-2-2 應備試劑

（1）三氯化銻（$SbCl_3$）溶液：稱取 2g $SbCl_3$ 於 100ml 量瓶內→加 50ml HCl（1.18）溶解之→加水稀釋至刻度。

（2）HCl（1：1）

（3）「NH_4OH-$CdCl_2$」混合液：稱取 10g $CdCl_2 \cdot H_2O$ → 加 400ml H_2O 溶解之→加 600ml NH_4OH（飽和）。

（4）澱粉溶液：同 2-4-1-2 節

（5）碘化鉀標準溶液：同 2-4-1-2 節

2-4-2-3 分析步驟

（1）依照圖 2-2 所示，將各附件裝置妥當。檢查各接口，嚴防漏氣。

（2）稱取 1～5g 試樣於「起硫器」內→加適量（約 2g）$SnCl_2$（註 A）及 2ml $SbCl_3$ 溶液（註 B）→接上冷凝管（此管係與頂上之 HCl 漏斗相連接），打開 A 栓，讓漏斗內之 HCl（1:1）（註 C）完全注於試樣內→關閉 A 栓→以電熱板或酒精燈緩緩加熱「起硫器」，至試樣完全溶解，同時 C 杯內無氣泡冒出後，即刻打開 A 栓（註 D）。

（3）將 D 塞塞緊 HCl 漏斗口→將 E 栓打開些許，讓 HCl 緩緩注入，以產生 H_2 氣，俾將「起硫器」內之 H_2S 悉數趕至 C 杯內。

（4）待 H_2S 悉被趕入 C 杯中之「NH_4OH-$CdCl_2$」混合液（註 E）後，將伸入 C 杯內之玻璃管或橡皮管端，用蒸餾水沖洗一次，再移開 C 杯，然後停止加熱（註 F）。

（5）加 30ml HCl（1.18）（註 G）及 2ml 澱粉溶液（註 H）於 C 杯內→儘速（註 I）以碘化鉀標準溶液滴定，至溶液恰呈微藍色（註 J）為止。

2-4-2-4 計算

$$S\% = \frac{A \times F}{W} \times 100$$

A＝滴定時所耗碘化鉀標準溶液之體積（ml）。

F＝滴定因數〔即每 ml 碘化鉀標準溶液相當於硫之重量（g）〕。

W＝試樣重量（g）。

2-4-2-5 附註

（A）（B）$SnCl_2$ 及 $SbCl_3$ 均用作還原劑，以防「起硫器」內所生成之 H_2S，再被氧化。

（C）若試樣為鋼鐵，則硫呈 MnS、Fe_2S_3 或 FeS 等化合物而存在，加入 HCl，即成 H_2S 逸出：

$$MnS + 2H^+ \rightarrow Mn^{+2} + H_2S \uparrow$$

$$FeS + 2H^+ \rightarrow Fe^{+2} + H_2S \uparrow$$

$$Fe_2S_3 + 6H^+ \rightarrow 2Fe^{+3} + 3H_2S \uparrow$$

（**D**）（**F**）若不打開A栓，或在C杯移開前，即停止加熱，則C杯內之溶液，易倒灌入「起硫器」內。

（**E**）（**G**）（**H**）（**I**）（**J**）：

(1) $CdCl_2 + H_2S \rightleftarrows CdS \downarrow + 2HCl$

黃色

上式雖為可逆反應，但其所產生之 HCl，因能與「$CdCl_3$–NH_4OH」混合液內之 NH_4OH 互相中和，故反應得趨於完全。

(2) $CdS + 2HCl \rightleftarrows H_2S \uparrow + CdCl_2$

(3) $IO_3^- + 5I^- + 6H^+ \rightarrow 3I_2 + 3H_2O$

(4) $I_2 + H_2S \rightarrow S \downarrow + 2HI$

黃色

當 H_2S 悉數被 I_2 氧化後，始有多餘之 I_2 與澱粉溶液相結合，而呈藍色之溶液。此種現象，可作為滴定之終點。另外，因 H_2S 氣體容易揮發逸去，故需儘速以碘酸鉀標準溶液滴定之。

2-4-3 硫酸鋇沉澱法

2-4-3-1 普通鋼、錳鋼、鏡鐵、生鐵、低碳錳鐵、高碳錳鐵、鎳鋼、鎳鉻鋼及鉻釩鋼等之S

2-4-3-1-1 應備試劑

(1)「**BaCl₂–HCl**」洗液：量取 10ml $BaCl_2$（10%）於 1000ml 燒杯內→加 10ml HCl（1.18）→加 1000ml H_2O →混合均勻。

2-4-3-1-2 分析步驟

(1) 稱取 4.5g 試樣於燒杯內，以錶面玻璃蓋好。另取同樣燒杯一個，供作空白試驗。

(2) 加 50ml HNO_3（1.42）（註 A），以溶解試樣。若試樣為高鎳鉻鋼而難於溶解，可於沸時，逐漸滴加 HCl（1.18）助溶；惟所用 HCl 不

宜過多。

(3) 俟試樣溶解完全後，加 0.5 克 Na_2CO_3（無水）（註 B）。移去錶面玻璃，於沙盤上蒸乾之。再移於 130℃之電熱板上，烘烤約 1 小時（註 C）。

(4) 放冷後，加 30ml HCl（1.18），以溶解可溶鹽。置於沙盤上蒸乾之。再移於 130℃之電熱板上，烘烤約 1 小時（註 D）。

(5) 加 30ml HCl（1.18），再蒸煮濃縮，至溶液呈糖漿狀。

(6) 分別加 5ml HCl（1.18）（註 E）、20ml H_2O 及 5g 純鋅粒（註 F），然後置於熱水鍋上加熱，至無氫氣（註 G）冒出為止。

(7) 以傾泌法（Decantation）過濾。以約 75ml HCl（2：98）沖洗沉澱。聚濾液及洗液於燒杯內。沉澱棄去。

(8) 將濾液及洗液加熱至 60 ～ 70℃。

(9) 加 20ml $BaCl_2$（10%）（註 H），攪拌混合後，擱置過夜。

(10) 加少許無灰濾紙，以傾泌法過濾。用「$BaCl_2$–HCl」洗液洗滌沉澱及濾紙數次；將鐵洗淨（註 I）後，再用熱水沖洗，至新滴濾液不再含氯離子（註 J）為止。濾液棄去。將沉澱置於已烘乾稱重之鉑坩堝內。

(11) 於噴燈上，先用低溫焚燬濾紙，再用高溫燒灼至恒重（需先置於乾燥器內冷卻後，再稱其重量）。殘渣為硫酸鋇（$BaSO_4$）。

2-4-3-1-3 計算

$$S \% = \frac{（A-B）\times 13.74}{W}$$

A＝由試樣溶液所得 $BaSO_4$ 之重量（g）。

B＝由空白溶液所得 $BaSO_4$ 之重量（g）。

W＝試樣重量（g）。

2-4-3-1-4 附註

（A）（B）（C）（D）

(1) 參照 2-4-2-5 節之附註。

(2) $H_2S + 2HNO_3 \rightarrow 2H_2O + 2NO_2 \uparrow + S \downarrow$
　　　　　　　　　　　　　　　　　　黃色

(3) 上式所得之 S，經長時與 Na_2CO_3 共熱後，即氧化成 Na_2SO_4。

（E）（F）（G）

(1) $Zn + 2HCl \rightarrow ZnCl_2 + H_2 \uparrow$

(2) 有些重金屬之離子能與 SO_4^{-2} 生成不溶性硫酸鹽（如 $PbSO_4$），故需先用氧化還原電位較高之鋅，予以還原成金屬，而在第（7）步，與各種酸之不溶物一併濾法，俾利第（9）步 $BaSO_4$ 之沉澱。

（H）在稀鹽酸溶液內，氯化鋇易與硫酸作用，產生白色硫酸鋇沉澱：

$$Ba^{+2} + SO_4^{-2} \rightarrow BaSO_4 \downarrow$$
　　　　　　　　白色

（I）（J）

(1) 新滴濾液加 CNS^- 溶液，若不呈紅色，即表示鐵已洗淨。

(2) 新滴濾液加 $AgNO_3$ 溶液，若不生白色 AgCl 沉澱，即表示 Cl^- 已被洗淨。

(3) $FeCl_3$ 若不予洗淨，會使分析結果偏高。

2-4-3-2 矽鐵、釩鐵及矽錳等之 S：本法可連續分析 S 及 Si

2-4-3-2-1 應備試劑

（1）融劑（Na_2O_2：$NaKCO_3$ ＝ 1：1）

（2）「$BaCl_2$-HCl」洗液：同 2-4-3-1-1 節

2-4-3-2-2 分析步驟

(1) 稱取 0.5 ～ 1g 試樣於鎳坩堝內。

(2) 加 10 倍於試樣重量之融劑。混合均勻後，以蓋蓋好。

(3) 首先仔細用小火焰加熱融熔，然後增強熱度，至融質稀薄後，再繼續加熱約 10 分鐘。

(4) 放冷後，將坩堝置於燒杯內，再加適量水溶解融質。

(5) 加適量 HCl，使呈酸性。移溶液及不溶物於瓷蒸發皿內，蒸乾之。

(6) 蒸乾後，若呈現球狀硬塊，應以厚玻璃棒壓碎之，然後以 130℃電熱板加熱約 1 小時。

(7) 加 15ml HCl(1.18)（註A）。加熱，至殘質溶解後，再加適量水稀薄之。

(8) 過濾。分別用 HCl(5:95:熱)及水洗滌沉澱及濾紙數次。沉澱棄去（註 B）。

(9) 加熱濾液及洗液。

(10) 乘熱，加過量之 NH₄OH，使鐵質完全成 Fe(OH)₃ 而沉澱。

(11) 過濾。用水洗滌沉澱及濾紙數次。沉澱棄去。

(12) 加適量 HCl 於濾液及洗液，使呈弱酸性，再加熱至 60 ～ 70℃。

(13) 加 10ml BaCl₂（10%），攪拌混合後，靜止過夜。

〔以下操作同 2-4-3-1-2 節；從第(10)步開始做起〕

2-4-3-2-3 計算：同 2-4-3-1-3 節，惟無需作空白試驗。

2-4-3-2-4 附註

註：除下列各附註外，另參照 2-4-3-1-4 節有關之各項附註。

（A）在蒸發過程中，有不溶於水之氧化物及鹼式鹽（Basic Salt）生成，故加 HCl，使其成氯化物而溶解，以便與大量之矽酸（H₂SiO₃）沉澱物分離。

（B）沉澱可留供 Si 之定量。

2-4-3-3 鉻鐵及鉬鐵之S

2-4-3-3-1 應備試劑：同 2-4-3-2-1 節

2-4-3-3-2 分析步驟

(1) 稱取 3g 試樣於鎳坩堝內。

(2) 加 10 倍於試樣重量之融劑，混合均勻，用蓋蓋好。

(3) 仔細用小火焰加熱融熔，然後增強熱度，俟融質稀薄後，再繼續加熱約 10 分鐘。

(4) 放冷後，將坩堝置於燒杯內，加適量水溶解之。

(5) 加少量溴水，然後煮至溴氣（Br₂）趕盡。

(6) 加 HCl 至溶液呈酸性，再蒸乾之。

(7) 放冷後，加適量 HCl（1.18），以溶解可溶物質。

(8) 過濾。用水洗滌沉澱及濾紙數次。沉澱棄去。

(9) 將濾液及洗液加熱至 60 ～ 70℃。

(10) 加 10ml BaCl2（10%），攪拌混合後，靜置過夜。

〔以下操作同 2-4-3-1-2 節，從第（10）步開始做起〕

2-4-3-3-3 計算：同 2-4-3-1-3 節；唯無需作空白試驗。

2-4-3-3-4 附註：參照 2-4-3-1-4 節有關各項附註。

2-4-3-4 鎢鋼、鎢鉻鋼及鎢鉻釩鋼等之 S

2-4-3-4-1 應備試劑

（1）**辛可寧（Cinchonine）溶液（12.5%）**：稱取 125g 辛可寧於 1000ml 量瓶內→加 500ml HCl（1.18）→攪拌至溶解→加水稀釋至刻度。

（2）**辛可寧洗液**：量取 30ml 上項辛克寧溶液（1.25%）於 1000ml 量瓶內→加水稀釋至刻度。

（3）**BaCl₂（10%）**。

（4）**「BaCl₂-HCl」洗液**：量取 10ml BaCl₂（10%）於 1000ml 量瓶內→加 10ml HCl（1.18）→加水稀釋至刻度。

2-4-3-4-2 分析步驟

(1) 稱取 5g 試樣於 600ml 燒杯內。另取同樣燒杯一個，供作空白試驗。

(2) 加 75ml HNO_3（1.42）。置於沙盤上，加熱溶解，並逐漸滴加 5ml HCl（1.18）以助溶（必要時，可酌加新酸。）俟殘渣（H_2WO_4）呈鮮黃色後，蒸發濃縮至小體積。

(3) 放冷後，加 30ml HCl（1.18），然後加熱濃縮之。

(4) 用適量沸水稀釋之，再煮沸至可溶鹽完全溶解。

(5) 過濾。用 HCl（1：10）洗滌沉澱及濾紙。沉澱棄去。

(6) 聚濾液及洗液於 600ml 蒸發皿內，並蒸乾之。

(7) 加 50ml HCl（1.18），蒸乾後，置於 130℃之電熱板上，烘烤 10 分鐘。

(8) 加 60ml HCl（1:1），以溶解可溶鹽（註 A）。

(9) 加 50ml H_2O（沸）及 10ml 辛可寧溶液（12.5%）（註 B）。靜置於熱處至翌晨。

(10) 過濾。以辛可寧洗液（註 C）洗滌沉澱及濾紙。沉澱棄去。

(11) 蒸煮濾液及洗液，至溶液表面開始生薄膜時，立刻分別加入 5ml HCl（1.18）、20ml H_2O 及 5g 純鋅粒，然後置於水鍋上加熱，使高價鐵還原成低價鐵。

〔以下操作同 2-4-3-1-2 節；從第（7）步開始做起〕

2-4-3-4-3 計算：同 2-4-3-1-3 節

2-4-3-4-4 附註

　　註：除下列附註外，另參照 2-4-3-1-4 節有關各項附註。

（A）在蒸發過程中，會產生各種不溶於水的氧化物或鹼式鹽，故需加 HCl，使其鹽類變成氯化物而溶解，以便與鎢酸（H_2WO_4）及矽酸（H_2SiO_3）等沉澱物分離。

（B）（C）辛可寧另名金雞納鹼，其分子式為：

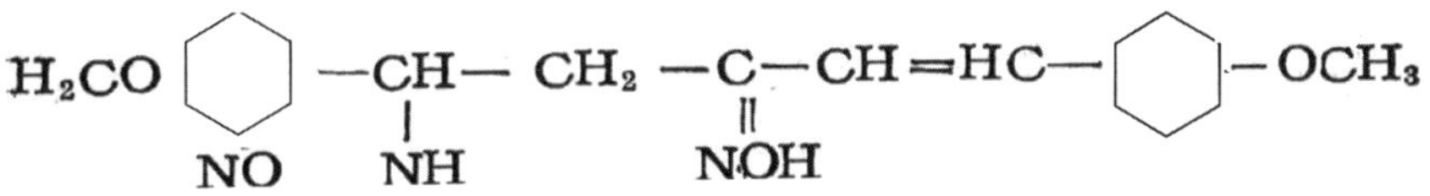

　　；在 pH＜1 的溶液中，易與鎢酸結合成很穩定之複合物而沉澱。此複合物經燒灼後，即生成 WO_3。另外，第（10）步以辛可寧洗液洗滌沉澱，可預防酸性鎢酸鹽（Acid wolframate）及乳膠液（Colloidal solution）之形成，故可阻止鎢酸沉澱物在洗滌期間，透過濾紙。

第三章　磷（P）之定量法

3-1 小史、冶煉及用途

一、小史

　　磷的英文名稱為 Phosphorus，源出於希臘語，意為帶光者，因其能在暗中燃燒、發光也。為德國煉金術士布蘭德醫生（Dr. Henning Brand）於 1669 年尋求哲人石（Philosopher's stone）時所發現。布氏曾蒸發尿液，將其殘渣加熱，並將蒸餾所得之磷，收集於接收器中。在十二世紀時，首由阿拉伯人予以單獨分離出來。法國化學家拉法節（Lavoisier）對於元素磷及五氧化二磷（磷酐，Phosphoric anhydride）性質之發現，貢獻很大。波義爾（Boyle）於 1694 年研究磷燃燒後之產物時，首先發現了磷酸。

二、冶煉

　　地球之地殼，含磷頗豐，約為 0.12%。在自然界中，磷主要存在於下列各礦物：磷灰石（Apatite）〔$Ca_5(PO_4)_3(F,Cl,OH)$〕、羥基磷灰石（Hydroxy-apatite）〔$Ca_5(PO_4)_3OH$〕、以及磷酸三鈣（Tricalcium Phosphate）等。美國為最大磷礦出產國，其磷礦大部份為上述磷礦之混合礦岩，稱為磷酸鹽岩（Phosphate rock）。

　　元素態磷，係將磷酸鹽岩、矽石和碳三者，置於電爐中共熱而製得。在反應中，矽石先形成矽酸鈣，代出五氧化二磷（P_4O_{10}）；五氧化二磷被碳所還原，磷即成蒸氣而逸去，再於水中凝成白磷（White phosphorus）。因白磷能緩緩變成赤磷，而呈黃色，故我國俗稱為黃磷。

三、用途

　　由磷酸鹽岩製得大量之磷，大部份均再經燃燒，轉製為磷酸或磷酸鹽，供製磷肥。或用於焙粉、飲料、連接劑、陶器、鑲牙、肥皂粉、防火劑、黏膠、玻璃、果凍、醫藥、防銹劑、金屬清洗劑、牙膏、精糖、鋁材陽極處理、紡織、可塑劑及煉油觸媒等工業。

　　白磷可用於合金製造、軍事工業（如縱火劑、煙霧及武器）及毒氣。赤磷可作火柴磨擦面。

　　合金中之磷：通常鋼中含有小於 0.06% 之磷。磷的一部份和鐵化合成 Fe_3P，剩餘的磷固溶在肥粒鐵中，而使晶粒變粗。磷能稍增鋼的硬度和抗拉強度，但會降低延性，尤其會降低常溫時的衝擊值。因此在常溫加工鋼料時，容易發生龜裂，其主要原因是，鋼中所含之磷，使鋼產生常溫脆性（Cold shortness）所致。磷也很容易發生偏析，即使加熱到高溫，也很難擴散，而留在原處，軋延或鍛造時，就變成細長的帶狀組織。這種帶狀組織叫做魔線（Ghost line），為鋼料破壞的一種原因。磷的不良影響，對含碳量較多的鋼尤為顯著。磷在鋼鐵中的含量，通常工具鋼限制在 0.025% 以下，半硬鋼在 0.04% 以下，軟鋼在 0.06% 以下。另外，青銅中含磷，製成磷青銅，亦為用途很大之優良合金，詳第六章第 6-1 節第三－（4）項。

3-2 性質

　　在週期表中，磷屬於第 V 屬，原子序 15，原子量 30.9738，熔點 44.1℃，沸點 280℃，固態密度為 1.81g/cm³。其氧化狀態範圍為：

＋5： P_4O_{10} 、HPO_4	＋3： P_4O_6 、H_2PO_3
＋1： HH_2PO_2	0： P_4 、$P \infty$
－2： P_2H_4	－3： PH_3 、PH_4^+

　　磷的氧化物屬於「成酸（Acid forming）」，而非「兩性（Amphoteric）」化合物。因五氧化二磷安定性佳，故其磷酸與磷酸鹽均非有效之氧化劑。

　　白磷為蠟狀無色的軟質物料，劇毒，能溶於二硫化碳、苯及其他非極性溶劑中。在三態中，均為含四原子之分子，P_4。受光或受熱時，會緩緩變成安定且無毒之赤磷（Red Phosphorus）。赤磷遠比白磷為安定，在 240℃ 以下之空氣中，赤磷並不著火而白磷則在 40℃ 左右便燃著，並且在室溫時，即會慢慢地氧化，放出白色磷光。人被白磷灼傷時，會產生劇痛，創口很難癒合。赤磷昇華後，會恢復為白磷。磷有多種同素異構物，其中有一種較赤磷更不活潑之黑磷（Black Phosphorus），乃係在高壓下，自白磷所製得者。

3-3 分離

　　經分離後，不論供定性或定量測試之磷，必須由低價磷，氧化成正磷酸鹽（o-phosphate）。氧化低價磷化合物時，可使用王水或溴水，蒸至冒出濃煙；或以硝酸和過氯酸（Perchloric acid）煮沸之。其分離方法如下：

一、沉澱法

　　通常將磷轉化為黃色磷鉬酸銨（Ammonium Phosphomolybdate）沉澱，供作磷之定量。採用焦磷酸鎂（Magnesium Pyrophosphate）沉澱法之前，通常亦先使磷成磷鉬酸銨沉澱，以避免許多元素之干擾。

　　另外，磷酸鹽分別與氫氧化鋇（Barium hydroxide）、碳酸鋅（Zinc Carbonate）、氯化鐵（Ferric Chloride）、氯化鋯醯基（Zirconyl Chloride）作用，則分別生成磷酸之鋇鹽、鋅鹽、鐵鹽及鋯鹽等沉澱。至於何種沉澱劑較佳，則視試樣之組成而定。

(一)磷鉬酸銨法

　　沉澱時，適當之氫離子（H^+）濃度約為 2M。因此當沉澱劑加入後，若 H^+ 濃度超過此數，則樣品溶液中，多餘的酸應予中和；反之，則應添加足夠之酸量。過量的酸會抑制沉澱；反之，沉澱易被鹼式鹽（Basic salt）所污染。

　　以約 80℃ 蒸煮之，可促進沉澱；但不得超過 80℃，否則會衍生鉬酸（Molybdic acid）沉澱。另外，蒸煮時間過久，亦有同樣不良後果，例如，以 65℃ 加熱 20 分鐘，亦有鉬酸沉澱；但以 50℃ 加熱 2 小時，則無鉬酸沉澱。

　　Zr、Ti 及 Bi 等，均能生成不溶性磷酸鹽，而產生干擾。Pb 能生成不溶性鉬酸鹽。W、V 與磷，以及 As^{+5} 與鉬，均能生成異性化合物（Heteropoly compound）。矽則慣常生成共沉物。硫酸鹽和鹼性化合物會延遲沉澱作用。

(二)磷酸銨鎂法

　　本法干擾元素太多，不宜使用。其中 Fe、Al 和 Ca 能與檸檬酸鹽（Citrate）生成複合物而溶解；但檸檬酸鹽亦能與 Mg 生成複合物，故需加過

量氯化鎂，以確保沉澱完全。適當之沉澱酸度約為 pH1；酸度高，可促使其他磷酸鹽和氫氧化物沉澱物，超出其溶解積而溶解，並使許多元素成為干擾性。若無干擾性元素存在，則經過二次沉澱後，即能生成具一定組成之磷酸銨鎂，俾利爾後燒灼成焦磷酸鎂。

二、揮發與電解法

採用揮發法，可使「磷－錫合金」中之磷，揮發而出；而砷則可與「鹽酸－氫溴酸混合物」作用，生成氯化物而逸去。溴離子旨在保持砷成 As^{+3} 而存在。大部份之金屬，可藉汞陰極電解法，而沉積除去；無法沉積者，計有 Al、Ti、V 和稀土族（Rare earths）等元素。

三、萃取法

屬於異性酸（Heteropoly acid）之磷鉬酸（Phosphomolybdic acid），易被「丁醇（1-Butanol）－氯仿」混合液（20：80，以體積計）所萃取。通常含氧溶劑，如酯類（Ester）、酮類（Ketone）、醛類（Aldehyde）及醚類（Ether）等，均為異性酸之良好萃取劑。另外，乙醯醋酸乙酯（Ethyl acetoacetate）、醋酸乙酯（Ethyl acetate）及醋酸丁酯（Butyl acetate）等，亦均為良好萃取劑。

使用乙醚（Ethyl ether）萃取磷鉬酸時，會產生三種液層。黏度大且呈黃色之最底層，係一種含乙醚之複合物，容易揮發而去；其體積與樣品所含磷酸鹽量成正比。

四、離子交換法

微酸性之樣品，通過「氫型（Hydrogen form）陽離子交換樹脂床」時，陽離子留在樹脂內，而磷酸則通過，故可與金屬離子分離。但如果鐵離子太多時，則有些磷酸會生成「陽性磷酸鐵複合物（Cationic complex of ferric phosphate）」，而滯留不前。磷酸鹽亦可滯留於陰離子交換樹脂內，可使用硝酸（1M）洗出。

五、集積法

含微量磷酸鹽之溶液，可加氯化鋁，加熱後，再加氨水，使鋁成氫氧化鋁沉澱，可作為磷酸鋁（Aluminum Phosphate）之載體（Carrier），而一併下沉。

3-4 定性

參照 3-6 節所述之各項分析步驟，將磷處理成磷酸鹽後，分別依照下述三種方法定性之：

(1) 將鉬酸溶於硝酸和硝酸銨溶液內，再加入含有磷酸鹽之溶液內，能生成黃色結晶沉澱。注意，五價砷會干擾。

(2) 以苦土混合液（Magnesia mixture）加入含有磷酸鹽之鹼性溶液（pH10 ∼ 11），會產生白色沉澱。

(3) 加鉬酸銨水溶液於含有磷酸鹽之酸性溶液內，再加入還原劑，如硫酸亞鐵、氯化亞鐵或維他命 C（Ascorbic acid）等，則溶液呈現藍色。

3-5 定量

一、重量法

(一) 磷鉬酸銨法

樣品溶液含大量磷酸鹽時，不宜在酸性溶液中進行沉澱，否則會發生沉澱物組成不定（Uncertainty of composition）之虞。。

因為在硝酸溶液（約 2N）中沉澱之磷鉬酸銨，係假設其中含有水和硝酸，而於 110℃ 烘乾時予以驅去；另設〔$(NH_4)_3P(Mo_3O_{10})_4$〕分子中，P 佔 1.65%。但由於沉澱條件，尤其是溫度，影響組成甚大，往往使 P 的含量減至 1.63%。

在硝酸中沉澱，較在鹽酸或硫酸為佳，因前者之沉澱物之溶解度較小。

溶液若含 0.5 ∼ 2.0N 之硝酸銨，可促進沉澱，並減少沉澱之溶解度；但其濃度不得大於 2.0N，否則溶解度反增。

在溫熱溶液中之沉澱作用，較在冷溶液中為快，過濾亦較容易。但溫度不得超過 50℃，以減少氧化鉬（Molybdic Oxide）之污染。若無阻礙沉澱之元素（如 Ti、Zr、Sn）存在，且攪拌均勻，並予溫熱，則沉澱可在半小時內完成。

沉澱不可用純水洗滌，以免生成膠體。因為銨離子（NH_4^+）本身呈酸性反應，故宜使用硝酸銨或硝酸鉀之稀溶液洗滌之。採用酸鹼滴定法時，

則宜用硝酸鉀溶液洗滌之。沉澱物易吸水，宜快速稱量。以 400 ～ 500℃燒灼約 30 分鐘，將氨除去，而轉化成無水磷鉬酸酐（Phosphomolybdic anhydride，$P_2O_5 \cdot 24MoO_3$），稱量後，可計算磷含量。

（二）磷酸銨鎂法

本法首應控制整個試驗過程之 pH 值。為能使過磷酸銨鎂六水合物（Magnesium Ammonium Phosphate Hexahydrate）沉澱完成，試驗過程中，溶液必須含有足夠濃度的、且未帶氫離子（Unprotonated）之磷酸根，PO_4^{-3}，以及少量的、帶氫離子的銨離子，NH_4^+。為達到此二目的，溶液酸度應控制在 pH10.5 左右；過低或過高之 pH，能移轉（shifting）平衡，分別有助於 HPO_4^{-2} 及 NH_3 之生成。另外，pH 過低，能同時生成 $MgHPO_4$ 沉澱；過高，則有助於 $Mg_3(PO_4)_2 \cdot Mg(OH)_2$ 及 $Mg_5(PO_4)_3OH$ 等沉澱之生成。氨（NH_3）和銨離子（NH_4^+）混合液，能使溶液保持在 pH10.5，並可作為陽離子的儲存庫，以促進沉澱。鎂和磷酸鹽易生共沉作用（Coprecipitation），故需重新沉澱。

磷酸銨鎂之溶解性，很顯然的，受到其他電解質之影響甚鉅。圖 3-1

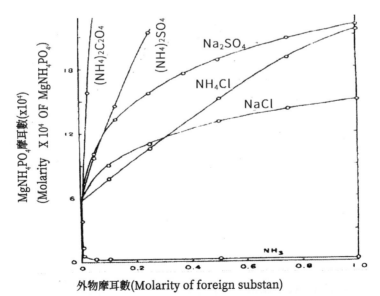

圖 3-1　在 25^0C 時，磷酸銨鎂（$MgNH_4PO_4$）在各種鹽類溶液內之溶解性

顯示，其溶解度與數種外物之性質和數量有關。圖中所示之各種鹽類，顯示出一種能提高磷酸銨鎂溶解度之離子強度效應（Ionic-Strength ffect），其效應之大小與外物離子之價數有關。銨離子因具酸性性質，故能大幅提高其溶解性。而草酸鹽則能生成非離子化之草酸鎂，亦能大大提高沉澱物之溶解性。

　　磷酸銨鎂經燒灼後，即成更適合稱量之焦磷酸鎂（Magnesium pyro-phosphate）。除了 $MgNH_4PO_4$ 和 $MgHPO_4$ 外，其餘鎂鹽均不會轉化為焦磷酸鹽，故易造成分析偏差。燒灼溫度以 1100℃為宜，太高則易引起緩慢損失；太低則需時甚長，才能達到恆重。開始燒灼時，濾紙焚化速度不宜太快，否則惰性碳易挾在沉澱物內，雖再經長期或再高之溫度燒灼，亦不易除去。

　　磷酸銨鎂之水合數不易確定，故不宜以磷酸銨鎂六水合物稱量之。以室溫乾燥磷酸銨鎂，六水合物（Hexahydrate）易轉化為單水合物（Mono-hydrate），轉化溫度依溶液之性質而定，通常在40～60℃即開始轉化。另外，以室溫乾燥之，亦無法保證不含額外的水。

二、滴定法

（一）還原氧化法（Redox method）

　　黃色的磷鉬酸銨〔$(NH_4)_3PO_4 \cdot 12MoO_3$）〕沉澱，溶於氨水後，加硫酸至呈酸性，然後通過鐘氏還原器（Jones reductor），則鉬被還原為 Mo^{+3}。Mo^{+3} 易被空氣氧化，故鐘氏還原器之流出液（Effluent），需收集於含過量鐵離子〔如硫酸銨鐵（Ferric ammonium sulfate）〕之溶液內。所生成之亞鐵離子（Fe^{+2}），可使用高錳酸鉀滴定之。

　　Mo^{+3} 被氧化後，生成 MoO_4^{-2}，同時釋出 3 個電子：

$$MoO_4^{-2} + 8H^+ + 3e \leftrightarrows Mo^{+3} + 4H_2O$$

　　上式顯示，從黃色沉澱物〔$(NH_4)_3PO_4 \cdot 12MoO_3$）〕釋出之 12 個 Mo^{+3} 中，每一個 Mo^{+3} 經氧化後，能產生 3 個電子，因此磷的當量（Equivalent weight），等於原子量的 1/36。

（二）酸鹼法

磷鉬酸銨沉澱溶於過量之氫氧化鈉標準溶液內，以標準鹽酸滴定至酚酞終點（Phenolphthalein end point）。其溶解作用，以下式表示之。下式顯示磷的當量，等於原子量的 1/23。

$$(NH_4)_3PO_4 \cdot 12MoO_3 + 23OH^- \rightarrow HPO_4^{-2} + 12MoO_4^{-2} + 3NH_4^+ + 11H_2O$$

由於溶液中，含有能生成「酸 - 鹽基性質（Acid-base properties）」之其他物質，故滴定終點不甚明顯。在相當於酚酞終點（約 pH9）時，溶液內含有 NH_4^+（微酸性）與其共軛鹽基，如 NH_3、MoO_4^{-2}（微鹽基性）及 HPO_4^{-2}（兩性離子）等，其中 NH_4^+ 與 NH_3，能阻礙滴定終點時 pH 之明顯改變，故干擾性最嚴重。添加甲醛，可消除 NH_3 之生成，能改善滴定終點。本法準確度屬中等，但需時甚短，適用於爐邊或日常例行分析。

三、光電比色法

三種最重要之有色磷化合物及其光電比色資料，如表 3-1。茲分述如下：

表 3-1　重要之有色磷化物及其光電比色資料

化合物 (Compound)	吸光度 (Absorptivity) $\times 10^3$	波長 (Wave length) m μ
磷鉬酸鹽 (Phosphomolybdate)	0.7	345
磷釩鉬酸鹽 (Phosphovanadomolybdate)	6.1	365
鉬藍 (Molybdenum blue)[a]	18	735

註 a：以 $SnCl_2$ 為還原劑

（一）鉬藍法（Molybdenum blue method）

磷酸鹽和鉬酸鹽所生成之異性酸（Heteropoly acid），經還原劑還原後，生成藍色之化合物，稱為鉬藍，能供光電比色之用。經還原劑處理後，$Mo^{+4}:Mo^{+5} = 2:1$。鉬藍顏色之深淺、安定性及其他元素之干擾範圍等因素，視所用還原劑之種類而定。良好之還原劑，計有：羥萘（Hydroquinone）、氨基萘酚磺酸（1-Amino-2-Naphthol-4-Sulfonic acid）、氯化亞錫

（Stannous chloride）、硫酸亞鐵（Ferrous Sulfate）、硫酸銨亞鐵（Ferrous ammonium Sulfate）、維他命 C（Ascorbic acid）、硫酸甲酯氨基酚（Methylaminophenol Sulfate）、硫酸聯氨（Hydrazine Sulfate）、硫化氨脲苯酯（Phenylthiosemicarbazide）、及硫代硫酸鈉（Sodium bisulfite）等。

　　使用不同的還原劑及在不同的鉬酸鹽和氫離子的濃度下，矽、磷及砷等元素對於鉬藍形成，都會產生一定範圍之干擾。矽、磷及砷元素之干擾範圍和顏色之展現（Development）狀況，與鉬酸鹽（Molybdate）和氫離子濃度有密切關係，分別見圖 3-2-1、3-2-2。此二圖顯示酸度和濃度之效應。矽、磷及砷等均能生成黃色異性酸，經還原後，均轉化成藍色。

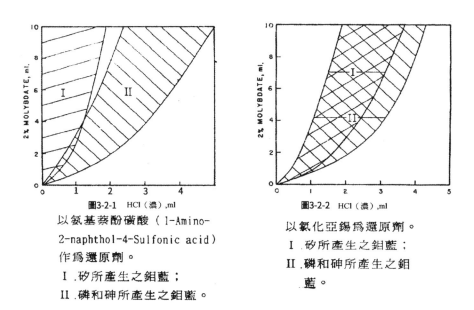

圖3-2-1　HCl（濃），ml
以氨基萘酚磺酸（1-Amino-
2-naphthol-4-Sulfonic acid）
作為還原劑。
Ⅰ.矽所產生之鉬藍；
Ⅱ.磷和砷所產生之鉬藍。

圖3-2-2　HCl（濃），ml
以氯化亞錫為還原劑。
Ⅰ.矽所產生之鉬藍；
Ⅱ.磷和砷所產生之鉬
　藍。

圖 3-2　使用不同的還原劑以及在不同的鉬酸鹽和氫離子的濃度下矽、磷及砷等元素對於鉬藍形成之干擾範圍

　　所有鉬藍法，可依所用之還原劑種類和在呈色前是否加以分離（通常為萃取），而予以分類。砷和矽可用鹵化物（Halide）法蒸發而除去之。亦可在呈色前，使磷成 $MgNH_4PO_4$ 沉澱，而與其他元素分離。另外，亦可使用有機溶劑（通常為酒精），萃取鉬藍複合物或尚未被還原之異性酸，而與干擾元素分離；或使用氫氧化鋁作為載體（Carrier），集積、濃縮磷質。

本法亦可不用還原劑，其法如下：將含已溶解之金屬鉬和鉬酸酐（Molybdic anhydride）之硫酸溶液，與僅含已溶解之鉬酸酐之另一硫酸溶液混合（一年之內很安定）後，即呈藍色，但加入樣品溶液後，顏色即消失，經加熱後，即再度顯色，其顏色深度與磷酸鹽含量成正比。

（二）磷鉬酸鹽法（Phosphomolybdate method）

本法同鉬藍法，唯無需還原。磷的含量與此種黃色異性酸之顏色濃度成正比。干擾元素有 Si 和 As。

（三）磷釩鉬酸鹽法（Phosphovanadomolybdate method）

本法所用的釩酸鹽和鉬酸鹽應分別加入，以降低樣品溶液之含酸濃度；其加入順序依次為酸、釩酸鹽及鉬酸鹽，否則會生成其他複合物及／或沉澱物；但此物會緩緩轉化為吾人所需之複合物形態。所加之酸以硝酸最佳，其次為鹽酸和硫酸。酸之含量以 0.04 ～ 1.0N 為宜，若太高，呈色不完全；太低，可能會產生沉澱，或產生非磷釩鉬酸鹽所呈之顏色。釩酸鹽最適濃度為 $8.0 \times 10^{-5} \sim 2.2 \times 10^{-3}$M；鉬酸鹽則為 $1.6 \times 10^{-3} \sim 5.7 \times 10^{-2}$M。

呈色狀況與溫度有關，但在室溫時，則無影響。呈色後，在 2 小時之內很安定。

3-6 分析實例

3-6-1 酸鹼滴定法

3-6-1-1 碳素鋼、鎳鋼、鎳鉻鋼、不銹鋼（註A）、鏡鐵、平爐鐵及熟鐵之P

3-6-1-1-1 應備試劑

（1）**HNO$_3$**（1.135）

量取 322ml HNO$_3$（1.42）於 1000ml 量瓶內→加水稀釋至刻度。

（2）**KMnO$_4$**（1.5%）

稱取 15g KMnO$_4$ 於 1000ml 量瓶內→先以少量水溶解後，再加水稀釋至刻度。

（3）還原劑（下列兩種任選一種）：

　①**(NH₄)HSO₃**（3%）

　　　稱取 30g $(NH_4)HSO_3$ 於 1000ml 量瓶內→先以適量水溶解後，再加水稀釋至刻度。

　②**FeSO₄**（10%）

　　　稱取 100g $FeSO_4$ 於 1000ml 量瓶內→先以適量水溶解後，再加水稀釋至刻度。

（4）鉬酸銨溶液

　①稱取 100g 鉬酸（H_2MoO_4）（85%）於燒杯內→加 240ml H_2O →攪拌至完全溶解→加 140ml NH_4OH（0.90）→過濾（沉澱棄去）→加 60ml HNO_3（1.42）於濾液內→放冷。

　②稱取 0.1g 磷酸銨〔$(NH_4)_3PO_4$〕→以 10ml H_2O 溶解之。

　③量取 400ml HNO_3（1.42）→加 960ml H_2O →放冷→一面攪拌，一面徐徐加入①液→加入②液，靜置 24 小時→過濾（沉澱棄去）→濾液（即鉬酸銨溶液）貯存待用。

（5）酚酞指示劑

　　稱取 0.2g 酚酞（Phenolphthalein）於燒杯內→以 100ml 酒精溶解之。

（6）氫氧化鈉（NaOH）標準溶液（N/20）

　①溶液配製

　　稱取 0.2g NaOH（純）於 1000ml 量瓶內→以適量水溶解之→加水稀釋至刻度。

　②濃度（N）標定

　　（a）秤取約 1～2g 苯甲酸（Benzoic acid, C_6H_5COOH）於鉑蒸發皿內，蓋好→置於烘箱內，以 120℃乾燥之（註 B）→俟乾燥後，置於乾燥器內放冷→稱取 0.5g（精確至 0.1mg）於 300ml 三角燒杯內→加 20ml 酒精（95%）→將杯口用塞子塞好→擱置溶解→加 2 滴酚酞指示劑，再以上項新配氫氧化鈉溶液，滴定至溶液恰

呈微紅色(註 C)，並記錄氫氧化鈉溶液之使用量(ml)，以 V_1 代之，以備計算。

（b）量取 20ml 酒精（95%）於燒杯內→加 2 滴酚酞，再以上項新配氫氧化鈉溶液，滴定至溶液恰呈微紅色，並記錄氫氧化鈉溶液之使用量（ml），以 V_2 代之，以備計算。（本項為空白試驗）。

③濃度計算

$$氫氧化鈉標準溶液濃度（N）= \frac{4.1}{V_1 - V_2}（註 D）$$

（7）硝酸（HNO_3）標準溶液（N/20）

①溶液配製

量取 3.2ml HNO_3（1.42）於 1000ml 量瓶內→加水稀釋至刻度。

②濃度（N）標定〔即以已知濃度之氫氧化鈉溶液標定硝酸溶液之濃度（N）〕

精確量取 20ml 上項新配之硝酸溶液於 300ml 三角燒杯中→加 2 滴酚酞指示劑，再以氫氧化鈉標準溶液（N/20）滴定至溶液恰呈微紅色。

③濃度計算

$$硝酸標準溶液濃度（N）= \frac{C \times V_1}{V_2}$$

C ＝氫氧化鈉標準溶液濃度（N）

V_1 ＝滴定時所耗氫氧化鈉標準溶液之體積（ml）

V_2 ＝所取硝酸標準溶液之體積（ml）（＝ 20 ml）

3-6-1-1-2 分析步驟

(1) 稱取 2g 試樣（平爐鐵稱取 3g，熟鐵稱取 1g）於 300ml 燒杯內。

(2) 加 50ml HNO_3（1.135）（註 E）（若試樣為平爐鐵，則改加 85ml HNO_3）。加熱，以溶解試樣，並趕盡氮氧化物之黃煙。

(3) 試樣溶解後，加 10ml $KMnO_4$（1.5%）（註 F），再煮沸之。

(4) 若有棕黑色之 MnO_2 沉澱，則加 $(NH_4)HSO_3$ (3%) 或 $FeSO_4$ (10%)，至沉澱恰好溶盡為止 (註 G)。

(5) 煮沸至溶液澄清，且無棕煙冒出。

(6) 放冷至 80℃ (註 H)，即刻加 50ml 鉬酸銨溶液 (註 I)，同時劇烈攪拌 5 分鐘。

(7) 過濾。以 HNO_3 (2：100) 洗滌沉澱、濾紙與燒杯，至新滴洗液不含 Fe^{+3} 為度。(以小試管盛新滴洗液，加 1 滴 KCNS 溶液，若不呈紅色，即表示 Fe^{+3} 已洗淨。) 再以 KNO_3 (1%) (註 J)，洗至新滴洗液不呈酸性為止。(以試管盛 10ml 新滴洗液，加 2 滴酚酞指示劑及 2 滴 NaOH(N/20)，若呈紅色，表示已洗淨酸質。) 濾液及洗液棄去。

(8) 將沉澱連同濾紙，放回原燒杯中。

(9) 加 20ml 氫氧化鈉標準溶液 (N/20) (註 K) 及 10ml H_2O。

(10) 用玻璃棒劇烈攪拌，搗碎濾紙，使黃色沉澱完全溶解。

(11) 滴加兩滴酚酞指示劑，然後使用硝酸標準溶液 (N/20) 滴定，至溶液之粉紅色恰好消失為止。

3-6-1-1-3 計算

$$P \% = \frac{(C_1 \times V_1 - C_2 \times V_2) \times 0.1347}{W} \quad (註 L)$$

C_1＝氫氧化鈉標準溶液濃度 (N)

V_1＝氫氧化鈉標準溶液使用量 (ml)

C_2＝硝酸標準溶液濃度 (N)

V_2＝滴定時，所耗硝酸標準溶液體積 (ml)

W＝試樣重量 (g)

3-6-1-1-4 附註

(A) 鎳鋼、鎳鉻鋼及不銹鋼等試樣，含 Ni 及 Cr 之百分比不得太高，同時不可含 W 及 V，否則應採 3-6-1-2、3-6-1-8 或 3-6-1-9 節所述之方法。

(B) 烘乾溫度不可超過 130℃，且不可過久，以防 C_6H_5COOH 分解。

（**C**）（1）$C_6H_5COOH + NaOH \rightarrow C_6H_5COONa + H_2O$

　　（2）當 NaOH 過量時，酚酞呈粉紅色。

（**D**）設　　　C＝氫氧化鈉溶液濃度（N）

　　　　　　V＝氫氧化鈉標準溶液滴定苯甲酸溶液時，實際所耗之體積

　　　　　　（ml）＝$V_1 - V_2$

　　　　　　W＝苯甲酸重量（＝ 0.500g）

　　　　　　M＝苯甲酸分子量（＝ 122.106）

　　　$\because$　$C \times V = \dfrac{W}{M} \times 1000$

　　　$\therefore$　$C = \dfrac{W}{V \times M} \times 1000 = \dfrac{0.500 \times 1000}{(V_1 - V_2) \times 122.106}$

　　　　　　$= \dfrac{4.1}{V_1 - V_2}$

（**E**）磷在鋼鐵中呈 Fe_3P 狀態存在，與 HNO_3 作用後，生成 H_3PO_4：

　　　$3Fe_3P + 14NO_3^- + 41H^+ \rightarrow 9Fe^{+3} + 3H_3PO_4 + 14NO \uparrow + 16H_2O$

（**F**）P 被 HNO_3 氧化後，有些可能氧化不完全，而生成 $H_4P_2O_6$，加 $KMnO_4$ 即能使之氧化完全：

　　　$2MnO_4^- + 5H_4P_2O_6 + 6H^+ + 2H_2O \rightarrow 2Mn^{+2} + 10H_3PO_4$

（**G**）（1）$SO_3^{-2} + MnO_2 + 2H^+ \rightarrow Mn^{+2} + SO_4^{-2} + H_2O$

　　（2）$2Fe^{+2} + MnO_2 + 4H^+ \rightarrow 2Fe^{+3} + Mn^{+2} + 2H_2O$

（**H**）（**I**）

　　（1）因為在熱溶液中，磷鉬酸銨沉澱較易生成，故需乘熱加入鉬酸銨溶液。

　　（2）在強酸性（pH＜2）溶液中，PO_4^{-3} 易與 MoO_4^{-2} 生成黃色磷鉬酸銨而沉澱：

$$H_3PO_4 + 12(NH_4)_2MoO_4 + 21HNO_3 \rightarrow (NH_4)_3PO_4 \cdot 12MoO_3 \downarrow$$
$$+ 21NH_4NO_3 + 12H_2O \qquad 黃色$$

（**J**）

(1) 為防止磷鉬酸銨變為膠體狀態而透過濾紙，故不用清水洗滌，而用含電解質之溶液〔如 KNO_3（1%）或 $NaNO_3$（1%）〕洗滌之。

(2) 因為 Fe^{+3} 與 H^+ 都能和第（9）步之 NaOH 作用，使化驗結果偏高，故需洗淨。

（**K**）$(NH_4)_3PO_4 \cdot 12MoO_3 + 23OH^- \rightarrow 3NH_4^+ + HPO_4^{-2} + 12MoO_4^{-2} + 11H_2O$

（**L**）(1) 由附註（K）可知，一個P原子可以與 23 個 OH^- 相作用，故P之含量為 OH^- 消耗量之 1/23；或曰，一毫克當量之P需 23 毫克當量之 OH^- 來溶解。

設：

C_1＝氫氧化鈉標準溶液濃度（N）

V_1＝氫氧化鈉標準溶液使用量（ml）

C_2＝硝酸標準溶液濃度（N）

V_2＝滴定時，所耗硝酸標準溶液之體積（ml）

W＝試樣重量（g）

則 $C_1 \times V_1 - C_2 \times V_2$＝氫氧化鈉標準溶液溶解磷時，實耗之毫克當量數。

故試樣含磷之總毫克當量數＝ $1/23(C_1 \times V_1 - C_2 \times V_2)$

又 1 毫克當量之磷＝ 30.97×10^{-3} 克

$\therefore$ 試樣含磷重量（g）＝ $1/23 \times 30.97 \times 10^{-3}(C_1 \times V_1 - C_2 \times V_2)$

$$= 0.001347(C_1 \times V_1 - C_2 \times V_2)$$

$\therefore$ $$P\% = \frac{0.001347(C_1 \times V_1 - C_2 \times V_2)100}{W}$$

$$= \frac{(C_1 \times V_1 - C_2 \times V_2) \times 0.1347}{W}$$

(2) 在熟鐵中，磷成磷化物及磷酸鹽而存在，若要分別測定兩者，則取試樣一份，依本法測定其含磷量，記錄其磷之百分率，以A代之。另取試樣一份，以無氧化性之酸（如 HCl）溶之，然後加熱，將磷化物與 HCl 作用所生成之磷化氫（phosphine）趕盡，餘為磷酸態之磷，再依本法測定其含磷量，記錄其含磷百分率，以B代之，則

P %（以磷酸鹽存在者）＝B

P %（以磷化物存在者）＝A－B

3-6-1-2 高鎳鉻鋼或不溶於 HNO_3（1.135）之合金鋼之P

3-6-1-2-1 應備試劑

除了以混酸〔HNO_3（1.42）：HCl（1.18）＝ 1：1〕代替 HNO_3（1.135）外，餘同 3-6-1-1-1 節。

3-6-1-2-2 分析步驟

(1) 稱取 2g 試樣於 300ml 燒杯內。

(2) 加 5ml 混酸及 4 ～ 5 滴 HF，再加熱至作用停止。

(3) 加 15ml $HClO_4$，蒸發至見過氯酸濃白煙後，再蒸發 5 ～ 10 分鐘。

(4) 放冷後，加 40ml H_2O。

(5) 過濾。以 55ml HNO_3（3：5）洗滌沉澱及濾紙數次。沉澱棄去。

(6) 加 10ml $KMnO_4$（1.5%）於濾液及洗液內，並煮沸之。

〔以下操作同 3-6-1-1-2 節，從第 (4) 步開始做起〕

3-6-1-2-3 計算：同 3-6-1-1-3 節

3-6-1-2-4 附註：參照 3-6-1-1-4 節有關各項附註

3-6-1-3 奧斯田鋼（Austenic steel，Mn% > 10）之P

3-6-1-3-1 應備試劑：除了以 HNO_3（1:3）代替 HNO_3（1.135）外，餘同 3-6-1-1-1 節

3-6-1-3-2 分析步驟

(1) 稱取 2g 試樣於 400ml 燒杯內。

(2) 加 35ml HNO$_3$ (1：3)，並加熱至作用停止。

(3) 加 15ml HClO$_4$，然後蒸發至冒白煙。

(4) 滴加 HF，至矽酸（Hydrated silical）之白色沉澱完全溶解後，再過量 5 滴。

(5) 加熱 20 ～ 25 分鐘。

(6) 放冷後，分別加 50ml H$_2$O、10ml HNO$_3$ (1.42)及 1ml KMnO$_4$ (1.5%)，並煮沸之。

〔以下操作同 3-6-1-1-2 節，從第 (4) 步開始做起〕

3-6-1-3-3 計算：同 3-6-1-1-3 節

3-6-1-3-4 附註：參照 3-6-1-1-4 節有關各項附註

3-6-1-4 生鐵及高矽鋼之 P

3-6-1-4-1 應備試劑：同 3-6-1-3-1 節

3-6-1-4-2 分析步驟

(1) 稱取 0.5 ～ 2g 試樣於 300ml 燒杯內，以錶玻璃蓋好。

(2) 加 65ml HNO$_3$ (1：3)，再加熱至作用停止，且不生棕煙為止。

(3) 放冷後，過濾。依次以 HNO$_3$ (2：98) 及 50ml H$_2$O（熱）沖洗數次。聚濾液及洗液於 300ml 燒杯內。沉澱棄去。

(4) 加 15ml KMnO$_4$ (15%)，並煮沸之。

〔以下操作同 3-6-1-1-2 節，從第 (4) 步開始做起〕

3-6-1-4-3 計算：同 3-6-1-1-3 節

3-6-1-4-4 附註：參照 3-6-1-1-4 節有關各項附註

3-6-1-5 矽鐵及矽錳之 P

3-6-1-5-1 應備試劑

（1）**HNO$_3$** (1.18)

量取 430ml HNO$_3$ (1.42)→加水稀釋至 1000ml。

（2）**KMnO$_4$** (1.5%)：同 3-6-1-1-1 節

（3）**KNO$_2$**（3%）

　　稱取 30g KNO$_2$ → 先以適量水溶解之，再加水稀釋至 1000ml。

（4）**硼砂**（Borax）（4%）

　　稱取 40g 硼砂（Na$_2$B$_4$O$_7$・10H$_2$O）→ 先以適量水溶解之，再加水稀釋至 1000ml。

（5）鉬酸銨溶液
（6）酚酞指示劑　　　　　　　　同 3-6-1-1-1 節
（7）氫氧化鈉標準溶液（N/20）
（8）硝酸標準溶液（N/20）

3-6-1-5-2 分析步驟

（1）稱取 1g 試樣於鉑蒸發皿內。

（2）加 30ml HNO$_3$（1.18）及 10ml HF（註 A），然後蒸乾之。

（3）加 40ml HNO$_3$（1.18）。加熱溶解皿內物質。

（4）將溶液移於燒杯內，並加 10ml KMnO$_4$（1.5%）或 20ml KClO$_4$（70%），然後煮沸之。

（5）若有棕黑色之 MnO$_2$ 沉澱，則加 KNO$_2$（3%）（註 B），至沉澱恰好溶盡，然後煮沸 5 分鐘。

（6）加 50ml 硼砂（4%）（註 C），並煮沸之。

（7）放冷至 80℃時，即刻加 50ml 鉬酸銨溶液，並劇烈攪拌 5 分鐘。

〔以下操作同 3-6-1-1-2 節，從第（7）步開始做起〕

3-6-1-5-3 計算：同 3-6-1-1-3 節

3-6-1-5-4 附註

　　註：除下列附註外，另參照 3-6-1-1-4 節有關各項附註。

（A）為免大量之矽酸，干擾分析過程，故需加 HF 趕盡之：

$$H_2SiO_3 + 4HF \rightarrow SiF_4 \uparrow + 3H_2O$$

（B）$NO_2^- + MnO_2 + 2H^+ \rightarrow NO_3^- + Mn^{+2} + H_2O$

（C）因 F$^-$ 會阻礙磷鉬酸銨沉澱之析出，故加硼砂溶液，並煮沸之，以除去

可能遺下之 F⁻：

$$Na_2B_4O_7 + 3H_2O \rightleftarrows 2NaBO_2 + 2H_3BO_3$$

$$NaBO_2 + 2H_2O \rightleftarrows NaOH + H_3BO_3$$

$$H_3BO_3 + 3F^- \rightleftarrows BF_3 \uparrow + 3OH^-$$

3-6-1-6 鉬鐵之 P

3-6-1-6-1 應備試劑

（1）鉬酸銨溶液
（2）酚酞指示劑
（3）氫氧化鈉標準溶液（N/20）
（4）硝酸標準溶液（N/20）

同 3-6-1-1-1 節

3-6-1-6-2 分析步驟

(1) 稱取 0.4g 試樣於銀或鎳坩堝內（註 A）。

(2) 加 8 ～ 10g Na₂O₂（註 B），並均勻混合之。

(3) 先以本生燈小火焰加熱，再用強焰加熱 5 分鐘，同時用銀匙（註 C）時加攪拌。

(4) 放冷後，將坩堝連同堝內物質，置於燒杯內，並加適量水溶解之。

(5) 將溶液及不溶物移於 500ml 量瓶內，然後加水稀釋至刻度。

(6) 過濾。沉澱棄去。精確量取 250ml 濾液（即原液或試樣重量之一半）（註 D）於燒杯內。

(7) 加 HNO₃ 至呈微酸性後，加 0.2g 鉀明礬（註 E）。

(8) 加熱，然後趁熱加 NH₄OH，至鋁質完全沉澱為止（註 F）。

(9) 過濾。以 NH₄OH（稀）洗滌沉澱及濾紙數次。濾液及洗液棄去。

(10) 以 HNO₃（熱、稀）注於濾紙上，將沉澱（註 G）溶解於燒杯內，並煮沸之。

(11) 放冷至 80℃，即刻加 50ml 鉬酸銨溶液，並劇烈攪拌 5 分鐘。

〔以下操作同 3-6-1-1-2 節，從第（7）步開始做起〕。

3-6-1-6-3 計算

$$P\% = \frac{(V_1 \times C_1 - V_2 \times C_2) \times 0.2694 \, (\text{註 H})}{W}$$

$C_1 =$ 氫氧化鈉標準溶液濃度（N）

$V_1 =$ 氫氧化鈉標準溶液使用量（ml）

$C_2 =$ 硝酸標準溶液濃度（N）

$V_2 =$ 滴定時，所耗硝酸標準溶液之體積（ml）

$W\ =$ 試樣重量（g）

3-6-1-6-4 附註

（A）（B）（C）

使用 Na_2O_2 作為融劑，反應後有 NaOH 生成；而 NaOH 會與鉑及矽起作用，故不可用鉑或矽坩堝，而應使用鎳或銀坩堝盛取試樣，並用銀匙攪拌。

（D）（H）本項計算原與 3-6-1-1-3 節相同，但在分析步驟第（6）步只取原液之半，當做試樣，故試樣重量需乘 1/2，亦即：

$$P\% = \frac{(V_1 \times C_1 - V_2 \times C_2) \times 0.1347}{W \times 1/2}$$

$$= \frac{(V_1 \times C_1 - V_2 \times C_2) \times 0.2694}{W}$$

（E）（F）（G）

(1) 鉀明礬分子式為 $Al_2(SO_4)_3 \cdot K_2SO_4 \cdot 24H_2O$。

(2) 在鹼性溶液內，鉀明礬所含 Al^{+3} 成 $Al(OH)_3$ 而沉澱。在含微過量之 NH_4OH 溶液內，$Al(OH)_3$ 或 $Fe(OH)_3$ 均能吸附溶液中所有 PO_4^{-3}，而一併下沉。

(3) 此時溶液中雖同時含有磷酸根（PO_4^{-3}）及鉬酸根（MoO_4^{-2}），但在 NH_4OH 之鹼性溶液中，不會生成磷鉬酸銨沉澱。

(4) $AlPO_4$ 易溶於酸（醋酸除外）。

3-6-1-7 釩鐵之P

3-6-1-7-1 應備試劑：同 3-6-1-6-1 節

3-6-1-7-2 分析步驟

(1) 稱取 2g 試樣於鎳或銀坩堝內。

(2) 然後依 3-6-1-6-2 節（分析步驟）第 (2) ～ (6) 步之方法處理之。

(3) 加 HCl 至呈酸性（註 A）後，加 0.2g 鉀明礬（註 B）。然後加熱之。

(4) 加數滴 H_2O_2（註 C），並趁熱加 NH_4OH（註 D），至鋁質沉澱完全為止。

(5) 過濾。以 NH_4OH（稀）洗滌沉澱及濾紙數次。洗液及濾液棄去。

(6) 以 HCl（熱、稀）注於濾紙上，以溶解沉澱於燒杯內。

(7) 將溶液加熱後，再加數滴 H_2O_2，並趁熱加 NH_4OH，至鋁質沉澱完全為止。

(8) 過濾。以 NH_4OH（稀）洗滌沉澱及濾紙數次。濾液及洗液棄去。

(9) 以 HNO_3（熱、稀）注於濾紙上，溶解沉澱於燒杯內，然後煮沸之。

(10) 放冷至 80℃ 時，即刻加 50ml 鉬酸銨溶液，並劇烈攪拌 5 分鐘。

〔以下操作同 3-6-1-1-2 節，從第 (7) 步開始做起〕。

3-6-1-7-3 計算：同 3-6-1-6-3 節

3-6-1-7-4 附註

註：除下列各附註外，另參照 3-6-1-1-4 及 3-6-1-6-4 節有關各項附註。

（A）（B）（C）（D）

(1) 因試樣含多量之釩，經強氧化劑氧化後，即成各種 5 價釩之化合物（如 VO_4^{-3}），能干擾磷鉬酸銨之沉澱（其作用如同 MoO_4^{-2}），亦能與 PO_4^{-3} 形成磷釩酸之異性酸（Hetoropoly acid），故需用鉀明礬先予分離。

(2) 在 HCl 溶液中，釩酸（VO_4^{-3}）成 $V_2O_2Cl_4$ 而存於溶液中。

(3) $V_2O_2Cl_4$ 雖可與第 (4) 步所加 NH_4OH 相結合，而形成深灰色之

$V_2O_2(OH)_4$ 而沉澱：

$V_2O_2Cl_4 + 4NH_4OH \rightarrow 4NH_4Cl + V_2O_2(OH)_4 \downarrow$

深灰色

而混雜於 $AlPO_4$ 內，以致影響化驗結果，然而本法所用之熔劑（H_2O_2）具有阻止此種沉澱發生之作用：

$(V_2O_2)^{+4} + H_2O_2 + 8OH^- \rightarrow 2VO_4^{-3} + 2H^+ + 4H_2O$

因此釩和磷終能在第（5）步予以分離。

(4) 在 NH_4OH 之鹼性溶液中，0.2g 鉀明礬可沉澱 0.003g 磷，若試樣含磷量大於 0.15%，則應酌加明礬之量。

3-6-1-8 鉻釩鋼和其他含釩 (V) 不含鎢 (W) 之鋼鐵之P

3-6-1-8-1 應備試劑

（1）**HNO_3**（1.2）

量取 476ml HNO_3（1.42）於 1000ml 燒杯內→加水稀釋至刻度。

（2）**$KMnO_4$**（2.5%）

稱取 25g $KMnO_4$ 於 1000ml 量瓶內→先以適量水溶解之，再加水稀釋至刻度。

（3）**$(NH_4)HSO_3$**（3%）

稱取 30g $(NH_4)HSO_3$ 於 1000ml 量瓶內→先以適量水溶解之，再加水稀釋至刻度。

（4）**$FeSO_4$ 溶液**

稱取 40g $FeSO_4$ →加 100ml H_2O 溶解之→加 1mlH_2SO_4（1.84）。

（5）鉬酸銨溶液

（6）酚酞指示劑

（7）氫氧化鈉標準溶液（N/20）

（8）硝酸標準溶液（N/20）

同 3-6-1-1-1 節

3-6-1-8-2 分析步驟

(1) 稱取 2g 試樣於 300ml 燒杯內。

(2) 加 50ml HNO_2（1.2），並加熱煮沸至試樣溶解。

(3) 俟作用停止後，加 6ml $KMnO_4$（2.5%），再煮沸至棕黑色之 MnO_2 析出。

(4) 加 $(NH_4)HSO_3$（3%）至 MnO_2 沉澱恰好溶解，再煮沸至溶液澄清且無棕煙冒出。

(5) 冷卻至 15 ～ 20℃（註 A）。

(6) 分別加 5ml $FeSO_4$ 溶液（註 B）、2 ～ 3 滴 H_2SO_3（濃）（註 C）及 50ml 鉬酸銨溶液，再劇烈攪拌 5 分鐘。

〔以下操作同 3-6-1-1-2 節，從第（7）步開始做起〕

3-6-1-8-3 計算：同 3-6-1-1-3 節

3-6-1-8-4 附註

註：除下列各附註外，另參照 3-6-1-1-4 節有關各項附註。

（A）（B）（C）

因試樣含多量之釩，經過強酸溶解後，會生成各種五價釩化物（Quinquevalent vanadium），如 VO_4^{-2}、VO_2^{+}；此等離子能與磷酸 PO_4^{-3} 及 MoO_4^{-2} 生成異性酸（即磷釩鉬酸鹽），因而阻礙磷鉬酸之沉澱，並會混雜於磷鉬酸銨沉澱中；但在 10 ～ 20℃之酸性溶液中，以 Fe^{+2} 及 SO_3^{-2} 將五價釩還原後，其阻礙作用即達最小，且不會混雜於磷鉬酸銨沉澱中。

3-6-1-9 高速鋼（如鎢鋼，鎢鉻鋼及鎢鉻釩鋼）及其他含 V、W 之鋼鐵之 P

3-6-1-9-1 第一法（註 A）（可連續分析 P、Si、W）

3-6-1-9-1-1 應備試劑

（1）混酸〔HCl（1.2）：HNO_3（1.42）＝ 1：1〕

（2）$KMnO_4$（5%）

稱取 50g $KMnO_4$ →先以適量水溶解後，再加水稀釋至 1000ml。

（3）$(NH_4)HSO_3$（3%）

稱取 30g $(NH_4)HSO_3$ →以適量水溶解後，再加水稀釋至 1000ml。

（4）鉬酸銨溶液

（5）酚酞指示劑

（6）氫氧化鈉標準溶液（N/20）

（7）硝酸標準溶液（N/20）

同 3-6-1-1-1 節

3-6-1-9-1-2 分析步驟

(1) 稱取 1.5 ～ 2g 試樣於瓷蒸發皿內，用錶面玻璃蓋好。

(2) 加 60ml 混酸（註 B），並加熱（註 C）助溶。

(3) 作用停止後，溶液底部殘渣若仍不呈鮮黃色，則再加少量混酸，並繼續加熱至鎢酸之沉澱呈鮮黃色為度（註 D）。

(4) 移去錶面玻璃，再將蒸發皿置於沙盤上，將皿內溶液蒸發（註 E）濃縮至 15ml。

(5) 放冷後，加 50ml HNO_3（1.42）（註 F），以錶面玻璃蓋好，再加熱至作用停止。

(6) 移去錶面玻璃，置皿於沙盤上，再將皿內溶液蒸發（註 G）至約 15ml。

(7) 放冷後，加 50ml HNO_3（1.42）（註 H），然後蒸發至皿內物質乾硬。

(8) 置皿於火焰上，灼熱至皿內物質呈暗紅色（註 I）。

(9) 徐徐移去火焰，置皿於溫處，任其冷至溫熱。

(10) 以錶面玻璃蓋好，由皿口徐徐加入 50ml HCl（1.2）（註 J），再加熱煮沸，至皿底殘渣呈鮮黃色（註 K）。

(11) 移去錶面玻璃，置皿於沙盤上，將皿內溶液再蒸發濃縮至約 15ml。

(12) 放冷後，加適量水稀釋之，並另加無灰濾紙屑少許（註 L）。

(13) 過濾（使用 11cm 無灰濾紙）。以 HCl（1：1）洗滌沉澱及濾紙，至新滴下之洗液不含 Fe^{+3} 為度，再以熱水洗滌 3 ～ 4 次。沉澱可供 Si、W 定量之用（註 M）。

(14) 將濾液及洗液移入原用之蒸發皿內（註 N），蒸發至皿內溶液之邊際，生棕色之鹼性鐵質之圈痕，而該圈痕於搖動瓷皿時，恰能

緩緩溶解為度（註 O）。

(15) 加 20ml H_2O（熱），再煮沸之。

(16) 過濾。以 HCl（1：1）洗滌沉澱及濾紙，至洗液不含 Fe^{+3} 質為度；再以熱水洗滌 3 ～ 4 次。沉澱為少量之矽酸、鎢酸，與第 (13) 步之沉澱合併後，可供 Si、W 定量之用。

(17) 將濾液及洗液移入原用之蒸發皿內，加 80ml HNO_3（1.42），蒸發至約 30ml 後，再加 80ml HNO_3，再蒸發至約 30ml（註 P）。

(18) 蓋上錶面玻璃，加 3ml $KMnO_4$（5%），然後煮沸至棕黑色之 MnO_2 沉澱析出。

(19) 滴加 $(NH_4)HSO_3$（3%），至 MnO_2 恰恰溶盡，再煮沸至棕煙完全消失。

(20) 用少量水將附於錶面玻璃之溶液，沖洗於皿內，再將皿內溶液移入 500ml 燒杯內。

(21) 煮沸後，加 NH_4OH 至呈弱鹼性。加 HNO_3（1.42）中和之，然後再過量 5ml（註 Q）。

(22) 加熱至 80℃時，即刻加入 50ml 鉬酸銨溶液，並劇烈攪拌 5 分鐘。

〔以下操作同 3-6-1-1-2 節，從第 (7) 步開始做起〕

3-6-1-9-1-3 計算：同 3-6-1-1-3 節

3-6-1-9-1-4 附註

註：除下列各附註外，另參照 3-6-1-1-4 節有關附註。

（A）本法雖可連續分析 P、Si、W 三種元素，但若只單獨分析 P 時，未免太繁，以第二法較簡。

（B）（C）（D）

(1) 因鎢酸如同鉬酸一樣，在硝酸溶液內，亦能與 PO^{-3} 化合成白色粉狀之磷鎢酸銨〔Ammonium phosphotungstate, $(NH_4)_3PO_4 \cdot 12WO_3 \cdot H_2O$〕，故需先予除去。

(2) 鎢在含有 HNO_3 之沸液內，可生成黃色之鎢酸（H_2WO_4）沉澱。

(3) 試樣所含之 Si，亦成 H_2SiO_3 而析出。

（E）（G）蒸發之溫度不宜太高，以免皿內溶液濺出。

（F）（H）因恐試樣氧化不完全，致鎢酸（H_2WO_4）及矽酸（H_2SiO_3）不能完全沉澱析出，故反覆加 HNO_3，並蒸發氧化之。

（I）$H_2WO_4 \xrightarrow{\text{強熱}} WO_3（暗紅色）+ H_2O \uparrow$

（J）在蒸乾過程中，有不溶於水之氧化物（Oxides）或鹼式鹽（Basic salts）生成，故加 HCl，使這些不溶物變成氯化物（Chlorides）而溶於水，獨讓 SiO_2 及 WO_3 等沉澱析出。

（K）因 WO_3 復變成 H_2WO_4，故有黃色沉澱析出。

（L）無灰濾紙屑，能增進過濾速度。

（M）沉澱為鎢酸（H_2WO_3）、矽酸（H_2SiO_3）及小量鐵質（Fe）與鉻質（Cr）。

（N）因恐濾液及洗液中，仍含有微量鎢質及矽質，故需移入原蒸發皿內，再度處理之。

（O）因 WO_3 可略溶於較濃之 HCl，而於第（16）步隨濾液濾去，故需蒸發至溶液之含酸量，恰足以保持鐵質於溶液內，而不沉澱為止；然而不可蒸發過度，否則溶液之含酸量過低，鐵質就會以 $Fe(OH)_3$ 狀態析出，而於第（16）步過濾時，混雜於 W、Si 之沉澱內。

（P）因 HCl（或 H_2SO_4、HF）能延遲磷鉬酸銨之沉澱，故需反覆加 HNO_3，蒸發驅盡之：

$$NO_3^- + Cl^- + 2H^+ \rightarrow NO_2 \uparrow + 1/2Cl_2 \uparrow + H_2O$$

（Q）本步旨在調節溶液酸度，以利下步磷鉬酸銨沉澱之生成。

3-6-1-9-2 第二法

3-6-1-9-2-1 溶液試劑

（1）**$FeSO_4$ 溶液**

稱取 100g $FeSO_4 \cdot 7H_2O$ 於 1000ml 燒杯內→加 1000mlH_2SO_4（5：95）→攪拌溶解之。

（2）**NH_4NO_3 洗液**

稱取 50g NH_4NO_3 於 1000ml 之燒杯內→加 1000mlNH_4OH（1：20）→攪拌溶解之。

（3）鉬酸銨溶液〔$(NH_4)_2MoO_4$〕
（4）酚酞指示劑
（5）氫氧化鈉標準溶液（N/20）
（6）硝酸標準溶液（N/20）

$\Big\}$ 同 3-6-1-1-1 節

3-6-1-9-2-2 分析步驟

(1) 稱取 2g 試樣於瓷坩堝內。

(2) 加 125ml HNO_2（1：3）及 30ml HCl。加熱溶解後，再蒸發至乾。

(3) 加 20ml HCl，以溶解殘渣。再加熱水稀釋成 100ml。

(4) 過濾。先用 HCl（1：1）洗盡鐵質，再用熱水沖洗 3 ～ 4 次。聚濾液於 100ml 三角燒瓶內。沉澱棄去（註 A）。

(5) 加 20ml HNO_3，蒸發至乾。加 20ml HNO_3，再蒸至糖漿狀，以趕盡 HCl。

(6) 加 65ml HNO_3（1:3）。此時若溶液混濁不清，依照第(4)步所述方法，再過濾一次，以濾去雜質。

(7) 冷至 10℃（註 B）。加 5ml $FeSO_4$（註 C）溶液及 2 ～ 3 滴 H_2SO_4（註 D），並均勻混合之。

(8) 加 50ml 鉬酸銨〔$(NH_4)_2MoO_4$〕溶液，並劇烈攪烈 10 分鐘。

(9) 加少量濾紙屑後，擱置 1 小時以上。

〔以下操作同 3-6-1-1-2 節，從第（8）步開始做起〕

3-6-1-9-2-3 計算：同 3-6-1-1-3 節

3-6-1-9-2-4 附註

註:除下述附註外，另參照 3-6-1-1-4 節及 3-6-1-9-1-4 節有關各項附註。

（**A**）(1) 沉澱物大部分為鎢酸、矽酸及其他不溶於酸之雜質。

　　　(2) 此沉澱約含 0.001g P，對於日常例行之分析，無再處理之必要。

（**B**）（**C**）（**D**）參照 3-6-1-8-4 節附註（A）（B）（D）。

3-6-1-10 鉻鐵之 P（可連續分析 P、Si）

3-6-1-10-1 應備試劑

（1）融劑〔Na_2O_2：$NaKCO_3$＝1：1（重量比）〕

（2）鉬酸銨溶液

（3）酚酞指示劑

（4）氫氧化鈉標準溶液（N/20）

（5）硝酸標準溶液（N/20）

同 3-6-1-1-1 節

3-6-1-10-2 分析步驟

（1）稱取 3g 試樣於鎳坩堝內（註 A）

（2）加 30g 融劑，混合均勻，將坩堝蓋好。

（3）先用小火焰加熱融熔（註 B），再用較強之熱度燒灼。俟融質稀薄後，再繼續燒灼 10 分鐘。

（4）放冷後，將坩堝連同融質移於燒杯內，加水溶解後，取出坩堝，再加 HCl 至呈酸性（註 C）。

（5）移溶液及不溶物於瓷蒸發皿內，蒸至近乾。蒸乾後，皿內若有球狀硬塊物質，用厚玻璃棒壓碎，然後以 130℃ 之電熱板烘烤數分鐘。

（6）加 15ml HCl（1.18）（註 D），加熱後，以適量水稀釋之。

（7）過濾。以 HCl（5：95，熱）洗滌沉澱及濾紙，至新滴下洗液不含鐵質。沉澱可供作矽（Si）之定量。

（8）加適量 Na_2SO_3 及 HNO_3（1.42）於濾液及洗液內，並蒸乾之。

（9）俟溶液蒸乾後，加 HNO_3（1：1）溶解之。

（10）過濾。以熱水洗滌沉澱及濾紙數次。沉澱棄去。

（11）將濾液及洗液加熱至 80℃ 時，即刻加 50ml 鉬酸銨溶液，並劇烈攪拌 5 分鐘。

〔以下操作同 3-6-1-1-2 節，從第（7）步開始做起〕

3-6-1-10-3 計算：同 3-6-1-1-3 節

3-6-1-10-4 附註

（A）使用 Na_2O_2 作為氧化劑，反應後有 NaOH 生成；而 NaOH 能與鉑（Pt）及矽（Si）作用，故不可使用鉑或瓷坩堝。另外 $NaKCO_3$ 能與銀（Ag）作用，故亦不可使用銀坩堝。

（B）融熔後，試樣中之磷被氧化成可溶性之鹼式磷酸鹽（Alkaline phosphates）；鉻被氧化成可溶性鹼式鉻酸鹽（Alkaline chromates）；矽則被氧化成可溶性鹼式矽酸鹽（Alkaline silicates）。

（C）可溶性之鹼式矽酸鹽與 HCl 作用後，生成矽酸之膠狀沉澱：

$$Na_2SiO_3 + 2HCl \rightarrow 2NaCl + H_2SiO_3 \downarrow$$

白色

故至第（7）步，矽得以分開。

（D）參照 3-6-1-9-1-4 節附註

3-6-1-11 錳鐵之 P

3-6-1-11-1 應備試劑

（1）HClO$_4$（70%）

（2）鉬酸銨溶液

（3）酚酞指示劑

（4）氫氧化鈉標準溶液（N/20）

（5）硝酸標準溶液（N/20）

　　同 3-6-1-1-1 節

3-6-1-11-2 分析步驟

（1）稱取 2g 試樣於 300ml 燒杯內。

（2）加 50ml HNO$_3$（1.42）及 20ml HClO$_4$（70%），並蒸發至冒出白煙，或至黑棕色之 MnO$_2$ 沉澱析出為止。

（3）加 50ml H$_2$O，次加 H$_2$SO$_3$，至 MnO$_2$ 恰恰溶盡為止，然後煮沸之。

（4）過濾。以 HNO3（1：99）洗滌沉澱及濾紙數次。聚濾液於 300ml 伊氏燒杯內，暫存。將沉澱及濾紙置於鉑蒸發皿內。。

（5）以小火焰燒灼鉑蒸發皿，然後加數 ml HF（註A）及 2ml HClO$_4$（70%）（註 B），再蒸發至冒白煙。

（6）將蒸發皿內之溶液，合併於第（4）步之濾液內。

（7）煮沸 2 ～ 3 分鐘。

（8）冷至室溫後，加水稀釋至 100ml。

(9) 加 2ml HNO_3（1.42）及 0.05g $FeSO_4 \cdot (NH_4)_2SO_4 \cdot 6H_2O$。

(10) 加熱至 80℃時，即刻加入 50ml 鉬酸銨溶液，並劇烈攪拌 5 分鐘。

〔以下操作同 3-6-1-1-2 節，從第（7）步開始做起〕

3-6-1-11-3 計算：同 3-6-1-1-3 節

3-6-1-11-4 附註

（A）（B）試樣含 Si 甚多，所生大量之 H_2SiO_3 沉澱，易吸附 PO_4^{-3}，而一併下沉，影響分析結果，故需蒸發至冒出 $HClO_4$ 白煙之溫度（300℃以上），俾利 HF 將 H_2SiO_3 蒸掉，以收回被吸附之 PO_4^{-3}。

3-6-1-12 銅合金（Copper base alloys）之 P

3-6-1-12-1 應備試劑

（1）混酸

量取 320ml HNO_3 於 1000ml 量瓶內→加 120ml HCl（1.18）→加水稀釋至刻度。

（2）鉬酸銨溶液

稱取 65g 七鉬酸銨〔$(NH_4)_6Mo_7O_{24} \cdot 4H_2O$〕於 1000ml 燒杯內→分別加 225g NH_4NO_3、15g NH_4Cl 及 600ml H_2O →加熱攪拌至溶解→過濾。濾液及洗液稀釋至 1000ml。沉澱棄去。

（3）酚酞指示劑
（4）氫氧化鈉標準溶液（N/20）　　　同 3-6-1-1-1 節
（5）硝酸標準溶液（N/20）

3-6-1-12-2 分析步驟

(1) 稱取 1 ～ 5g 試樣（註 A）於 500ml 三角燒杯內。

(2) 加 10 ～ 20ml HNO_3（1.42）〔若試樣含 Si 或 Sn，則改加 30 ～ 50ml 混酸（註 B）〕，然後加熱溶解，並趕盡棕煙。

(3) 放冷後，以 50ml H_2O（冷）將燒杯內壁洗淨。

(4)（註 C）徐徐加入 NH_4OH，至慢慢生成淡綠色銅鹽沉澱為度。

(5)（註 D）以 HNO_3（1.42）中和溶液後，再過量 2ml，然後加熱至

65 ～ 75℃。

(6) 乘熱，一面慢慢加入 50ml 鉬酸銨溶液，一面劇烈攪拌。加完後，再繼續攪拌 5 分鐘。

〔以下操作同 3-6-1-1-2 節，從第 (7) 步開始做起〕

3-6-1-12-3 計算（註 E）：同 3-6-1-1-3 節

3-6-1-12-4 附註

（A）試樣以含 5mg P 為宜；但含量不宜超過 1.5%。

（B）混酸可預防錫酸生成。錫酸可吸附 PO_3^{-3} 而一併下沉，影響分析結果。

（C）（D）這些操作，旨在調節溶液之酸度，以利磷鉬酸銨沉澱之生成。

3-6-2 重量法：適用於磷銅之P（註 A）

3-6-2-1 應備試劑

（1）**鎂鹽混合液**（註 B）

稱取 110g $MgCl_2$ 於 2000ml 燒杯內→以少量水溶解之→加 280g NH_4Cl →加 700ml NH_4OH（0.90）→加水稀釋成 2000ml →靜置數小時→過濾→濾液留用。沉澱棄去。

3-6-2-2 分析步驟

(1) 稱取 0.5g 試樣於瓷蒸發皿內，以錶面玻璃蓋好。

(2) 置皿於冷水盆中（註 C），加 10ml HNO_3（1.42），以溶解試樣。

(3) 俟反應緩和後，加熱約 30 分鐘；若試樣仍未完全溶解，加 HCl 數滴，以助溶解。

(4) 俟溶解完畢後，加 10ml HNO_3（稀），然後蒸乾之。

(5) 加 HNO_3（稀），將殘留物溶解。

(6) 過濾。以 HNO_3（稀）洗滌沉澱及濾紙。沉澱棄去。

(7) 加過量 HN_4OH（註 D），然後一面攪拌，一面滴加鎂鹽混合液（註 F），至溶液內不再有新的沉澱生成為止。

(8) 靜置，讓沉澱完全下沉。

(9) 過濾。以 NH_4OH（稀）洗滌沉澱及濾紙。濾液棄去。

(10) 以少量 HCl（註 F）注於濾紙上，溶解沉澱於燒杯內，並用含 HCl 之水，將濾紙上之殘留沉澱，沖洗數次。

(11) 加 NH_4OH 至近中和，再冷卻之（註 G）。

(12) 一面攪拌，一面滴加鎂鹽混合液（冷）（註 H）（每隔 2 分鐘加 2 滴），至不再有新的沉澱生成為止。

(13) 俟沉澱完全後，再繼續攪拌至溶液不呈渾色。靜置 10 分鐘。

(14) 將溶液之總體積調節至 90 ～ 100ml（註 I）。

(15) 一面攪拌，一面加 25ml NH_4OH（1：1）（註 J）。靜置 2 小時。

(16) 用已稱重且烘乾之古氏坩堝過濾。加數滴 NH_4NO_3（註 K）濃溶液於沉澱上，以 NH_4OH（1：4）沖洗沉澱及濾紙數次。濾液及洗液棄去。

(17) 將沉澱連同古氏坩堝置於空氣浴器（註 L）內，以小火焰灼熱至分解。

(18) 放冷後，用鉑棒將殘渣壓碎，再用麥克煤氣燈燒灼至恒重（註 M）。殘質為焦磷酸鎂（$Mg_2P_2O_7$）。

3-6-2-3 計算

$$P \% = \frac{w \times 27.836（註 N）}{W}$$

w ＝殘質（$Mg_2P_2O_7$）重量（g）

W ＝試樣重量（g）

3-6-2-4 附註

（A）一般磷銅之百分組成如次：Cu ＞ 80%；Ag ＜ 15%；P ＝ 4 ～ 8%。

含磷量很高之合金，均適用本法。磷銅亦可使用光電比色法，以測其含 P %（參照 3-6-3-3 節）。

（B）鎂鹽混合液亦稱苦土混合液。每 10ml 此種試液可沉澱 0.1g P_2O_5。濾

液貯藏過久會侵蝕玻璃容器之矽質，故使用前需加過濾，以除去矽質（若使用塑膠容器，則無此虞。）

（C）試樣與 HNO_3 作用甚猛，為免溶液濺出，故置皿於冷水中，以降低其反應溫度，緩和其作用。

（D）（E）（G）（H）（J）

(1) $HPO_4^{-2} + Mg^{+2} + NH_3 \xrightarrow{\quad NH_4OH \quad} MgNH_4PO_4 \downarrow$
　　　　　　　　　　　　　　　　　　　　　　　　　白色

(2) 第一次沉澱之 $MgNH_4PO_4$，可能吸附其它元素之離子，故需重新沉澱一次。

(3) 在 NH_4OH 冷溶液中，HPO_4^{-2} 與 Mg^{+2} 易生成 $MgNH_4PO_4 \cdot 6H_2O$ 沉澱。

（F）$MgNH_4PO_4$ 可溶於各種酸性溶液內：

$$MgNH_4PO_4 + H^+ \rightleftharpoons Mg^{+2} + HPO_4^{-2} + NH_4^+$$

（I）調節溶液之總體積時，若體積不足，則加水稀釋；若太多，則加熱濃縮之。

（K）因 NH_4NO_3 係強電解質，加於沉澱上，可增加 NH_4^+，由於共同離子效應（Common ion effect），可防止 $MgNH_4PO_4$ 水解成膠體，而透過濾紙。

（L）(1) 所謂空氣浴器，即取大號坩堝一個，內置一個圓形石棉圈即成。

(2) 選取大號瓷坩堝或鐵坩堝時，其大小以內置小坩堝後，大小兩堝壁間，以相距約 1cm 為宜。其縱剖面詳如圖 3-3。

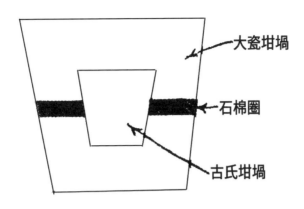

圖 3-3 空氣浴器

（M）$2MgNH_4PO_4 \cdot 6H_2O \xrightarrow{\text{燒灼}} Mg_2P_2O_7 + 2NH_3\uparrow + 13H_2O$

（W）

$$\frac{2\times \text{P之分子量}}{Mg_2P_2O_7\text{ 之分子量}} = \frac{2\times 30.97}{222.518} = 0.27836$$

3-6-3 光電比色法

3-6-3-1 碳素鋼及合金鋼之P：本法不適用於各種鎢鋼

3-6-3-1-1 應備儀器：光電比色儀

3-6-3-1-2 應備試劑

（1）**HNO₃**（1：1.6）

（2）**HClO₄**（60 ～ 62%）

（3）**HBr 溶液**

量取 20ml HBr（47 ～ 49%）→加水稀釋至 100ml。

（4）**Na₂S**（10%）

稱取 100g Na₂S（無水）→加適量水溶解後,再繼續加水稀釋至 1000ml（若有雜質應予濾去）。

（5）**硫酸聯胺**（Hydrazine sulfate）（0.15%）：

　　稱取 1.5g 硫酸聯胺（無水）→以適量水溶解之，再繼續加水稀釋
　　至 1000ml。

（6）**鉬酸銨**〔$(NH_4)_2MoO_4$〕**溶液**

　　量取 500ml H_2O 於 1000ml 量瓶內→一面攪拌，一面慢慢加入
　　300ml H_2SO_4（1.84）→冷卻→加 20g $(NH_4)_2MoO_4$→加水稀釋至
　　刻度。

（7）「**鉬酸銨 – 硫酸聯胺**」**混合液**（濃）

　　量取 25ml 上項鉬酸銨溶液→加水稀釋成 80ml →加 10ml 上項硫
　　酸聯胺（0.15%）→加水稀釋至 100ml（此混合液不穩定，應於每次
　　使用前配製。）

（8）「**鉬酸銨 – 硫酸聯銨**」**混合液**（稀）

　　量取 10ml 上項「鉬酸銨 - 硫酸聯胺」混合液（濃）於 100ml 燒杯
　　內→加 40ml H_2O。

3-6-3-1-3 分析步驟

（1）稱取 80mg 試樣於 125ml 伊氏燒杯內。另取同樣燒杯一個，供做
　　空白試驗。

（2）加 5ml HNO_3（1:1.6），於熱處緩緩加熱，以溶解試樣。若試樣為
　　合金鋼，則需同時另加 3ml HCl（1:1）以助溶。（註 A）

（3）俟作用停止後，以吸管加入 3ml $HClO_4$（60 ～ 62%）。

（4）蒸發至冒出濃白過氯酸煙時，再繼續蒸發 3 ～ 4 分鐘。（註 B）

（5）稍冷後，加 10ml H_2O 及 15ml Na_2S（10%）。

（6）加熱至沸，再緩緩煮沸約 20 ～ 30 秒，至溶液早先呈現之暗褐色
　　完全消失為止。

（7）加 20ml「鉬酸銨 - 硫酸聯胺」混合液（濃）（註 C）。

（8）加熱至 90℃，並保持此溫度 4 ～ 5 分鐘，再加熱至近沸（但不可
　　至沸點），然後急速冷卻至常溫。

（9）移溶液於 50ml 量瓶內，用「鉬酸銨 – 硫酸聯胺」混合液（稀）稀

釋至刻度。

(10) 分別量取約 5ml 空白溶液及試樣溶液於儀器所附之兩試管內，先以光電比色儀測定前者對波長為 825mμ 之光線之吸光度（不必記錄），次將儀器上指示吸光度之指針調整至「0」，再將試管抽出，換上盛有試樣溶液之試管，測其吸光度，並記錄之。由「吸光度－P %」標準曲線（註 D），即可直接查得 P %。

3-6-3-1-4 附註

(A) 試樣若係高合金鋼（Cr＞2%，V＞5%，Ni＞35%），因 Cr、V 及 Ni 等離子會增加試樣溶液之吸光度，故應校正之；其法如次：

稱取 80mg 試樣，然後依 3-6-3-1-3 節（分析步驟）所述之方法處理之，但「鉬酸銨－硫酸聯胺」混合液（濃）及「鉬酸銨-硫酸聯胺」混合液（稀）則分別使用 H_2SO_4（8：92）及 H_2O 替代之。最後以原測得之吸光度減去此校正吸光度，即得正式吸光度。

(B)(1) 蒸至冒出過氯酸煙，旨在蒸去 HNO_3，以免與下步操作所加之還原劑作用。

(2) 因 As 與 P 性質相近，故能干擾第（10）步吸光度之測定，影響分析結果，所以應予除去。若試樣含 As＞0.05 %，於第（4）步應另加 5ml HBr 溶液，並重覆蒸發數次，將 As 變成 $AsBr_3$ 而逸去。

(C)(1) 硫酸聯胺之分子式為 $(NH_2)_2 \cdot H_2SO_4$，係一種有機還原劑。

(2) 在酸性溶液中，$(NH_4)_2MoO_4$ 首先與 PO_4^{-3} 化合成異性磷鉬酸銨（Heteropoly phosphomolybdate）；此物經 $(NH_2)_2 \cdot H_2SO_4$ 還原後，即成組成不定，俗稱鉬藍之複合離子（Molybdemum blue complex）；其藍色之深度與 P % 成正比，故可供光電比色分析之用。自試樣溶解至吸光度測度，約費時 20 分鐘。

(D)「吸光度－P %」標準曲線之製法：

(1) 選取含 P＝0.01 ～ 0.04% 之不同標準樣品數種，每種稱取 3 份，每份 80mg，當做試樣，依 3-6-3-1-3 節（分析步驟）所述之方法處理之，以測其吸光度。

(2) 以「吸光度」為縱軸，以「P %」為橫軸，作其關係曲線圖。

3-6-3-2 生鐵之 P：本法最適於含 P = 0.05 ~ 0.25% 之樣品

3-6-3-2-1 應備儀器：光電比色儀

3-6-3-2-2 應備試劑：同 3-6-3-1-2 節

3-6-3-2-3 分析步驟

(1) 稱取 0.125g 試樣於 125ml 伊氏燒杯內。

(2) 加 25ml HNO_3 (1:1.6) 以溶解試樣，再將氮氧化物之黃煙煮沸趕盡。

(3) 冷卻後，移入 50ml 量瓶內，並加水稀釋至刻度。

(4) 靜置少時，使黑色碳粒沉澱完全。

(5) 以吸管吸取 5ml 溶液於 125ml 伊氏燒杯內。

(6) 以吸管加入 3ml $HClO_4$ (60 ~ 62%)。

〔以下操作同 3-6-3-1-3 節，從第 (4) 步開始做起〕（註 A）

3-6-3-2-4 附註

(A)「吸光度 – P %」標準曲線之製法：除選取含 P = 0.05 ~ 0.25% 之不同標準樣品數種，每種稱取 3 份，每份 0.125g，作為試樣外，其餘同 3-6-3-1-4 節之附註。

3-6-3-3 磷銅之 P（註 A）

3-6-3-3-1 應備儀器：光電比色儀

3-6-3-3-2 應備試劑

（1）**標準磷溶液**（1ml = 0.4mg P）

稱取約 8g KH_2PO_4（純）於錶面玻璃內，均勻攤開→置於硫酸乾燥器內，乾燥過夜→稱取 1.7575g KH_2PO_4 於 1000ml 量瓶內→加 200ml H_2O 溶解之→加 100ml HNO_3 (1:5)→加水稀釋至刻度。

（2）**釩酸銨**（NH_4VO_3）（0.25%）

稱取 2.50g NH_4VO_3 於 1000ml 燒杯內→加 500ml H_2O 溶解之→加 20ml HNO_3 (1:1)（註 B）。

（3）**七鉬酸銨溶液**（10%）

稱取 100g 七鉬酸銨〔$(NH_4)_6Mo_7O_{24} \cdot 4H_2O$〕於 1000ml 燒杯內→

加 600ml H_2O（50℃）溶解之→加水稀釋至 1000ml。

3-6-3-3-3 分析步驟（註 C）

(1) 稱取 0.5g（精確至 1 毫克）試樣於 150ml 燒杯內。另取同樣燒杯一個，供作空白試驗。

(2) 加 25ml HNO_3（2：3）及一粒玻璃球或碳化矽（SiC）。蓋好後，加熱溶解之。

(3) 俟試樣完全溶解後，煮沸數分鐘。

(4) 冷卻後，將溶液移於 200ml 量瓶內。加水稀釋至刻度，並均勻混合之。

(5) 精量 10ml 溶液於 150ml 燒杯內。

(6) 加 20ml HNO_3（1：5）（註 D）及一粒玻璃球。蓋好。

(7) 煮沸 3～5 分鐘（切忌過劇或過久之沸騰）（註 E）。

(8) 從熱處移下，加 10ml 釩酸銨（NH_3VO_3）（0.25%）（註 F），再冷至室溫。

(9) 移溶液於 100ml 量瓶內，用水稀釋至約 80ml，再加 10ml 鉬酸銨溶液（10%）（註 G），然後加水稀釋至刻度，並均勻混合之（註 H）。

(10) 擱置最少 5 分鐘（註 I）。

(11) 分別量取約 5ml 空白溶液及試樣溶液於儀器所附之兩支試管內，先以光電比色儀測定空白溶液對波長為 470mμ 之光線之吸光度（不必記錄），次將儀器上指示吸光度之指針調整至（0），然後抽出試管，換上盛有試樣溶液之試管，以測其吸光度，並記錄之。由「溶液含P量 (mg)－吸光度」標準曲線（註 J），查出溶液含P之重量（mg）。

3-6-3-3-4 計算

$$P \% = \frac{2 \times w}{W} \quad （註 K）$$

w ＝試樣含P之重量（mg）

W ＝試樣重量（g）

3-6-3-3-5 附註

（**A**）參照 3-6-2-4 節附註（A）。

（**B**）若發現 NH_4VO_3 內含有 Cl^-，加入 HNO_3（1:1）後，應再加 $AgNO_3$，使成 AgCl 沉澱而濾去〔參照附註（C）。〕

（**C**）以下各步，溶液內均不可含 Cl^-，因 Cl^- 易與試樣之 Ag^+，生成混濁或沉澱之 AgCl，而干擾吸光度之測定。

（**D**）（**F**）（**G**）

在 酸 性 溶 液 中，PO^{+3} 能 與 六 價 鉬（如 MoO_4^{-2}）和 五 價 釩（如 VO_3^-），生成桔黃色之複合鹽〔Phosphovanadomolybdate conplex，$(NH_4)_3PO_4 \cdot NH_4VO_3 \cdot 16MoO_3$〕，其顏色之深淺與 P % 成正比，故可供光電比色分析法之用。

（**E**）(1) 沸騰過劇，溶液易濺出來；沸騰過久，會將溶液內之 HNO_3 蒸掉，致影響下步呈色反應。

　　　(2) 呈色程度與溶液酸度有密切關係，故試樣溶液及空白溶液二者在呈色時，應保持相同之酸度。

（**H**）此時 100ml 溶液之最適含 P 量，為 0.15 ～ 3.0mg。

（**I**）呈色反應最少需 5 分鐘，才能完全；所呈顏色在 1 小時內很安定。

（**J**）「吸光度 – P%」標準曲線之製法：

　　　(1) 分別量取 0.5ml，1.0ml，2.0ml，3.0ml，4.0ml，5.0ml，6.0ml 及 7.0ml 標準磷溶液（1ml ＝ 0.4mg）於八個 150ml 燒杯內，分別加水稀釋成 15ml，當做試樣。另取一杯，內盛 15ml 蒸餾水，供做空白試驗。

　　　(2) 依照 3-6-3-3-3 節（分析步驟）所述之方法（從第(6)步開始）處理之，以測其吸光度。

　　　(3) 紀錄其結果如下：

標準磷溶液體積 (ml)	溶液含 P 量 (mg)	吸　光　度
0.5	0.2	
1.0	0.4	
2.0	0.8	
3.0	1.2	
4.0	1.6	
5.0	2.0	
6.0	2.4	
7.0	2.8	

(4) 以第III項「吸光度」為縱軸，第II項「溶液含 P 量（mg）」為橫軸，作其關係曲線圖。

（**K**）

$$P\% = \frac{w\,(mg) \times 1\,(g)/1000\,(mg)}{W\,(g) \times 10\,(ml)/200\,(ml)} \times 100$$

$$= \frac{w \times 1/1000 \times 200/10}{W} \times 100$$

$$= \frac{2w}{W}$$

第四章　矽（Si）之定量法

4-1 前言

以原子數及重量而論，構成地殼之元素中，矽佔第二位；在隕石內，矽之含量（以原子數計算），亦僅次於氧。若以二氧化矽（SiO_2）重量計算，矽約佔地殼的 60%。

矽可由四氯化矽用鈉還原製取：

$$SiCl_4 + 4Na \rightarrow Si + 4NaCl$$

於電爐中，以碳還原二氧化矽（SiO_2），可得夾有碳質之矽。

二氧化矽或矽酸鹽，係構成眾多礦物之主成份，亦是構成整個基本工業之原料。茲舉列部分用途如下：

(1) 砂：農業、玻璃、鹼性矽酸鹽（如水玻璃）、研磨料、絕緣物、化學藥品、矽膠及浮懸氧化矽填充劑等。

(2) 黏土：農業、陶器、磁器、磁磚、紅磚、耐火材料及觸媒等。

(3) 岩石：紅磚及水泥等。

(4) 溫石棉：石棉及絕緣物等。

(5) 雲母：電子絕緣物。

(6) 花崗岩：建築及築路之混凝材料。

(7) 矽土：填充物及絕緣物等。

(8) 螢石：陶器、磁器及玻璃等。

(9) 石英：電子。

(10) 滑石：滑石粉、填充料及電子絕緣物等。

二氧化矽或矽酸之用途雖廣，但其灰塵不宜長期吸入，否則易罹患石灰肺症（Silicosis）；尤其塵埃粒子愈小，危害性愈高。

另外矽亦為眾多有機矽化合物（Organosilicon Compounds）之基本構

成元素，其中較重要者如矽烷、鹵化物、有機氟（或氯）矽烷、有機矽醇及氟 - 硼矽化合物等。元素矽亦為高溫電晶體及太陽電池構成之基本材料。矽酸鋁則可用於石化工業裂解作業之觸媒。

　　鐵與矽之合金，稱為矽鐵齊（Ferrosilicon），其近似組成為 FeSi，含 70 ～ 75%Si；但供一般鑄造用者，矽含量不得超過 2%。矽鐵齊可供製造耐酸鋼（Duriron）及矽鋼等之用。耐酸鋼約含 15%Si，可供化學實驗室及工廠設備製造之用；矽鋼具有極高導磁係數，可供製造變壓器鐵心。另外，矽化錳生鐵（或簡稱矽錳）為鐵與 8 ～ 12%Si 及 15 ～ 20%Mn 之合金，常用於煉鋼方面。矽固溶體在肥粒鐵內，可以使鋼的硬度、彈性和強度增大，但會減小伸長率及衝擊值（韌性）。矽會使晶粒變粗。鋼中的矽含量，通常在 0.3% 以下；這種程度的含量對鋼的性質沒有多大影響。

4-2 性質

一、元素態矽

　　元素態矽（Elementary Silicon）為硬阨性之鋼灰色擬金屬。原子序、原子量、密度（克／cm³）及熔點（℃）分別為 14、28.086、2.36 及 1440。具正電性（Electropositive），並有與金剛石相同之晶體結構。

　　矽在高溫或紅熱狀態，易被空氣或氧氣氧化。易溶於 $HF-HNO_3$ 及熱濃鹼液中。在 250℃時，易與氯生成四氯化矽。四氯化矽易被水解為氫氧化矽〔$Si(OH)_2$〕，或者矽酸（H_4SiO_4）與鹽酸：

$$SiCl_4 + 4H_2O \rightarrow H_4SiO_4 + 4HCl$$

H_4SiO_4 雖被稱為矽酸（Silicidic acid），但並不釋出氫離子（H^+）。矽在金屬中，均勻的分佈在金屬內，亦可能成矽化物而存在。

　　在充分的活性能及氧氣內，矽易與硫、碳、氫或鹼族等化合物，化合成 SiO_2。

二、矽化合物

（一）矽酸礦物

　　構成岩石及土壤之大部份礦物，均屬矽酸，且多數具有複雜之化學式。

此等礦物，可分為三大類：

(1) 架構礦物（The Framework Minerals）：如鉀霞石（$KAlSiO_4$）、方沸石（$NaAlSi_2O_6 \cdot H_2O$）、正長石（$KAlSi_3O_8$）、方鈉石（$Na_4Al_3Si_3O_{12}Cl$）……等。架構礦物之特性是，氧原子數適為鋁及矽原子數和之兩倍。帶有綺麗之藍色，故可作紺青（Altramarine）之原料。

(2) 層片結構礦物（Minerals With Lager Structures）：如滑石〔$Mg_3Si_4O_{10}(OH)_2$〕、高嶺土〔$Al_2Si_2O_5(OH)_4$〕及雲母〔$KAl_3Si_3O_{10}(OH)_2$〕等。因此種結構之各層片，均為電的中性，故彼此極易滑動，並鬆弛重疊而成晶態物質。

(3) 纖維礦物（Fibrous Minerals）：係由極長之矽酸根離子構成，具有易於剝裂成絲之通性。譬如透閃石〔$Ca_2Mg_5Si_8O_{22}(OH)_2$〕及溫石棉〔$Mg_6Si_4O_{11}(OH)_6 \cdot H_2O$〕等，總稱之為石棉（Asbestos）。

（二）二氧化矽礦物

（1）簡介

矽之另一重要礦石二氧化矽，以三種不同晶體，存在於自然界中，如石英（Quartz）、白矽石（Cristobalite）及鱗石英（Tridymite）等。石英係硬而無色之物質，為上述三種硬物中，分佈最廣，且為多種花崗岩之晶態組成之一，或成美麗之晶體存在於礦床中。

二氧化矽。分子式：SiO_2；分子量：60.084；毒性和危險性：無毒，但長期吸入易得矽肺病。不溶於水。不溶於酸，但溶於氫氟酸及熱濃磷酸，能和熔融鹼類起作用。

自然界中存在有結晶二氧化矽和無定形二氧化矽兩種。二氧化矽用途很廣泛，主要用於製造玻璃、水玻璃、陶器、搪瓷、耐火材料、氣凝膠氈、矽鐵、型砂、單質矽等。

二氧化矽廣泛存在於自然界中，與其他礦物共同構成了岩石。天然二氧化矽稱為矽石，約佔地殼質量的百分之一十二，其存在形式有結晶態和無定形態兩種。石英晶體是結晶的二氧化矽，具有不同的晶型和色彩。石

英中無色透明的晶體是通常所說的水晶。具有彩色環帶狀或層狀的稱為瑪瑙。

（2）礦物介紹

　　二氧化矽礦物是指化學式相同（SiO_2），但結構有差異的礦物（如上圖），這些礦物統稱為類質異像體，主要包括石英、方石英和鱗石英。這些礦物在地球上主要存於花崗岩、砂岩和黑矽岩中，而月球上幾乎缺乏，主要原因是：化學成分演化上，月球形成一個低矽、高鋁的月殼，高矽的花崗質岩石極為稀少；月球在演化上缺乏像地球一樣有一個可以結晶出二氧化矽礦物的水系和熱水體系。儘管二氧化矽礦物在月球岩石上極為稀少，但對月球岩石的分類和成因的研究具有重要的作用。

　　月球上的石英礦物最早是在幾塊類花崗岩碎處中發現的，在霏細岩中同時也充填了不少方石英礦物，從其微細結構和成分的分析表明，這些石英實際上是由方石英變化過來的。後來在粗晶狀的月球花崗岩碎塊中也發現有石英礦物，根據其同位素的分析結果，這些礦物是 41 億年左右，在較深的環境下結晶形成的，說明這些石英不是在岩漿岩形成期間結晶形成的。月海武岩中的二氧化矽礦物絕大多數是方石英，體積百分數最多可達 5%，幾乎沒有石英礦物，只有在細晶狀月海玄武岩中才存在少量的石英礦物。這些方石英具有典型的雙晶結構，顯示：在熔漿冷卻過程中，

從高溫到低溫條件下形成的方石英都有。另外，在一些粗晶狀的月海玄武岩中也同時存在方石英和鱗石英，但從結構特徵看，方石英是由鱗石英轉變的，因為鱗石英一般是鑲嵌於不規則的顆粒之間。

（3）用途

　　二氧化矽通常用於製造平板玻璃，玻璃製品，鑄造砂，玻璃纖維，陶瓷彩釉，防蚰捲 Q 砂，過濾用砂，熔劑，耐火材料以及製造輕量氣泡混凝土。二氧化矽的用途很廣。自然界裡比較稀少的水晶可用以製造電子工業的重要部件、光學儀器和工藝品。二氧化矽是製造光導纖維的重要原料。一般較純淨的石英，可用來製造石英玻璃。石英玻璃膨脹係數很小，相當於普通玻璃的 1/18，能經受溫度的劇變，耐酸性能好（除 HF 外），因此，石英玻璃常用來製造耐高溫的化學儀器。石英砂常用作玻璃原料和建築材料。

　　總之，二氧化矽是製造玻璃、石英玻璃、水玻璃、光導纖維、電子工業的重要部件、光學儀器、工藝品和耐火材料的原料，是科學研究的重要材料。

　　當二氧化矽結晶完美時就是水晶；二氧化矽膠化脫水後就是瑪瑙；二氧化矽含水的膠體凝固後就成為蛋白石；二氧化矽晶粒小於幾微米時，就組成玉髓、燧石、次生石英岩。物理性質和化學性質均十分穩定的礦產資源，晶體屬三方晶系的氧化物礦物，即低溫石英（a- 石英），是石英族礦物中分佈最廣的一個礦物種。廣義的石英還包括高溫石英（b- 石英）。石英塊又名矽石，主要是生產石英砂（又稱矽砂）的原料，也是石英耐火材料和燒製矽鐵的原料。

（4）矽肺的危害

　　二氧化矽在日常生活、生產和科研等方面有著重要的用途，但有時也會對人體造成危害。二氧化矽的粉塵極細，比表面積達到 100 ㎡/g 以上，可以懸浮在空氣中，如果人長期吸入含有二氧化矽的粉塵，就會患矽肺病。

　　矽肺是一種職業病，它的發生及嚴重程度，取決於空氣中粉塵的含量和粉塵中二氧化矽的含量，以及與人的接觸時間等。長期在二氧化矽粉塵

含量較高的地方，如採礦、翻砂、噴砂、製陶瓷、製耐火材料等場所工作的人易患此病。

（5）理化性質

①物理性質

SiO$_2$ 是表示組成的最簡式，僅是表示二氧化矽晶體中矽和氧的原子個數之比。二氧化矽是原子晶體。

二氧化矽又稱矽石，沙的主要成分即二氧化矽。自然界中存在有結晶二氧化矽和無定形二氧化矽兩種。自然界存在的矽藻土是無定形二氧化矽，是低等水生植物矽藻的遺體，為白色固體或粉末狀，多孔、質輕、鬆軟的固體，吸附性強。

結晶二氧化矽因晶體結構不同，分為石英、鱗石英和方石英三種。純石英為無色晶體，大而透明棱柱狀的石英叫水晶;若含有微量雜質的水晶，就帶有不同顏色，如紫水晶、茶晶、墨晶等。普通的砂是細小的石英晶體，有黃砂（較多的鐵雜質）和白砂（雜質少、較純淨）。

二氧化矽晶體是一種有序的結構，在結構中，矽原子的 4 個價電子與 4 個氧原子形成 4 個共價鍵，矽原子位於正四面體的中心，4 個氧原子位於正四面體的 4 個頂角上，滿足了矽的化合價外殼。而每個氧原子是兩個多面體的一部分，氧的化合價也被滿足。則結果就成了稱為石英的規則的晶體結構。

②化學性質

化學性質比較穩定。不溶於水也不跟水反應。是酸性氧化物，不跟一般酸反應。氣態氟化氫跟二氧化矽反應，生成氣態四氟化矽。跟熱的濃強鹼溶液或熔化的鹼反應，生成矽酸鹽和水。跟多種金屬氧化物在高溫下反應生成矽酸鹽。用於製造石英玻璃、光學儀器、化學器皿、普通玻璃、耐火材料、光導纖維，陶瓷等。二氧化矽的性質不活潑，它不與除氟、氟化氫以外的鹵素、鹵化氫以及硫酸、硝酸、高氯酸作用（熱濃磷酸除外）。常見的濃磷酸（或者說焦磷酸）在高溫下即可腐蝕二氧化矽，生成「雜多酸」。高溫下熔融硼酸鹽或者硼酐亦可腐蝕二氧化矽，鑑於此性質，硼酸鹽可以

用於陶瓷燒製中的助熔劑，除此之外氟化氫也可以使二氧化矽溶解，生成易溶於水的氟矽酸：

$$6HF + SiO_2 \rightarrow H_2SiF_6 \cdot 2H_2O$$

二氧化矽不與水反應，即與水接觸不生成矽酸，但人為規定二氧化矽為矽酸的酸酐。

在大多數微電子工藝感興趣的溫度範圍內，二氧化矽的結晶率低到可以被忽略。

Si 通常屬四價（Si^{+4}），因此與它化合之離子通常為四個，但也有六個者，如在酸性中所生成之 $[Si(OH)_6]^{-2}$ 及 $(SiF_6)^{-2}$ 是也。在分析化學上，常被利用的是 $(SiO_4)^{-4}$，或其衍生物 $Si(OH)_4$、$[Si(OH)_6]^{-2}$ 及 $(SiF_6)^{-2}$ 等形式之化合物。SiO_2 是一無定形 $(SiO_4)^{-4}$ 四面體之網狀化合物，可供重量分析法之用。$(SiO_4)^{-4}$ 基團又是矽鉬酸鹽〔Silico-12-Molybdate〕的中心單元，故可用於矽之呈色分析法。

Si_4^- 在水中，從未呈現為離子（如 K^+、Mg^{+2} 或 Al^{+3}），而是與 O^{-2} 或 $(OH)^-$ 相化合。另外在 pH < 3，同時 F/SiO_2（Molar ratio）= 6 之條件下，Si 迅速生成 $[SiF_6]^{-2}$ 而游離。亦即在含有大量 F^- 之酸性溶液中，膠狀矽酸溶解極速。

重量分析法所使用之無定形二氧化矽（Amorphous silica）之溶解度，與溶液（以 25℃之 HCl 或 NaOH 溶液為例）之 pH 有關（見表 4-1）。

表 4-1 在不同 pH 之溶液中，SiO_2 之溶解度

pH	SiO_2(ppm)
1.0	140
2.0	150
3.0	150
4.2	130
5.7	110
7.7	100
10.26	490
10.60	1120

　　由表 4-1 可知，pH＜9 時，SiO_2 之溶解度較小。另外，在不同溫度之純水或酸〔以 HNO_3（8N）為例〕中，其溶解度亦異（見表 4-2）。表 4-2 顯示，65℃以下之溶解度可予忽略。

表 4-2　在不同溫度之水或酸中，SiO_2 之溶解度

溫　度（℃）	SiO_2 (ppm)	
	純　水	HNO_3(8N)
95	465	10
65	270	10
36	170	5

4-3 定性與定量

　　多酸：多酸是指多個金屬含氧酸分子，如鉬酸、釩酸等，通過脫水、縮合成含氧酸簇狀化合物。其中心元素以 5 族元素或 6 族元素為主，比如鉬、鎢、釩、鈮、鉭等，每個金屬原子和氧元素形成配位多面體（以六配位八面體為常見），然後各多面體通過公用氧原子形成較大的堆砌結構，即多酸類化合物。上述金屬原子的配位多面體有很強的縮聚傾向，因此可以形成非常龐大的無機陰離子，例如 {Mo368} 分子、{Mo176} 分子（如圖）。

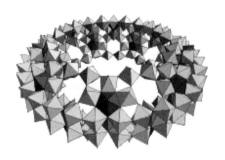

　　正因為這些金屬原子的配位多面體有很強的縮聚傾向，多酸可以容納個別的其它含氧酸多面體，形成其它複雜多酸結構（雜多酸）。

　　元素週期表中大部分元素均可作為雜原子與前過渡元素組成雜多酸，如 PO_4^{-3} 四面體被 12 個鉬氧六面體包裹，形成如磷鉬酸銨等分子。

　　多酸結構的穩定性也使得部分多面體被水解脫離，而其它原子仍然保持原有骨架，形成缺位多酸。缺位多酸有一個或多個空位，有較強的配位能力，能夠與多種金屬離子形成配位化合物。

　　雜多酸具有分子量大、體積大和籠狀結構等結構特性。由於其籠狀結構的穩定性，多酸通常具有強酸性。

　　雜多酸（heteropoly acid）是一種有特定金屬及非金屬組成的含氧酸，如磷鉬酸。亦即雜多酸是由多酸再加上其它含氧酸多面體，形成的複雜結構。

　　雜多酸必須要有如鎢、鉬、釩等金屬元素，即增補原子（addenda atom），還要為含氧酸，同時需要有週期表中 p 區元素的化學元素，例如矽、磷或是砷，即雜原子（hetero atom），最後還要有酸性的氫離子。

　　增補的金屬原子和氧原子鍵結，成為簇合物，而雜原子也和氧原子鍵結。雜多酸形成的鹽類稱為雜多酸鹽。

　　由於可能有不同的增補原子和雜原子結合，因此有許多不同的雜多酸。知名度較高的二種分別是 Keggin 結構 $HnXM_{12}O_{40}$ 及 Dawson 結構 $HnX_2M_{18}O_{62}$。

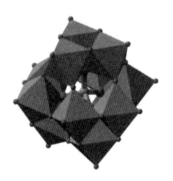 

Keggin結構，$XM_{12}O_{40}^{-n}$　　　　　　Dawson結構，$X_2M_{18}O_{62}^{-n}$

雜多酸包括兩個或以上金屬原子。Keggin 和 Daswon 結構包含四面體協調的雜原子，比如 P 或者 Si。以下是一些雜多酸的例子：

- $H_4X^{n+}M_{12}O_{40}$，X = Si, Ge; M = Mo, W

- $H_3X^{n+}M_{12}O_{40}$，X = P, As; M = Mo, W

- $H_6X_2M_{18}O_{62}$，X=P, As; M = Mo, W

　Keggin 結構的雜多酸，有良好的熱穩定性，且是強酸及強氧化劑。這種雜多酸結構包括兩個或以上金屬原子，故亦稱雜多陰離子（heteropolyanions）。Keggin 和 Daswon 結構包含四面體協調的雜原子，比如 P 或者 Si。雜多化合物包括輪形藍色的鉬離子結構。

　於含無機酸之 MoO_4^{-2} 溶液中，Si^{+4} 易與 Mo_{40}^{-2} 生成黃色矽鉬酸鹽之複合離子〔Silicomolybdate complexion 或 Silico-12-Molybdate；$(SiMo_{12}O_{40})^{-4}$〕，簡稱矽鉬黃之雜多酸；或先使樣品化合物與鉬酸銨作用，再還原成藍色之鉬藍。此二者之顏色之深淺與試樣含矽量成正比，故可供光電比色分析之用。

　矽亦可藉放射光譜法定性之，但所需儀器昂貴。其濕化學之定性法與定量法相近似。

　另外，亦可將樣品置於鉑坩堝內，加入 HF，若有 SiO_2 存在，即生成 SiF_4 而揮發逸去；其氣體可與鉑絲環之水滴作用，而生成雲狀之膠質矽酸。

　可供金屬含矽定量之方法不多，在分析實例中，僅介紹：(1) 氧化矽重量法，(2) 黃色及藍色矽鉬酸鹽雜多酸（Silico-12-Molybdate Yellow or Blue）光電比色法，及 (3) $(SiF_6)^{-2}$ 離子之水解滴定法等三種。

4-4 分析實例

4-4-1 重量法

4-4-1-1 碳素鋼、錳鋼、鉬鉻鋼、鎳鉻鋼、鏡鐵、錳鐵、生鐵及熟鐵等之 Si

4-4-1-1-1 應備試劑

混酸：量取 550ml H_2O 於 1000ml 燒杯內→加 150ml HNO_3（1.42）及

100ml H₂SO₄（1.84）→混合均勻。

4-4-1-1-2 分析步驟

(1) 稱取 4g 試樣於 300ml 蒸發皿內，用錶面玻璃蓋好。

(2) 由皿口徐徐加入 80ml 混酸。俟試樣溶解後，取下蓋子，蒸發至冒出濃白硫酸煙。（註 A）

(3) 冷卻後，分別加入 120ml H₂O、5ml HCl（1：19）（註 B）及少許無灰濾紙屑，然後加熱，並不時用玻璃棒攪拌皿內鹽類。

(4) 俟可溶鹽類溶解後，立刻過濾（註 C）。以 HCl（5：95，熱）（註 D）洗滌沉澱，至新滴下之濾液，不生紅色之 Fe(CNS)₃ 為止。繼用沸水洗滌，至新滴下之濾液，加 BaCl₂ 溶液，不生 BaSO₄ 之白色沉澱為止（註 E）。濾液及洗液棄去。

(5) 將沉澱連同濾紙置於已烘乾稱重之鉑坩堝內，以小火烘烤。俟濾紙灰化後，以強焰燒至恒重（殘渣為 SiO₂）（註 F）。其重量以 w₁ 代之，以備計算。

(6) 加入數滴 H₂SO₄（1:1）（註 G）於坩堝內，再加約 10mlH₂F₂（註 H），於通風櫃內加熱，至無氣體冒出為止（註 I）。

(7) 以噴燈火焰緩熱之，蒸去 H₂SO₄ 濃煙，然後以強焰燒灼至恒重（註 J）。其重量以 w₂ 代之，以備計算。

4-4-1-1-3 計算

$$Si\% = \frac{(w_1 - w_2) \times 46.93}{W}$$

$w_1 = SiO_2$ 殘渣重量（g）

$w_2 =$ 雜質殘渣重量（g）

$W =$ 試樣重量（g）

4-4-1-1-4 附註

(A) 矽在鋼中呈 Fe₂Si 狀態存在，能被 HNO₃ 溶解，而成 H₂SiO₃ 之白色膠體，不易過濾，且稍能溶於水，而可能透過濾紙，影響分析結果，故於

混酸中加入脫水劑(H_2SO_4)，經蒸至 H_2SO_4 濃白煙上升後，即可將 H_2SiO_4 脫去一分子水，而成不易溶於水，且易於過濾之 SiO_2。其反應方程式如下：

$$Fe_2Si + 10NO_3^- + 28H^+ \rightarrow 6Fe^{+3} + 3H_2SiO_3 \downarrow + 10NO \uparrow + 11H_2O$$

白色

$$\underset{H_2SO_4}{\xrightarrow{\hspace{2cm}}} 3SiO_2 + 3H_2O$$

另外，硫酸亦有助於樣品之溶解。

(**B**) 在蒸發過程中，能生成各種不溶於水之氧化物及鹼式鹽，故需加 HCl（稀），使之成氯化物而溶解，獨讓 SiO_2 沉澱析出。

(**C**) 鹽類溶解後，不可擱置過久，否則脫去水份的 SiO_2，會再慢慢水解成 H_2SiO_3。

(**D**) (1) 鐵離子(Fe^{+3})易和 HCl 化合成各種複合離子（如 $FeCl_3$、$FeCl_4^{-1}$、$FeCl_5^{-2}$、$FeCl_6^{-3}$ 等）而溶解離去。

(2) Fe^{+3} 若留在沉澱內，和 SiO_2 共熱時，則變成棕紅色之三價鐵化合物，使分析結果偏高，故應予徹底洗盡。

(**E**) 無硫酸根(SO_4^{-2})，即表示無硫酸鹽混於沉澱內，烘乾後，分析結果不致偏高。故需用熱水予以徹底洗滌。

(**F**) (**J**)

(1) 濾紙含碳，在高溫狀態下，能使殘渣（SiO_2）還原，或生成黑色物質（可能是 SiO），故需先以小火烘烤。

(2) 使用噴燈燒灼時，坩堝需加蓋；使用馬福電熱爐，則無此必要。

(3) 每次殘渣稱重以前，需在乾燥器內放冷，然後迅速稱重。

(**G**) (**H**) (**I**)

(1) 若 SiO_2 很少，且顏色潔白，則第 (6) (7) 兩步可予免去。

(2) 若 SiO_2 很多，則易吸附其餘元素，且不易洗盡，故需將燒灼至恒重之 SiO_2，重新用 H_2F_2 處理一次，使 SiO_2 成 SiF_4 氣體，而趕盡之：

$$SiO_2 + 3H_2F_2 \xrightarrow{\triangle} H_2SiF_6 + 2H_2O \uparrow$$

$$\xrightarrow{\triangle} SiF_4 \uparrow + H_2F_2 \uparrow$$

所遺殘質即為雜質之重量（即計算式中之 w_2）。

(3) H_2SO_4 之作用：

① H_2SO_4 之沸點高達 210 ～ 238℃，有助於 H_2F_2 與 SiO_2 之作用，以及氟化物之揮發。

②第一次所稱之重量（即 w₁ 量），其雜質皆為氧化物（如 Al_2O、Fe_2O_3、TiO_2 等），故 SiO_2 藉 H_2F_2 除去後，所得雜質之重，亦應為同一形態之氧化物之重，計算才稱正確；但在 H_2F_2 加入時，這些氧化物即與 H_2F_2 結合成非揮發性之氟化物（如 FeF_3、AlF_3 等），能導致計算上之錯誤。而 H_2SO_4 能使這些雜質變成硫酸鹽，俟趕盡氟化物後，再以高溫將這些硫酸鹽燒成與 w₁ 量相同之氧化物。

③ H_2SO_4 具有脫水之性質，故能阻止揮發出來之 SiF_4 氣體，再水解成偏矽酸（H_2SiO_3）：

$$3SiF_4 \uparrow + 3H_2O \xrightarrow{水解} H_2SiO_3 \downarrow + 2H_2SiF_6$$

$$2H_2SiF_6 \xrightarrow{\triangle} SiF_4 \uparrow + H_2F_2 \uparrow$$

$$H_2SiO_3 \xrightarrow[H_2SO_4]{\triangle} H_2O \uparrow + SiO_2$$

$$SiO_2 + 3H_2F_2 \xrightarrow{\triangle} H_2SiF_6 + 2H_2O \uparrow$$

$$H_2SiF_6 \xrightarrow{\triangle} SiF_4 \uparrow + H_2F_2 \uparrow$$

(4) H_2F_2 易腐蝕皮膚，若吸入過多，能致人於死，故使用時必須謹慎；蒸發時，亦需在通風櫃內行之。

(5) 以 H_2F_2 蒸去 Si 時，不可用錶面玻璃或其他含 Si 之蓋子覆蓋坩堝，否則蓋子所含之 Si，易成 SiF_4 揮發而去，而原來與 Si 化合之雜質，則落入坩堝內，致使分析結果劇增。

(6) 因 SiO_2 表面積甚大，極易吸水，故自燒灼完畢至稱重之間的各種操作，應該迅速，同時坩堝應覆蓋妥當。

(7) 第 (5)(7) 兩步之燒灼溫度宜高，最好能高達 1200℃。

(8) SiO_2 重量法所得結果，常因人、時、地而異，故工作人員除了要有自信以外，同時還要勤用標準樣品。

(9) 試樣要徹底分解。

4-4-1-2 鉬鐵之 Si

4-4-1-2-1 分析步驟

(1) 稱取 5g 試樣於 300ml 蒸發皿內。

(2) 加適量王水，並蒸乾之。

(3) 加適量 HCl(濃)，然後繼續加熱至三氧化鉬(MoO_3)溶解。

(4) 用適量水稀釋後，過濾之。用 HCl(5:95，熱)洗盡鐵質，再用熱水洗盡酸質。濾液棄去。

〔以下操作同 4-4-1-1-2 節，從第(5)步開始做起〕

4-4-1-2-2 計算：同 4-4-1-1-3 節

4-4-1-3 釩鐵之 Si

4-4-1-3-1 分析步驟

(1) 稱取 5g 試樣於 300ml 蒸發皿內。

(2) 加 5ml HNO_3(1.80)及適量 H_2SO_4(稀)，然後蒸發至見白色硫酸煙霧。

(3) 以適量水稀釋之，並加熱溶解可溶鹽類。

〔以下操作同 4-4-1-1-2 節，從第(4)步開始做起〕

4-4-1-3-2 計算：同 4-4-1-1-3 節

4-4-1-4 矽鐵、矽錳及鉻鐵等之 Si

4-4-1-4-1 分析步驟

(1) 依照下表，稱取適量試樣於鎳坩堝內。

樣品名稱	試樣重量（克）
鉻　　　鐵	3
矽　　　錳	0.5
矽　　　鐵	0.5

(2) 加 10 倍於試樣重量之熔劑（Na_2O_2：$KNaCO_3 = 1:1$），混勻蓋好，以小火焰加熱熔融之。

(3) 試樣熔解稀薄後，強熱 10 分鐘。

(4) 冷卻後，連同坩堝置於大燒杯內，以適量水溶解坩堝內之物質。取出坩堝，以水洗淨。加 HCl，使溶液呈酸性。

(5) 移溶液及不溶物於瓷蒸發皿內，蒸發至乾（皿內物質若有球狀硬塊，以厚玻棒壓碎之），再以 130℃強熱少時。

(6) 加 15ml HCl（濃），再繼續加熱少時，然後以適量水稀釋之。

〔以下操作同 4-4-1-1-2 節，從第(4)步開始做起〕

4-4-1-4-2 計算：同 4-4-1-1-3 節

4-4-1-5 鋁合金之 Si

4-4-1-5-1 分析步驟

(1) 稱取 1.00g 試樣於鎳坩堝內。

(2) 加 3g NaOH（粉狀）（註 A）。加少許水溶解之。

(3) 作用停止後，加熱蒸發至呈粉狀。

(4) 加 3ml H_2O_2（分作三次加入），再繼續蒸發至糊狀。〔註 B〕

(5) 加 15ml H_2O，再加熱至可溶鹽溶解完畢。

(6) 冷後，移坩堝內之物質於 200ml 燒杯內（已預先盛有 10ml HNO_3），再分別以 H_2O 及 HCl(1:1)洗淨坩堝，洗液合併於燒杯內。

(7) 加 40ml $HClO_4$（註 C），再蒸發至有結晶生成為止。

(8) 冷後，加水稀釋至約 150ml，並攪拌至可溶鹽溶盡。

(9) 過濾。分別以 H_2SO_4(1:10)及 H_2O(熱)洗滌數次。濾液及洗液棄去。

(10) 將沉澱連同濾紙置於已烘乾、稱重之鉑坩堝，先以小火烘烤，俟濾紙灰化後，再以強焰燒至恒重。殘渣為 SiO_2。（註 D）

4-4-1-5-2 計算

$$Si\% = \frac{w \times 46.93}{W}$$

$w = SiO_2$ 重量（g）

$W=$試樣重量（g）

4-4-1-5-3 附註

註：另參照 4-4-1-1-4 節有關附註。

（A）（B）（C）（D）

鋁合金往往含高量（約 20%）之 Si，經 NaOH 溶解後，合金中之鋁則成鋁酸鈉而溶解：

$$2Al + 2NaOH + 2H_2O \rightarrow 2NaAlO_2 + 3H_2$$

鋅則成鋅酸鈉而溶解：

$$Zn + 2NaOH \rightarrow Na_2ZnO_2 + H_2$$

而矽除小部份生成膠狀矽酸鈉（$NaSiO_3$）：

$$Si + 2NaOH + H_2O \rightarrow Na_2SiO_3 + 2H_2$$

大部份之矽，因不違作用，均成黑色之矽化物（可能為矽酸鋁）而析出，經與 H_2O_2 共同長期蒸煮後，才緩緩完全氧化成無色之膠狀矽酸鈉，再經 HNO_3 及 $HClO_4$ 之長期蒸煮後，才成 SiO_2 而析出。

4-4-1-6 高速鋼（如鎢鋼、鎢鉻釩鋼及鎢鉻鋼等）**之 Si：**本法可連續分析 Si、P 及 W 等元素。

4-4-1-6-1 應備試劑

混酸〔HCl(1.20)：HNO_3(1.42)＝1：1〕

4-4-1-6-2 分析步驟

(1) 將 3-6-1-9-1-2 節第 (13) 及 (16) 步所遺之沉澱及濾紙一併移於已烘乾、稱重之鉑坩堝內，徐徐燒灼（註 A），至殘渣呈亮黃色而無黑色物質為止。

(2) 置於乾燥器內，冷卻約 30 分鐘後稱重。其重量以 w_1 代之，以備計算。殘渣為 SiO_2。

(3) 加入數滴 H_2SO_4（1：3）及 10ml H_2F_2，於通風櫃內加熱，至無氣體發生為止。

(4) 斜置於三角架上，使用本生燈小火焰，在坩堝底搖動緩熱之，俟驅盡 H_2SO_4 濃煙後，再徐徐加熱，燒灼至暗紅色（註 A）。置於乾燥器內，冷卻 30 分鐘後稱重。所遺雜質重量以 w_2 代之，以備計算。殘質可繼續供鎢定量之用。

4-4-1-6-3 計算

$$Si\% = \frac{(w_1 - w_2) \times 46.93}{W}$$

$w_1 = SiO_2$ 重量（g）

$w_2 =$ 雜質重量（g）

$W =$ 試樣重量（g）

4-4-1-6-4 附註

註：另參照 4-4-1-1-4 節有關附註。

(A) 若需繼續分析鎢質，燒灼溫度不宜超過 800℃，否則暗紅色之 WO_3 即昇華而逸去矣。

4-4-2 滴定法

4-4-2-1 鎢鐵與鎢鋼之 Si

4-4-2-1-1 應備試劑

(1) 「HNO_3-KNO_3」混合液

量取適量 HNO_3（濃）→在 20℃之狀況下，加 KNO_3 至飽和。

（2）酚酞指示劑：同 3-6-1-1-1 節。

（3）氫氧化鈉標準溶液（N/10）

　　除稱取 0.4g NaOH 外，餘同 3-6-1-1-1 節第（6）項。

4-4-2-1-2 應備儀器：鉑皿（300ml）

4-4-2-1-3 分析步驟

（1）稱取 1g 試樣於鉑皿內。另取一鉑皿，供作空白試驗。

（2）依次加 30ml「HNO_3-KNO_3」混合液（註 A）及 5ml HF（註 B）。

（3）緩緩加熱，至試樣溶解完全，以及煙霧停止逸出為止。

（4）以冰水冷卻鉑皿至 15 ～ 20℃（註 C）。

（5）加 30ml H_2O，冷卻至 15 ～ 20℃（註 D）。

（6）使用 11cm 無灰快速濾紙過濾（過濾前，需先使用 5.5cm 濾紙及鉑錐形物加強之，並在濾紙上加入適量無灰濾紙屑。可使用塑膠或橡皮漏斗；切勿使用玻璃漏斗。）並不時以鉑棒攪拌之，同時使用中強度濾液抽取器，加速過濾。使用 KNO_3 洗液（冷、飽和）（註 E），每次 2ml，洗滌 30 次；每次宜讓漏斗滴乾後，才開始洗滌。注意！過濾及下述滴定，必須在 1 小時內完成。

（7）將濾紙連同沉澱置於 400ml 燒杯內。分別加 20ml 新製蒸餾水（80 ～ 90℃）及 5 滴酚酞指示劑。以氫氧化鈉標準溶液（N/10）滴定，至溶液恰呈粉紅色。（註 F）

4-4-2-1-4 計算

$$Si\% = \frac{(V_1 - V_2) \times 0.0007023}{W} \times 100$$

V_1 ＝滴定試樣溶液時，所耗氫氧化鈉標準溶液（N/10）之體積（ml）。

V_2 ＝滴定空白溶液時，所耗氫氧化鈉標準溶液（N/10）之體積（ml）。

W ＝試樣重量（g）。

4-4-2-1-5 附註

（A）（B）（C）（D）（E）（F）

（1）$3Fe_2Si + 10NO_3^- + 28H^+ \rightarrow 6Fe^{+3} + 3H_2SiO_3$

　　　$H_2SiO_3 + 3H_2F_2 \rightarrow H_2SiF_6 + 3H_2O + 10NO_2 + 11H_2O$

　　　$H_2SiF_6 + 2KNO_3 \rightarrow K_2SiF_6 + 2HNO_3$

（2）K_2SiF_6 在飽含 KNO_3 之冷溶液中，其溶解積（Solubility Product）很小（4mg K_2SiF_6 或 1mg SiO_2/100ml 溶液）。

（3）在近沸點時，K_2SiF_6 易被鹼液完全水解：

　　　$SiF_6^{-2} + 4OH^- \rightarrow Si(OH)_4 + 6F^-$

因此當酚酞呈粉紅色時，即表示水解完全，故可當作滴定終點。

4-4-3 光電比色法：適用於各種鋼鐵，同時較重量法更簡捷、準確。

4-4-3-1 鉬黃法

4-4-3-1-1 應備儀器

（1）250ml 伊氏燒瓶

（2）250ml 量瓶

（3）光電比色儀

4-4-3-1-2 應備試劑

（1）$(NH_4)_2S_2O_8$（12%）

稱取 120g $(NH_4)_2S_2O_8$，以適量水溶解後，再繼續加水稀釋至 1000ml。

（2）$(NH_4)_2MoO_4$（8%）

稱取 80g $(NH_4)_2MoO_4$ →加適量水→一面攪拌一面加熱，以溶解之→冷卻→加水稀釋至 1000ml（若有雜質，應予濾去。）

（3）NaF（2.4%）

稱取 24g NaF，先用適量水溶解之，再繼續加水稀釋至 1000ml。

（4）HCl（3N）

量取 249ml HCl（濃），加水稀釋至 1000ml。

（5）HCl（0.6N）

量取 50ml HCl（3N），加水稀釋至 250ml。

（6）**HNO₃**（3N）

量取 208ml HNO₃（濃），加水稀釋成 1000ml。

（7）**HNO₃**（0.6N）

量取 50ml HNO₃（3N），加水稀釋成 250ml。

4-4-3-1-3 分析步驟

（1）稱取 0.5g 試樣（註 A）於 250ml 伊氏燒杯內。

（2）加 50ml HNO₃（3N），並加熱溶解試樣；若試樣不易溶解，可另加
　　 50ml 混酸〔HCl（0.6N）：HNO₃（3N）＝ 25ml：25ml〕，以溶解之。

（3）俟試樣完全溶解後，加 5ml (NH₄)₂S₂O₈（12%）（註 B）。煮沸，至溶
　　 液澄清為止（約需 1 分鐘）。

（4）冷卻後，移溶液於 250ml 量瓶內。加水至刻度。

（5）分別精確量取 25ml 溶液於兩個 250ml 燒杯（乾淨）內。

（6）以吸管吸取 5ml (NH₄)₂MoO₄（8%）（註 C）於其中之一燒杯內（此
　　 杯之溶液以 A 稱之）。混合均勻後，擱置 6 分鐘以上，讓其作
　　 用完全。然後，再以吸管吸取 10ml NaF（2.4%）於另一燒杯內（此
　　 杯之溶液以 B 稱之），並混合均勻，供作空白試驗。

（7）以吸管吸取 10ml NaF（2.4%）（註 D）於 A 液內。另吸取 5ml
　　 (NH₄)₂MoO₄（8%）於 B 液內。（註 E）

（8）迅速分別量取 A、B 兩液（各約 5ml）於光電比色儀所附之兩支試
　　 管內，先以光電比色儀，測定 B 液（即空白溶液）對波長為 370mμ
　　 之光線之吸光度（不必記錄），次將指示吸光度之指針調整至
　　（0）。然後抽去試管，換上盛有 A 液之試管，以測其吸光度，並
　　 記錄之。由「吸光度 –Si%」標準曲線（註 G），可直接查出 Si%。

4-4-3-1-4 附註

（A）

（1）本法適用於 Si ＝ 0.05 ～ 0.40% 之試樣。若含矽量太高，試樣不易
　　 溶解。

（2）因鉻離子能干擾矽呈色後吸光度之測定，故試樣含鉻量不可超過
　　2.0%，否則附註（F）之「吸光度 –Si%」曲線，需另加校正。

（B）（C）（D）

（1）於含無機酸之 MoO_4^{-2} 溶液中（尤以 pH = 1.3 ～ 1.6 為
　　宜），Si^{+4} 易與 Mo_{40}^{-2} 生成黃色可溶的矽鉬酸鹽之複合離
　　子〔Silicomolybdate complex ion 或 Silico-12-Molybdate；
　　$(SiMo_{12}O_{40})^{-4}$〕，另稱矽鉬雜多酸絡化合物，簡稱矽鉬黃。其顏色
　　之深淺與試樣含矽量成正比，故可供光電比色分析之用。

　　在 $(SiMo_{12}O_{40})^{-4}$ 之分子中，Si^{+4} 被四個氧離子所包圍，形成 $(SiO_4)^{-4}$
　　四面體（Tetrahedron）；而位於中心的 $(SiO_4)^{-4}$ 四面體，又被
　　$12(MoO)^{-6}$ 八面體（Octahedra）所包圍。矽鉬黃分子結構詳見 4-3
　　節（定性與定量）。

（2）在同樣之狀況下，除 Si^{+4} 外，P^{+5}、As^{+5}、Ti^{+4} 及 Zr^{+4} 等，亦可產生
　　各自的鉬黃複合離子〔如磷鉬黃複合離子（Phosphomolybdate
　　complexion）及砷鉬黃複合離子（Arsenomolybdate complex ion）〕，
　　故會產生干擾。另外，有些有色離子，如 Cu^{+2}（藍）及 Fe^{+3}（棕紅），
　　亦能產生干擾作用（鋼鐵中所含之 Co 及 Ni 分別所產生之粉紅及
　　綠色離子，則不生干擾作用。）鋼鐵中不含 As 及 Cu，故無需考慮其
　　干擾作用。Fe^{+3} 能與 F^- 形成各種無色的複合離子，如 $(FeF_6)^{-3}$，故
　　不發生干擾。

（3）矽鉬黃易溶於水、稀酸、酒精及乙醚等，但不溶於苯、氯仿及二硫
　　化碳（CS_2）等溶劑內；同時係一種強氧化劑，因此即使遇到弱還
　　原劑，亦易被還原成一種稱為鉬藍（Molybdenum Blue）之藍色複
　　合陰離子，因此在 MoO_4^{-2} 加入以前，試樣溶液中，必須含有充足
　　之強氧化劑（如 $S_2O_8^{-2}$），將有機物及其他還原物質（如 Fe^{+2}）予
　　以氧化。MoO_4^{-2} 加入後，若溶液出現藍色，表示氧化劑加入量不足；
　　試樣溶解時，若未加 HNO_3，最易出現此種現象。

（4）鉬黃在 350 ～ 355mμ 之間的吸光度最大；在 475mμ 以上則逐漸
　　下降。許多儀器無法使用 400mμ 以下之光波測試；但在 410mμ

以下所測得之結果，仍甚準確。

(5) 試劑濃度、呈色時間以及呈色期間，溶液之溫度及酸度，均應和標準樣品（如 NBS、JIS 等標準樣品）溶液相同。另外，試樣溶液中，若含大量的碳，應予濾去。

(6) 為防止矽之聚合（Polymerization）、顏色褪去以及產生其他不良影響，整個實驗步驟應一氣呵成；呈色後，則應迅速（在幾分鐘內）量測其吸光度。

(7) 加鉬酸鹽溶液於空白溶液之前，加入 10ml NaF（2.4%），除了能褪去 Fe^{+3} 之顏色外，並能阻止矽鉬黃之生成，但 F^- 不會阻礙 MoO_4^{-2} 與鋼鐵中其他元素，生成有色複合物。亦即這些複合物（矽鉬黃除外）之生成，與 F^- 之存在無關。但 F^- 不會破壞各種鉬黃之存在。

(E) 試樣很多時，做一個空白試驗即可；但為使呈色穩定，可於 B 液內另加 0.1% 之檸檬酸鹽；然而卻勿加於 A 液內，否則所呈現之黃色立即褪掉。

(F)「吸光度 –Si%」標準曲線製作法：

(1) 選取數種含 Si、Cr 百分比不同之標準樣品（Si＝0.05 － 0.40%、Cr ＜ 2%），每種樣品稱取 2～3 份，每份 0.50g，作為試樣，依 4-4-3-1-3 節（分析步驟）所述之方法處理之，以測其吸光度。

(2) 以「吸光度」為橫軸，以「Si%」為縱軸，作其關係曲線圖。

4-4-3-2 鉬藍法

4-4-3-2-1 應備儀器：光電比色儀

4-4-3-2-2 應備試劑

(1) 混酸〔HNO_3（1：1）：HCl（1：1）＝ 2：1〕

(2) 鉬酸銨〔$(NH_4)_2MoO_4$〕溶液（10%）

稱取 100g 鉬酸銨→以適量溫水溶解之→冷卻→加水稀釋成 1000ml。（使用時，若發現沉澱，應予濾去。）

(3) H_2F_2（4%）

量取 87ml HF →加水稀釋成 1000ml →貯存於塑膠瓶內。

（4）硫酸銨亞鐵〔FeSO₄ • (NH₄)₂SO₄ • 6H₂O〕溶液（30%）

稱取 300g 硫酸銨亞鐵→以 500ml H₂O 溶解之→加 200ml

H₂SO₄（1：1）→加水稀釋成 1000ml。

4-4-3-2-3 分析步驟

(1) 稱取 0.1 克試樣於 100ml 燒杯內。蓋好。

(2) 加 15ml 混酸（註 A），並加熱溶解之。

(3) 用流水冷卻後，將溶液移入 250ml 量瓶內（原燒杯內之殘留物質，應予洗入），再加水至刻度。

(4) 準確量取 50ml 溶液於 100ml 量瓶內。加 10ml 鉬酸銨溶液，並用洗瓶將附於量瓶壁上之溶液吹洗於瓶內。以沸水水浴 30 秒（註 B）。

(5) 將量瓶浸入冷水中，使溶液溫度調整至約 30℃。

(6) 加 20ml H₂F₂（4%）（註 C）後，於 30 秒內，加入 5ml 硫酸銨亞鐵(30%)（註 D），然後加水稀釋至刻度。擱置約 1 分鐘。

(7) 分別量取各約 5ml H₂O（供作空白試驗）與試樣溶液於光電比色儀所附之兩支試管內。先以光電比色儀測定前者對波長為 810mμ（註 E）之光線之吸光度（不必記錄）；次將指示吸光度之指針調整至（0），然後抽去試管，換上盛有試樣溶液之試管，以測其吸光度，並記錄之。由「Si%– 吸光度」標準曲線（註 F），可直接查出 Si%。

4-4-3-2-4 附註

（A）（B）（C）

(1) 在熱無機酸溶液中，鉬黃易被還原劑〔如 Fe⁺², SO₂⁻², Sn⁺²、維他命 C（Ascorbic acid）、羥胺（Hydroxylamine）、羥萓（Hydroquinone）、或 1- 氨基 -2- 酚磺酸 -〔4〕(1-Amino-2-Naptho-4-Sulfonic acid)等〕還原成鉬藍〔見 4-4-3-1-4 節附註（B）（C）（D）〕，其顏色深淺與 Si 含量成正比。

(2) 鉬藍亦可供作 Si 之定性之用，其顏色深淺亦與溶液之 pH 有關。
茲取 0.50 ± 0.01mg 之 SiO_2 作為試樣，其分析結果如下：

pH	SiO_2	pH	SiO_2
1.0	0.54	2.5	0.08
1.3	0.50	3.0	0.06
1.4	0.49	3.5	0.06
1.5	0.49	4.0	0.06
2.0	0.10		

另外，水浴時之溫度及時間不同，呈色之深淺亦異。因此實際試
樣及標準試樣必須在相同之條件下，進行分析，才可得到準確的
結果。

(**C**) 棕紅色之 Fe^{+3} 能干擾本法吸光度之測定，故加 H_2F_2，使與 Fe^{+3} 生成
各種無色之複合離子，如 FeF_3、FeF_4^{-1} 或 FeF_5^{-2} 等。

(**E**) 鉬藍最大吸光度在 810 ～ 815mμ 之間；最小在 410mμ 之處。

(**F**)「Si% – 吸光度」標準曲線製作法：

(1) 選取含矽百分率在 0.15 ～ 0.25% 之不同標準樣品數種，每種稱取
2 ～ 3 份，每份 0.10g，作為試樣，依 4-4-3-2-3 節所述之分析步驟
處理之，以測其吸光度，並記錄其結果。

(2) 以「Si%」為縱軸，「吸光度」為橫軸，作其關係曲線圖。

第五章　錳（Mn）之定量法

5-1 小史、冶煉及用途

一、小史

　　錳是動、植物的基本營養素，因此對人類相當重要。人類幾乎在開始製造玻璃時，即知添加少量錳礦石，可以調節其顏色。另外，製鋼及電池工業，每年亦分別消耗大量的錳及二氧化錳。

　　幾世紀以前，人類已知利用一些錳化合物；至1774年，才鑑定出金屬錳。那是1770年，在奧地利，一個名叫I.G. Kaim的人，加熱軟錳礦（Pyrolusite）粉及一種黑色熔劑（Black flux）之混合物，得到一種金屬產物，很可能這就是第一次發現的金屬錳，但那時並未加以鑑定。後來，瑞典化學家兼冶金學家 T.Bergman 相信，那個礦石就是此種金屬的氧化物。不久 C.W. Scheele 就將此種礦石分離出來。至 1774 年，瑞典化學家 J.G. Gahn 在 Bergman 指導下，以此種金屬氧化物與油和活性炭在坩堝內共熱，成功的將此礦石還原，而得到此種金屬，並稱之為 Manganese（錳）。

二、冶煉

　　在自然界中，無自由態錳存在，但在數百種礦物中，均含有錳，其中有150 種，以錳為重要構成元素。錳在地殼中的含量，約佔第 11 位，較普通元素，如 S、C、Cu、Pb、Zn 及 Ni 等，還要多。

　　大部份火成岩，均含約 0.1%Mn；地殼含量亦約為 0.1%。錳礦分解後，可溶性之錳化合物即被雨水沖刷，然後被帶至海洋，因此海床乃形成一層錳的氧化物之岩塊。

　　蘇俄擁有品質最佳，約佔世界總量一半之錳礦；另外，南非、印度、法國、巴西等國產量亦豐。

　　主要之錳礦為軟錳礦（Pyrolusite）（MnO_2）。軟錳礦為黑色塊狀礦床，亦有成極細之黑色粉末存在者。

不純之錳，可由碳或鋁還原二氧化錳而得。電解法可得 99.9%Mn。為因應各種鐵及非鐵合金之冶煉要求，錳除純質外，亦常成表 5-1 所列之各種錳鐵合金出現。錳鐵合金係由鐵及錳之混合氧化物，置於鼓風爐中，以碳或矽還原而成。

表 5-1　錳鐵合金

元素組成份	Mn%	C%	Si%
高碳錳鐵 (High-carbon ferromanganese)	80	6.7	—
低碳錳鐵 (Low-carbon ferromanganese)	80	0.1	—
鏡鐵 （Spiegeleisen）	3.5	5.5	—
鏡矽 （Silicospiegel）	15-20	5	10

三、用途

許多含錳之二元或三元非鐵合金，具有多種特異之性質，譬如銅－錳合金，可用作透平葉（Turbine blade）；錳青銅可用為螺旋槳及其他需同時兼顧強度及腐蝕問題之處。許多鋁合金，若含小於1%Mn，可增加合金之重結晶溫度，因而增進其抗蝕性，並改善其機械性。錳亦可用於鎂合金。鎳－錳合金可作特殊用途，如火星塞之點火點（Spark plug point）。

在鐵合金中，錳是基本成份之一。錳之含量範圍大致為，由低碳鋼的0.25%，至 18-8 型合金鋼的 5%；有些特殊鋼甚至高達 12%。

在製鋼時，錳能與硫化合成硫化錳，這是它最大之功用。若無錳存在，或錳含量太低，則當鋼水凝固時，硫就會和鐵產生對鋼鐵性質有不良影響之 FeS。此時若有錳存在，害處較小之 MnS 就會先於 FeS 而生成。MnS 可改變鋼鐵之切削性。製鋼時錳亦是極有效之去氧劑。鋼水凝固時，錳與矽能防止氧氣在鋼鐵中形成氣泡及氣孔。

低合金鋼所含之錳，分別存在於肥粒鐵（Ferrite）及西門鐵（Cementite）

兩種結晶內。肥粒鐵中之錳，易與碳形成碳化物（如高碳錳鐵合金中之 $Mn_{23}C_6$ 與 Mn_7C_3），故能增加鋼鐵強度，其程度與碳含量成正比。

錳對於增加鋼鐵硬度之效用很大，只有鉬和鉻能與其匹敵。增加非合金鋼硬度之最有效且最廉價之方法，就是增加錳的用量。

5-2 性質

一、物理性質

錳的原子序數為 25，原子量 54.94。是週期表內第一長週期所屬過渡金屬（Transition metal）之一，位於鉻與鐵之間。熔點為 $1245\pm3℃$；沸點 $2097℃$。屬於ⅦA小屬（Subgroup），與鄰族ⅦB小屬（鹵族）少有相同之處；但最高氧化物（Mn_2O_7）及其衍生物，如 $HMnO_4$ 與 $HClO_4$，則有相似之處。

低價錳之性質，與相鄰之鉻、鐵較相似，而與鹵族相差很大。鉻、錳、鐵形成許多類「質同晶體（Isomorphous）」，譬如氧化物有：「MnO_3–CrO_3」、「Mn_2O_3–Fe_2O_3」、「Mn_3O_4–Fe_3O_4」、「MnO–FeO」。鹽類有：M_2MnO_4–M_2CrO_4。明礬（Alums）類有：「$M_2SO_4\cdot Cr(SO_4)_3\cdot 24H_2O$」、「$M_2SO_4\cdot Mn_2(SO_4)_3\cdot 24H_2O$」及「$M_2SO_4\cdot Fe_2(SO_4)_3\cdot 24H_2O$」等。M 代表金屬陽離子。元素狀態之錳，硬度與沸點均很高，與鉻、鐵相似，但與鹵族截然不同。

二、化學性質

正如同許多正價金屬離子，錳離子亦能與許多螯鉗劑（Chelating-agent）形成複合離子。譬如以 EBT（Eriochrome Black T）當作指示劑，在含維他命C之酒石酸銨溶液中，能直接使用 EDTA 滴定之。Ni、Co、Zn、Cd 及 Cu 等離子雖能干擾，但可加入 KCN 遮蔽（Masking）之。但 Al 與大量 Fe 則必須移去（可使用 ZnO 分離之）。

能與錳離子形成螯鉗效應（Chelating effect）之試劑很多，依溶解積值觀之，其中以與 EDTA 所產生之複合離子最為安定。

錳之主要氧化狀態計有七種，即：Mn_0（金屬態錳）、Mn^+、Mn^{+2}、Mn^{+3}（如 Mn_2O_3）、Mn^{+4}（如 MnO_3）、Mn^{+6}（如 MnO_4^{-2}）及 Mn^{+7}（如 MnO_4^-、

Mn_2O_7）等，其中以 Mn^{+2}、Mn^{+4} 及 Mn^{+7} 等，與分析化學關係較深（見表5-2）。

　　金屬錳能被水緩緩分解為氫氧化錳。所有無機酸均能快速將錳分解成相對之錳鹽。金屬錳亦能與鹼性金屬之氫氧化物（Alkali hydroxide）溶液作用；若為濃、熱溶液，則作用快速；反之亦然。另外，與鹵族作用，亦能產生相對之鹵鹽（如 MnF_2、MnF_3、$MnCl_2$、$MnBr_2$）。碳能熔於融熔之錳中，形成碳錳化物（如 Mn_3C）。

　　單價錳（Mn^+）之化合物，迄今被分離出來者，只有 $Na_5〔Mn(CN)_6〕$ 或 $K_5〔Mn(CN)_6〕$ 兩種。

　　二價錳（Mn^{+2}）鹽通常均很安定；大部份呈淡粉紅色，有些則無色。較重要之二價錳鹽，計有硫酸錳、硝酸錳、氫氧化錳、鉍酸錳、醋酸錳、草酸錳及碳酸錳等，其中以硫酸錳最為安定。在分析化學中，使用最多者，為無色且易溶於水的硝酸錳。Mn^{+2} 能與 EDTA 形成螯鉗複合物（Chelates）。

　　三價錳（Mn^{+3}）因極不穩定，故很難存在溶液中，因此 Mn^{+3} 在分析化學中並不重要。在酸中，Mn^{+3} 立刻生成 Mn^{+2} 與 MnO_2；在鹼液中，立刻水解成 $Mn(OH)_3$，並能被空氣氧化成 MnO_2。Mn^{+3} 只有形成複合物，如 $M_3〔Mn(CN)_6〕$、$M_3〔Mn(H_2P_2O_7)〕$，才能安定。M 代表金屬陽離子。

表 5-2　錳配偶之正氧化電位

（Normal Oxidation Potentials of Manganese Couples）

氧化數（Oxidation states）	反　應	E(v.)
－在酸性溶液中－		
＋ 2, 0	$Mn^{+2} + 2e \leftrightarrows Mn$	－ 1.18
＋ 3, ＋ 2	$Mn^{+3} + e \leftrightarrows Mn^{+2}$	＋ 1.51
＋ 4, ＋ 2	$MnO_2 + 4H^+ + 2e \leftrightarrows Mn^{+2} + 2H_2O$	＋ 1.23
＋ 7, ＋ 2	$MnO_4^- + 8H^+ + 5e \leftrightarrows Mn^{+2} + 4H_2O$	＋ 1.51
＋ 7, ＋ 4	$MnO_4^- + 4H^+ + 3e \leftrightarrows MnO_2 + 2H_2O$	＋ 1.695
＋ 6, ＋ 4	$MnO_4^{-2} + 4H^+ + 2e \leftrightarrows MnO_2 + 2H_2O$	＋ 2.26
＋ 7, ＋ 6	$MnO_4^- + e \leftrightarrows MnO_4^{-2}$	＋ 0.564

－在鹽基性溶液中－		
+ 2, 0	$Mn(OH)_2 + 2e \rightleftharpoons Mn + 2OH^-$	－ 1.55
+ 3, + 2	$Mn(OH)_3 + e \rightleftharpoons Mn(OH)_2 + OH^-$	+ 0.1
+ 4, + 2	$MnO_2 + 2H_2O + 2e \rightleftharpoons Mn(OH)_2 + 2OH^-$	－ 0.05
+ 6, + 4	$MnO_4^{-2} + 2H_2O + 2e \rightleftharpoons MnO_2 + 4OH^-$	+ 0.60
+ 7, + 4	$MnO_4^- + 2H_2O + 3e \rightleftharpoons MnO_2 + 4OH^-$	+ 0.588
+ 7, + 6	$MnO_4^- + e \rightleftharpoons MnO_4^{-2}$	+ 0.564

四價錳（Mn^{+4}）化合物，可視為 $Mn(OH)_4$ 或 $MnO_2 \cdot 2H_2O$ 之衍生物。$Mn(OH)_4$ 屬兩性物質，性不安定，易水解成灰黑硬質，且不溶於水之 MnO_2。

五價錳（Mn^{+5}）化合物，以 K_3MnO_4 為代表；此物甚不安定。

六價錳（Mn^{+6}）化合物，僅知有錳酸（H_2MnO_4）及其鹽類。此物在冷鹼溶液中，甚為穩定；但在中性與酸性或熱鹼性溶液中，則生「不均衡反應（Disproportionation）」：

$$3MnO_4^{-2} + 2H_2O \rightarrow MnO_2 + 2MnO_4^- + 4OH^-$$

七價錳（Mn^{+7}）化合物，僅知有高錳酸（$HMnO_4$）、高錳酸酐（Mn_2O_7）及高錳酸鹽〔$M(MnO_4)$〕。M 代表陽離子。$HMnO_4$ 溶液甚穩定，但若濃度超過 20% 時，即開始分解。$HMnO_4$ 及其鹽類，均呈深紫色；而 Mn_2O_7 則為暗綠色。

在分析化學上，高錳酸鹽最重要之用處，就是當作氧化劑；其整個反應之進行，端視溶液之 pH 值而定。

在強鹼性、微鹼性或中性、以及酸性等溶液中，MnO^- 分別還原成 MnO_4^{+2}、MnO_2 及 Mn^{+2}。

由於 $KMnO_4$ 具有很高之氧化電位，同時在溶液中具有很高之安定性，故係「氧化 - 還原」滴定分析法中，最常被使用之氧化劑。最有趣的是，錳化合物可用於錳之滴定：

$$4Mn^{+2} + MnO_4^- + 8H^+ + 15(H_2P_2O_7)^{-2} \rightarrow 5\left[Mn(H_2P_2O_7)_3\right]^{-3} + 4H_2O$$

此處，$[Mn(H_2P_2O_7)_3]^{-3}$（三焦磷酸二氫錳複合物，Tridihydrogen pyrophosphatomanganic complex）很安定。

5-3 分離

鋼鐵與硝酸及氧化劑（如鉻酸鉀、溴酸鉀或過硫酸鉀）共煮，鋼鐵中之 Mn 即成 MnO_2 而析出。有些雜質，如 Si、W、Co、V、Sb 及 Fe 等，會由於共沉或吸附作用，而同時沉澱。

傳統的硫化物分離法，係在強酸中通入硫化氫，使錳與其他金屬之硫化物族分離；在稀硫酸或蟻酸中，再除去鋅；在近中性（pH5 ～ 6）溶液中，可除去 Ni 與 Co；在 NH_3 溶液中，可除去鹼土族金屬（Alkaline earth metals）。

錳能被 NaOH 沉澱，故能與兩性元素（如 Mo、W、V 及 Al）分離；若再以 Na_2O_2 或 $S_2O_8^{-2}$ 氧化之，則 Cr 亦可被分離。

以汞電極電解之，許多金屬能與汞生成汞齊，獨留錳及某些元素於溶液內。然而在適當控制條件下，錳亦可完全沉積在汞電極中，因此錳遂得以分離。

含有 Mn、Fe、Ti、Zr 及 V 等之溶液，亦可使用庫弗龍（Cupferron），使各元素沉澱，而獨留 Mn 在溶液中。

溶液中若只含 Mn、Co 二元素，加 PO_4^{-2} 與檸檬酸（Citric acid）溶液，Mn 即成磷酸錳沉澱。

溶液若含 Cu、Ni 及 Mn，則可加吡啶（Pyridine），再通 H_2S，使前二者成硫化物沉澱而除去。

溶液若含 Fe、Mn 二元素，加尿素，Fe 即成鹼式蟻酸鹽（Basic format）而析出。

在含有過碘酸（Periodic acid）之 H_2SO_4（1OM）中，Mn 可成 $HMnO_4$ 氣體，而予以蒸出。

錳亦能被許多溶液所萃取，諸如在鹼性溶液中之氯仿萃取〔錳成 $(C_6H_5)_4As^- \cdot MnO_4^-$ 狀態〕、在鹼性溶液中之吡啶萃取（錳成 MnO_4^-）、以及「8- 羥喹啉（8-Hydroxyquinoline）-Mn^{+2}」複合物之氯仿萃取等。

5-4 定量

　　在定量化學中，$Mn^{+2} \rightleftharpoons Mn^{+7}$ 之反應最為重要。因此在進行定量分析前，通常先將錳變成 Mn^{+2}，再使用鉍酸鈉或高硫酸銨氧化劑，將 Mn^{+2} 氧化為 Mn^{+7}。然後使用還原劑，如硫酸亞鐵或亞砷酸鈉滴定之。前述兩種氧化劑之氧化速度均快，準確度亦不相上下，但後者較方便，因此較廣被採用。。

　　過碘酸鉀（Potassium periodate）亦常被用作 Mn^{+2} 之氧化劑，然後以光電比色法測定錳之含量。

　　另外，二氧化鉛、氧化銀（Argentic oxide）及含 5% O_3 之氧氣流，亦可將 Mn^{+2} 氧化成 Mn^{+7}。

　　鉍酸鈉及高硫酸銨，亦能將其他元素（如 Cr、V、Co），氧化成高氧化電位（如 Cr^{+6}、V^{+5}、Co^{+3}），因此當這些元素存在時，不宜使用 Fe^{+2} 滴定 Mn^{+7}。亞砷酸鹽不會還原 $S_2O_7^{-2}$、Cr^{+6}、Co^{+3}、及 V^{+5}，因此極適於當作 Mn^{+7} 之還原劑。但亞砷酸鹽無法完全還原 Mn^{+7}，因此必須使用標準樣品預先滴定之，以求其經驗滴定值。

5-5 分析實例

5-5-1 過硫酸銨法：本法最簡捷。試樣含 Mn < 7%，或含 Co 時，尤其適用本法

5-5-1-1 鎳鉻鋼、釩鉻鋼、碳素鋼、錳鋼、鎳鋼及生鐵等之 Mn

5-5-1-1-1 應備試劑

（1）混酸

　　　量取 525ml H_2O 於 1000ml 燒杯內→一面攪拌，一面慢慢加入 100ml H_2SO_4（1.84）→冷卻→加 125ml H_3PO_4 及 250ml HNO_4。

（2）亞砷酸鈉（Na_3AsO_3）標準溶液

①①溶液配製

　　　稱取 0.8g Na_3AsO_3 於 1000ml 量瓶內→以適量水溶解之，再繼續加水稀釋至刻度（若有雜質，應予濾去）。

②**因數標定**（即求每 ml 亞砷酸鈉標準溶液相當於若干 g 之 Mn）

稱取 0.1 ～ 0.3g 標準鋼當作試樣，依 5-2-1-1-2 節（分析步驟）所述之方法處理之，最後用上項新配亞砷酸鈉標準溶液標定之，以求其滴定因數。

③**因數計算**

$$滴定因數（F）＝\frac{W\times C}{V\times 100}$$

W ＝標準鋼重量（g）

C ＝錳在標準鋼所佔百分比數

V ＝滴定時，所耗亞砷酸鈉標準溶液體積（ml）

5-5-1-1-2 分析步驟

(1) 稱取 0.1 ～ 0.3g 試樣於 250ml 三角燒瓶內。

(2) 加 15ml 混酸（註 A）及 1ml$(NH_4)_2S_2O_8$（10%）（註 B），再加熱至試樣溶解、黃煙趕盡及溶液澄清為止。

(3) 加 15ml $AgNO_3$（0.133%）（註 C），煮沸之。

(4) 加約 10ml $(NH_4)_2S_2O_8$（10%）或 1g $(NH_4)_2S_2O_8$（固體）（註 D），然後煮至溶液有一個一個氣泡生成為止（約需 1 ～ 2 分鐘）（註 E），立刻以冷水冷卻之。（註 F）

(5) 加水稀釋至約 75ml（註 G）。加 10ml NaCl（0.2%）（註 H），然後立刻（註 I）以亞砷酸鈉標準溶液滴定，至紅色恰好消失為止（註 J）。

5-5-1-1-3 計算

$$Mn\% ＝\frac{V\times F}{W}\times 100$$

V ＝滴定時，所耗亞砷酸鈉標準溶液之體積（ml）

F ＝滴定因數（g/ml）

W ＝試樣重量（g）

5-5-1-1-4 附註

（A）（B）

(1) 錳在鋼鐵中，成 MnS 或單獨存在，與混酸作用，則被 HNO_3 氧化成 Mn^{+7}；其反應如下：

$$3Mn + 2NO_3^- + 8H^+ \rightarrow 3Mn^{+2} + 2NO \uparrow + 4H_2O$$

$$3MnS + 2NO_3^- + 8H^+ \rightarrow 3Mn^{+2} + 3S \downarrow + 2NO \uparrow + 4H_2O$$

以上兩式所生成之氮的低級氧化物，能還原第（4）步所生成之 MnO_4^-，故應予加熱趕盡。

(2) 若試樣含 Cr > 4%，綠色鉻離子足以妨害滴定之操作，故需先用 $NaHCO_3$ 予以分離。其法如下：

試樣稱取後，加 20ml H_2SO_4（1：9），並緩熱溶解之→作用停止後，加熱水稀釋至約 1000ml，然後用滴管慢慢加入 $NaHCO_3$（18%），至沉澱完全（約需 30ml），再過量 6ml→過濾。用熱水洗滌 4～5 次。沉澱棄去→加 30ml 混酸及 1ml $(NH_4)_2S_2O_8$ 於濾液內，然後蒸發至黃煙趕盡，以及體積濃縮至約 125ml 時，再繼續從第（3）步開始做起。

(3) 棕紅色之 Fe^{+3}，雖亦能干擾滴定終點，但因混酸內有磷酸存在，可與磷酸化合成各種無色之複合離子，如 $Fe(PO_4)^-$、$Fe(PO_4)_5^{-2}$ 等。

（C）（D）

(1) 在 Ag^+ 的催化下，Mn^{+2} 能被 $S_2O_8^{-2}$ 氧化成 MnO_4^-（紫紅色）：

$$2Mn^{+2} + 5S_2O_8^{-2} + 8H_2O \xrightarrow{\quad Ag^+ \quad} 2MnO_4^- + 10SO_4^{-2} + 16H^+$$

(2) $(NH_4)_2S_2O_8$ 不可太過量，否則 $(NH_4)_2S_2O_8$ 能氧化 AsO_3^{-3}，致分析結果偏高。

（E） 切忌煮至沸騰，或過長時間，否則生成之 MnO_4^- 漸漸消失，使化驗結果偏低。

（F）（G）（H）（I）

(1) 加 NaCl，旨在除去溶液中之 Ag^+（使之生成 AgCl 之白色沉澱）。

(2) 在冷、稀、又無觸媒（Ag^+）之條件下，溶液中縱有稍過量之 $S_2O_8^{-2}$，也不致將 AsO_3^{-3}，或被 AsO_3^{-3} 還原而成之 Mn^{+2}，再度氧化。

(3) NaCl之量不可太多，且加入後需立刻滴定，否則 Cl^- 同 AsO_3^{-3} 一樣，也會還原 MnO_4^-，使分析結果偏低：

$$2MnO_4^- + 10Cl^- + 16H^+ \rightarrow 2Mn^{+2} + 5Cl_2 + 8H_2O$$

（J）

(1) $5AsO_3^{-3} + 2MnO_4^- + 6H^+ \rightarrow 5AsO_4^{-3} + 2Mn^{+2} + 3H_2O$

(2) 「Mn^{+2}–MnO_4^-」之氧化還原電位，低於「Cr^{+3}–$Cr_2O_7^{-2}$」與「$V_2O_2^{+4}$–VO_3^-」等之氧化還原電位，故 MnO_4^- 首先被 AsO_3^{-3} 還原，而喪失其紅色，然後 AsO_3^{-3} 再還原其他氧化物。因此 $Cr_2O_7^{-2}$ 及 VO_3^- 等氧化物的存在，除其顏色能干擾滴定終點外，對於滴定毫無影響。

5-5-1-2 鎢鋼、鎢鉻鋼及鎢鉻釩鋼等之 Mn

5-5-1-2-1 應備試劑

　　　亞砷酸鈉標準溶液：除稱取 2.00g 代替 0.8g 亞砷酸鈉外，其餘試劑同 5-5-1-1-1 節。

5-5-1-2-2 分析步驟

(1) 稱取 0.5g 試樣於 250ml 三角燒杯內。

(2) 分別加 5ml H_2SO_4（稀）及 2ml H_3PO_4（85%），然後加熱溶解試樣。

(3) 俟作用停止，且不再起泡時，加 10ml HNO_3（1：1），並煮沸，至鎢酸溶解為止。

(4) 加 50ml $AgNO_3$（0.1%），並煮沸之。

(5) 趁熱加 15ml $(NH_4)_2S_2O_8$（15%）或 2g $(NH_4)_2S_2O_8$（固體）。

(6) 加熱，至溶液有一個一個氣泡生成為止（約 1～2 分鐘），再立刻以冷水冷卻之。

(7) 加水稀釋至 100ml，再加 30ml NaCl（%），然後立刻用亞砷酸鈉標準溶液滴定，至溶液之紅色恰恰消失為止。

5-5-1-2-3 計算：同 5-5-1-1-3 節

5-5-1-2-4 附註： 參照 5-5-1-1-4 節有關附註

5-5-1-3 鉻銅合金之 Mn

5-5-1-3-1 應備試劑

（1）混酸
（2）亞砷酸鈉標準溶液　　同 5-2-1-1-1 節

5-5-1-3-2 分析步驟

（1）稱取 1g 試樣於 250ml 三角燒杯內。

（2）加 50ml 混酸，再加熱溶解試樣，並趕盡氮氧化物之棕煙。

（3）加 75ml H_2O（沸）及 10ml $AgNO_3$（0.8%），然後煮沸之。

（4）加 10ml $(NH_4)_2S_2O_8$（25%），然後加熱至溶液有一個一個氣泡生成為止（約需 1～2 分鐘），再立刻以冷水冷卻之。

（5）加 10ml NaOH（10%），再立刻用亞砷酸鈉標準溶液滴定，至溶液紅色恰恰消失為止。

5-5-1-3-3 計算： 同 5-5-1-1-3 節

5-5-1-1-4 附註： 參照 5-5-1-1-4 節有關各項附註

5-5-2 鉍酸鈉法：本法適用於 Mn > 7%，但不含 Co 之試樣。

5-5-2-1 鏡鐵與低碳錳鐵之 Mn

5-5-2-1-1 應備試劑

（**1**）**HNO_3**（3%）

量取 60ml HNO_3（1.42）→ 加 1940ml H_2O → 加 4-5g 鉍酸鈉（$NaBiO_3$）→攪拌混合之→擱置過夜。

（**2**）硫酸銨亞鐵〔Ferrous ammonium sulfate，$(NH_4)_2Fe(SO_4)_2 \cdot 6H_3O$〕。

（**3**）高錳酸鉀標準溶液

　①溶液配製

稱取 3.20g $KMnO_4$ 於 1000ml 燒杯內→加適量水溶解之→移溶液於 1000ml 量瓶內→加水至刻度→移暗處靜置過夜→以古氏坩堝或細孔玻璃濾杯（Fine porosity fritted-glass crucible）濾去雜質（切

勿洗滌）→濾液儲於暗色瓶內，以清潔玻璃塞塞好。

②**因數標定**（即求每 ml 溶液所含 Mn 之 g 數）

稱取約 0.5 ～ 1.0g 草酸鈉（純）（註 A），平均攤開於錶面玻璃上→以 150 ～ 200℃烘乾 40 ～ 60 分鐘→置於乾燥器內放冷→精確稱取 0.300g 上項烘乾之草酸鈉於 600ml 燒杯內。另取同樣燒杯一個，供作空白試驗→加 100ml H_2O →攪拌溶解之→加 10ml H_2SO_4（1：1）→加熱至 80℃（註 B）→以上項新配高錳酸鉀（註 C）標準溶液滴定，至溶液恰呈微紅色，且經攪拌後，仍不褪色為止。

③**因數計算：**

$$滴定因數（F）＝\frac{0.0492（註 D）}{V_1 － V_2}$$

V_1 ＝滴定草酸鈉溶液時，所耗高錳酸鉀標準溶之體積（ml）。

V_2 ＝滴定空白溶液時，所耗高錳酸鉀標準溶液之體積（ml）（約需 0.03 ～ 0.05ml）。

5-5-2-1-2 分析步驟

（一）試樣溶液之製備與滴定

(1) 稱取適量試樣（鏡鐵 1g；低碳錳鐵 0.25g）於 750ml 三角燒杯內。

(2) 加 250ml HNO_3（3：7），緩緩加熱，以溶解試樣及趕盡棕煙。

(3) 俟試樣溶解完畢後，逐漸加入固體鉍酸鈉（註 E），至褐色之 MnO_2 沉澱（註 F）恰好出現為止（此時鉍酸鈉使用量需記錄），然後逐漸滴加亞硫酸（註 G），至沉澱恰全溶解後，再多加 1ml。

(4) 煮沸至棕煙驅盡（約需 5 分鐘）。

(5) 加水稀釋至 250ml（註 H），然後冷卻至 10-15℃（註 I）。

(6) 加 7g 鉍酸鈉，再劇烈搖盪 1 分鐘。（註 J）

(7) 加 250ml H_2O（冷）（註 K），然後立刻（註 L）使用石棉濾層，迅速將過剩之鉍酸鈉濾去，再以 HNO_3（3%、冷）沖洗數次，沉澱棄去。

(8) 精稱 5.00g 硫酸銨亞鐵（註 M）於濾液及洗液內，並攪拌溶解之。

(9) 一面攪拌，一面以高錳酸鉀標準溶液（註 N）滴定，至溶液恰呈微紅色為止。所耗 $KMnO_4$ 溶液之體積（ml），以 V_1 代之，以備計算。

（二）空白溶液之製備及滴定

(1) 量取 250ml HNO_3（3：7）於 50ml 圓錐瓶內。

(2) 加入鉍酸鈉 ｛其加入總量，應與上述第（一）項（試樣溶液之製備及滴定）第（3）及（6）步所使用之總量相同｝，並劇烈攪拌 1 分鐘。

(3) 加 250ml H_2O，立刻用石棉濾層迅速過濾。沉澱棄去。

(4) 精稱 5.00g 硫酸銨亞鐵於濾液內，並攪拌至全部溶解。

(5) 一面攪拌，一面以高錳酸鉀標準溶液（10/N）滴定，至溶液恰呈微紅色為止。所耗 $KMnO_4$ 溶液之體積（ml）以 V_2 代之，以備計算。

5-5-2-1-3 計算

$$Mn\% = \frac{(V_1 - V_2) \times F}{W} \times 100$$

V_1 ＝滴定試樣溶液所耗高錳酸鉀標準溶液之體積（ml）

V_2 ＝滴定空白溶液所耗高錳酸鉀標準溶液之體積（ml）

F ＝滴定因數（g/ml）

W ＝試樣重量（g）

5-5-2-1-4 附註

（A）（B）（C）（D）

(1) $2MnO_4^- + 5C_2O_4^{-2} + 16H^+ \rightarrow 2Mn^{+2} + 8H_2O + 10CO_2 \uparrow$

(2) $Na_2C_2O_4$ 分子量為 133.976g，而 Mn 分子量為 54.94；又由以上方程式可知 5 個分子 $Na_2C_2O_4$ 可還原 2 個分子之 Mn，因此，（5×133.976 ＝）669.88g 的草酸鈉可與（2×54.94 ＝）109.88g 之 Mn 完全作用，故 0.300g 草酸鈉，可與（0.300×109.88/669.88 ＝）0.0492g 之 Mn 作用。理論上，0.300g 草酸鈉，需用 44.77（ml）$KMnO_4$ (N/10) 滴定之。

所使用之草酸鈉，需為標準試藥（如美國 NBS 與日本 JIS 標準草

酸鈉樣品。）

(3) 開始滴定時，$KMnO_4$ 和 $Na_2C_2O_4$ 作用很慢，很可能滴下數滴，$Na_2C_2O_4$ 溶液即呈現 $KMnO_4$ 之深紫紅色。若逢此現象，不可誤為終點，反應劇烈攪拌，使其緩緩作用，俟顏色消失後，再開始滴定，其作用速度即可漸漸加速；至快接近終點時，應待前一滴 $KMnO_4$ 之顏色消失後，再滴第二滴，直至 $Na_2C_2O_4$ 溶液呈微紅色，攪拌 30 秒鐘而不褪去時，即可視為滴定終點。

(4) 因 $C_2O_4^{-2}$ 係屬有機酸，需加溫後，反應方能充分進行。在 80℃ 以下，反應進行緩慢，但若高於 80℃，除了正規反應〔參照本附註第（1）項〕外，尚能產生下列反應：

$$3MnSO_4 + 2KMnO_4 + 2H_2O \rightarrow K_2SO_4 + 5MnO_2 + 2H_2SO_4$$

$$2MnO_2 + 2H_2SO_4 \rightarrow 2H_2O + 2MnSO_4 + O_2 \uparrow$$

由於 $MnSO_4$ 與 $KMnO_4$ 反覆作用，所生成之 O_2 亦不斷逸去，結果 MnO_4^- 亦無限消耗矣，故滴定時應注意溫度。

(5) 所使用之 H_2SO_4 切忌太濃，否則會消耗 $KMnO_4$：

$$2KMnO_4 + 3H_2SO_4（濃）\rightarrow K_2SO_4 + 2MnSO_4 + 3H_2O + 5/2O_2 \uparrow$$

(6) 切忌以 HCl 代替 H_2SO_4，因 HCl 亦能使 $KMnO_4$ 還原：

$$2KMnO_4 + 16HCl \rightarrow 2KCl + 2MnCl_2 + 5Cl_2 + 8H_2O$$

(7) 因 $KMnO_4$ 能氧化有機質，故在調製、儲存及使用期間，切忌與橡膠及其他有機質接觸。

(8) 在 5-5-2-1-1(3)- ② 項下，精稱 0.300g 已烘乾放冷之草酸鈉於 600ml 燒杯內後，以下步驟亦可改用下法：

加 250ml H_2SO_4（5：95）→攪拌溶解之→一面攪拌，一面以滴管加 39～40ml 新配高錳酸鉀溶液（加入速度為每分鐘 23～35ml）→靜置，至溶液之粉紅色褪去（約 45 秒）→加熱至 55～60℃→再繼續用標準高錳酸鉀滴定，至溶液恰呈微紅色且經攪拌 30 秒後，仍不褪色為止。

（E）（F）（J）

（1）$NaBiO_3$ 係強氧化劑，第（3）步所加之 $NaBiO_3$ 可使有機質、碳化合物之碳或其他還原物氧化。加 $NaBiO_3$ 至 MnO_2 恰好析出，表示此時 MnO_4^- 剛好生成。MnO_4^- 在高溫狀態下，易分解而生成 MnO_2（褐色）沉澱。

（2）$2Mn^{+2} + 5NaBiO_3 + 16H^+ \rightarrow 5Na^+ + 5Bi^{+3} + 7H_2O + 2HMnO_4$

（3）根據實驗，在硝酸濃度為 11%（比重 1.062）～22%（比重 1.135）（均為重量計）之溶液內，錳之氧化最完全。若低於 11%，則振盪時間應多於 1 分鐘。

（G）$H_2SO_3 + MnO_2 \rightarrow Mn^{+2} + SO_4^{-2} + H_2O$

（H）（I）（J）（K）（L）

（1）試樣中不應含 Co。而 Cr 之量亦不可超過 1%，因 Cr 在 $NaBiO_3$ 之溶液中，會被氧化成 $Cr_2O_7^{-2}$，而 $Cr_2O_7^{-2}$ 又能繼續氧化第（8）步所加之 Fe^{-2}，致使分析結果偏高。為預防 Cr 存在時之干擾，需在冷、稀的條件下，加入 $NaBiO_3$，並須迅速將過剩之 $NaBiO_3$ 濾去。Co 離子之顏色與 MnO_4^- 一樣（粉紅），故能嚴重干擾滴定終點之確定。

（2）釩的存在對於錳之定量，並無影響，因為釩被 BiO_3^- 氧化為 VO_3^- 後，雖可被 Fe^{+2} 還原，但被還原之釩在滴定時，仍可被 MnO_4^- 完全氧化成原來之 VO_3^-。

（M）（N）（J）

第（6）步所加的 $NaBiO_3$，能將試樣溶液所含的 Mn^{+2}，完全氧化為 MnO_4^-〔見上述附註(E)(F)(J)第(2)項〕。過剩之 $NaBiO_3$ 濾去後，使用過量的硫酸銨亞鐵〔$(NH_4)_2Fe(SO_4)_2$〕，將 MnO_4^- 完全還原為 Mn^{+2}，再用高錳酸鉀標準溶液滴定過量的 Fe^{+2}，至完全被氧化為 Fe^{+3} 後，過量的 MnO_4^-，即呈微紅色：

$$MnO_4^- + 5Fe^{+2} + 8H^+ \rightarrow Mn^{+2} + 5Fe^{+3} + 4H_2O$$

5-5-2-2 高碳錳鐵之 Mn

5-5-2-2-1 應備試劑：同 5-5-2-1-1 節

5-5-2-2-2 分析步驟

(1) 稱取 0.25g 試樣於 750ml 圓錐瓶內。

(2) 加 60ml HNO_3（1.42），再加熱溶解之。

(3) 試樣溶解後，加 2g KNO_3，然後蒸發濃縮至 15ml。

(4) 冷卻後，加 10ml H_2SO_4（1：1），蒸發至冒硫酸白煙。

(5) 冷卻後，加 200ml HNO_3（3：7），再煮沸之。

〔以下操作同 5-5-2-1-2 節，從（一）–（3）步開始做起。〕

5-5-2-2-3 計算：同 5-5-2-1-3 節

5-5-2-3 矽錳之 Mn

5-5-2-3-1 應備試劑：同 5-5-2-1-1 節

5-5-2-3-2 分析步驟

(1) 稱取 1g 試樣於鉑蒸發皿內，蓋好。加 5ml　H_2F_2（註 A），緩緩加熱溶解試樣。

(2) 俟反應緩和後，逐漸滴加 HNO_3（1.42），至試樣完全溶解後，再過量 10ml，然後蒸發至皿內物質呈糖漿狀（註 B）。

(3) 加 10ml HNO_3（1.42），再蒸發至皿內物質呈糖漿狀，以趕盡 H_2F_2（註 C）。

(4) 先以 HNO_3 溶解之，並將溶液移入 750ml 圓錐瓶內，再以 HNO_3（3：7）稀釋至約 250ml，然後煮沸之。

〔以下操作同 5-5-2-1-2 節，從第（一）–（3）步開始做起〕。

5-5-2-3-3 計算：同 5-5-2-1-3 節

5-5-3 光電比色法

5-5-3-1 第一法：適用於含 Mn = 0.25 ～ 1.6% 之各種碳素鋼及低合金鋼

5-5-3-1-1 應備儀器

(1) 光電比色儀

（2）250ml 伊氏燒瓶

（3）100ml 及 50ml 量瓶

（4）20ml 吸管。

5-5-3-1-2 應備試劑

（1）**HNO$_3$**（1：3）

量取 600ml H$_2$O 於 1000ml 燒杯內→加 200ml HNO$_3$。

（2）**高硫酸銨**〔(NH$_4$)$_2$S$_2$O$_8$〕（純結晶固體）

（3）**Na$_2$SO$_3$**（1%）：

稱取 10g Na$_2$SO$_3$（無水）→以適量水溶解後，再繼續稀釋至 1000ml（若有雜質應予濾去）。

（4）**H$_3$PO$_4$**（85%）

（5）**過碘酸鉀**（KIO$_4$，純結晶固體）

5-5-3-1-3 分析步驟

（1）稱取 0.3g 試樣於 250ml 伊氏燒杯內。

（2）加 50ml　HNO$_3$（1：3）。加熱溶解試樣後，再煮沸之，以趕盡氮氧化物之黃煙。

（3）小心加入 1g 高硫酸銨（註 A），再煮沸 10 分鐘。

（4）此時若有黑色錳化物（即 MnO$_2$）析出，或有高錳酸鹽（MnO$_4$$^-$）之粉紅色出現，則應以滴管小心滴入數滴 Na$_2SO_3$（1%），使 MnO$_2$ 恰恰溶盡，或粉紅色恰恰消失。

（5）煮沸 5 分鐘，至無刺鼻之 SO$_2$ 逸出為度（註 B）。

（6）冷卻後，移溶液於 100ml 量瓶內，加水稀釋至刻度。

（7）用吸管分別吸取 20ml 溶液於兩個 50ml 之量瓶內，並分別加入 10ml H$_3$PO$_4$（85%）。（註 C）

（8）其中一瓶加 0.5g KIO$_4$（註 D），並煮沸 5 分鐘（可放玻璃球以防濺出）；另一瓶不需加 KIO$_4$，亦不需煮沸（供做空白試驗之用）（註 E）。

（9）分別量取 5ml 空白溶液及試樣溶液於儀器所附之兩支試管內，先以光電比色儀測定前者對波長為 535mμ 之光線之吸光度（不必記錄），次將指示吸光度之指針調整至（0），再抽出試管，換上盛有試樣溶液之試管，測其吸光度，並記錄之。由「Mn%- 吸光度」標準曲線（註 F），可直接查得 Mn%。

5-5-3-1-4 附註

（A）高硫酸銨能氧化碳化合物之碳，或具有還原性之有機質，以免其還原第（8）步所生成之 MnO_4^-。

（B）因 SO_2 能還原第（8）步所生成之 MnO_4^-，致使分析結果偏低，故須煮沸趕盡之。

（C）PO_4^{-3} 旨在與 Fe^{+3} 化合成各種無色之複合物，以免干擾第（9）步之吸光度測定。

（D）

　（1）若無 KIO_4，則 $NaIO_4$ 或 $Na_3H_2IO_6$ 亦可代用。

　（2）Mn^{+2} 在水中被 KIO_4 氧化後，可產生紫紅色之 MnO_4^-，含量與呈色之深淺成正比，故可供光電比色分析法之用。其反應式如下：

　　$2Mn(NO_3)_2 + 5KIO_4 + 3H_2O \rightarrow 2HMnO_4$（紫紅色）$+ 5KIO_3 + 4HNO_3$

（E）所取試樣無論多少，只需做一個空白試驗。

（F）「吸光度＝ Mn%」標準曲線之製法：

　選取含 Mn = 0.2 ～ 1.6%，且含 Cr 百分率彼此相近之不同標準樣品數種，每種稱取 3 份，每份 0.3g，當作試樣，依 5-2-3-1-3 節（分析步驟）所述之方法處理之，以測其吸光度。然後以「吸光度」為縱軸，以「Mn%」為橫軸，作其關係曲線圖。

5-5-3-2 第二法：適用於含 Mn = 0.3 ～ 1.5% 之各種碳素鋼、高合金鋼及生鐵

5-5-3-2-1 應備儀器

　（1）250ml 伊氏燒杯。

(2) 200ml 量瓶。

(3) 光電比色儀。

5-5-3-2-2 應備試劑

（1）混酸 –A

量取 525ml H_2O 於 1000ml 燒杯內→加 100mlH_2SO_4（1.84）→加 125ml H_3PO_4（85%）及 250ml HNO_3 →混合待用。

（2）混酸 –B

量取 865ml H_2O →加 60ml H_2SO_4（1.84）→加 75mlH_3PO_4（84%）。

（3）$AgNO_3$（0.8%）

稱取 4.0g $AgNO_3$ →加 500ml H_2O →攪拌溶解之。

（4）$(NH_4)_2S_2O_8$（25%）

稱取 125g $(NH_4)_2S_2O_8$ →加 500ml H_2O 溶解之。

（5）$HClO_4$（60 ～ 62%）

（6）H_2SO_4（1.84）

（7）HNO_3（1.42）

（8）HNO_3（1：3）

量取 300ml H_2O →加 100ml HNO_3（1.42）。

（9）H_3PO_4（85%；純結晶固體）

5-5-3-2-3 分析步驟

（一）碳素鋼

(1) 稱取 0.500g 試樣於 250ml 伊氏燒杯內。另取同樣燒杯一個,供作空白試驗。

(2) 加 20ml 混酸 – A,並加熱溶解試樣。

(3) 加 100ml H_2O（熱）及 10ml $AgNO_3$（0.8%）。加熱至沸。

(4) 加 10ml $(NH_4)_2S_2O_8$（25%）,然後煮至溶液內有一個一個氣泡生成為止（約 1 ～ 2 分鐘）,再立刻用冷水冷卻之。

(5) 將溶液移於 200ml 量瓶內,並加水稀釋至刻度。

(6) 分別量取約 5ml 空白溶液及試樣溶液於儀器所附之兩支試管內，先以光電比色儀測定前者對波長為 535mμ（若試樣含 Cr，則改用 575mμ）（註 A）之光線之吸光度（不必記錄），次將指示吸光度之指針調整至（0），然後抽出試管，換上盛有試樣溶液之試管，測其吸光度，並記錄之。由「Mn% – 吸光度」標準曲線圖（註 B），可直接查得 Mn%。

（二）高合金鋼

(1) 依照下表，稱取適量試樣（註 C）於 250ml 伊氏燒杯內。另取同樣燒杯一個，供做空白試驗。

試樣含 Cr 或 Cr、Mn 百分比（%）		試樣重量（g）
Cr%	10 ~ 20	0.250
Cr%	1 ~ 10	0.500
Cr%	0.2 ~ 1.0	1.000
Mn%	0.4 ~ 0.75	
Cr%	0.2 ~ 1.0	2.000
Mn%	< 0.40	

(2) 加 10ml $HClO_4$（60%）。　加熱至冒出濃白過氯酸煙後，再繼續蒸煮約 2 ~ 3 分鐘，至溶液呈鮮紅色為止。

(3) 稍冷後，分別加 20ml 混酸 – A 及 5ml H_3PO_4（85%）（註 D）。沸騰 2 ~ 3 分鐘。

(4) 加 10ml $AgNO_3$（0.8%），及 100ml H_2O（熱）。加熱至沸。

(5) 加 15ml $(NH_4)_2S_2O_8$（25%）。沸騰恰為 1 分鐘，立即用冷水冷卻之。

〔以下操作同本（5-5-3-2-3）節，從第（一）–（5）步開始做起〕

（三）生鐵：

(1) 稱取 0.500g 試樣於 250ml 伊氏燒杯內。

(2) 加 20ml HNO_3（1：3）。加熱至試樣溶解完全。

(3) 過濾。用清水洗滌數次。聚濾液及洗液於 250ml 伊氏燒杯內。沉澱棄去。

(4) 加 25ml 混酸 – B、50ml H_2O（熱）及 10ml $AgNO_3$（0.8%）。加熱至沸。

〔以下操作同本 (5-5-3-2-3) 節，從第 (一) – (4) 步開始做起〕

5-5-3-2-4 附註

註：除了下列各附註外，另參照 5-5-1 及 5-5-2 兩節有關各項附註。

（A）碗豆色的 Cr 離子，會干擾 MnO_4^- 之吸光度測試，故改用 575mμ 之波長。

（B）「吸光度 -Mn%」標準曲線圖之製法：

除了標準樣品由 0.30g 改成 0.50g、處理方法由 5-5-3-1-3 節改為 5-5-3-2-3 節外，餘同 5-5-3-1-4 節附註（F）。

（C）因「吸光度 –Mn%」標準曲線，係由 0.50g 標準試樣所製成，故若所取試樣重為 0.250g，則化驗結果需乘以 2；若為 1g 則需除以 2，餘此類推。總之需將化驗結果算成 0.500g 試樣。

（D）參照 5-5-3-1-4 節附註（C）。

5-5-3-3 第三法：適用於鋁合金

5-5-3-3-1 應備儀器：同 5-5-3-2-1 節

5-5-3-3-2 應備試劑

（1）混酸

量取 200ml H_2O 於 1000ml 燒杯內→緩緩加入 400ml H_2SO_4 →加 400ml HNO_3，混合後用玻璃塞塞好。

（2）$AgNO_3$（0.3%）

稱取 3g $AgNO_3$ →加水溶解後，再繼續加水稀釋至 1000ml →儲於棕色瓶內。

（3）$(NH_3)_2S_2O_8$（純潔晶體）

（4）標準錳溶液（1ml ＝ 0.2mg Mn）

稱取 0.6153g $MnSO_4 \cdot H_2O$（純）於 1000ml 量瓶內→以適量水溶解後，再繼續加水稀釋至刻度。

5-5-3-3-3 分析步驟

(1) 依照下表，稱取適量試樣（註 A）於 250ml 伊氏燒杯內。另取同樣燒杯一個，供做空白試驗。

試樣含 Mn 量（%）	試樣重量 (g)	所需混酸體積（ml）
0.2 以下	1.0	30
0.2 ～ 2.0	0.2	20
空白試液	0.0	10

(2) 依上表加適量混酸，並加熱溶解之。

(3) 俟試樣溶解完畢後，冷卻之；然後加 10ml $AgNO_3$（0.3%）及 50ml 熱水〔含 1g $(NH_4)_2S_2O_8$〕（註 B）。

(4) 緩緩加熱（但不可煮沸）1 ～ 10 分鐘。

(5) 若有雜質則過濾之。用水洗滌兩次。聚濾液及洗液於 200ml 量瓶內。沉澱棄去。

(6) 加水稀釋至刻度，並混合均勻。

(7) 分別吸取約 5ml 空白溶液及試樣溶液於儀器所附之兩支試管內。先以光電比色儀測定前者對波長為 535mμ 之光線之吸光度（不必記錄），次將指示吸光度之指針調整至（0），再抽出試管，然後換上盛有試樣溶液之試管，測其吸光度，並記錄之。由「吸光度－溶液含 Mn 量（mg）」標準曲線圖（註 C），可直接查出溶液含 Mn 之重量（mg）。

5-5-3-3-4 計算

$$Mn\% = \frac{w}{10\ W} \quad (註\ D)$$

w ＝溶液含 Mn 之重量（mg）

W ＝試樣重量（g）

5-5-3-3-5 附註

註：除下列各附註外，另參照本章 5-5-1、5-5-2 及 5-5-3 等節之有關各項附註。

（A）本法適用於含 Mn ＝ 0.05 ～ 2.00% 之試樣。

（B）此時試樣若含 Mn，溶液應呈粉紅色。

（C）「吸光度 – 溶液含 Mn 量（mg）」標準曲線之製法：

(1)用吸管分別吸取 20ml、15ml、10ml、5ml、2ml 及 1ml（每種各取 2 份）標準錳溶液於十二個 200ml 量瓶內，當做試樣。另取 200ml 量瓶一個，供做空白試驗。

(2)每瓶均分別加入 10ml 混酸、10ml AgNO₃（0.3%）及 10ml H₂O（熱）〔含 1g (NH₄)₂S₂O₈〕，再均勻混合之。

(3)緩緩加熱（但不可煮沸）1 ～ 10 分鐘。

(4)冷至室溫後，加水稀釋至刻度。

(5)將瓶連繼倒置數次，使混合均勻。

(6)分別各吸取約 5ml 空白溶液及標準溶液於儀器所附之試管內。

(7)先以光電比色儀測定空白溶液對波長為 $535m\mu$ 之光線之吸光度（不必記錄），次將指示吸光度之指針調整至(0)，然後抽出試管，再分別換上盛有各標準溶液之試管，測其吸光度，並依照下表記錄測定結果。

(8)記錄其結果如下表：

標準溶液使用量 (ml)	吸光度	溶液含 Mn 量 (mg)
1		0.2
2		0.4
5		1.0
10		2.0
15		3.0
20		4.0

(9)以「吸光度」為縱軸，「溶液含 Mn 量（mg）」為橫軸作其關係曲線圖。

（D）

$$Mn\% = \frac{w(mg) \times 1(g)/1000(mg)}{W(g)} \times 100 = \frac{w}{10W}$$

第六章　銅（Cu）之定量法

6-1 小史、冶煉及用途

一、小史

　　銅是人類最早認識的金屬之一，也可能是最早被人類所利用之金屬。歷史考證顯示，冶銅術極可能發源於文化開發最早的底格里斯及幼發拉底河谷。另外，在美索布達米亞發現了公元前四千年之銅器。又證據顯示，公元 3200 年前，亦即埃及尚未建立王朝以前，埃及人就懂得利用碳酸銅做為染料，並將金屬銅做成車軸、斧頭及鑽孔器具。

　　英文中的 Copper（銅），源自拉丁文 Cuprum，乃是羅馬人對於「獲自 Cyprus（塞普魯斯）之金屬」之稱謂。塞人在公元前三千年，即知利用該地區所出產之金屬銅。

　　人們發現銅的導電度和導熱度高，所以在這方面的用途很廣。又因它的材質軟，故很少做為構造用材料。後來在銅中添加 Zn、Sn 或其他元素，例如黃銅和青銅等，改良它的耐蝕性和機械性質，用來製造電器機械零件、銅具等。銅的用途很廣，迄今已是工業上的重要材料之一。

二、冶煉

　　銅在自然界中，成金屬態或化合態（如硫化物、氧化物及碳酸鹽等）而存在。

　　大部份的銅，是從銅礦煉製而來的。主要的銅礦，計有：黃銅礦（$CuFeS_2$ 或 $Cu_2S \cdot Fe_2S_3$）、輝銅礦（Cu_2S）及銅礦（Cu_2O）等。煉製過程，可分為兩個階段，簡單分述如下：

　　第一階段：把銅礦石和焦炭適當配合，在鼓風爐內熔煉。在 1250℃ 之爐溫下，礦石熔融，銅變為 Cu_2S，與 FeS 一同流至爐底。這種混合熔液簡稱為冰銅（Matte），相當於煉鐵時所得之生鐵，含 20 ～ 40%Cu。再用轉爐熔解，並吹入空氣，銅成熔融狀態，流至爐底。這就是所謂的粗銅，含

98 ～ 99.5%Cu。這種作業相當於煉鋼作業。

　　第二階段:以反射爐或電解法精煉粗銅。電解法係以粗銅板作為陽極,純銅板為陰極,置於酸性硫酸銅中,進行電解。陰極的電解銅利用反射爐熔解後,鑄成銅塊,然後再經加工,作成各種形狀的銅料,以供實際上之應用。

三、用途

　　銅的導電度和導熱度高,所以在這方面的用途很廣。因其材質軟,故不適於供作構造用材料。但是,在銅中添加其他元素,便可改良其性質,用以製造電器機械零件、銅具等。是工業上重要材料之一。

　　固態銅不發生變態,所以不能像鋼一樣,利用變態現象,來改良它的性質。但銅和其他元素容易成為固溶體,故可利用這一點,來改良它的性質。銅合金的種類很多,茲舉其中比較重要者,分別說明之,俾利定量分析:

(1) 黃銅

　　黃銅是銅和鋅的合金,銅、鋅之重量比為 70:30 者,稱為七三銅,餘此類推。製造和加工都容易,價格又便宜,所以使用量多。含 30 ～ 40%Zn 者,最為實用。其顏色隨 Zn 量的增加,從暗紅色,淡橙黃色,紅黃色,漸漸變為黃色。故從其顏色,大致可以推想含 Zn 量。因其機械性質優良,耐蝕性強,顏色優美,故為最重要合金之一。

① 黃銅的組織

　　因含 Zn 量不同,可成為六種固溶體。Zn 量過多時,材質變脆,實用上,Zn 含量約在 45% 以下。

② 黃銅的性質

　　圖 6-1 表示黃銅的含 Zn 量,對機械性質的影響。以含 Zn 量小於 30 % 的黃銅而言,隨 Zn 量之增加,強度和伸長率會同時增加,這是黃銅的一大特點。含有 40%Zn 時,雖然抗拉強度大,但其伸長率小,故常溫加工性不良。表 6-1、6-2 及 6-3 各為黃銅工料及鑄件之品質與效能之規格一例。

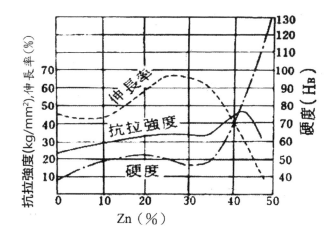

圖 6-1　黃銅含 Zn 量對機械性質的影響

表 6-1　黃銅工料（鑄黃銅）CNS 368 H7

名　稱	標註符號 CNS	成　份　%			工　製	應　用
		Cu	其　他	Zn		
鑄黃銅 63	黃銅 63 CNS 368 鑄	63	鉛，3 以下	餘量	切削加工	殼皮、樞心等
鑄黃銅 67	黃銅 67 CNS 368 鑄	67	鉛，3 以下	餘量	切削加工 冷焊	殼皮、樞心等
特種黃銅 A 鑄成	黃銅 A CNS 368 鑄	54 至 64	錳＋鋁＋鐵＋錫 7.5 以下 任擇	餘量	切削加工	包裝機械、螺母套、壓力螺母、受力輕之軸承管套、硬度適中之鑄件
特種黃銅 B 鑄成	黃銅 B CNS 368 鑄	54 至 64	錳＋鋁＋鐵＋錫 7.5 以下 任擇	餘量	切削加工	受力重之機件，如水壓機、抽水機、船舶螺釘、防海水浸蝕之機件

表 6-2　黃銅工料(滾軋及鍛製黃銅)CNS 368 H7

名　稱	標註符號 CNS	成　份　%			工　製	應　用
		Cu	其　他	Zn		
硬黃銅（螺釘黃銅）	硬黃銅 CNS 368	58	鉛　2以下	餘量	熱壓、鍛製、切削加工	螺釘料桿、轉動機件、電器用各式斷面銅桿銅質窗、熱壓機件、鐘錶機件、口琴、小刀、鑰匙等。
鍛製黃銅（含鋅40%）	鍛黃銅 CNS 368	60	―	40	熱壓、鍛製、切削加工、稍加曲壓及刻印	銅桿、銅線、銅片、銅管、船舶凝結器水管、包裝機件、暖器管、冷氣管。
壓製黃銅	壓黃銅 CNS 368	63	―	餘量	拉、伸、用強焊藥或銀冷焊	銅桿、銅線、銅片、銅帶、銅管及其他器具之各種斷面桿。
精製黃銅（焊黃銅）	精黃銅 CNS 368	67	―	餘量	拉、冷壓、壓花，需強膨脹性時用硬焊	銅線、銅片、銅桿、樂器銅片、木螺釘、彈簧、鎗彈殼及各種斷面桿。
金色精製黃銅（輪葉黃銅）	精黃銅 CNS 368 （金色）	72\	―	餘量	拉、冷壓、壓花，需強膨脹性時用硬焊	銅線、銅片、製汽輪輪葉之斷面桿。
淡紅精製黃銅	精黃銅 CNS 368 （淡紅）	80	―	餘量	冷壓	銅片、金屬布、銅器。
朱紅精製黃銅	金黃銅 CNS 368 （朱紅）	85	―	餘量	冷壓	銅片、金屬布、銅器。
紅色精製黃銅	精黃銅 CNS 368 （紅色）	90	―	餘量	冷壓	銅片、金屬布、銅器。
特種黃銅（輾製）	黃銅 CNS 368 （輾）	55 至 62	錳＋鋁＋鐵＋錫（＜7.5，自擇）	餘量	熱壓、鍛製、輾製	活塞桿、螺釘、活瓣桿、汽輪輪葉、銅片、銅管、受力重之熱壓工作。

表 6-3 黃銅（鑄件品質及效能）CNS 369 H8

標 註符 號CNS	成 分 ％			公差％Cu	銅鋅最少含量％	抗 拉強 度kg/mm^2	伸長率％	硬 度Hb	彎 曲角 度
	Cu	其他⊕	Zn						
黃銅63 CNS369 鑄	63	Pb ＜ 3	餘量	＋ 2－ 1	97.0	＞ 15	＞ 7	＞ 45	－
黃銅67 CNS369 鑄	67	Pb ＜ 3	餘量	＋ 2－ 1	97.0	＞ 18	＞ 20	＞ 40	＞ 33
黃銅A CNS369 鑄	54 至64	Mn ＋Al ＋ Fe＋ Sn ＜7.5 ＊	餘量	－	92.5	＞ 30	＞ 10	－	－
黃銅B CNS369 鑄	54 至64	Mn ＋Al ＋ Fe＋ Sn ＜7.5 ＊	餘量	－	92.5	＞ 35＞ 45＞ 60	＞ 30＞ 20＞ 15	＞ 80＞ 100＞ 130	＞ 50＞ 33＞ 20

註：

⊕：其他合金元素最高含量（％）：

黃銅 63：Mn 0.20, Al 0.05, Fe 0.50, Sn 1.00,（Sb ＋ As）0.10, P 0.05, Pb 3.00。

黃銅 67：Mn 0.10, Al 0.03, Fe 0.50,Sn 1.00,（Sb ＋ As）0.10, P 0.05, Pb 3.00。

黃銅A：（Mn ＋ Al ＋ Fe ＋ Sn）＜ 7.5 ＊ , Sb 0.20, As 0.10, P 0.10, Pb 1.50 。

黃銅B：（Mn ＋ Al ＋ Fe ＋ Sn）＜ 7.5 ＊ ,Sb 0.10 , As 0.10, P 0.10, Pb 0.10。

＊：此四種元素可由設計者及使用者自行決定。

(2) 特殊黃銅（Special brass）

特殊黃銅就是，黃銅中加入其他元素，以改良其機械性、切削性或耐蝕性。

①加鉛特種黃銅（Lead brass）

黃銅中加入 0.4% 以上之 Pb，可改良切削性。可做鐘錶齒輪。

②加錫特殊黃銅（Tin brass）

黃銅加少量 Sn 時，可增加耐蝕性，如船舶用零件。

③**加鋁特殊黃銅**（Aluminum brass）

黃銅中加入 Al，可增加其對海水之耐蝕性。

④**強度黃銅**（High tension brass）**或錳青銅**（Manganese bronze）

在 Cu-Zn 合金中，具最高強度和耐蝕性。可做船舶推進器軸等。表 6-4 為高強度黃銅規格之一例。

表 6-4　高強度黃銅桿條（JIS H3425）

種類記號	化　　學　　成　　分（%）							抗拉強度 kg/ mm²	伸長率 %
	Cu	Al	Fe	Mn	Sn	Si	Zn		
1 種 HB₈ B1	56.0 ～ 61.0	< 1.0	< 1.0	< 1.5	< 1.0	—	其餘	> 45	> 20
2 種 HB₈B2	56.0 ～ 60.0	< 2.0	< 1.0	< 2.5	< 1.5	—	其餘	> 50	> 15
3 種 HB₈B3	55.0 ～ 59.0	< 2.0	< 1.5	< 3.0	< 1.0	< 1.0	其餘	> 55	> 12

註：高強度黃銅桿條性能與用途：高溫鍛造性好，抗拉強度大。用於船用螺旋槳軸、泵軸等。不純物：Pb < 0.8%。

⑤**矽鋅青銅**（Silzinc bronze）

屬於 Cu-Zn-Si 三元素合金。雖然叫做青銅，但是屬於黃銅。強度大，耐蝕性、耐磨性、鑄造性均佳。因不含 Sn，價格便宜，可替代青銅鑄件。可做船舶材料。其中以含 4 ～ 5%Si、10 ～ 16%Zn 及 Cu（餘量）之合金，抗拉強度、伸長率和衝擊值等最優良。

⑥**加鎳黃銅**（Nickel brass）

加鎳可改良黃銅之機械性，增加抗蝕性。其改良效果，隨 Ni 之增加而增加。白銅（German silver 或 Nickelsilver）是黃銅中含 15 ～ 20%Ni 之三元合金，呈優美的銀白色；機械性、耐熱性、耐蝕性均佳。可用為非鐵彈簧材料、電器材料、裝飾品、餐具、建築用五金，以及化學機械用材料等。

（3）青銅

是錫和銅的合金。鑄造性、耐蝕性、耐磨性及機械性均優，故為鑄造

用銅合金中，最具代表性者。

　　圖 6-2 表示退火狀態的青銅之含 Sn 量，約小於 10%；當 Sn 含量在 10% 左右時，質軟，加工容易。加少量 Zn，可改善其鑄造性。

　　青銅因用途不同，又可分為機械、軸承、貨幣、鐘錶及工藝等用途之青銅。其中機械用青銅，是指用為機械零件之青銅而言，通常叫砲銅（Gun metal）。原來砲銅是 90%Cu 和 10%Sn 之合金，近代煉鋼法尚未發明以前，專供製造砲管之用。因其強度大，延性好，耐蝕性及耐磨性優良，多用為閥、旋塞、齒輪、凸緣等。上述成份的合金，若加入 1 ～ 9%Zn，可改良其鑄造性；若再加 3% 以下之 Pb，可改良其切削性。表 6-5 表示青銅的規格之一例。

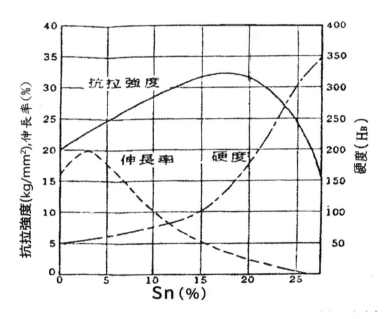

圖 6-2　青銅的 Sn 含量，對機械性質的影響（退火狀態）

表 6-5　青銅鑄件的規格例（JIS H 5111）

種　類	化　　學　　成　　分（%）					抗拉強度 kg/ mm²	伸長率 %	用　　途
	Cu	Sn	Zn	Pb	不純物			
第1種 ＢＣ1	79 ～ 83	2 ～ 4	8 ～ 12	3 ～ 7	< 2	> 17	> 15	流動性、切削性好。供給排水及建築用五金。
第2種 ＢＣ2	86 ～ 90	7 ～ 9	3 ～ 5	< 1	< 1	> 25	> 20	耐壓性、耐磨性、耐蝕性優良，強度高。軸承、套筒、襯套、泵、閥、齒輪、馬達零件。
第3種 ＢＣ3	86.5 ～ 89.5	9 ～ 11	1 ～ 3	< 1	< 1	> 25	> 15	
第6種 ＢＣ6	81 ～ 87	4 ～ 6	4 ～ 7	3 ～ 6	< 2	> 20	> 15	耐壓性、耐磨性、切削性、鑄造性良好。一般機械零件、閥、旋塞。
第7種 ＢＣ7	86 ～ 90	5 ～ 7	3 ～ 5	1 ～ 3	< 1.5	> 22	> 18	機械性質略優於ＢＣ6。軸承、小形泵零件、閥。

(4) 磷青銅（Phosphorus bronze）

　　磷青銅是青銅中添加少量的P者。普通青銅中，添加P時，可除去青銅內部之氧化物，而改良其機械性質。P含量較多者，硬度高，耐磨性優良，可用為軸、軸承、軸襯（Bush）等；軋延後，具有彈性強和電阻低之特性，可做電氣彈簧材料。表 6-6 是磷青銅鑄件及彈簧用磷青銅板規格之一例。

(5) 鋁青銅（Aluminum bronze）

　　屬於以 Cu 為主之 Cu-Al 系合金。Al 含量為 5 ～ 12%，一般約為 10%。其機械性、耐蝕性、耐熱性、耐磨性、耐疲勞性均佳；比黃銅或青銅具有更好的性能。適用於化學機械、飛機、船舶及車輛等零件。但其鑄造性、加工性和熔接性不如黃銅及青銅。

(6) 特殊鋁青銅（Special aluminum bronze）

　　即鋁青銅內再添加 Fe、Ni、Mn 等，以改進其機械性及鑄造性。表 6-7 表示鋁青銅及特殊鋁青銅的規格之一例。

表 6-6　磷青銅鑄件（JIS H 5113）及彈簧用磷青銅板（JIS H 3732）

種　類		質　別	記　號	化　學　成　分　（%）			
				Sn	P	Pb + Zn + Fe	Cu
磷青銅鑄件	第 2 種	砂　模 金屬模	PBC 2A PBC 2B	9 ～ 12	0.05 ～ 0.2 0.15 ～ 0.5	< 1.0	其餘
	第 3 種	金屬模	PBC 3	12 ～ 15	0.15 ～ 0.5	< 1.0	其餘
彈簧用磷青銅板		彈簧質 特硬質 硬　質	PBS-SH PBS-EH PBS-H	7 ～ 9	0.03 ～ 0.35	Sn + P + Cu > 99.5	

記　號	抗 拉 強 度 kg/ mm^2	伸長率 %	硬度 Hb	彈 簧 限（Kb） kg/ mm^2
PBC 2A	> 20	> 5	> 60	―
PBC 2B	> 30	> 5	> 80	―
PBC 3	―	―	> 90	―
PBS-SH	> 75	> 9	―	> 52
PBS-EH	70 ～ 80	> 11	―	> 47
PBS-H	60 ～ 72	> 20	―	> 40

表 6-7　鋁青銅鑄件（JIS 5114）及特殊鋁青銅棒（JIS H 3441）

種　類		化　學　成　分						抗拉強度 kg/ mm^2	伸長率（%）	硬度 Hb
		Cu	Al	Fe	Ni	Mn	不純物			
鋁青銅鑄件	第 1 種 ALBC 1	85 ～ 89	8 ～ 10.5	2.5 ～ 4.5	< 1	< 1	< 0.5	< 40	> 25	> 90
	第 2 種 ALBC 2	> 78	8 ～ 11	2.5 ～ 6.0	1 ～ 3	< 3.5	< 0.5	< 50	> 20	> 120
	第 3 種 ALBC 3	> 78	8.5 ～ 11	2.5 ～ 6.0	2.5 ～ 6.5	< 3.5	< 0.5	< 60	> 15	> 150
特殊鋁青銅棒	第 1 種 ABB 1	其餘	7 ～ 10	2 ～ 4	0.5 ～ 2	0.5 ～ 2	< 60	―	> 25	> 130
	第 2 種 ABB 2	〃	8 ～ 11	3 ～ 5	〃	〃	―	< 70	> 15	> 170
	第 3 種 ABB 3	〃	9 ～ 12	3 ～ 5	〃	〃	―	< 70	> 10	> 210

(7) 鎳青銅（Nickel bronze）

Cu 和 Ni 能以任何比例，互相熔合成固溶體；但機械性不佳。通常再加適量的 Al、Si、Zn 及 Mn 等，以增加其硬度。其中含 10 ～ 15%Ni、2 ～ 3%Al 及 Cu（餘量）之 Cu-Ni-Al 系合金，通常稱為鎳青銅。

(8) 特殊鎳青銅（Special nickel bronze）

即在 Cu-Ni 合金中，加入少量 Si 者。著名的 Corson 合金含 2.7 ～ 3.3%Ni、0.7 ～ 0.9%Si 及 Cu（餘量）。導電度及抗拉強度大，可用為高強度送電線或彈簧。

(9) 軸承用青銅

含 90 ～ 92%Cu 及 10 ～ 8%Sn 的青銅。質軟，大部份供作普通軸承。含 14 ～ 10%Sn 時，硬度會增加，耐摩性優良，可供作軸承、水力機械齒輪及受高壓之零件。

(10) 其他銅合金

①含錳銅合金

除前述錳青銅外，亦可在銅中，加 20%Mn，以增加其抗拉強度及硬度。用作高溫機械零件。

②矽青銅（Silicon bronze）

即銅中含有 4.5%Si。可增加韌性。加工性佳，容易製成線、條、管、板等。

③銅－鉛軸承合金

即含 20 ～ 40%Pb 之 Cu-Pb 合金，又稱為 Kelmet 合金。適用於高速軸承。

6-2 性質

一、物理性質

銅呈紅色或鮮肉之粉紅色。其物理性質如表 6-8。銅的特點就是導電

度和導熱度大，僅次於銀，所以多半用為電氣材料或傳熱用的管、板等。另外，延展性亦良好。其性質與所含之雜質有密切關係。

表 6-8　銅的物理性質

原子序數：29	導熱度　（20℃）：0.941±0.005 cal/cm・s・deg
原子量：63.54 g	比重　（20℃）：8.96
熔點：1083 ± 0.1℃	比電阻：1.6730 μΩ-cm
沸點：2310℃	比熱　（20℃）：0.092 cal/g・deg
熔解熱：50.6 cal/g	

二、電化學性質

與分析化學有關之標準電位數據（Standard electrode potential date），見表 6-9。

表 6-9　銅之標準電位數據

反　應	E,v.
$Cu(NH_3)_4^{+2} + 2e = Cu + 4NH_3$	-0.05
$Cu^{+2} + e = Cu^+$	0.167
$CuCl_2^- + e = Cu + 2Cl^-$	0.19
$Cu^{+2} + 2e = Cu$	0.3448
$Cu^+ + e = Cu$	0.522
$Cu^{+2} + 2I^- + e = CuI_2^-$	0.690
$Cu^{+2} + I^- + e = CuI$	0.877

三、化學性質

銅在週期表中，與 Ag、Au 等同屬於第 I 次族（Subgroup），其原子之最外層，只有一個電子，故易被氧化為 Cu^+。Cu^+ 不穩定，易被氧化為藍色的 Cu^{+2}。銅具有許多明顯的特性，可供分析化學應用：

(1) 在酸性溶液中，可成硫化銅沉澱，故可與硫化銨族、鹼土族（Alkaline earths）及鹼金屬分離。硫化銅（II）僅微溶於硫化銨溶液內。

(2) 銅呈陰電性（Electronegative），故可鍍在鉑極或汞內，以與其他元素分離。

(3) Cu^{+2} 能氧化碘離子，因此以硫代硫酸鈉滴定被釋出之碘，可計算溶液中銅之含量。

(4) Cu^{+2} 能與亞鐵氰離子（Ferrocyanide）作用，產生紅棕色亞鐵氰化銅沉澱〔$Cu_2Fe(CN)_6$〕。此種反應，可作為銅之定性之用。

(5) 在氨水中，銅能與 NH_3 生成深藍色之複合離子，$Cu(NH_3)_4^{+2}$。

(6) 銅能與許多有機試劑形成複合離子（Complex ion）。這些有機試劑包括 α-安息香肟（α-Benzoinoxime）、水楊醛肟（Salicylaldoxime）、庫弗龍（Cupferron）、α-甲基喹啉酸（Quinaldinic acid）、8-羥喹啉（8-Hydroxyquinoline）、2,2-二喹啉（2,2-Biquinoline）、戴賽松（Dithizone）及二乙基二硫氨基甲酸鈉（Sodium diethyldithiocarbamate，簡稱 SDDC）等。此種反應可作為重量、容量及光電等銅定量法之依據。

銅與許多陰離子所生成之各種複合物中，其安全性最大者依次為草酸鹽（Oxalate）、硫氰酸鹽（Thiocyanate）、檸檬酸鹽（Citrate）、醋酸鹽、蟻酸鹽、酒石酸鹽（Tartrate）、溴鹽（Bromide）、磷酸鹽與硫酸鹽、氟鹽、以及氯鹽與硝酸鹽。

數種有機銅複合物（Organocopper complex）之離解係數（Dissociation constant, K）如下：

(1) 戴賽松〔Dithizone, 分子式簡寫為，H_2Dz〕：

$$C=S \begin{cases} N=N-C_6H_5 \\ \\ N-N-C_6H_5 \\ \ \ |\ \ \ | \\ \ \ H\ \ \ H \end{cases}$$

①酮類戴賽松銅（Copper keto dithizonate）：

$$Cu(HDz)_2 + 2H^+ \leftrightarrows 2H_2Dz + Cu^{+2} \qquad K = 10^{-10.4}$$

②烯醇類戴賽松銅（Copper enol dithizonate）：

$$2CuDz + 2H^+ \leftrightarrows Cu(HDz)_2 + Cu^{+2} \qquad K = 10^6$$

(2) 8-羥喹啉（8-Hydroxyquinoline）：

在 20℃之二氧六圜（Dioxane）溶液（5%）中，8-羥喹啉之銅鹽之離解係數（K）為 $10^{-12.35}$。

（3）水楊醛肟（Salicylaldoxime）

水楊醛肟之銅鹽在 pH3 ～ 10 時，呈不溶性；在 pH ≧ 11 時，則生成 $K = 6.4 \times 10^{-5}$ 之可溶性陰離子複合物：

{簡寫為〔$Cu(SAO)_2^{-2}$〕}

與分析有關之無機銅化合物之平衡常數（Equilibrium Constant data, K）如表 6-10 所示。

表 6-10　無機銅化合物之平衡常數

反　應	K
$CuS \leftrightarrows Cu^{+2} + S^{-2}$	4×10^{-38}
$Cu_2S \leftrightarrows 2Cu^+ + S^{-2}$	2.5×10^{-50}
$CuCNS \leftrightarrows Cu^+ + CNS^-$	4×10^{-14}
$CuI \leftrightarrows Cu^+ + I^-$	1.1×10^{-12}
$CuI + I^- \leftrightarrows CuI_2^-$	7.8×10^{-4}
$CuI_2^- \leftrightarrows Cu^+ + 2I^-$	1.4×10^{-9}
$Cu(NH_3)_4^{+2} \leftrightarrows Cu^{+2} + 4NH_3$	14.56×10^{-14}
$Cu(CN)_2^- \leftrightarrows Cu^+ + 2CN^-$	1×10^{-16}

6-3 分解與分離

一、分解

銅和銅合金之溶劑甚多，如鹽酸、硫酸、硝酸、「硝酸-硫酸」混合液、「鹽酸＋硝酸＋硫酸（1：1：1）」混合液及王水等，樣品不同，所使用之溶劑及其濃度亦異。

二、分離

銅含量若非屬微量，通常使用沉澱法，即電解法及硫化物與有機物沉澱法；若屬微量，則通常在一定之 pH 條件下，以溶於四氯化碳之戴賽松

（Dithizone）溶液萃取之。

　　電解法能使銅完全沉積於陰極上，因此本法不僅簡單，而且能使銅與多種元素分離。Ag、Bi、As 及 Sb 是否能與銅同時沉積於陰極上，而成為干擾元素，則視電解液之組成以及各元素之價位（Valence state）而定。另外銅和多種元素能完全沉積於汞陰電極上，故亦能與不沉積之元素分離；將汞蒸去後，可使用光電比色法測定銅之含量。本法適用於微量銅之分析。

　　在 HCl（0.3N）中，硫化銅（Cupric sulfide, CuS）能與 As、Sb、Sn、Mo、Pb、Bi 及 Cd 等硫化氫族元素之硫化物一併沉澱，再經硫化銨處理後，Pb、Bi、Cu 和 Cd 等元素之硫化物（即銅族）可與其餘元素（錫族）分離；後者生成複合型多硫化物離子（Complex polysulfide ion）而溶解。沉澱物中若仍殘留微量錫等之硫化物，可加 HNO_3（2N）沉澱之；此時 Pb、Bi、Cu、及 Cd 等硫化物均溶於硝酸內，可使用常用之方法將銅分離。本法不適用於微量銅之分離。

　　加硫乙醯胺（Thioacetamide）於熱酸性或含氨溶液中，銅亦能成 CuS 沉澱；適當之酸度如次：$H_2SO_4 \leq 6N$; $HCl \leq 2N$; $HNO_3 \leq 0.5N$。CuS 經燒灼成氧化物後，銅可使用碘滴定法定量之。

　　「液體－液體」萃取法（Liquid-Liquid extraction），適用於微量銅之萃取。適用之有機萃取劑，計有：戴賽松（Dithizone）、二乙基二硫氨基甲酸鈉（Sodium dieth yldithiocarbamate, 簡稱 SDDC）、庫弗龍（Cupferron）、NCPR（Neocuproine）、8- 羥喹啉（8-Hydroxyquinoline）、羊脂酸（n-Capric acid）及水楊醛肟（Salicylaldoxime）等。

　　含 0.01% 戴賽松之四氯化碳溶液，可萃取 HCl（0.2N）中之銅。若溶液酸度控制在 pH9，並且含有 Cu^{+2} 與 EDTA（Sodium ethylenediamine － tetraacetate）時，Pb、Zn、Bi、Ni、Co 及 Cd 等元素不會被萃取。

　　含二乙基二硫氨基甲酸鹽之氯仿，可萃取鹽酸溶液（2N）中之銅，而得與 Zn、Pb、和 Fe^{+2} 分離。Bi 為干擾元素。若以 EDTA 作為遮蔽劑（Masking agent），則本萃取劑更具選擇性。

　　含鐵之鹽酸（2.4N）中，銅和鐵能與庫弗龍生成庫弗龍銅鹽（Copper Cupferrate）和庫弗龍鐵鹽（Ferric cupferrate）二複合物而沉澱，再使用

NH$_3$（6N）萃取後，可使二者分離。庫弗龍銅鹽易溶於氯仿以及甲苯（Toluene）和硝基苯（Nitrobenzene）之混合液。另外，在 HCl（1.2N）中，銅可使用庫弗龍與氯仿混合液萃取之。

在酸度控制在 pH6.45，並含 EDTA、鈣離子及醋酸鈉等遮蔽劑之溶液中，銅能被含 8- 羥喹啉之氯仿所萃取，而與 Fe、Ni、Co、Mn 和 Al 等元素分離。干擾元素有 Mo、V 和 Ti 等。

在 pH6.3 ～ 10.3 之溶液內，銅能被含 5% 羊脂酸溶液之醋酸乙酯（Ethyl acetate）所萃取。干擾元素有 Fe、Ni、Co 及 Mn 等。若以含酪酸（Butyric acid）之苯溶液作為萃取液，則干擾元素只有 Mn 和 Fe。

含水楊醛肟之氯仿或醋酸戊酯（n-Amyl acetate），可萃取水溶液中之銅；其萃取狀況與溶液之 pH 和水楊醛肟之濃度有關。

在 pH3 之檸檬酸鹽溶液中，銅能被水楊醛肟萃取，而得與鐵分離。

6-4 定性

在稀酸中，Cu^{+2} 與 H$_2$S 生成黑色 CuS 沉澱，是其特性反應。CuS 與 Pb、Bi 及 Cd 等元素之硫化物，皆不溶於硫化銨溶液；但溶於 HNO$_3$（2N），故可與酸性硫化氫族（Acid hydrogen sulfide group）分離。Pb 成 PbSO$_4$ 沉澱後，加 NH$_3$ 於溶液內，Bi 成氫氧化鉍沉澱，銅則成深藍色之銅氨複合物 〔Cu(NH$_3$)$_4$$^{+2}$〕，而可證明銅的存在；若再加亞鐵氰化物（Ferrocyanide），則轉化為紅棕色之亞鐵氰化銅〔Cupric ferrocyanide，Cu$_2$Fe(CN)$_6$〕沉澱，更可證明銅的存在。

有許多試劑，尤其是有機試劑，能與銅離子生成有色複合物，這種反應，可供作銅之定性。這些試劑見表 6-11。

表 6-11 銅之定性試劑

試　　劑	介　質	顏　色	干擾元素
（1）Alizarin blue	強酸	藍	Ni、Co
（2）P-Anisidine + CNS⁻ 或 I⁻	pH6.8	暗紅	Fe
（3）α-Benzoinoxime	NH₃(稀)	綠	
（4）Chromotropic acid	pH5-11	紅褐	
（5）1,2-Diaminoanthraquinone-3-Sulfonid acid（Cu^+檢定）	鹼性	藍	Ni、Co
（6）Dimethyldithiohydantoine	酸性或氨水	黃桔棕	Hg、Ag
（7）2,2'-Biquinoline	酸性，pH > 3	紫紅	
（8）Dithizone	中性或氨水（稀）	黃褐	
（9）0-Nitrosophenol		粉紅	Ni、Co、Bi、Hg、Fe
（10）Phenylsemicarbazide	氨水	金黃	
（11）Phosphomolybdic acid	HCl（稀）	藍	
（12）Propylthiouracil		黃紅螢光	
（13）Pyridine + H₂O		綠	
（14）Rubeanic acid	氨水或微酸	暗綠或黑	Ni、Co
（15）Salicylaldoxime	醋酸	黃綠	Pd、Au
（16）Tetrabromophenol-phthalein sodium salt		赭黃	Fe、Al
（17）Tetraethylthiuram disulfide		黃褐	Hg^+、Se
（18）0-Tolidine + NH₄CN₅	中性或微酸	藍	Ag、Hg^+、Fe、Tl^{+3}、Ce^{+4}、Au
（19）Zine Violurate	中性	黃	

6-5 定量

　　銅的定量方法很多，有些方法顯得特別卓越，其分析結果亦廣被接受。例如電解法就被公認係標準的巨量（Macro amount）銅定量法，如泡銅（Blister）、電解銅（Refined copper）及銅合金之銅的定量。有些方法則

用途較廣，例如碘滴定法，可作爐邊或日常分析之用。另外，光電比色法所用之有機顯色劑種類甚多，其中較常被使用者，計有：戴賽松（Dithizone）、二乙基二硫氨基酸鈉（Sodium diethyldithiocarbamate）、2,2'－二喹啉（2,2'-Biquinoline）及水楊醛肟（Salicylaldoxime）等試劑。

一、沉澱與重量法

電解法所得結果最準確，適用於大量銅之定量。As、Sb、Mo、Bi 及 Ag 等元素，能與銅同時在鉑陰極沉積，故在分析步驟中，均需做適當處理，以消除或減低干擾。溶液中若含 Ag，可加氯化物，使成 AgCl 沉澱而除去；若含 Bi，可加 15ml HNO_3（7.5N）和 30ml H_2O_2（3%），再稀釋至 160ml，可消除黑色 Bi 之沉積；若含 As（> 0.2%）、Sb，則加硝酸銨和／或硝酸亞錳（Manganous nitrate），可防止銅沉積完全後，二者隨即繼續沉積於陰極上；若含 Mo，則可加少許氯化物，以阻止其沉積。

在通常所用之 HNO_3-H_2SO_4 溶液內電解時，若 Fe > 0.5%，由於 $Fe(NO_3)_3$ 能溶解陰極上的銅，而阻礙銅之沉積，故需適當減少 NO_3^- 離子濃度，以利電解。

電解液內若含有機質，分析結果可能偏高。

為能獲致較準確的分析結果，分析泡銅、陽極銅（Anode copper）及電解銅時，以不攪動電解液，並行緩慢沉積為宜。但分析銅合金時，通常均一面攪動溶液，一面行快速之沉積。若懷疑沉積物有雜質，可溶解之，再使用其他適當方法分析之。

在重量法中，銅亦可與 H_2S 和／或硫乙醯胺（Thioacetamide）生成 CuS 沉澱，再以 700 ～ 900℃燒灼成氧化物。銅量不可超過 10mg，否則轉化困難。本法因干擾元素甚多，故宜將氧化銅以硫酸溶解後，再以「碘化物 - 硫代硫酸鹽」滴定法定量之。

在具微酸性之亞硫酸（Sulfurous acid）溶液內沉澱之硫氰酸亞銅沉澱，亦可作為定量法之稱重之用。影響本法之因數甚多，包括過高的酸度、溶液中有氧化劑存在、以及過量的硫氰化物等。

在含 Fe^{+3} 和 10% 甘油之磷酸溶液內，Cu^{+2} 能與相當之銨鹽〔例如：Mercury(II) Ammonium Thiocyanate ；$(NH_4)_2Hg(SCN)_4$〕作用，生成

Cu[Hg(CNS)$_4$] 沉澱。溶於氨水（22%）後，再以同法沉澱之。沉澱物以 105℃ 乾燥之，可計算銅含量。

　　能與銅生成複合物沉澱並供計算銅含量之有機物甚多，如 α- 安息香肟、水楊醛肟、SCM（Salicylimine）、庫弗龍、8- 羥喹啉、α- 甲基喹啉（Qinaldinic acid）、NiNa（α-Nitroso-β-naphthol）、RAP（Resacetophenone）、DPH（Diphenylhydantoin）、1,2,3- 苯三吡唑（1,2,3-Benzotriazole）、苯甲醯丙酮（Benzoylacetone）、以及 HPBA〔2（o-Hydroxy- phenyl）benzoxazole〕等；茲擇重要者簡述如下：

(1) α- 安息香肟〔C$_6$H$_5$CH(OH)C(NOH)C$_6$H$_5$〕

　　含有對銅特具沉澱力之基團（Copper specific group），－ CH(OH)C-(NOH) －，故對銅具獨特之沉澱選擇性。與銅所生成之沉澱不溶於水、酒精、稀氨水、及醋酸。在含酒石酸鹽之氨水內，此種沉澱能使銅與 Pb、Fe、以及在氨水中能與酒石酸鹽生成複合物之其他金屬分離。在氨水中，Cu 能與 Cd、Zn 及 Co 完全分離；而 Ni 則部份能與銅共沉。在具緩衝性之「醋酸 - 醋酸鈉」溶液中，Ni、Co 及 Zn 均溶於溶液內，故可與銅分離。

(2) 水楊醛肟（Salicylaldoxime）

　　沉澱與分離狀況與 pH 有關，宜適當控制之。在「醋酸－醋酸鈉」緩衝溶液中，銅能與此試劑完全生成複合物沉澱，故可與 Ni、Pb 及 Zn 分離；但鐵則與銅共沉，故銅的複合物沉澱，以 105℃ 乾燥、稱重後，宜再以溴酸鉀溶液滴定沉澱物分解出來之羥胺（Hydroxylamine），以計算銅的重量。

(3) SCM（Salicylimine）

　　氨與水楊醛（Salicylaldehyde）所生成之 SCM，能與溶液中之銅生成沉澱。沉澱物之烘乾溫度，以 100℃ 為宜；不得超過 105℃。本法適用於黃銅和青銅之定量。

(4) 庫弗龍（Cupferron）

　　在醋酸或非常稀的鹽酸中，銅能與庫弗龍完全生成複合物而沉澱；若為強酸溶液，則生成部份沉澱。若銅量甚少，宜再使用有機物萃取之。

(5) 8- 羥喹啉（8-Hydroxyquinoline）

　　在醋酸和氨水中，銅能完全與此試劑生成沉澱。共沉元素甚多，但

在醋酸溶液中，銅能與 Pb 分離；在「氫氧化鈉－酒石酸鹽」溶液中，能與 Pb、Sn^{+4}、Sb^{+5}、Bi、Al、Cr^{+3} 及 Fe^{+3} 分離。

(6) 1,2,3- 苯三吡唑 (1,2,3-Benzotriazole)

在 pH7.0 ～ 8.5 之酒石酸鹽和醋酸鹽溶液中，銅能與此試劑完全生成沉澱。沉澱可直接烘乾，以供計算；但以燒灼成氧化物，再行碘滴定法較佳。Fe^{+2}、Ni、Ag、Cd、Zn 及 Co 亦與銅共沉。

(7) 苯甲醯丙酮 (Benzoylacetone)

加含本試劑之酒精溶液於含銅之醋酸鹽緩衝溶液內，Cu^{+2} 能完全與本試劑生成複合物沉澱。干擾元素有：Mg、Fe^{+3}、Al、Co 及 Ni 等。

(8) RAP (Resacetophenone)

在 pH5.6 ～ 6.2 之條件下，Cu 能完全與本試劑生成複合物沉澱，而與 Ni、Co 及 Zn 分離。沉澱物以 130℃乾燥之，或燒灼成氧化銅（Cupric oxide）。

二、滴定法

銅的爐邊分析和日常分析均採用簡單、快速、以及干擾元素少之碘滴定法；其原理如下：

$$2Cu^{+2} + 4I^- \xrightarrow{\text{在醋酸溶液中}} 2CuI + I_2$$
$$\xrightarrow[\quad\quad]{+\ 2S_2O_3^{-2}} S_4O_6^{-2} + 2I^-$$

本法干擾元素計有 Fe、As、Sb、Mo 及 V 等。樣品溶液之酸度宜適當控制，否則酸度過高，則氧化數（Oxidation state）較高之 Fe、As 及 Sb 等元素，會使 I^- 釋出 I_2；另外，若 pH > 4，I^- 和 Cu^{+2} 之反應趨緩，且不完全。

少量鐵可加 F〔如氟化鈉或二氟化銨（Ammonium bifluoride）〕，以消除其干擾性，同時可打消鉬的干擾。若含釩和大量的鐵，則需先行分離，譬如以硫代硫酸鈉使 Cu^{+2} 成 CuS 沉澱而分離之。

CuI 易吸收 I_2 而沉澱，致引起分析錯誤，因此可加硫氰化鉀，生成硫氰

化亞銅沉澱。此物溶解性較小，且具吸收 I⁻ 之傾向。另外，為減低 CuI 沉澱顏色妨礙滴定終點鑑定，可加較多的碘化鉀，使 Cu^+ 生成碘化銅之複合物，CuI_2^-。

硫氰化亞銅沉澱若不作重量定量，則溶於鹽酸後，可用碘酸鉀或高錳酸鉀標準溶液滴定之，並計算銅之重量。另外，硫氰化亞銅亦可與硫酸鐵（Ferric sulfate）作用，所生成之硫酸亞鐵（Ferrous sulfate）可使用重鉻酸鹽（Dichromate）溶液滴定之。微量銅可用溶於四氯化碳中之戴賽松（Dithizone）標準溶液（1ml ＝ 1γ Cu）行萃取、滴定法定量之。銅溶液（pH3.3；溶液若甚為稀薄則為 pH2.8）置於分液漏斗內，使用滴管（Buret），每次滴入小量，每加一滴即振動混合之，至抽出之四氯化碳溶液不再呈現紫色為止。

三、光電比色法

銅能與許多有機物，生成有色複化物，可供本法比色之用。這些有機物包括戴賽松（Dithizone）、SDDC（Sodium diethyldithiocarhamate）、庫弗龍（Cupferron）、2,2′- 二喹啉（2,2′-Biquinoline）、α- 安息香肟（α-Benzoinoxime）、水楊醛肟（Salicylaldoxime）以及二硫二胺（Rubeanic acid）等，其中以前二者最常被採用。

在無機酸稀溶液內，戴賽松能與微量 Cu，生成紅～紫色之酮銅複合物（Keto copper complex）。主要干擾物有 Ag、Bi 和 Fe 等。在鹽酸（約 0.1N）溶液內，Zn、Pb、Cd 和 Ni 不生干擾；但若酸度再降低，則亦能與此試劑發生反應。

在微酸或含氨溶液內，Cu^{+2} 能與 DDC（Diethyldithiocarbamate）生成微溶性之複合鹽。此鹽易溶於有機溶劑內，諸如四氯化碳、戊醇（Amylalcohol）及氯仿等。使用這些溶劑萃取後，可在此溶劑內測其吸光度。干擾元素計有 Mn、Bi、Ni 及 Co 等。Ni 和 Co 可使用二甲基丁二肟（Dimethylglyoxime）除去之。另外，以稀氨水處理四氯化碳的萃取液，可消除大量 Fe 和 Mn 之干擾性。

Cu^+ 能和 CPR（Cuproine）或 2,2′- 二喹啉，生成易被戊醇萃取之複合鹽，其最佳測試光線之波長為 545μm。

6-6 分析實例

6-6-1 滴定法

6-6-1-1 黃銅（如七三、六四、八二及九一等黃銅）之 Cu

6-6-1-1-1 應備試劑

（1）硫代硫酸鈉（$Na_2S_2O_3$）標準溶液

①溶液配製：稱取 30 克 $Na_2S_2O_3$ 於 1000ml 水中，再攪拌溶解之。

②因數標定（即求每 ml $Na_2S_2O_3$ 標準溶液相當於若干克 Cu）：

稱取 0.1～0.2g 標準銅（註A），當作試樣，依照下述 6-2-1-1-2 節（分析步驟）所述之方法，逐步處理之，最後用上項新配 $Na_2S_2O_3$ 標準溶液滴定之。

③因數計算：

$$滴定因數 = \frac{W \times C}{100\ V}$$

W ＝標準銅重量（g）

C ＝銅在標準銅中，所佔之百分比數。

V ＝滴定時，所耗 $Na_2S_2O_3$ 標準溶液之體積（ml）。

6-6-1-1-2 分析步驟

（1）稱取 0.1～0.8g 試樣於 250ml 圓錐瓶內。

（2）加 10ml HNO_3（1.42）（註 B）。加熱溶解試樣，並趕盡氮氧化物之棕煙。

（3）加 20ml H_2O 及 1g 尿素（註 C），再加 NH_4OH 至溶液呈深藍色（註 D）。

（4）煮沸，以趕盡過剩之 NH_4OH。

（5）加 5ml 冰醋酸（註 E），再以水冷卻之。

（6）加 10ml KI（3%）（註 F），然後迅速以 $Na_2S_2O_3$（註 G）標準溶液滴定，至將近白色時，加 2ml 澱粉液（1%）（註 H），再繼續滴定，

　　　　至藍色恰恰消失為止。

6-6-1-1-3 計算

$$Cu\% = \frac{F \times V}{W} \times 100$$

　　　　F＝滴定因數。

　　　　V＝滴定時，所耗 $Na_2S_2O_3$ 標準溶液之體積（ml）。

　　　　W＝試樣重量（g）。

6-6-1-1-4 附註

（A）譬如可採用美國標準局所製 NBS NO.37 標準銅，其含銅量為 70.78%。

（B）$Cu + 4HNO_3 (1.42) \rightarrow Cu^{+2} + 2NO_3^- + 2H_2O + 2NO_2 \uparrow$
　　　　　　　　　　　　　　　　　　　　　　　　　　　　　　棕色

（C）試樣經 HNO_3 溶解後，往往會產生具有還原性之 NO_2^-，能干擾第（6）步滴定時之氧化還原作用，譬如：

　　　　$2NO_2^- + 2I^- + 4H^+ \rightarrow 2NO + I_2 + 2H_2O$

　　，影響分析結果至鉅，故需加入尿素〔$(NH_2)CO$〕，以澈底消除之：

　　　　$2HNO_2 + (NH_2)_2CO \rightarrow 2N_2 \uparrow + CO_2 \uparrow + 3H_2O$

（D）$(NH_2)_2CO + H_2O \rightarrow CO_2 + 2NH_3$

$$Cu^{+2} + 4NH_3 \xrightarrow{\text{NH}_4\text{OH（過量）}} Cu(NH_3)_4^{+2} （深藍色）$$

（E）（F）（G）（H）

　（1）　$2Cu^{+2} + 4I^- \xrightarrow{\text{H}^+} 2CuI \downarrow + I_2$
　　　　　　　　　　　　　　　　白色

　　　　$I_2 + 2S_2O_3^{-2} \rightarrow 2I^- + S_4O_6^{-2}$

　（2）澱粉分子對 I^- 無作用，但能與 I_2 作用，生成深藍色之「碘－澱粉

複合物（Iodostarch）」。當 I_2 完全被 $S_2O_3^{-2}$ 還原成 I^- 後，溶液之藍色，立刻消失，故可當作滴定終點。

(3) I_2 能被澱粉所包覆，同時 CuI 沉澱具有吸收 I_2 之傾向，因此 I_2 與 $S_2O_3^{-2}$ 作用很慢，滴定時往往超過終點後，藍色才消失，故澱粉應在 I_2 快被 $S_2O_3^{-2}$ 耗盡時才加入。經驗顯示，除澱粉液外，若另加入 KCNS（約 2g，且先用少量水溶解），對於滴定終點之判定，甚為有利。

(4) Cu^{+2} 與 I^- 之最適反應酸度為 pH $= 5.5$（或稍低於 5.5），故宜在醋酸溶液中進行反應。pH 較高時，反應較慢。

(5) 氮之氧化物、As^{+3} 及 Sb^{+3} 等均能還原 I_2，但前者已於第(2)步趕盡；後二者則因溶液之 pH > 3.5，故不致產生干擾。

(6) Fe^{+3}、Mo^{+6} 及 VO_3^- 等之化合物，均可將過剩之 I^-，氧化成 I_2，而使分析結果偏高。其預防方法，參考 6-2-1-2-4 節附註（E）及（F）。

6-6-1-2 碳素鋼、合金鋼及熟鐵之 Cu

6-6-1-2-1 應備試劑：

（1）**$Na_2S_2O_3$（50%）**（若有雜質，應予濾去）。

（2）**H_2S 洗液**：通足 H_2S 於 H_2SO_4（1:99）溶液。

（3）**NH_4HF_2**（Ammonium bifluoride）（**20%**）。

（4）**硫代硫酸鈉標準溶液**：同 6-6-1-1-1 節。

6-6-1-2-2 分析步驟

(1) 稱取 5g 試樣（碳素鋼及熟鐵為 10g）於 600ml 燒杯內。

(2) 加 100ml H_2SO_4（1:9）。加熱至作用停止。

(3) 加水稀釋至約 250ml。加熱至沸。

(4) 加 10ml $Na_2S_2O_3$（50%）。繼續煮沸約 5 ～ 10 分鐘，至有沉澱迅速下降為止（註 A）。

(5) 立刻過濾。用 H_2S 洗液洗滌數次。濾液及洗液棄去。（註 B）

(6) 將沉澱連同濾紙置於瓷坩堝內，烘乾後，再置於馬福電爐（Muf-

flefurnace）內，以 520 ～ 550℃（註 C）將濾紙燒灼碳化。

(7) 冷卻後，移坩堝內之殘質（CuO）（註 D）於 250ml 燒杯內。然後加 5 ～ 6ml H_2SO_4 (3:5)於坩堝內，緩緩加熱，侍所遺殘質悉數溶解後，再倒回燒杯內。最後用少量水沖洗坩堝，並將洗液注入燒杯內。

(8) 加熱至殘質溶解，並小心蒸發濃縮至 2 ～ 3ml，以驅盡大部份之酸液（註 E）。

(9) 冷卻後，加 30ml H_2O 及 5ml NH_4HF_2 (20%)或 1g NaF（註 F）。

(10) 加 NH_4OH，至溶液恰呈鹼性。冷至室溫。

(11) 加醋酸至恰為酸性後，再過量 1ml。

(12) 加 10ml KI (3%)，然後迅速用硫代硫酸鈉標準溶液滴定，至溶液將近白色時，加 2ml 澱粉液 (1%)，再繼續滴定，至溶液之藍色恰恰消失為止。

6-6-1-2-3 計算：同 6-6-1-1-3 節

6-6-1-2-4 附註

註：除下列附註外，另參照 6-6-1-1-4 節有關各項附註。

（A）在硫酸溶液中，$S_2O_3^{-2}$ 易與 Cu^{+2} 化合成 Cu_2S 沉澱：

$$2CuSO_4 + 2Na_2S_2O_3 \xrightarrow{\quad H^+ \quad} 2Na_2SO_4 + 3SO_2 \uparrow + Cu_2S \downarrow$$

（B）Cu_2S 易被空氣氧化，故需立刻過濾。H_2S 溶液具有還原性，且能產生共通離子效應，故當做洗滌劑，既可預防 Cu_2S 被空氣氧化，又可預防 Cu_2S 水解。

（C）（D）

$$Cu_2S + 2O_2 \xrightarrow{\quad \triangle \quad} 2CuO + SO_2 \uparrow$$

（E）(1) 為免第(10)步需加大量鹼液，故必須將大部份酸液蒸掉。

　　(2) 因釩和鉬對於第(12)步會產生干擾作用〔參照 6-2-1-1-4 節附註(E)（F）（G）（H）第(6)項〕，故試樣中，若 V > 0.05%、Mo > 0.25%，

則於第（8）步操作完畢後，需加入 NaOH（5%）至中和，再過量
1ml。煮沸 3 分鐘後，於熱處放置 30 分鐘，然後過濾。用 NaOH(0.5%)
洗滌數次。濾液及洗液棄去。以 HNO₃（1：3）注於濾紙上，將沉澱
溶解於燒杯內，並用熱水沖洗濾紙。加 5ml HSO₄（1.84）於溶液內，
再蒸煮至冒白煙，然後再接從第（9）步開始做起。

（F）因 Fe^{+3} 能干擾第（12）步滴定時之氧化還原作用〔參照 6-6-1-1-4 節附
註（E）（F）（G）（H）第（6）項〕，故加 NH_4HF_2 或 NaF，使生成各種
安定而且無色之複合離子（如 FeF_4^-、FeF_5^{-2} 等），以阻止其干擾作用。

6-6-1-3 鎢鋼之 Cu

6-6-1-3-1 應備試劑：同 6-6-1-2-1 節

6-6-1-3-2 分析步驟

(1) 稱取 5g 試樣於 250ml 燒杯內。

(2) 加 75ml HCl（1：1），再加熱溶解之。

(3) 溶解作用完全後，小心加入 15ml HNO₃（1：1）。緩緩煮沸，至鎢酸
　　呈鮮黃色沉澱。

(4) 加熱水稀釋成 100ml，於熱處放置數分鐘。

(5) 過濾。用 HCl（1：9）洗滌數次。濾液及洗液暫存。

(6) 以 NH_4OH 注於濾紙上，將沉澱（註 A）溶洗於另一燒杯中。

(7) 加 5g 酒石酸，攪拌溶解後，再加 H_2SO_4（1.84），至溶液中和為止，
　　然後每 100ml 溶液再過量 5ml（註 B）。

(8) 通入 H_2S 氣體，至不再有黑色硫化銅（Cu_2S）沉澱為止。

(9) 過濾。用 H_2S 洗液洗滌數次。濾液棄去。

(10) 以少量 H_2SO_4，將沉澱溶洗於第（5）步暫存之濾液內。殘渣棄去。

(11) 加 10ml H_2SO_4（1.84），再蒸至白煙冒出。

(12) 冷卻後，加水稀釋成約 200ml，然後加熱至沸。

(13) 加 20ml $Na_2S_2O_3$（50%），煮沸 5 分鐘。

〔以下操作，同 6-6-1-2-2 節，從第（5）步開始做起〕

6-6-1-3-3 計算：同 6-6-1-1-3 節

6-6-1-3-4 附註

註：除下列各附註外，另參照 6-6-1-1-4 及 6-6-1-2-4 節有關各項附註。

（A）（1）因大量 H_2WO_4 沉澱，能吸附 Cu^{+2}，而一併下沉，故需作第二次處理。

（2）H_2WO_4 能溶解於 NH_4OH，而生成 $(NH_4)_2WO_4$：

$$H_2WO_4 + 2NH_4OH \rightarrow (NH_4)_2WO_4 + 2H_2O$$

（B）本步旨在調節酸度，使第（8）步之 CuS 沉澱，易於生成。

6-6-1-4 生鐵及高矽鋼之 Cu

6-6-1-4-1 應備試劑：同 6-6-1-2-1 節

6-6-1-4-2 分析步驟

(1) 稱取 5g 試樣於燒杯內。

(2) 加 100ml H_2SO_4（1：4），再加熱溶解之。

(3) 試樣溶解完畢後，再蒸發至冒出濃白硫酸煙。

(4) 稍冷後，加溫水稀釋至約 100ml，然後加熱至可溶鹽類溶解完全。

(5) 過濾。用熱水洗滌數次。濾液及洗液暫存。

(6) 將沉澱連同濾紙，置於鉑坩堝內。以 550℃（勿超過）燒灼約 30 分鐘。

(7) 加 20ml H_2SO_4（1：1）和 3～5ml HF（註 A），再蒸至冒出濃白煙。

(8) 冷卻後，加 10ml H_2O。

(9) 過濾。以熱水洗滌數次。沉澱棄去。將濾液及洗液，合併於第（5）步所遺之濾液及洗液內。

(10) 加水稀釋成 250ml，再加熱至沸。

(11) 加 200ml $Na_2S_2O_3$（50%），再繼續煮沸 5 分鐘。

〔以下操作同 6-6-1-2-2 節，從第（5）步開始做起〕

6-6-1-4-3 計算：同 6-6-1-1-3 節

6-6-1-4-4 附註

註：除下述附註外，另參照 6-6-1-1-4 及 6-6-1-2-4 節各項有關附註。

（A）因樣品內含 Si 甚多，以酸溶解後，所生成之大量矽酸，能吸附 Cu^{+2}，而一併下沉，故需用 H_2SO_4 及 HF，再處理一次，將矽蒸掉，以收回銅質。

6-6-2 電解法

（1）本法較他法精確，但費時較多。

（2）應備儀器：本法所用儀器均為電解器，電解用之電極如圖 6-3。

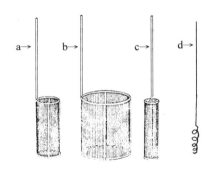

a,b：陰極（白金網）
c：陽極（白金網）
d：陽極（螺旋形之粗白金絲）

圖 6-3　電解用之電極

6-6-2-1 純銅板（電解銅）之 Cu

6-6-2-1-1 應備試劑

混酸〔HNO_3（1.42）：H_2SO_4（1.84）：H_2O ＝ 21：9：70〕

6-6-2-1-2 分析步驟

（一）試樣處理

（1）稱取 5g 試樣於高腳燒杯（Tall-form beaker）內，以錶面玻璃蓋好。

（2）加 50ml 混酸，置於熱處溶解之。

（3）俟試樣完全溶解後，以低溫加熱少時，再煮沸之（註 A）。

（4）加 5ml NH_4NO_3（註 B）飽和溶液，再加水稀釋成 200ml，然後依下法電解之。

（二）電解手續

(1) 先將電解器之陰極洗淨、烘乾、放冷，然後精稱至 0.1mg。記其重為 w_1，以備計算。

(2) 裝上電極，使陽極完全和杯底接觸，陰極露出液面 1 公分。

(3) 通以電流。電流＝ 0.75 安培；時間 24 小時。

(4) 電解至溶液無色時，用洗瓶沖洗燒杯內壁及露於液面之電極。（由於沖洗，故此時液面升高，電極又多一部份浸入液內）。

(5) 再繼續電解 30 分鐘。

(6) 觀察新浸入溶液中之電極有無紫紅色銅痕；若有，則繼續電解之；若無，則取溶液一滴於白磁板上，加入新製硫化氫水一滴，觀察其色，若呈暗色，則表示溶液中，仍含微量銅，應繼續電解。

(7) 電解至溶液內確無銅存在時，一面繼續通電流，一面將盛溶液之燒杯，迅速移去。（註 C）

(8) 以洗瓶將電極用水洗淨，然後置於盛水之燒杯內，繼續電解 5 分鐘。（註 D）

(9) 切斷電流，取下電極。

(10) 以酒精浸洗陰極兩次。烘乾、放冷後，稱重。記其重為 w_2，以備計算。

(11) 將陰極上之銅，用硝酸溶解乾淨，以恢後原狀。

6-6-2-1-3 計算

$$Cu\% = \frac{(w_2 - w_1)}{W} \times 100$$

w_1 ＝陰極重量（g）

w_2 ＝陰極加銅之重量（g）

W ＝試樣重量（g）

6-6-2-1-4 附註

（A）加熱及煮沸，旨在驅盡低級氮氧化物，以免生成 HNO_2；此物不僅能阻止銅的電解，同時能溶解電極上之銅。

（**B**）（1）採用電解法以定 Cu 量時，其電解液內，不可含有 As、Sb、Sn、Mo、Ag、Hg、Bi、Se、Te 及大量之 Fe，因此等元素易與 Cu^{+2} 一起被析出；尤其 Sn 尚能與鉑極生成合金，損壞電極。故試樣中，若含此等元素，應先行處理，以去除之。

（2）一般純銅板均不含 Te、Se、Bi、Hg、Mo 及 Ag 等干擾元素。在硫酸及硝酸溶液內，若 Sn ＜ 10mg、Fe ＜ 50mg，對電解無礙。至於 As、Sb，因電解溶液內，含有 5ml NH_4NO_3（飽和）之氧化劑，能維持此二元素於最高氧化狀態（State of oxidation），故不會與 Cu^{+2} 一併沉澱於電極上。

（**C**）（**D**）

（1）唯恐第（2）–（7）步移去溶液後，陰極上之銅，被遺在電極上之酸液重新溶解，致分析結果偏低，故需再繼續電解短時。

（2）沖洗電極之水，不可棄去，應合併於盛水之燒杯內，繼續電解。

6-6-2-2 不純銅板之 Cu

6-6-2-2-1 應備試劑

混酸〔HNO_3（1.42）：H_2SO_4（1.84）：H_2O ＝ 7：10：25〕

6-6-2-2-2 分析步驟

（一）試樣處理

（1）稱取 5g 試樣於高腳燒杯內。

（2）加 42ml 混酸，再蒸發至黃煙趕盡。

（3）加 70ml H_2O 和 3ml $Fe(NO_3)_3$（1ml ＝ 0.01g Fe）（註 A）。加熱後，再趁熱加 NH_4OH 至鹼性（註 B）。

（4）過濾：

①濾液→加熱濃縮後，暫存。

②沉澱（註 C）→以稀硫酸溶解之→加熱→趁熱加 NH_4OH 至鹼性→過濾。濾液加於①液內。沉澱以稀硫酸溶解之→加熱→趁熱加 NH_4OH 至鹼性→過濾。以含 NH_4OH 之水洗滌沉澱及濾紙數次→濾液及洗液加於①液內。沉澱棄去。

（5）於上述合併之濾液及洗液中，加 H$_2$SO$_4$（稀），使溶液呈微酸性。

（6）加 2ml HNO$_3$（1.42），並以水稀釋至 15ml，再電解之。

（二）電解手續： 同 6-6-2-1-2 節（唯前 15 小時，使用 1 安培電流；後 9 小時，使用 0.6 安培電流）。

6-6-2-2-3 計算：同 6-6-2-1-3 節

6-6-2-2-4 附註

　　註：除下列附註外，另參照 6-6-2-1-4 節有關之各項附註。

（A）（B）（C）

（1）不純銅板往往含少量能干擾銅電解之雜質，如 As、Sb、Sn 等，故需加 NH$_4$OH，使之成氫氧化物之沉澱而予濾去。但若 NH$_4$OH 稍過量，致溶液鹼性過強時，沉澱物易重新溶解。因此需加 Fe 質，在 NH$_4$OH 溶液中所生成之 Fe(OH)$_3$，能吸附所溶解之雜質之離子而一併下沉，經過濾後，可與 Cu^{+2} 分開。

（2）因沉澱物亦能吸附 Cu^{+2}，而一併下沉，使分析結果偏低，故需經兩次沉澱處理。

6-6-2-3 鉻銅合金之 Cu

6-6-2-3-1 分析步驟

（一）試樣處理

（1）稱取 1g 試樣於高腳燒杯內。

（2）分別加 10ml H$_2$O、3ml HNO$_3$（1.42）及 2ml H$_2$SO$_4$（1.84），然後加熱至產生硫酸白煙。

（3）加 80ml H$_2$O 和 2ml HNO$_3$（1.42），然後電解之。

（二）電解手續 ：同 6-6-2-1-2 節（唯改用 0.3 安培電流，電解 7 小時。）

6-6-2-3-2 計算：同 6-6-2-1-3 節

6-6-2-4 碳素鋼、合金鋼、熟鐵及平爐鐵之 Cu：本法準確度佳，適用於含 Cu > 0.25% 之樣品。

6-6-2-4-1 應備試劑

酸性硫化氫水：量取 490ml H₂O 於 500ml 燒杯內→加 10ml H₂SO₄（1.84）→引入 H₂S 氣體至飽和。

6-6-2-4-2 分析步驟

（一）試樣處理

(1) 稱取 10g 試樣於 200ml 燒杯內。

(2) 加 15ml H₂SO₄（1：5）。加熱至試樣分解後，再繼續煮沸，至產生濃白硫酸煙。（註 A）

(3) 冷卻後，加水稀釋成 100ml。

(4) 過濾（註 B）。以熱水洗滌沉澱及濾紙數次。沉澱棄去。

(5) 將濾液及洗液加水稀釋成 100ml，再煮沸之。

(6) 通 H₂S 飽和之，使黑色硫化銅（CuS）沉澱完全析出（註 C）。

(7) 加熱 1 ～ 2 小時。

(8) 過濾。用酸性硫化氫水沖洗沉澱及濾紙數次。濾液棄去。

(9) 將沉澱及濾紙置於瓷坩堝內，以火焰燒灼（勿超過 550℃）濾紙，使之灰化後，再加少量焦性硫酸鉀（K₂S₂O₇），灼熱融解之。

(10) 冷卻後，加 50ml H₂SO₄（2：98），以溶解坩堝內殘留物質。

(11) 將溶液移於 200ml 燒杯內，然後加水稀釋成 100ml。

(12) 以 NaOH（5%）中和溶液後，再稍過量（註 D），然後煮沸之。

(13) 置於熱處數小時。

(14) 過濾。用 NaOH（0.5%）洗滌六次。濾液及洗液棄去。

(15) 以熱 HNO（1：1）注於濾紙上，將沉澱溶洗於 100ml 燒杯內，並用水洗淨濾紙。

(16) 加 5ml H₂SO₄（1.84），並蒸發至產生濃白硫酸煙。

(17) 冷卻後，加水稀釋成 40ml。

(18) 以 NH₄OH 中和溶液後，再稍加過量（註 E），然後煮沸之。

(19) 俟沉澱完全下降後，過濾之。用熱水洗滌沉澱數次。聚洗液及濾液於 250ml 燒杯內。沉澱棄去（註 F）。

(20) 煮沸濾液及洗液。

(21) 加 H_2SO_4 （1：1）至中和，再過量 5ml。次加 4ml HNO_3 （1：1），然後加水稀釋至 200ml。（註 G）

（二）電解手續：同 6-6-2-1-2 節

6-6-2-4-3 計算：同 6-6-2-1-3 節

6-6-2-4-4 附註

註：除下列附註外，另參照 6-6-2-1-4 節有關之各項附註。

（**A**）$Cu + 2H_2SO_4 \rightarrow Cu^{+2} + SO_4^{-2} + 2H_2O + SO_2 \uparrow$

$$白色$$

（**B**）$PbSO_3$、$Sb(SO_4)_3$、$BaSO_4$ 及 $SrSO_3$ 等，均不溶於水；Ag_2SO_4、Hg_2SO_3、$CaSO_4$ 等略溶於水；As 不溶於 H_2SO_4。故經過濾後，這些元素皆可除去。

（**C**）

(1) $Cu^{+2} + H_2S \xrightarrow{\quad H_2SO_4 \quad} 2H^+ + CuS \downarrow$

$$黑色$$

(2) 溶液若含 Cd^{+2}、Sn^{+2} 及 Sb^{+3} 等，因在過濾時未被除去，此時亦可生成硫化物，而與 CuS 一併沉澱析出。

（**D**）

(1) 惟恐溶液中，尚含 Sb、Sn 等有害元素，故加過量 NaOH，以溶解過濾之。

$$Sn^{+2} + 2OH^- \rightarrow Sn(OH)_2 \downarrow$$

$$Sn(OH)_2 + 2OH^- \rightarrow SnO_2^{-2} + 2H_2O$$

$$Sb^{+3} + 6OH^- \rightarrow SbO_3^{-3} + 3H_2O$$

(2) Cu^{+2} 在 NaOH 溶液中，生成 $Cu(OH)_2$ 析出：

$$Cu^{+2} + 2NaOH \rightarrow Cu(OH)_2 \downarrow + 2Na^+$$

（**E**）（**F**）

(1) 惟恐仍有其他干擾元素之氫氧化物，與 $Cu(OH)_2$ 一併析出，故於（一）–(15) 步用 HNO_3 溶解後，再加過量 NH_4OH，使銅成 $Cu(NH_3)_4^{+2}$ 而溶解；其餘元素（如 Fe^{+3}），則成氫氧化物沉澱，而予濾去。

(2) 第(1)–(19) 步之沉澱物，如含超過 4mg Fe、Cr、Sn，能吸附 Cu^{+2}，而一併下沉，故沉澱需再經第（一）–(15)～(19) 步所述之方法，重新處理一次，然後將濾液及洗液與第一次過濾之濾液及洗液合併，再從第（一）–(20) 步開始做起。

(**G**) 第（一）–(21) 步旨在調節溶液之 pH，俾利 CuS 沉澱。

6-6-2-5 生鐵與高矽鐵之 Cu

6-6-2-5-1 應備試劑：同 6-6-2-4-1 節

6-6-2-5-2 分析步驟

（一）試樣處理

(1) 稱取 5g 試樣於 100ml 燒杯內，蓋好。

(2) 加 100ml H_2SO_4 (1：5)，並加熱溶解之。俟溶解完全後，再繼續蒸發至冒出濃白硫酸煙。

(3) 稍冷後，加溫水稀釋至 100ml，再繼續加熱至可溶鹽類溶解。

(4) 過濾。用熱水洗滌數次。聚濾液及洗液暫存於 750ml 燒杯內。

(5) 將沉澱連同濾紙置於鉑坩堝內。以 550℃（勿超過）燒灼至乾。

(6) 加 2ml H_2SO_4 (1：1) 及 3～5ml HF，置於電熱板上，蒸發至冒出濃白硫酸煙。

(7) 冷卻後，將溶液合併於第（一）–(4) 步所遺之濾液及洗液內。

(8) 加熱水稀釋至 500ml。

〔以下操作，同 6-6-2-4-2 節，從第（一）–(6) 步開始做起〕

（二）電解手續：同 6-6-2-1-2 節

6-6-2-5-3 計算：同 6-6-2-1-3 節

6-6-2-6 高速鋼（如鎢鋼、鎢鉻鋼及鎢鉻釩鋼）之 Cu

6-6-2-6-1 應備試劑：同 6-6-2-4-1 節

6-6-2-6-2 分析步驟

（一）試樣處理

　　（1）稱取 10g 試樣於 750ml 燒杯內。

　　（2）加 100ml H_2SO_4（1:5），並加熱溶解之。

　　（3）俟試樣完全溶解後，加 400 ～ 500ml H_2O，再加熱至沸。

　　（4）通 H_2S 至飽和。

　　（5）加熱少時，再乘熱過濾。用酸性硫化氫水沖洗沉澱及濾紙數次，濾液棄去。

　　（6）將沉澱及濾紙置於坩堝內，以 520 ～ 550℃（勿超過）燒灼之。俟濾紙灰化後，加少量焦性硫酸鉀（K3S2O7），灼熱融解之。

　　（7）冷卻後，加 1 ～ 2ml HCl（1:19）及少量水於坩堝內，將殘留物質溶 解後，再移溶液於 200ml 燒杯內，並加水稀釋至 100ml。

　　〔以下操作同 6-6-2-4-2 節，從第（一）–（12）步開始做起〕

6-6-2-6-3 計算：同 6-6-2-1-3 節

6-6-2-7 青銅、白銅、炮銅及黃銅之 Cu：本法可連續分析 Cu、Zn、Sn、Ni 等元素。

6-6-2-7-1 分析步驟

（一）試樣處理

　　（1）稱取 1g 試樣於 150ml 燒杯內。

　　（2）加 10ml HNO_3（1.42），加熱溶解之。

　　（3）俟作用停止後，煮沸趕盡棕煙。

　　（4）加 50ml H_2O（沸），然後加熱 1 小時。

　　（5）趁熱過濾（使用雙層濾紙），以熱水洗滌沉澱及濾紙數次，沉澱可供 Sn 定量之用。

　　（6）加 5ml H_2SO_4（1.84）於濾液及洗液內，並加熱至見濃白硫酸煙。

　　（7）加水稀釋成 100ml 後，再加 1.5ml HNO_3（1.42），然後電解之。

（二）電解手續

(1) 電解時，使用 10 伏特電壓，0.5 安培電流，電解 8 小時。

(2) 電解後所遺餘液，可供 Zn、Ni 定量之用。

6-6-2-7-2 計算：同 6-6-2-1-3 節

6-6-2-7-3 附註：參照 6-6-2-1-4 節有關各項附註

6-6-2-8 磷銅之 Cu

6-6-2-8-1 應備試劑

混酸〔HNO_2 (1.2)：HCl (1.12) ＝ 2：1〕

6-6-2-8-2 分析步驟

（一）試樣處理

(1) 稱取 0.5g 試樣於高腳燒杯內。

(2) 加 15ml 混酸，然後加熱溶解試樣。

(3) 分別加 4ml H_2SO_4 (1：1) 及 10ml H_2O。冷卻之。

(4) 分別加 180ml H_2O、10ml NH_4NO_3 及 10ml HNO_3 (1.42)，然後電解之。

（二）電解手續：同 6-6-2-1-2 節；唯改用 0.15 安培電流，電解 8 小時。

6-6-2-8-3 計算：同 6-6-2-1-3 節

6-6-2-8-4 附註：參照 6-6-2-1-4 節有關之各項附註

6-6-2-9 銀焊條之 Cu：本法可連續分析 Cu、Ag、Cd 及 Zn 等元素。

6-6-2-9-1 分析步驟

（一）試樣處理

(1) 將 19-6-1-1 節（分析步驟）第 (5) 步所遺濾液及洗液聚於 400ml 燒杯內。

(2) 加 5ml H_2SO_4 (1.84)，再蒸至冒出濃白硫酸煙。

(3) 加 2ml HNO_3 (1.42)，然後將溶液移於 200ml 電解燒杯內，並加水稀釋成 100ml。

（二）電解手續：同 6-6-2-1-2 節。唯改用 1 安培電流。電解完畢後，遺液

可繼續供 Zn、Cd 之定量。

6-6-2-9-2 計算：同 6-6-2-1-3 節

6-6-2-9-3 附註：參照 6-6-2-1-4 節有關之各項附註

6-6-2-10 市場鋁及鋁合金之 Cu

6-6-2-10-1 應備試劑：同 14-6-4-4-2 節

6-6-2-10-2 分析步驟：同 14-6-4-4-3 節。陰極所得之銅，經酒精清洗兩次，再烘乾、冷卻及稱重後，即得 Cu 之重量。

6-6-2-10-3 計算：同 6-6-2-1-3 節

6-6-2-11 減摩合金（Bearing metals）之 Cu

6-6-2-11-1 分析步驟

（一）試樣處理

　　(1) 稱取 2.0g 試樣於 300ml 燒杯內。

　　(2) 分別加 25ml H_2O、10ml HF 及 20ml HNO_3（1.42），再加熱溶解之，並將黃煙驅盡。

　　(3) 以水稀釋成約 200ml。加 7g $(NH_4)_2S_2O_8$，並攪拌溶解之。

（二）電解手續：同 6-6-2-1-2 節。唯改用 2.5～3 安培電流。

（三）陰極沉澱銅之再處理

　　(1) 將陰極沉澱之 Cu，置於 300ml 燒杯內，加 15ml HNO_3（1：3），將銅溶解完全。

　　(2) 將陰極洗淨移去。煮沸溶液，以驅盡黃煙。

　　(3) 加 5ml H_2SO_4（1.84）。加水稀釋成 200ml 後，然後依照本（6-6-2-11-1）節〔第（二）步〕（電解手續），再電解之。

6-6-2-11-2 計算：同 6-6-2-1-3 節

6-6-2-11-3 附註：參照 6-6-2-1-4 節有關之各項附註

6-6-2-12 市場鎂及鎂合金之 Cu：本法可連續分析 Cu、Zn。

6-6-2-12-1 分析步驟

（一）試樣處理

(1) 依照附註（A），稱取適量試樣於 250ml 燒杯內。

(2) 加 12ml H_2SO_4（1.84）（註 B），再漸漸加入少量水，至試樣溶盡為止。然後加水稀釋成 100ml。

(3) 加 2ml HNO_3（1.42），再煮沸趕盡黃煙（約 2 分鐘）。

(4) 冷卻後，濾去雜質。以水洗滌數次。沉澱棄去。聚濾液及洗液於電解燒杯內，並加水稀釋成 175ml。

（二）**電解手續**（註 C）：同 6-6-2-1-2 節，唯：

(1) 使用 2 安培電流；電解近終點時，改用 3 安培。

(2) 電解時間：30 分鐘～ 1 小時。

(3) 餘液可繼續供 Zn 之定量。

6-6-2-12-2 計算：同 6-6-2-1-3 節

6-6-2-12-3 附註

註：除下列各附註外，另參照 6-6-2-1-4 節有關之各項附註。

（A）試樣含 Cu% 少時，稱取 5g；多時則減少。總之，所稱取之試樣，含銅不宜超過 0.3g。

（B）試樣若含 Sn，則改用 HNO_3（1:1）溶解之。俟蒸發濃縮成小體積（但不可乾燥）後，再加水稀釋成 100ml，然後過濾。以水沖洗數次。沉澱棄去。加 2ml H_2SO_4（1.84）於濾液及洗液內，再加水稀釋成 175ml，然後電解之。

（C）錳有時會在陽極成紫色錳酸沉澱，但對結果並無影響。

6-6-3 光電比色法

6-6-3-1 第一法：適用於市場銅及銅合金。

6-6-3-1-1 應備儀器：光電比色儀

6-6-3-1-2 應備試劑：同 6-6-2-4-1 節

6-6-3-1-3 分析步驟

(1) 稱取 0.1g 試樣於 100 燒杯內。另取同樣燒杯一個，供作空白試驗。

(2) 加 100ml H_2SO_4（1:5）（註 A），然後加熱至試樣溶解完畢。

(3) 加水稀釋成 100ml，並煮沸之。

(4) 通 H_2S 至飽和（註 B）。

(5) 加熱少時，再乘熱過濾之。用酸性硫化氫水沖洗沉澱及濾紙數次。濾液及洗液棄去。

(6) 以 HNO_3（1：1）注於濾紙上，將沉澱溶解於燒杯內。用熱水沖洗濾紙數次。

(7) 加 NH_4OH，至溶液之藍色（註 C）不再加深為止。

(8) 過濾（註 D）（不可用濾紙（註 E），但可用玻璃棉或石棉過濾之）。以含氨之水洗滌沉澱數次。沉澱棄去。

(9) 用量瓶稀釋至適當體積，記其體積為 V，以備計算（空白溶液與試樣溶液稀釋之體積應相同）。

(10) 分別吸取 5ml 空白溶液及試樣溶液於儀器所附之兩試管內，先以光電比色計，測定前者對光波為 $590m\mu$ 之光線之吸光度（不必記錄），次將指示吸光度之指針調整至（0）的位置，然後抽出試管，換上盛試樣溶液之試管，以測其吸光度。由「吸光度 – 溶液含 Cu 濃度（mg/ml）」標準曲線圖（註 F），可直接查出「溶液含 Cu 濃度」，並記為 C，以備計算。

6-6-3-1-4 計算

$$Cu\% = \frac{V \times C}{10W}$$

V ＝溶液總體積（ml）

C ＝溶液含 Cu 濃度（mg/ml）

W ＝試樣重量（g）

6-6-3-1-5 附註

（A）（B）（C）

(1) $Cu + 2H_2SO_4\,(1.84) \rightarrow Cu^{+2} + SO_4^{-2} + 2H_2O + SO_2 \uparrow$

(2) $Cu^{+2} + 4NH_3 \xrightarrow{\quad NH_4OH \quad} Cu(NH_3)_4^{+2}$（深藍色）

(3) 試樣若含 Ni、Co 等元素，則在第 (7) 步亦可與 NH_4OH 作用，而起呈色反應，干擾第 (10) 步吸光度之測定，故需先把 Cu 從這些元素中分離出來。在硫酸溶液中，Cu^{+2} 可與 H_2S 生成 CuS 沉澱，而 Ni^{+2}、Co^{+2} 則否。

(4) 因 Sn^{+4} 在酸性溶液中，亦能與 H_2S 生成 SnS_2 沉澱，故溶液若含 Sn^{+4}，應先除去，才通 H_2S，否則 Ni^{+2}、Co^{+2} 易伴隨 SnS_2 而沉澱。試樣含 Sn 時，分析步驟修改如下：

稱取 0.1g 試樣於 100ml 燒杯內→加 100ml HNO_3（1：2）→煮沸至無棕煙產生→加水稀釋至 100ml →煮沸→放在熱處，使沉澱（H_2SnO_3）析出→以細密之慢濾紙過濾→以 HNO_3（2：100）洗滌沉澱及濾紙數次。沉澱棄去→加熱至見濃白硫酸煙→加水稀釋至 100ml →煮沸→通 H_2S 至飽和→以下步驟同「分析步驟」，從第 (5) 步開始做起。

(D) Pb、Bi、Sb、Sn、Al、Fe 等元素之氫氧化物，均不易溶於過量之 NH_4OH，故可濾去。

(E)「吸光度 – 溶液含 Cu 濃度（mg/ml）」標準曲線圖製法：

(1) 稱取 0.2512g $CuSO_4$（純、無水）於 1000ml 量瓶內→以適量水溶解之→加水稀釋至刻度（1ml ＝ 0.1mg Cu）。

(2) 以吸管分別吸取 20ml、15ml、10ml、5ml、2ml、1ml 及 0ml（空白試驗）上述標準溶液，當作試樣。

(3) 依 6-6-3-1-3 節（分析步驟）所述之方法，逐步處理之，最後一律稀釋成 100ml，再各取約 5ml，以測其吸光度。

(4) 記錄其結果如下表。

標準溶液使用量 (ml)	吸光度	溶液含 Cu 濃度 (mg/ml)
0		0
1		0.001
2		0.002
5		0.005
10		0.010
15		0.015
20		0.020

(5) 以「吸光度」為縱軸,「溶液含 Cu 濃度(mg/ml)」為橫軸,作其關係曲線圖。

6-6-3-2 第二法：本法適用於市場鋁及鋁合金。可連續分析 Cu、Zn、Sn、Ni 等元素。

6-6-3-2-1 應備儀器

(1) 250ml 燒杯

(2) 250ml 及 50ml 量瓶

(3) 25ml 及 5ml 吸管

(4) 250ml 分液滴斗

(5) 光電比色儀

6-6-3-2-2 應備試劑

(1) 混酸

量取 475ml H_2O 於 750ml 燒杯內→分別加 125ml H_2SO_4(1.84)、200ml HNO_3(1.42)及 200ml HCl(1.19)→混合後,貯於有玻璃塞之瓶內。

(2) 檸檬酸(10%):稱取 100g 檸檬酸→加 1000ml H_2O →混合溶解之。

(3) NH_4OH(1：3)

量取 250ml NH_4OH(濃)於 1000ml 燒杯內→加 750ml H_2O →混合均勻。

(4) 二甲基丁二肟(1%)

稱取 1g 二甲基丁二肟(Dimethylglyoxime)→加 100ml NH_4OH(濃)→混合待用(若有雜質,應予濾去)。

(5) CCl_4(純)

(6) SDDC(0.1%)

稱取 SDDC(或稱 DDC 鈉鹽)(Sodium diethyl dithiocarbamate)→以 1000ml H_2O 溶解之→儲於棕色瓶內(儲存時間不可超過一週)。

6-6-3-2-3 分析步驟

(1) 稱取 0.100g 試樣（試樣含 Cu ＜ 10%，則稱取 0.200g）於 250ml 燒杯內，蓋好。另取同樣燒杯一個，供做空白試驗。

(2) 加 15ml 混酸，置於電熱板上，小心加熱至冒濃白硫酸煙（即使蒸乾亦無妨），以溶解試樣。

(3) 冷卻數分鐘後，加約 60ml H_2O，再加熱，至溶液內析出之可溶鹽類全部溶解為度。

(4) 以水冷卻後，將溶液移至 250ml 量瓶內，再加水至刻度。

(5) 用吸管吸取 5ml 溶液（若稱取 0.200g 試樣，則吸取 25ml）於 250ml 燒杯內。

(6) 一面攪拌，一面依次加入 10ml 檸檬酸（10%）（註 A）、5 滴二甲基丁二肟（1%）（註 B）及 10ml NH_4OH（1：3），然後擱置 3 分鐘。

(7) 過濾。用最少量之熱水洗滌燒杯及濾紙。沉澱棄去。

(8) 濾液置於 250ml 分液漏斗內，用最少量之水，洗滌盛濾液之燒杯，再將洗液注入分液漏斗內。

(9) 加 20ml SDDC（0.1%）（註 C），並充分混合之。

(10) 分別用 20ml CCl_4（註 D），萃取兩次，然後將底層之 CCl_4 溶液排於 50ml 乾燥量瓶內，再以 CCl_4 稀釋至刻度。上層溶液棄去。

(11) 分別取約 5ml 試樣溶液及空白溶液於儀器所附之兩試管內，先以光電比色儀測定後者對波長為 440mμ 光線之吸光度（不必記錄），次將指示吸光度之指針調整至（0）的位置。然後抽出試管，換上盛有試樣溶液之試管，以測其吸光度，並記錄之。由「吸光度－Cu%」標準曲線圖（註 E），可直接查出試樣含銅百分比（Cu%）。

6-6-3-2-4 附註

（A）（B）

在 NH_4OH 溶液中，檸檬酸鹽能和 Fe^{+3} 生成無色而安定之複合離子，因此在第（6）步不會生成 $Fe(OH)_3$ 沉澱，故不會干擾最後吸光度之測定。在含檸檬酸鹽，且 pH ＞ 9 以上之 NH_4OH 溶液中，鋁合金所含之 Ni（＜ 4%），仍會干擾本法吸光度之測定，故需用

二甲基丁二污，予以沉澱、濾去。在此種溶液內，Co 雖亦能產生干擾，但鋁合金鮮有含 Co 者。

（C）（D）

(1) 在 NH_4OH 或微酸性之溶液內，Cu^{+2} 能與 SDDC（或 DDC 鈉鹽；純白結晶）

$$\left[(C_2H_5)_2N - C \overset{\displaystyle S}{\underset{\displaystyle S-Na^+}{=}} \right]$$

生成紅棕色之 DDC 銅鹽（Copper diethyldithiocarbamate）。

(2) 因 CCl_4 甚毒，且易燃，故操作時應在通風櫃內行之。

（E）「吸光度 -Cu%」標準曲線圖之製法：

(1) 選取含 Cu = 0.1 ～ 8.0% 之標準樣品數種，每種稱取三份（每份之重量與試樣相同），當做試樣，依 6-6-3-2-3 節（分析步驟）所述之方法處理之，以測其吸光度。

(2) 記錄其結果。然後，以「吸光度」為縱軸，「Cu%」為橫軸，作其關係曲線圖。

6-6-3-3 第三法：適用於含 Cu = 0.04 ～ 0.25% 之鋼鐵（註 A）。可連續分析 Cu、Zn、Sn、Ni 等元素。

6-6-3-3-1 應備儀器

(1) 250ml 燒杯

(2) 50ml 量杯

(3) 2ml 吸管

(4) 250ml 分液漏斗

(5) 酸度計（pH meter）

(6) 光電比色儀

6-6-3-3-2 應備試劑

（1）**NaOH**（**10%**）

（2）**酒石酸鉀鈉**（Rochelle salt）（**60%**）

稱取 300g 酒石酸鉀鈉於 500ml 燒杯內→以 500ml H_2O 溶解之。

（3）**α- 安息香肟**（α-Bensionoxime）

稱取 0.5000g α- 安息香肟→加 100ml NaOH（0.25N）→ 攪拌溶解之。

（4）**HNO_3**（**1：2**）

量取 600ml H_2O 於 1000ml 燒杯內→加 300ml HNO_3。

（5）**氯仿**（$CHCl_3$）（**純淨**）。

6-6-3-3-3 分析步驟

(1) 稱取 0.500g 試樣於 250ml 燒杯內。另取一杯，供作空白試驗。

(2) 加 20ml HNO_3（1：2），緩緩加熱，以助試樣溶解；若不易溶解，另加 2 ～ 3 滴 HCl（濃），以助溶解。

(3) 俟試樣溶解後，繼續煮沸 2 ～ 3 分鐘。若有棕黑色之 MnO_2 析出，則加 2 ～ 3 滴 H_2O_2（30%），以溶解之。

(4) 稍冷後，加 25ml 酒石酸鉀鈉（60%）（註 B）和 30ml NaOH（10%）。

(5) 利用酸度計及 NaOH(10%)，將溶液調整至 pH = 11.3 ～ 12.3(註 C)。

(6) 以吸管加入 2ml α- 安息香肟（註 D），然後將溶液移於 250ml 分液滴斗內。

(7) 加 40ml $CHCl_3$（註 E）於漏斗內，猛烈搖動 30 秒鐘。

(8) 使用快速濾紙，將下層 $CHCl_3$ 濾去。用 5ml $CHCl_3$ 洗滌濾紙及沉澱。聚濾液及洗液於 50ml 量瓶內。漏斗上層液體及濾紙上之沉澱棄去。

(9) 以 $CHCl_3$ 將濾液及洗液稀釋至 50ml。

(10) 分別量取約 5ml 空白溶液及試樣溶液於儀器所附之兩支試管內，先以光電比色儀測定前者對波長為 440mμ 之光線之吸光度（不必記錄），次將指示吸光度之指針調整至（0）的位置。

然後抽出試管，換上盛有試樣溶液之試管，以測其吸光度，並記錄之。由「吸光度–Cu%」標準曲線圖（註 F），可直接查出 Cu%。

6-6-3-3-4 附註

（A）本法適用於 Cu ＝ 0.04 ～ 0.25% 之試樣。若 Ni ＞ 0.5% 或 Co ＞ 0.25%，都會干擾吸光度之測定，而影響化驗結果。

（B）酒石酸鉀鈉能與對本法產生干擾之元素（如 Al、Cd、Co、Fe、Pb、Ni 及 Zn 等），生成安定而無色之複合離子，以消除其干擾作用。

（C）（D）（E）

（1）α– 安息香肟：

$$\bigcirc - \underset{\underset{OH}{|}}{CH} - - \underset{\underset{NOH}{\|}}{C} - \bigcirc$$

　　簡稱「庫布龍（Cupron）」，易溶於丙酮、酒精或乙醚。

（2）在鹼性溶液中（pH ＝ 11.3 ～ 12.3），Cu^{+2} 易與 α– 安息香肟生成綠色之複合離子〔$Cu(C_{14}H_{11}O_2N)$〕。此種離子易溶於 $CHCl_3$，故可使用 $CHCl_3$ 萃取之。

（F）「吸光度 – Cu%」標準曲線製法：

（1）選取含 Cu ＝ 0.04 ～ 0.25% 之不同標準樣品數種，每種稱取 3 份，每份 0.500g，作為試樣，依 6-6-3-3-3 節（分析步驟）所述之方法處理之，以測定其吸光度。

（2）記錄其結果。然後以「吸光度」為縱軸，「Cu%」為橫軸，作其關係曲線圖。

第七章　鐵（Fe）之定量法

7-1 小史、冶煉及用途

一、小史

好幾世紀以前，人類就知道鐵的存在；大約遠在公元前 3100 年，才發現鐵的實物。印度和中國古史對鐵的記載顯示，在公元 2000 年以前，人類就已經利用鐵金屬了。煉鐵約始於公元前 1350 年，但約 2600 年後，人類才發現鼓風爐（Blast furnace）。

二、冶煉

在隕石內可發現金屬鐵；但在地球上，鐵很少成自然鐵出現，而幾乎都成各種鐵氧化物礦石而存在。

目前煉鐵所用的鐵礦石，有磁鐵礦（Magnetite, Fe_3O_4）、赤鐵礦（Hematite, Fe_2O_3）及褐鐵礦（Limonite, $Fe_2O_3 \cdot H_2O$）等。通常含鐵量在 40 以上的鐵礦石，才值得開採冶煉。

在大規模的煉鋼廠，製造鋼鐵時都採用一貫作業。首先用鼓風爐冶煉鐵礦石，使鐵礦石內之鐵氧化物還原而得生鐵。生鐵送到煉鋼爐再精煉，可得融熔狀態的鋼。鑄成鋼錠後，加以適當的成型加工，可得各種鋼筋、鋼板、鋼管等鋼料。

提煉生鐵時，從鼓風爐的爐頂裝入鐵礦石、焦炭和石灰石，而從鼓風爐下部的風嘴，吹入熱風。熱風把焦炭燃燒，而使爐腹部分的溫度高到 1500℃左右。因為溫度高，容易產生多量的 CO。這 CO 會往上流動。在爐中，CO 和鐵礦石中的氧化鐵相作用，並依下列反應次序，使氧化鐵還原為鐵：

$$3Fe_2O_3 + CO \rightarrow 2Fe_3O_4 + CO_2$$

$$Fe_3O_4 + CO \rightarrow 3FeO + CO_2$$

$$FeO + CO \rightarrow Fe + CO_2$$

$$FeO + C \rightarrow Fe + CO$$

　　從上述化學反應所得之鐵，名為生鐵。含 2.5 ～ 4.5%C 和其他不純物。此時因為溫度高，所以這種生鐵就變為融熔狀態，而流下爐床。

　　石灰石（$CaCO_3$）下降到爐溫 900℃ 左右的地方時，分解為石灰（CaO）。經與鐵礦中的 SiO_2、Al_2O_3 等雜質或焦炭中的灰作用後，變成爐渣而流下爐床。其反應如下：

$$CaCO_3 \xrightarrow{\quad 900℃ \quad} CaO + CO_2$$

$$CaO + SiO_2 \rightarrow CaSiO_3$$

因為爐渣比生鐵輕，所以浮在生鐵上，不會和生鐵混合在一起。

　　所謂純鐵，可採用電解法，還原鐵鹽而製得，約含 0.01% 雜質。

三、用途

　　自古以來，人類所採用的金屬當中，鐵的使用量最多。直到現在，其利用範圍還在擴大中，而其重要性，未來大概也不會改變。鐵之如此廣受採用，一是它的產量多，二是它具有優良的性質。

　　純鐵之用途較小，主要用於分析化學（如鐵絲）、治療貧血病及製造高週波電路之鐵心（Pressed Core）等。

　　鐵的最主要用途為，與其他少量元素混合，製造各種碳素鋼、鑄鐵及鍛鐵。另外，亦是超強合金鋼（Super-strength alloy）之重要構成元素；因鐵含量通常少於 50%，因而屬於非鐵金屬；其餘構成元素為鉻、鎳及鈷。鎳和鈷合金之鐵含量，通常少於 10%。

7-2 性質

一、物理性質

　　純鐵為光亮之銀白色金屬，性軟，可延，可展，且具有強磁性（Ferromagnitic）。900 ～ 1539℃ 之間，其結晶結構（Crystalline structure）會改變。其熔點為 1539℃，沸點為 3000℃。原子序數為 12，原子量 55.85。鐵的性質與冶金的歷程及微量雜質的存在有關。

二、化學性質

（一）氧化態

　　鐵呈＋2（亞鐵）及＋3（鐵）兩種氧化態（Oxidation State）時，二者均以離子態，存於酸溶液；或以氫氧化合物態，存於鹼溶液。然而，在濃鹼液內，氫氧化鐵會部份溶解，生成氧化鐵離子（Ferrite ion, FeO_2^-）；氫氧化亞鐵亦能氧化為氧化鐵離子。鐵的氫氧化物、帶氧氫氧化物及氧化物之間的關係，見圖 7-1。

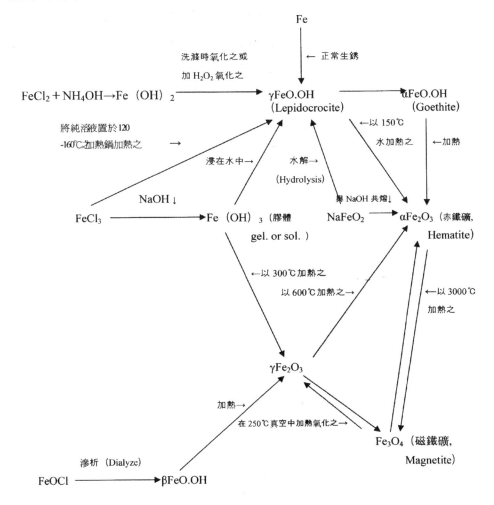

7-1　各種鐵化合物之間的關係圖

分別具＋4和＋6氧化態之過氧化鐵離子（Perferrite,FeO_3^{-2}）及鐵酸鹽離子（Ferrate, FeO_4^{-2}），則只存在於強鹼溶液時很安定，一旦酸化，則立刻釋出氧。

在酸性溶液中,能將鐵由＋2氧化為＋3狀態之一般氧化劑,計有硝酸、過氧化氫、高錳酸鉀、重鉻酸鉀、過硫酸銨及溴等。反之,由＋3還原為＋2時,通常所用之還原劑,計有：金屬鋅、亞錫（Stannous tin）、亞硫酸、氯化羥胺（Hydroxylamine hydrochloride）、聯胺（Hydrazine）、硫化氫、硫代硫酸鈉、維他命C以及氫醌（Hydroquinone）。氧化劑或還原劑之選擇,端視酸液濃度及是否有其他雜質存在於酸液而定。

（二）鐵的反應

對於許多反應而言,鐵是一種強力催化劑,譬如可加速亞砷酸鹽（Arsenite）、亞磷酸鹽（Phosphite）、硫化物（Sulfite）及過氧化氫等之氧化。

另外,鐵鹽能加速過氧化氫、硝酸、重鉻酸鹽及高錳酸鹽等之氧化作用。茲分述如下：

（1）金屬鐵

金屬鐵能溶於鹽酸與稀硫酸,生成亞鐵,並釋出氫氣。與冷濃硫酸無反應,但若加熱,則生成 SO_2 和 Fe^{+3}。熱稀硝酸與鐵生成 Fe^{+3}。冷硝酸則生成 Fe^{+2}；若為稀酸,則釋出氫氣。其反應式分列如下：

$$Fe + 2HCl \rightarrow FeCl_2 + H_2$$

$$2Fe + 6H_2SO_4 \rightarrow Fe_2(SO_4)_3 + 3SO_2 + 6H_2O$$

$$Fe + 4HNO_3（熱、稀）\rightarrow Fe(NO_3)_3 + NO + 2H_2O$$

$$4Fe + 10HNO_3（冷）\rightarrow 4Fe(NO_3)_2 + NH_4NO_3 + 3H_2O$$

$$Fe + 2HNO_3（冷、稀）\rightarrow Fe(NO_3)_2 + H_2$$

（2）亞鐵（Fe^{+2}）化合物

鐵與亞鐵生成許多對分析化學極為重要之化合物。亞鐵鹽溶液呈淡綠色至無色。亞鐵鹽可由鐵鹽還原而得。Fe^{+2} 能與氨水生成氫氧化亞鐵之白色沉澱；若有氧存在,則逐漸依次變為綠、黑、以及最後之紅棕色氫氧化鐵。在氨水中,$Fe(OH)_2$ 無法完全沉澱,因部份 $Fe(OH)_2$ 與 NH_3 形成亞鐵

胺複合物（Iron(II) amine complex）。加過量苛性鹼（Alkali）於 $Fe(OH)_2$，則由於發生氧化反應，顏色逐漸變為同時含有 Fe^{-2}、Fe^{-3} 以及可能為〔$Fe^{+2}(Fe^{+3}O_2)_2$〕之黑色混合物。

　　在氧氣中，以及在低壓狀態下，將鐵加熱至 575℃，或加熱草酸亞鐵（Ferrous oxalate），能生成黑色氧化亞鐵（FeO）。在含有 Fe^{+2} 之酸性溶液中（0.2～0.5N）通入 H_2S，不會產生黑色硫化亞鐵（Ferrous sulfite）沉澱；但若加入硫化鈉（Na_2S）或硫化銨〔$(NH_4)_2S$〕，則有硫化亞鐵沉澱。硫化亞鐵之溶解度為 $3.8×10^{-20}$。

　　其他不溶或微溶之亞鐵化合物，計有磷酸鹽、草酸鹽、氟鹽及碳酸鹽等。白色之碳酸亞鐵易被空氣氧化，並生成 CO_2 及 FeO。

　　硫氰化亞鐵（Ferrous thiocyanate）在溶液中易被空氣氧化。各種亞鐵鹽在溶液中，均易被空氣氧化，唯獨硫酸亞鐵在中性或酸性溶液中，難被氧化。但在鹼性溶液中，各種亞鐵鹽均易被氧化。硫酸亞鐵能生成雙鹽（Double salts），如「$K_2SO_4 \cdot FeSO_4 \cdot H_2O$」、「$(NH_4)_2 \cdot FeSO_4 \cdot H_2O$」等。硫酸、硝酸及硫代硫酸等，所生成之亞鐵鹽溶液，呈微酸性，能使石蕊試紙變紅。

　　亞鐵氰複合物 {Ferrocyanide complex，$[Fe(CN)_6]^{-4}$} 非常安定，其反應性與鐵氰複合物相異。亞鐵氰複合陰離子，能與許多重金屬產生特性沉澱（Characteristic precipitate），如與 Cu^{+2} 生成紅棕色沉澱；與鋅或鉛生成白色沉澱；與 Fe^{+3} 生成藍色沉澱。亞鐵氰酸（Ferrocyanic acid）呈白色，能溶於水，為一強還原劑及強酸。亞鐵氰酸能生成多種鹽類，與鹼族（Alkali group）及鹼土族元素（Alkaline earth element）所生成之鹽，能溶於水；與其它元素所生成者，則不溶。亞鐵氰化鹽亦能生成各種雙鹽，如 $Ag_3KFe(CN)_6$、$CaK_2Fe(CN)_6$ 等。亞鐵氰化鉀 $[K_4Fe(CN)_6]$ 與 Fe^{+3} 反應，能生成可溶性普魯士藍（Prussian blue）{$KFe^{+3}[Fe(CN)_6]$}；再與 Fe^{+3} 反應，則生成不溶性普魯士藍 {$Fe_4[Fe(CN)_6]_3$}。同理，可生成騰氏藍（Turnbull' s blue）{$KFe^{+2}[Fe(CN)_6]$}。以上反應可做為 Fe^{+2}、Fe^{+3} 及 $Fe(CN)_4^{+2}$ 等離子之檢定。注意，強還原劑、能與亞鐵氰化物產生有色沉澱之物質、以及能與 Fe^{+3} 產生複合物之物質，均能發生干擾。

（3）鐵（Fe^{+3}）化合物

鐵化合物，可由氧化亞鐵化合物而得。鐵鹽溶液通常均是紅棕色，並能使石蕊試紙變紅。氨能與 Fe^{+3}，生成氫氧化鐵 [$(Fe(OH)_3$] 沉澱。氫氧化鈉能與 Fe^{+3} 生成氫氧化鐵沉澱；但若過量，則生成鐵酸鈉（Sodium ferite, $NaFeO_2$）而溶解。氫氧化鐵之溶解度為 $3.2×10^{-36}$；新品較舊品易於溶解。

砷酸、磷酸及醋酸等之三價鐵鹽，均不溶於水。醋酸鹽在酸性溶液中，能與 Fe^{+3} 生成醋酸鐵；在含氨之水中，能生沉澱。此種反應通常用於鐵與 Mn、Ni、Co、Cu 及 Zn 之分離。黑色硫化鐵（Fe_2S_3）不溶於水，但溶於酸。

鐵能與鹵族元素，生成各該元素之化合物，如氟化鐵、氯化鐵及溴化鐵等，唯迄未發現有碘化鐵。氯化鐵（$FeCl_3$）能溶於含飽和鹽酸之乙醚（Ether）內，故能與鋁分離。$FeCl_3$ 在乙醚相中，可能成 $HFeCl_4 \cdot 2\text{-}(C_2H_5)_2O$ 之形式而存在，並依附 4 ～ 5 個 H_2O 分子。

硫氰化鐵（Ferric thiocyanate, FSCN）溶液呈血紅色，此種反應，廣用於鐵之定性。若用於定量，則 FeSCN 通常使用有機相萃取之。

鐵氰酸（Ferricyanic acid）屬強酸，呈棕色，溶於水；在酸性及鹼性溶液中，為一強氧化劑，能氧化二乙氨基苯（Diethylaniline）及其他芳香胺（Aromatic amine）。鹼族及鹼土族元素之鐵氰化合物溶於水；而大部份重金屬之鐵氰化合物則不溶。與還原物（如維他命 C）發生反應時，由於鐵氰離子發生鐵離子或鐵氰離子之還原作用，能使溶液變藍，故鐵氰化合物可供做定性之用。

（4）鐵複合物（Iron complex）

在許多分析過程中，鐵之分離、遮蔽（Masking）、定量等，均需使用鐵複合離子。譬如，Fe^{+2} 能與許多有機物，如菲南透林（1,10-phenanthroline）、苯二甲藍染料（phthalocyanine）、1- 甲基吡啶（picoline）、水楊醛二乙烯三胺（bis-salicylaldehydediethylenetriamine）及水楊醛二乙烯二胺（bis-Salicylaldehydediethylenediamine）等，發生鰲鉗反應（Chelating）；而 Fe^{+3} 則與草酸、乙醯丙酮（Acetylacetone）、二吡啶（Bipyridine）、EDTA（Ethylenediaminetetraacetate）及菲南透林等，發生鰲鉗反應。茲分述如下：

①亞鐵（Fe^{+2}）複合物

Fe^{+2} 發生複合反應之傾向，較 Fe^{+3} 為小，唯 Fe^{+2} 與胺（Amine）發生之複合物，其安定性較 Fe^{+3} 與胺之複合物為大。

Fe^{+2} 能與 F^- 和 Cl^- 生成複合物，但不能與 Br^- 和 I^- 生成複合物。Fe^{+2} 與 F 所生成之複合物，其分子式為 $M[FeF_3]$ 和 $M_2[FeF_4]$；M 為單分子陽離子。Fe^{+2} 也能與許多有機化合物，如二酮類（Diketone）、酮醚（Ketone ester）以及芳香胺等，生成各種鰲鉗衍生物（Chelate derivative）。

②鐵（Fe^{+3}）複合物

Fe^{+3} 能與氟、氯和溴等化合物，生成複合物；碘化合物則否。氟複合物之分子式為 $M[FeF_4]$、$M_2[FeF_5]$、及 $M_3[FeF_6]$ 等；而氯複合物則為 $M[FeCl_4]$ 至 $M_4[FeCl_7]$。能被乙醚萃取之鐵氯化合物，可能為 $HFeCl_4$ 和 H_3FeCl_6。溴複合物較前二者為不安定，其分子式為 $M[FeBr_4]$ 和 $M_2[FeBr_5]$。Fe^{+3} 能與二草酸鹽（Dioxalate）和三草酸鹽（Trioxalate）生成複合物。另外，由鐵和具有極性之醇類及「氫氧根 - 酸根 [Hydroxy（OH^-）-acid（H^+）]」二者之反應證之，Fe^{+3} 具有與氧聯結之強烈傾向。

氯化鐵易與醇類及乙醚生成加成化合物；另外，能與酚、二酮類及芳香胺發生反應。

能產生顏色之硫氰複合物之分子構造為：$[Fe(SCN))_6]^{-3}$、$[FeSCN]^{+2}$ 及 $[Fe(SCN)_n]^{-3n}$，$n = 1 \sim 6$。在溶液中呈現紅色者為 $[FeSCN]^{+2}$。

Fe^{+3} 之各種複合物之安定性，依次為與氰酸、檸檬酸（Citrate）、草酸、酒石酸、醋酸、磷酸、氫氟酸、硫氰酸（Thiocyanate）、硼酸（Tetraborate）、硫酸、鹽酸、溴酸以及硝酸等之鹽，所生成之複合物。

7-3 分解與分離

一、分解

鐵金屬通常以酸溶解之，如鹽酸、硝酸及硫酸等。可使用單酸或混酸（如 $HCl + HNO_3$），或以過氯酸（Perchloric acid）、磷酸及氫氟酸，與前述各酸混合使用。

二、分離

(一)沉澱法

　　Fe^{+3} 之無機沉澱劑,包括氨水、「硫化銨－酒石酸銨」混合液、草酸銨、「醋酸－醋酸鈉」混合液、氧化鋅、氫氧化鈉及「氫氧化鈉－碳酸鈉」等。有機物,如 8-羥喹啉(8-Quinolinol)與庫弗龍(Cupferron),亦是 Fe^{+3} 之良好沉澱劑。

　　在含 NH_4Cl 之 HCl 溶液中,苯酸銨(Ammonium benzoate)能與 Fe^{+3}、Al、Cr 等元素,生成沉澱,而與 Mn、Co、Ni、Zn 及鹼土族元素分離。另外,在含氨溶液中,Fe^{+3} 能與乙硫醇酸(Mercaptoacetic acid),生成複合離子而溶解;而 Al、Ti、Zr 等,則能與苯酸銨生成沉澱,而與 Fe^{+3} 分離。

　　在稀硫酸或過氯酸溶液中,汞陰極(Mercury cathod)法亦能使 Fe^{+3} 偕同某些元素,生成良好之沉澱。另外,在高溫狀況下,以汞陰極使鐵沉澱,再在 NaOH 溶液內,行陽極溶解,能使鐵與鋅獲完善之分離。

(二)溶劑萃取法

　　使用二異丙醚(Diisopropyl ether),萃取含有 125 ～ 250mg Fe^{+3} 之 25ml HCl(7.75 ～ 8M),可一次萃取 99.9% Fe^{+3}。醋酸異丁酯(Isobutyl acetate)可替代二異丙醚。

　　在 HCl(10%)或 H_2SO_4 溶液中,庫弗龍鐵鹽〔Iron(Ⅲ)cupferrate〕,能被醚(Ether)、醋酸乙酯(Ethyl acetate)或氯仿(Chloroform)所萃取。

　　pH2.5 ～ 12.5 之含 Fe^{+3} 溶液,可使用含有 8- 羥喹啉(8-hydroxyquinoline)之氯仿溶液萃取之。另外,醋酸乙酯能萃取苯甲酸鐵(Ironbenzoate)。硝基苯(Nitrobenzene)和正已醇(n-Hexanol),能分別萃取「亞鐵(Fe^{+2})與菲南透林(1,10-phenanthroline)」以及「亞鐵與『聯苯－菲南透林(4,7-diphenyl-1,10-phenanthroline)混合液』」所生成之複合物;若添加長鍊之烷基硫酸或烷基磺酸鹽(Alkyl sulfate 或 sulfonate),可大大增強前一種複合物之萃取性。

　　異丙醇(Isobutyl alcobol)對硫氰化鐵 $[Fe(SCN)_3]$ 之萃取,效果亦佳。

(三)離子交換法

　　在 HCl(0.1 ～ 12.5N)中,Fe^{+3} 和其他元素之吡啶洗出常數

（Elutionconstant），與管長、截面積、Fe^{+3}濃度、流速及溫度有關。

　　Fe^{+3}能使用陽離子和陰離子交換法分離之。若係使用強力陽極交換樹脂，在含鹽酸、溴酸、硝酸及過氯酸等酸根之溶液中，Fe^{+3}能與H^+發生定量交換（Quantitatively exchang）。

7-4 定性

　　通常採用斑點呈色法（Spot test），以測試鐵的存在。譬如Fe^{+3}與硫氰化鉀或亞鐵氰化鉀反應，能產生特異顏色〔見7-2節第二項（化學性質）〕，以證明鐵的存在。

7-5 定量

　　最常用之定量方法，見表7-1。茲分述如下：

表 7-1　最常用之鐵定量法

定量法	試　　劑	實用範圍（mg）（大約）	靈敏度（r/cm^2）（註-1）
重量法	氨	＞ 30	-
	庫弗龍（Cupferron）	＞ 30	-
滴定法	高錳酸鉀	＞ 30	-
	重鉻酸鉀	＞ 30	-
	氯化亞鈦（Titanous chloride）	＞ 30	-
		＞ 30	-
光電比色法	硫氰化物（Thiocyanate）＋丙酮	0.010 ～ 0.20(註-2)	0.004
	菲南透林（1,10-phenanthroline）	0.013 ～ 0.25(註-2)	0.005
	二吡啶 (2,2′-Bipyridine)	0.018 ～ 0.35(註-2)	0.007
	乙硫醇酸（Mercaptoacetate）	0.035 ～ 0.70(註-2)	0.014

註-1：在截面積$1cm^2$之管內之溶液之微克（Microgram）鐵含量。

註-2：1cm直徑的溶液測試槽（Cell），內含50ml最終溶液時之鐵含量。其量測之吸光度約在0.05 ～ 1.0之間。

一、重量法

（一）氨沉澱法

　　由於共沉作用（Coprecipitation）之干擾，很少使用鐵的直接沉澱定量法。通常與鐵共存之元素，依次經過酸及硫化氫處理後，均能與鐵分開，爾後採用再沉澱及使用更濃的酸液處理，可大大減少鐵的共沉作用。然後再加硫化銨及酒石酸銨（Ammonium tartrate），使鐵再沉澱。此時，若溶液含有 Co、Zn、及多量的 Mn、Ni，亦能沉澱。然後以酸溶解沉澱物，並將 Fe^{+2} 氧化為 Fe^{+3}，以 NH_4OH 使鐵成 $Fe(OH)_3$ 沉澱。此時溶液中若有 Zn、Co，亦同時沉澱；若然，則可加庫弗龍試劑，使鐵單獨沉澱。若無 Zn、Co，則 $Fe(OH)_3$ 經過濾、燒灼後，即為 Fe_2O_3。

（二）庫弗龍沉澱法

　　在稀酸溶液中，Fe^{+3} 能與庫弗龍生成定量沉澱；但許多元素亦能同時沉澱，因此宜先在酸性溶液中，通入硫化氫，使鐵分離。此時可能與鐵共沉之元素，計有 Zr 及稀土族（Rare earths）元素；若有這些干擾元素，則需以「硫化銨 - 酒石酸銨」法，將鐵分離，然後再使用庫弗龍沉澱之。注意，庫弗龍溶液不安定，受熱易分解，故宜使用新配者。

（三）其他沉澱法

　　鐵之沉澱劑，種類甚多，譬如性同庫弗龍之新庫弗龍（Neocupferron）。另外，在 pH2.8 ～ 11.2 之間，8- 羥喹啉（8-Hydroxyquinoline）能與 Fe^{+3} 生成定量沉澱。在鹼性或緩衝溶液中，Fe^{+3} 能與許多元素共同沉澱。此種沉澱劑之缺點為不易溶於水，故通常以酒精、丙酮、或醋酸溶解之。

二、滴定法

（一）氧化滴定法

　　氧化及還原法，均適用於鐵之定量，但在實用上，前者遠優於後者。氧化滴定前，有許多還原劑，可用於 Fe^{+3} 之還原，譬如鋅汞齊（Zine amalgam）、鋅、鉛、銀、氯化亞錫（$SnCl_2$）、二氧化硫、硫化氫及碘化鉀等。鋅汞齊還原法，通常在鐘氏還原器（Jones Reductor）內進行；此時不宜含有其他雜質，否則如 As、Ti、V、Cr、Mo、W、NO_3^- 等，均能產生干擾。氯化亞錫用於鐵之還原，不僅速度快、干擾元素少、不必使用器具，而且過量之還原劑易於消除。干擾元素為 As、Sb、V、Cu 及 Mo 等。使用氯化亞錫時，

試樣之鹽酸溶液，不宜大於 100ml，且應保持較高溫度；還原劑加入超出量，不宜大於 0.2ml；在加入氯化汞與滴定之間，宜靜止 5 ～ 10 分鐘。銀通常在銀還原器（Silver reductor）內，進行還原作用，優點為不會還原 Cr^{+3} 及 Ti^{+5}。此二者均能被鋅汞齊還原。各種氧化法分述如下：

（1）高錳酸鉀

　　高錳酸鉀對鐵的滴定，通常係在不含任何氧化劑之稀冷硫酸內進行。其還原劑可使用鋅汞齊、鋅、或二氧化硫，但不可使用氯化亞錫。若試樣溶液中含釩，則需在溫熱之硫酸溶液內滴定，因為在此種條件下，鐵之氧化速度較釩為快。

　　另外，亦可以稀鹽酸代替硫酸，但試樣溶液需加硫酸錳（Manganoussulfate）及磷酸（Phosphoric acid），否則鹽酸會被氧化，而生成氯氣：

$$2KMnO_4 + 16HCl \rightarrow 2kCl + 2MnCl_2 + 8H_2O + 5Cl_2 \uparrow$$

　　使用本法時，可使用氯化亞錫還原劑，過量之還原劑，可使用氯化汞消除之。本法所得結果稍高，但仍適用於一般分析。

（2）重鉻酸鉀

　　重鉻酸鉀（Potassium dichromate）對鐵的滴定，可在硫酸或鹽酸溶液內進行，其反應式如下：

$$6FeCl_2 + K_2Cr_2O_7 + 14HCl \rightarrow 6FeCl_3 + 2CrCl + 2KCl + 7H_2O$$

　　還原劑可使用氯化亞鐵。可加二苯胺（Diphenyl ammine），做為內指示劑；當到達滴定終點時，指示劑呈紫藍色。若加磷酸，可消除鐵鹽顏色，俾利終點鑑定。

　　本法亦可先加過量重鉻酸鉀，然後再用硫酸亞鐵反滴定（Back-titrating），此時二苯胺指示劑可用磺酸二苯胺鉀（Potassium diphenylamine sulfonate）水溶液或「菲南透林 - 亞鐵複合劑（1,10- Phenanthrolin-ferrous complex）」〔簡稱費羅因（Ferroin）〕取代之。

　　試樣溶液含有機質時，在這些條件下，重鉻酸鉀法優於高錳酸鉀法，因為鉻酸（Chromic acid）較高錳酸不易為有機物所還原也。四價釩不會干擾重鉻酸鉀滴定法，但五價釩能將二苯胺氧化成藍色。重鉻酸鉀較高錳酸鉀為

優，因前者安定性較佳，且在通常之分析條件下，對於氯氣之氧化較不嚴重；另外，重鉻酸鉀溶液配製所需時間較短。

（3）碘

亞鐵可使用碘液滴定之。滴定期間，試樣溶液需加焦磷酸鹽，以便與 Fe^{+3} 形成無色之複合離子；同時，需驅盡空氣，以免 Fe^{+2} 被氧化。滴定時，先加過量碘，再以硫代硫酸鈉（$Na_2S_2O_7$）反滴定之。本法干擾元素較少；另外，因碘係溫和性氧化劑，適於含有機質之試樣溶液之滴定。

（二）還原法

因需隨時預防還原性滴定液被空氣氧化，因此本法較少被採用。滴定前，鐵之氧化劑計有過氧化氫、溴水或「溴酸鹽 - 溴鹽」混合物。滴定前，必須將這些氧化劑完全分解或驅盡。本法分述如下：

（1）硝酸亞汞

硝酸亞汞（Mercurous nitrate）性安定，無需採特別防氧化措施。指示劑可用硫氰化物。Fe^{+3} 和 Hg^{+2} 能與 SCN^- 產生複合物。試樣溶液之鐵含量不得小於 0.3mg；硝酸或鹽酸含量分別勿超過 2.5N 和 0.8N。焦磷酸鹽（Pyrophosphate）、氰化物及草酸鹽均能消除硫氰化鐵之血紅色。

溶液含 HNO_3 超過 2.5N 時，反應效率較差。磷酸鹽能妨礙反應之進行。干擾物計有鉬酸鹽（Molybdate）、鉻酸鹽（Chromate）、溴酸鹽（Bromate）、碘酸鹽（Iodate）、亞硝酸鹽（Nitrite）、亞硫酸鹽（Sulfite）、高錳酸鹽、釩酸鹽（Vanadate）及氯酸鹽（Chlorate）等。溶液不得含 Cu、Ti、Ce 及 Sn^{-2} 等離子。

（2）氯化亞鈦

氯化亞鈦優於硫酸亞鈦，因前者適用之鐵含量較低。亞鈦離子不得與空氣及陽光接觸，是其缺點。可在 50 ～ 60℃之稀鹽酸或硫酸溶液內滴定。指示劑可用鎢酸鈉（Sodium tungstate）或四甲基藍（Methylene Blue）。若使用 CO_2 驅趕溶液之空氣，其結果之誤差約在 0.1 ～ 0.2%。氯化亞鈦溶液可用重鉻酸鹽滴定之，並使用 SCN^- 為指示劑，同時應含過量之 Fe^{+2} 離子。本法之干擾物計有：$Cr_2O_7^-$、H_2O_2、NO_2^-、ClO_3^-、W、Cu 及 V 等。

（3）碘化鉀

Fe^{+3} 首先用過量碘化鉀（KI）滴定，再以澱粉為指示劑，以硫氰化鈉

（NaSCN）滴定釋出之碘。溶液必須呈強酸性，以防水解。干擾物為能與鐵生成複合物之 SO_4^{-2} 和其他陰離子。溶液中含鹽酸，可消除有機物干擾；但鹽酸含量勿太多，否則亦能與鐵生成複合離子。應含過量之 I^-，且需用 CO_2 沖吹，以免被空氣氧化。在滴定終點前，宜加熱至 50℃。本法指示劑可用碘化亞銅（Cuprous Iodide）和鉬酸銨（Ammonium Molybdate）。

（4）氯化亞錫

氯化亞錫（$SnCl_2$）易被空氣氧化，宜與大理石片（Marble Chip）共存於鹽酸中，所生成之 CO_2 能逐出溶液中之空氣。滴定液可使用碘酸鉀（Potassium Iodate）滴定之，並以澱粉為指示劑。

試樣可在溫度為 60～70℃，含 0.25～1.6N HCl 之溶液中滴定。因氯亞錫酸（Chlorostannite）離子，係一強活性試劑，故溶液中宜加過量氯鹽。可使用雙重指示劑系統。鐵被繼續還原時，硫氰化鐵之血紅色亦漸次變淺。加入鉬酸銨及磷酸，則滴定至終點時，溶液呈現鉬藍（Molybdenun blue）；若使用卡卡塞林（Cacatheline），則呈現紫色。Al、Mn、Zn、Pb、Ag、砷酸鹽、亞砷酸鹽、以及小量銅與鉻離子，不會產生干擾。最後二者若濃度很大，則會遮蔽滴定終點之顏色。

（5）維他命 C

維 他 命 C（Ascorbic acid）能 被 Fe^{+3} 氧 化 成 脫 氫 維 他 命 C（Dehydroascorbic acid）。滴定液需加入甲酸（Formic acid）及／或 EDTA，或儲存於 CO_2 氣體內，以保持其安定性。微量重金屬及紫外線均能促其分解。此液可用「碘化鉀 - 碘酸鉀」混合液滴定之，至藍色消失為止。試樣溶液滴定時，宜在50℃之溫度下進行；指示劑可用 NaSCN。強氧化劑會生干擾，但小量 NO_3^- 及 NO_2^- 不生干擾。滴定時間在 5 分鐘內，空氣不生干擾。泛利胺藍（Variamine blue）、水楊酸（Salicylic acid）及磺化水楊酸（Sulfosalicylic acid）等亦可作為指示劑。

三、光電比色法

（一）硫氰化物法

本法之實用性有其限制，但簡單和快速是其優點。適用於強酸溶液。影響鐵複合物顏色強弱之因素，計有硫氰化物濃度、溶液中酸的種類以及

靜置時間。最大吸收之光波為 450～480mμ。Fe(SCN)₃ 呈色後，不宜曝光，否則易褪色；酸性較低，則褪色較慢；溫度愈高，褪色愈快。加入過氧化氫和高硫酸銨（Ammomium persulfate）可減小褪色速度。另外，加入具低介電常數（Dielectric constant）之可溶性有機溶劑，可增強及安定顏色。

干擾物計有氟化物、草酸鹽、汞、銀、銅、鉍、鈦、鉬、鎘、鋅及銻等。鐵含量通常為 1～10ppm。

(二)菲南透林

Fe⁺² 能與菲南透林（1,10-Phenanthroline）生成桔紅色複合物 [(C₁₂H₈N₂)₃Fe]⁺²。此種複合物甚為穩定；在 pH2～9 之間，不易褪色。最大吸收光波為 508mμ。Fe⁺³ 可使用鹽酸羥胺（Hydroxylaminehydrochloride）或對苯二酚（Hydroquinone）還原之；溶液中含檸檬酸鹽（Citrate）時，必須使用後者。在呈色時，Ag 及 Bi 會生成沉澱；而 Cd、Hg 及 Zn，會生成微溶性之複合物。其餘如 Ti、Cu 及 Mo 等，可藉調窄 pH 範圍而減少其干擾性。

(三)乙硫醇鹽酸法

在鹼性溶液中，Fe⁺² 和 Fe⁺³ 能與乙硫醇酸銨（Ammonium Mercaptoacetate）生成頗為穩定之紅紫色複合離子。加檸檬酸鹽，可阻止金屬氫氧化物之沉澱。干擾元素計有 Co、Ni、Pb、Bi、Hg⁺、Au 及 Ag 等。大部份陰離子均少有干擾，但 CN⁻ 和 NO₂⁻ 必須除盡。鎢酸鹽和鉬酸鹽含量太濃時，會形成干擾。最大吸收光波為 530～540mμ。鐵最適含量為 0.5～2ppm。

(四)其餘呈色劑

2,2'-重吡啶（2,2'-Bipyridine）法與菲南透林法相似，但前者試藥較昂貴。Fe⁺³ 的還原劑，可用氯化亞鈦、維他命C、對苯二酚或鹽酸羥胺。最適酸度為 pH3～9。另外，在 pH2.6～2.8 之間，水楊酸鹽能與 Fe⁺³ 生成紫水晶色，以供鐵之測定。

7-6 分析實例

7-6-1 滴定法

7-6-1-1 市場銅或銅合金之 Fe

7-6-1-1-1 應備試劑

（**1**）滴定混合液

稱取 20g $MnSO_4$ →分別加 40ml H_3PO_4（1：3）、16ml H_2SO_4

（1：3）及 100ml H_2O →混合待用。

（**2**）$SnCl_2$（10%）

稱取 10g $SnCl_2$ 於 250ml 三角燒杯內→加 100ml HCl 及 60ml

H_2O →振盪溶解之→加熱至沸→存於有色瓶中，塞緊。

（**3**）高錳酸鉀標準溶液（理論上相當於 N/10）

①溶液配製

稱取 3.20g $KMnO_4$ 於 1000ml 燒杯內→加適量水溶解之→移溶液

於 1000ml 量瓶內→加水至刻度→移暗處靜置過夜→以古氏坩堝

或細孔玻璃濾杯（Fine porosity fritted-glass crucible）濾去雜質（切

勿洗滌）→濾液儲於暗色瓶內，以清潔玻璃塞塞好。

②因數標定〔即求新配高錳酸鉀標準溶液之濃度（N）〕

稱取約 0.5 ～ 1.0g 草酸鈉（純），平均攤開於錶面玻璃上→以

150 ～ 200℃烘乾 40 ～ 60 分鐘→置於乾燥器內放冷→精確稱取

0.300g 上項烘乾之草酸鈉於 600ml 燒杯內。另取同樣燒杯一個，

供作空白試驗→加 100ml H_2O →攪拌溶解之→加 10ml H_2SO_4（1：

1）→加熱至 80℃→以上項新配高錳酸鉀標準溶液（N/10）滴定，

至溶液恰呈微紅色，且經攪拌後，仍不褪色為止。

③濃度（N）計算：

$$KMnO_4 \text{ 之濃度（N）} = \frac{4.477}{V} \text{（註 A）}$$

V＝滴定 $Na_2C_2O_4$ 溶液時，所耗高錳酸鉀標準溶液之體積（ml）

7-6-1-1-2 分析步驟

(1) 稱取 10 ～ 20g 試樣於 600ml 燒杯內。另取同樣燒杯一個,供做空白試驗。

(2) 加 40ml HNO_3(1.42)。加熱溶解試樣,並趕盡黃煙。若試樣不易溶解,再酌加 HNO_3(1.42)及 HCl(1.18),並繼續加熱,趕盡黃煙。

(3) 加 300ml H_2O 及過量 NH_4OH,至溶液呈藍色為止(註 B),然後煮沸 1 分鐘。

(4) 靜止 3 分鐘後,過濾。以 NH_4OH(2%,熱)洗滌沉澱及濾紙數次,將 Cu^{+2} 洗淨。濾液及洗液棄去。

(5) 以 HCl(1:2)注於濾紙上,將沉澱溶解於原燒杯中,並用熱水沖洗濾紙,至新滴下洗液,加 1 滴 KCNS 而不呈紅色為止(註 C)。

(6) 加熱濃縮至 5ml。

(7) 乘熱一滴一滴加入 $SnCl_2$(10%),至溶液恰呈無色後(註 D)(以攪棒醮一滴溶液和 KCNS 作用,若呈紅色反應,則須繼續加入 $SnCl_2$),再過量 2 滴(註 E)。

(8) 以流水冷卻至室溫(註 F)。

(9) 依次加入 15ml $HgCl_2$ 溶液(飽和)(註 G)(此時應有白色沉澱析出;若溶液呈灰色,則棄去此次試驗,而予重作)、200ml H_2O(冷)及 30ml 滴定混合液(註 H)。

(10) 靜置 2 分鐘(註 I),再立刻(註 J)以高錳酸鉀(註 K)標準溶液(1/10 N)滴定,至溶液恰呈微紅色,且經攪拌 30 秒後,仍不褪色為止。

7-6-1-1-3 計算

$$Fe\% = \frac{(V_1 - V_2) \times C \times 5.59}{W}$$

V_1 ＝滴定試樣溶液時,所耗高錳酸鉀標準溶液之體積(ml)

V_2 ＝滴定空白溶液時,所耗高錳酸鉀標準溶液之體積(ml)

C ＝高錳酸鉀標準溶液之濃度(N)

W ＝試樣重量(g)

7-6-1-1- 4 附註

（**A**）(1) $5 C_2O_4^{-2} + 2MnO_4^- + 16H^+ \rightarrow 10CO_2 \uparrow + 2Mn^{+2} + 8H_2O$

(2) 由上式可知，$C_2O_4^{-2}$ 被 $KMnO_4$ 氧化成 CO_2 後，每一個C原子增加1價，而 $C_2O_4^{-2}$ 分子式中，共有 2 個C原子，故總共增加 2 價，亦即每 1 克當量 $KMnO_4$ 能氧化 1/2 克分子之 $C_2O_4^{-2}$：

設：

$C=$ 高錳酸鉀標準溶液之濃度（N）

$V=$ 滴定因數〔即滴定 $Na_2C_2O_4$ 溶液時，所耗高錳酸鉀標準溶液之體積（ml）〕

$W= Na_2C^{-2}O_4$ 之重量（$= 0.3000g$）

$M= Na_2C_2O_4$ 之分子量（$= 134g$）

$$C \times V = \dfrac{W}{\dfrac{1}{2}M} = \dfrac{0.3000}{\dfrac{134}{2000}} = 4.477$$

$$\therefore KMnO_4 \text{ 標準溶液之濃度（N）} = \dfrac{4.477}{V}$$

（**B**）在過量之 NH_4OH 溶液中，鐵成 $Fe(OH)_3$ 析出；而銅則成 $Cu(NH_3)^{+2}$ 而溶解：

$$Fe^{+3} + 3NH_4OH \rightarrow Fe(OH)_3 \downarrow + 3NH_4^+$$
$$\text{紅棕色}$$

$$Cu^{+2} + 4NH_3 \xrightarrow{\quad NH_4OH \quad} Cu(NH_3)_4^{+2}$$

（**C**）若紅棕色之 $Fe(OH)_3$ 沉澱很多，則此時之濾液及洗液，應以 NH_4OH 再度處理一次〔即再經第 (3) ～ (5) 步所述之方法處理之。〕

（**D**）$2Fe^{+3}$（紅棕色）$+ Sn^{+2} \rightarrow 2Fe^{+2}$（無色）$+ Sn^{+4}$

（**E**）（**F**）（**G**）

(1) $SnCl_2$ 不可多加，否則下步須耗用較多之 $HgCl_2$。

(2) 因過剩之 Sn^{+2} 能和 Fe^{+2} 同時還原第（10）步之 $KMnO_4$，故需用 $HgCl_2$ 將 Sn^{+2} 氧化成 Sn^{+4}：

$$SnCl_2 + 2HgCl_2 \rightarrow SnCl_4 + Hg_2Cl_2 \downarrow$$
$$\text{白色}$$

Hg_2Cl_2 亦能還原 $KMnO_4$，但因它係固體，在冷、稀的情況下，還原作用之速度非常慢，故不必計較。

（F）（H）

(1) 因溶液中尚含有 Cl^-，即使在稀、冷之狀況下，Cl^- 仍能還原 MnO_4^-，而使化驗結果偏高，然一旦加入滴定混合液後，其中所含大量之 $MnSO_4$，即能加速 Fe^{+2} 與 $KMnO_4$ 之作用，以減少 Cl^- 對 MnO4⁻ 還原之機會。

(2) 以 $KMnO_4$ 滴定 Fe^{+2}（無色）時，最後所生成之紅棕色 Fe^{+3}，易混淆滴定終點，加入滴定混合液後，其中所含之 PO_4^{-3}，能和 Fe^{+3} 生成各種無色之複合離子，如 $[Fe(PO_4)_2]^{-3}$，故能消除紅棕色之 Fe^{+3} 對滴定終點之干擾。

（I）靜止，旨在使 Hg_2Cl_2 沉澱完全。

（J）因 Fe^{+2} 易被空氣氧化成 Fe^{+3}，使滴定結果偏低，故需立刻滴定之。

（K）$5Fe^{+2} + MnO_4^-$（紫紅色）$+ 8H^+ \rightarrow 5Fe^{+3} + Mn^{+2}$（無色）$+ 4H_2O$

7-6-1-2 市場鋅之 Fe

7-6-1-2-1 應備試劑

（1）滴定混合液：

（2）$SnCl_2$（10%）：　　同 7-6-1-1-1 節

（3）高錳酸鉀標準溶液（理論上相當於 N/100）

　　　①溶液配製、②因數標定、③濃度（N）計算 等：同 7-6-1-1-1 節（唯 $KMnO_4$ 使用量為 0.320g； $Na_2C_2O_4$ 使用量為 0.300g）。

7-6-1-2-2 分析步驟

(1) 稱取 25g 試樣於 700ml 高腳燒杯內。另取一杯，供做空白試驗。

(2) 加 125ml HNO_3（1.42）（註 A）。加熱溶解試樣。俟試樣溶解後，煮沸至黃煙趕盡。

(3) 加水稀釋成 300ml。加 10g NH_4Cl（註 B），然後加 NH_4OH（0.90）（註 C），至所生成之大量白色之 $Zn(OH)_2$ 沉澱全部溶解為止（註 D）。

(4) 煮沸之。

(5) 靜止少頃，再過濾之。用氫氧化銨洗液沖洗沉澱及濾紙數次，再用熱水沖洗，至新滴濾液加 $AgNO_3$ 時，不呈白色 AgCl 沉澱為止（註 E）。濾液及洗液棄去。

(6) 以熱 H_2SO_4（1:4）（註 F）注於濾紙上，將沉澱完全溶洗於圓錐瓶中。

(7) 加 40ml H_2SO_4（1：1），並置純鋅棒（註 G）一條於瓶內，用特製塞子（註 H）塞妥。

(8) 置於溫處，俟溶液內高價鐵離子(Fe^{+3})消失後，用玻璃棒醮出一滴，置於白瓷盤上，加 KCNS 溶液（註 I），若顏色變紅，則繼續置於溫處；如此反覆試驗，至不變色為止。

(9) 冷卻（此時若有雜質，應迅予濾去）。

(10) 加 100mlH_2O（冷）及 150mlH_2SO_4（5%）。

(11) 抽出鋅棒，迅速用高錳酸鉀標準溶液（N／100）滴定，至溶液恰呈微紅色。

7-6-1-2-3 計算：同 7-6-1-1-3 節

7-6-1-2-4 附註

註：除下列各附註外，另參照 7-6-1-1-4 節有關各項附註。

（A）$Fe + 6HNO_3$（濃）$\rightarrow Fe(NO_3)_3 + 3H_2O + 3NO_2 \uparrow$

（B）（C）（D）加入大量銨，可增進溶液中 NH_4^+ 之濃度，藉共同離子效應（Common-ion effect），可促使大量 $Zn(OH)_2$ 之溶解：

$$Zn^{+2} + 2NH_4OH \rightarrow Zn(OH)_2 \downarrow + 2NH_4^+$$

白色

$$\xrightarrow{6NH_3} [Zn(NH_3)_6]^{+2} + 2OH^-$$

而少量之 Fe^{+3} 則成 $Fe(OH)_3$ 而沉澱：

$$Fe^{+3} + 3NH_4OH \rightarrow Fe(OH)_3 \downarrow + 3NH_4^+$$

$$紅棕色$$

故鋅鐵逐得分開。

（**E**）因 Cl^- 在冷、稀溶液中，仍能還原第(11)步之 MnO_4^-，故應以熱水洗淨。

（**F**）$2Fe(OH)_3 + 3H_2SO_4 \rightarrow 2Fe^{+3} + 3SO_4^{-2} + 6H_2O$

（**G**）（**I**）

(1) $2Fe^{+3} + Zn \rightarrow 2Fe^{+2} + Zn^{+2}$

(2) 因 Fe^{+3} 能和 KCNS 生成血紅色之 $Fe(SCN)_3$，而 Fe^{+2} 則否，故由此可檢定溶液中之 Fe^{+3}，是否完全被 Zn 還原成 Fe^{+2}。

（**H**）

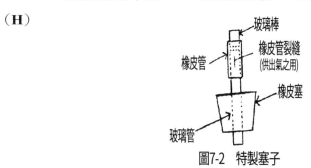

圖7-2　特製塞子

7-6-2 光電比色法

7-6-2-1 菲南透林法（1,10-Phenanthroline method）

7-6-2-1-1 市場鋁及鋁合金之 Fe：本法適用於含 Fe = 0.25 ～ 1.5% 之試樣。

7-6-2-1-1-1 應備儀器：光電比色儀

7-6-2-1-1-2 應備試劑

（**1**）HCl（1：1）。

（**2**）鹽酸羥胺（10%）

稱取 10g 鹽酸羥胺（Hydroxylamine hydrochloride，結晶）於 100ml 量瓶內→加適量水溶解後，再繼續加水稀釋至刻度→貯存於冰箱內（若顏色改變則棄去）。

（3）**菲南透林**（註 A）（0.25%）

稱取 0.500g「菲南透林（含 1g 分子結晶水）」（1,10-Phananthroline monohydrate）於 200ml 量瓶內→加 150ml H_2O（沸）溶解之→加冷水稀釋至刻度→貯於冰箱內（若顏色改變則棄去）。

（4）**醋酸鈉**

稱取 85g 無水醋酸鈉→以適量水溶解後，繼續加水稀釋成 500ml。

（5）**標準鐵溶液**（1ml＝1mg Fe）

稱取 0.500g 純鐵於 500ml 量瓶內→加 25ml HCl（濃）溶解之→俟溶解完全後，加水稀釋至刻度。

7-6-2-1-1-3 分析步驟

(1) 稱取 0.5g 試樣於 250ml 燒杯內。另取一杯，供作空白試驗。

(2) 加 80ml HCl（1：1），再加熱溶解之。

(3) 過濾。用水洗滌 5 次。沉澱棄去。聚濾液及洗液於 200ml 量瓶內，稍冷後，加水稀釋至刻度。

(4) 用吸管吸取 20ml 溶液（若試樣含 Fe＞1.0%，則量取 10ml）於 100ml 量瓶內。

(5) 一面攪拌，一面依次加入 1ml 鹽酸羥胺（10%）（註 B）、10ml 醋酸鈉溶液、約 50ml H_2O 及 10ml 菲南透林溶液（0.25%）（註 C）。

(6) 俟攪拌均勻後，加水稀釋成 100ml，並擱置至少 15 分鐘。

(7) 分別量取約 5ml 空白溶液及試樣溶液於儀器所附之兩支試管內。先以光電比色儀，測定前者對波長為 $510m\mu$ 之光線之吸光度（不必記錄），次將指示吸光度之指針調整至（0），然後抽出試管，換上盛有試樣溶液之試管，以測其吸光度，並記錄之。由「吸光度 - 溶液含鐵量（mg）」標準曲線圖（註 D），可直接查出溶液中鐵之含量（mg）。

7-6-2-1-1-4 計算

$$Fe\% = \frac{20w}{W \times V} \quad （註 E）$$

w ＝溶液含鐵量（mg）

W ＝試樣重量（g）

V ＝第（4）步所吸取溶液之體積（ml）

7-6-2-1-1-5 附註

（A）（B）（C）

(1) 鐵被 HCl 溶解成 Fe^{+2} 後，唯恐少量 Fe^{+2} 被空氣氧化成 Fe^{+3}，故加鹽酸羥胺（$NH_2OH \cdot HCl$），使 Fe^{+3} 還原成 Fe^{+2}。

(2) 1,10-Phenanthroline，簡稱 Phen，分子式：$C1_2H_8N_2$，本書音譯為「菲南透林」，其他文獻則另稱：「1,10– 鄰二氮雜菲」、鄰二氮菲、鄰菲羅啉、鄰菲囉啉、鄰菲咯啉……等。

1,10-Phenanthroline，係白色結晶狀，溶於水、苯、酒精及丙酮等，是一種常用的氧化還原指示劑。它是一個雙齒基雜環化合物配體，會與大多數金屬離子形成穩定的配合物。

鄰二氮菲最常用於分光光度法測定鐵。在 pH ＝ 4.6 左右，能完全與 Fe^{+2} 化合成穩定的橙紅色「鄰二氮菲亞鐵離子（$[Fe(phen)_3]^{2+}$）」複合離子，Ferroin。可通過分光光度法來分析。最大吸收峰在 508nm。該法選擇性高。氧化型 $[Fe(phen)_3]^{3+}$ 則顯示淺藍色。

Ferroin，本書音譯為「菲洛因」，其他文獻則另稱：鄰二氮菲亞鐵離子、鄰菲咯啉亞鐵離子、鄰 –二氮雜菲亞鐵錯合物、亞鐵靈……等。

Ferroin 是由三個鄰 – 二氮雜菲和一個 Fe^{+2} 組成的錯合物。鄰 – 二氮菲亞鐵錯合物可以被氧化為鄰 – 二氮菲鐵錯合物。因此可以在氧化態與還原態之間轉換，造成顏色的變化：

$$Fe(C_{12}H_8N_2)_3{}^{+3} + e^- \rightleftarrows Fe(C_{12}H_8N_2)_3{}^{+2}$$

鄰－二氮雜菲分子結構式和立體結構圖、Ferroin 氧化態與還原態之變化以及 Ferroin 立體結構圖如下：

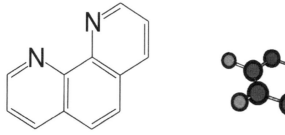

圖 1　鄰二氮雜菲結構式

圖 2　鄰二氮雜菲立體結構圖

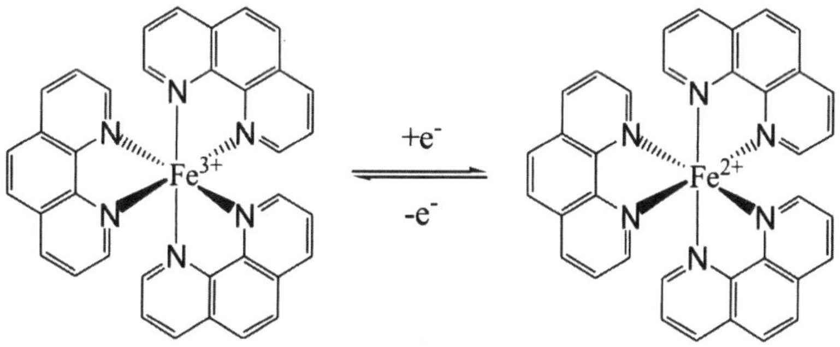

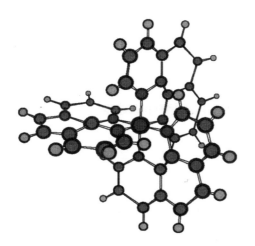

圖 3　Ferroin 氧化態與還原態變化

圖 4　Ferroin 立體結構圖

(3) 一個鄰－二氮雜菲分子 (Phen) 有二個氮原子，而一個氮原子上皆有一對未共用電子對，所以一個 Phen 分子可以提供兩對未共用電子對，因此為一種雙牙基配體。所以一個 Fe_2^+ 可以跟三個 Phen 配位，所以 Ferroin 的配位數為 6，形成一個八面體錯合物。

圖 5　八面體錯合物結構式　　　　　**圖 6　八面體錯合物立體結構**

(4) 加入 1,10-Phenanthroline 試液後，溶液若不立刻變色，表示 pH 太低，應予調整至 pH4.6 左右。

(5) 欲得準確的化驗結果，各種藥劑用量務必確實。所呈顏色在 48 小時內很安定。

(6) 在 pH2～9 之間，呈色很完全；若 pH＜2，則呈色很慢，且顏色很弱。

(7) 許多元素，在 pH2～9 之間，亦能與 1,10-Phenanthroline 產生很穩定之複合物，因此在進行呈色反應時，對於這些元素在溶液內之濃度（ppm）應加以限制，否則會產生干擾；譬如 Cd＜50、Zn＜10、Cu＜10（pH2.5～4）、Ni＜2、Co＜10（pH3～5）、Sn^{+2}＜2（pH2～3）、Sn^{+4}＜10（pH2.5）、W＜5（WO_4^{-2} 能減低顏色強度）以及 P＜20（PO_4^{-3} 能阻礙呈色反應）等。

（D）「吸光度－溶液中鐵之含量（mg）」標準曲線之製法：

(1)「溶液－A」之製備：

用吸管吸取 10ml 標準鐵溶液於 500ml 量瓶內→加水稀釋至刻度（1ml＝0.02mg Fe）→用吸管分別吸取 0ml（即空白試驗）、5ml、10ml、15ml、20ml 及 25ml 溶液（除空白試液外每種取兩份）於十一個 100ml 量瓶內。

(2)「溶液－B」之製備：

用吸管吸取 1ml 標準鐵溶液於 500ml 量瓶內→加水稀釋至刻度（1ml ＝ 0.002mg Fe）→用吸管分別吸取 10ml、25ml、40ml 以及 50ml 溶液（每種取兩份）於八個 100ml 量瓶內。

(3)於上述十九個量瓶中，每瓶加入 1ml 鹽酸羥胺（10%）→均勻混合 →分別加水稀釋成約 80ml →各加 10ml 菲南透林溶液（0.25%）→混合後，分別加水稀釋至刻度→混合均勻→擱置最少 15 分鐘。

(4)於每一瓶中，分別量取約 5ml 溶液於儀器所附之試管內。

(5)先以光電比色計，測定空白溶液（即盛 0ml「溶液－A」之試管）對波長為 510mμ 之光線之吸光度（不必記錄），次將指示吸光度之指針調整至（0），然後，抽出試管，依次換上其餘 18 支試管，測定其吸光度，並記錄之。

(6)記錄其結果如下：

溶液種類	試液使用量 (ml)	吸光度	w ＝溶液含鐵量 (mg)
溶液 A	0	0	0
	5		0.1
	10		0.2
	15		0.3
	20		0.4
	25		0.5
溶液 B	50		0.10
	40		0.08
	25		0.05
	10		0.02

(7)以「吸光度」為縱軸，「溶液含鐵量（mg）」為橫軸，作其關係曲線圖。

（E）

$$Fe\% ＝ \frac{w（mg）\times 1（g）/1000（mg）}{W（g）\times V(ml) / 200(ml)} \times 100 ＝ 20 \times w / W \times V$$

7-6-2-1-2 市場鉛（註 A）之 Fe

7-6-2-1-2-1 應備儀器：光電比色儀

7-6-2-1-2-2 應備試劑

(**1**) **標準鐵溶液**（1ml ＝ 0.02mg Fe）

稱取 0.1405g 硫酸銨亞鐵〔$Fe(NH_4)_2 (SO_4)_2 \cdot 6H_2O$〕（純結晶）於 1000ml 量瓶內→加 100ml HCl（1：19）→加水稀釋至刻度（此液需於使用前配製）。

(**2**) 「**醋酸鈉 – 醋酸**」**緩衝溶液**

稱取 270g 無水醋酸鈉於 1000ml 量瓶內→加 500ml H_2O →加 240ml 醋酸→冷卻→加水稀釋至刻度。

(**3**) **鹽酸羥胺**（1%）

稱取 1g 鹽酸羥胺（$NH_2OH \cdot HCl$）於 100ml 量瓶內→加水稀釋至刻度。

(**4**) **菲南透林**（0.25%）：同 7-6-2-1-1-2 節。

(**5**) **純鉛粉**（Cu＜0.0001%，Ni＜0.001%、Fe＜0.001%）。

7-6-2-1-2-3 分析步驟

(1)視 Fe 含量之多寡，至少稱足 2.00g 試樣（註 B）於 125ml 圓錐瓶內。另備一瓶，供做空白試驗。

(2)加 10ml HNO_3（1：3）。蓋好，加熱溶解之。

(3)加 5ml $HClO_4$。蒸發濃縮成 2ml。

(4)加 40ml H_2O。視試樣含銅量，加約 1 ～ 5g 純鉛粉（註 C）。蓋好，緩緩沸騰 15 分鐘。

(5)使用較細密之慢濾紙，以傾泌法（Decantation）過濾。用水沖洗杯內及濾紙上之沉澱 3 次。沉澱棄去。聚濾液及洗液於 100ml 量瓶內。

(6)加水稀釋成 50 ～ 60ml，然後一面攪拌一面依次加 25ml「醋酸鈉 – 醋酸」緩衝溶液（註 D）、2ml 鹽酸羥胺（1%）（註 E）及 10ml 菲南透林（0.25%）（註 F）。加水稀釋至刻度。

(7)分別量取約 5ml 空白溶液及試樣溶液於儀器所附之兩支試管內，先以光電比色儀測定前者對波長為 490mμ 之光線之吸光度（不

必記錄），次將指示吸光度之指針調整至（0），然後抽出試管，換上盛有試樣溶液之試管，以測其吸光度，並記錄之。由「吸光度 – 溶液含鐵量（mg）」標準曲線圖（註 G），可直接查出「溶液含鐵量（mg）」。

7-6-2-1-2-4 計算

$$Fe\% = \frac{w}{10\ W}$$

w ＝溶液含鐵量 (mg)

W ＝試樣重量（g）

7-6-2-1-2-5 附註

（A）市場鉛之純度，約為 99.5 ～ 99.99，其經常所含雜質計有 Sn、Sb、Bi、Cu、As、Al、Zn、Ni、Ag、S、Cd 及 Fe 等；Fe 含量約 < 0.005%。

（B）稱取試樣多寡，以試樣含鐵量而定；總之，在第（7）步測定吸光度時，每 100ml 溶液之含 Fe 重量，應在 0.012 ～ 0.24mg 之間；但不論含 Fe 百分率多少，最少應稱足 2.00g 試樣。

（C）（1）參照 7-6-2-1-1-5 節附註（A）（B）（C）。

　　（2）因 Cu^{+2} 會妨礙第（6）步 Fe^{+2} 的呈色反應，故需先予除去。

　　（3）$Pb = Pb^{+2} + 2e^-$（氧化還原電位＝ 0.12）

　　　　$Cu = Cu^{+2} + 2e^-$（氧化還原電位＝－ 0.337）

　　　　$Fe^{+2} = Fe^{+3} + 2e^-$（氧化還原電位＝－ 0.771）

　　　　由上列三式可知，鉛粉加於 Cu^{+2} 溶液內，可將 Cu^{+2} 還原成金屬銅，而與過剩的 Pb 同時濾掉。而 Fe^{+3} 則被還原成 Fe^{+2}。

（D）（E）（F）

　　（1）參照 7-6-2-1-1-5 節附註（A）（B）（C）。

　　（2）「醋酸鈉 – 醋酸」緩衝溶液，可保持試樣溶液於 pH ＝ 4.6 左右之酸度。

（G）「吸光度 – 溶液含鐵量 (mg)」標準曲線圖之製法：

(1) 分別量取 0ml（即空白試驗）、1.0ml、2.0ml、4.0ml、8.0ml 及 12ml 標準鐵溶液（1ml ＝ 0.02mg Fe）於六個 100ml 量瓶內，當作試樣。

(2) 一面攪拌，一面依次加入 60ml H_2O、10ml「醋酸鈉－醋酸」緩衝溶液、2ml 鹽酸羥胺（1%）及 5ml 菲南透林溶液（0.25%）於每一瓶內，然後分別加水稀釋至刻度。

(3) 依照 7-6-2-1-2-3 節（分析步驟）第(7)步所述之方法，測定其吸光度。

(4) 記錄其結果如下：

標準溶液使用量 (ml)	吸光度	溶液含鐵量 (mg)
0	0	0
1.0		0.02
2.0		0.04
4.0		0.08
8.0		0.16
12.0		0.24

(5) 以「吸光度」為縱軸，以「溶液含鐵量（mg）」為橫軸，作其關係曲線圖。

7-6-2-1-3 市場錫、錫合金及鉛合金（註 A）之 Fe

7-6-2-1-3-1 應備儀器：光電比色儀

7-6-2-1-3-2 應備試劑：

（1）～（5）：〔（1）標準鐵溶液（2）「醋酸鈉－醋酸」緩衝溶液（3）鹽酸羥胺（1%）（4）菲南透林（0.25%）（5）純鉛粉〕：同 7-6-2-1-2-2 節（市場鉛之 Fe）

（6）「氫溴酸（HBr）－溴水（Br_2）」混合液

量取 80ml HBr 於 200ml 三角燒杯內→加 20ml 溴水→混合均勻。

7-6-2-1-3-3　分析步驟

(1) 視 Fe 含量之多寡，至少稱足 2.00g（註 B）試樣於 250ml 廣口燒瓶內。

(2) 加足 20ml「HBr-Br_2」混合液。蓋好，緩緩加熱，至試樣溶解完全。（註 C）

(3) 俟溶解完畢後，加 10ml $HClO_4$。置於通風櫃內，以火焰加熱，趕

盡 $SnBr_4$ 及 $SbBr_3$。當濃白色之 $HClO_4$ 煙出現時（註 D），再緩緩
且間歇性的加熱，以分解可能生成之 $PbBr_2$ 沉澱。

(4) 若 $SnBr_4$ 已被趕盡，而 $PbBr_2$ 之沉澱仍未被完全分解成過氯酸
鉛 $[Pb(ClO_4)_2]$ 而溶解時，則可加數滴 HNO_3，再緩緩且間歇性
的加熱，以分解 $PbBr_2$。（HNO_3 不可加入太多，以免過度消耗
$HClO_4$。）

(5) 若 HBr 被趕盡，而溶液仍呈雲霧狀，表示銻仍未被驅盡，則需另
加 5ml HBr，並緩緩加熱驅逐之；如此，可繼續數次，直至溶液澄
清為止。最後將 HBr 悉數趕盡，並將溶液濃縮成 2ml。

(6) 加 40ml H_2O，然後視試樣含銅量，加約 1 ～ 5g 純鉛粉。蓋好，緩
緩沸騰 5 分鐘。

〔以下操作同 7-6-2-1-2-3 節，從第（5）步開始做起〕

7-6-2-1-3-4 計算：同 7-6-2-1-2-4 節。

7-6-2-1-3-5 附註

註：除下列附註外，另參照 7-6-2-1-1-5 及 7-6-2-1-2-5 節附註。

（A）錫合金主由 Pb、Cu、Sb 及 Sn 等元素所組成，如軟焊條及減摩合金。
減摩合金又稱巴比特合金（Babbitt metal），含 65-90%Sn。若另加各
種比例之 Cu、Sb，可作機器軸承，故又稱軸承合金（Bearing alloy）。
錫合金通常所含之雜質，計有 Bi、As、Al、Zn、Ni、Ag 及 Fe 等。其中
Fe 含量約在 0.05% 以下。

（B）參照 7-6-2-1-2-5 節附註（B）。

（C）

(1) 試樣含 Sn 量很多時，除加 20ml「$HBr-Br_2$」混合液外，不妨另
外多加數滴溴水，以加速試樣之溶解，或促進使錫氧化成錫酸
（H_2SnO_3）之速度。

(2) 加熱不可太急，溫度亦不可過高，同時必須蓋好，以免 Br_2 逸去過
速，而妨礙溶解作用。

（D）「Br_2-HBr」混合液與試樣所含之 Sb 及 Sn 作用，生成 $SbBr_3$ 及 $SnBr_4$，

其沸點分別為 280℃及 203℃，於高溫時（HClO$_4$ 發煙時，溫度已超過 300℃），均可成氣體而逸去。

7-6-2-1-4 市場銻（註 A）之 Fe

7-6-2-1-4-1 應備儀器：光電比色儀

7-6-2-1-4-2 應備試劑：同 7-6-2-1-3-2 節

7-6-2-1-4-3 分析步驟

(1) 視 Fe 含量之多寡，至少稱 2.00g（註 B）試樣於 175ml 結晶淺盤（Crystallizing disk）內。

(2) 加 20ml「HBr-Br$_2$」混合液及數滴溴水。蓋好，緩緩加熱至試樣完全溶解（註 C）。

(3) 俟試樣溶解完畢，用玻璃鉤（Glass hook）提高蓋子之一端，而打開一小口，置於通風櫃內之電熱板上（表面溫度約為 175 ～ 200℃）（註 D），蒸發濃縮至 3 ～ 4ml。

(4) 蓋好，再繼續蒸發，至恰好乾燥為止（但不可燒烤。）（註 E）

(5) 稍冷後，以 10ml HBr 洗淨杯緣，再依第 (3) (4) 兩步所述之方法蒸發之（在剛開始沸騰時，仍須蓋好，以免溶液濺出。）

(6) 加 2ml HBr 及 5ml HClO$_4$，然後於火焰上加熱濃縮至 2ml，且 HBr 悉數趕盡為止。

(7) 加 40ml H$_2$O。視試樣含 Cu 量之多寡，加約 1 ～ 2g 純鉛粉（註 F）。蓋好，緩緩沸騰 15 分鐘。

〔以下操作同 7-6-2-1-2-3 節，從第 (5) 步開始做起〕

7-6-2-1-4-4 計算：同 7-6-2-1-2-4 節

7-6-2-1-4-5 附註

（A）市場銻之純度約為 99 ～ 99.9%，通常所含雜質，計有 Pb、Sn、Sb、Bi、Cu、As、Al、Zn、Ni、Ag、S 及 Fe 等。Fe 含量約在 0.05% 以下。

（B）（C）分別參照 7-6-2-1-2-5 節附註（B）、7-6-2-1-3-5 節附註（C）。

（D）（E）若蒸發溫度過高，或時間過長，則 Fe、Cu、Ni 等元素皆能成溴化物（Bromide）揮發而去。依據文獻記載，各為 0.5mg 之 CuBr$_2$、

FeBr$_2$ 及 NiBr$_2$，分別置於開口燒杯內，在表面溫度為 400℃之電熱板上，加熱 10 分鐘，25%CuBr$_2$、5%FeBr$_2$ 及 5%NiBr$_2$，即因揮發而損失，故電熱板之溫度及蒸發時間，不可不注意。

（F）參照 7-6-2-1-2-5 節（附註 C）。

7-6-2-2 硫氰化物法（Thiocyanate method）

7-6-2-2-1 市場銅或銅合金（註 A）之 Fe

7-6-2-2-1-1 應備儀器：光電比色儀及電解器

7-6-2-2 -1-2 應備試劑

（1）**氨基磺酸**（Sulfamic acid, HOSO$_2$NH$_2$）（10%）

稱取 100g 氨基磺酸（純結晶）於 1000ml 燒杯內→加 800ml H$_2$O →攪拌溶解之（此時若有雜質，應予濾去）→加水稀釋至 1000ml。

（2）HNO$_3$（1：1）

量取 250ml HNO$_3$（1.42）→加 240ml H$_2$O →通 15 分鐘純淨氧氣（註 B）→加 10ml 上項氨基磺酸（10%）→再通 15 分鐘純淨氧氣（註 C）。

（3）**標準鐵溶液**（1ml ＝ 0.10mg Fe）

稱取 3.512g 硫酸銨亞鐵 [Fe(NH$_4$)$_2$(SO$_4$)$_2$・6H$_2$O] 於 1000ml 量瓶內→加 20ml 上項 HNO$_3$（1：1）→加水稀釋至刻度→混合均勻→量取 50ml 溶液於 250ml 量瓶內→加水稀釋至刻度→混合均勻。

（4）H$_2$O$_2$（3%）

量取 10ml H$_2$O$_2$（30%）於 100ml 暗色瓶內→加水稀釋至 100ml →貯於冷處。

（5）**硫氰化銨**（NH$_4$CNS）**溶液**

稱取 115g NH$_4$CNS 於 1000ml 量瓶內→加 300ml H$_2$O，並攪拌溶解之（若有雜質應予濾去）→加水稀釋至 1000ml →貯於暗色瓶內。

（6）**「硫酸－硝酸」混合液**

　　　　量取 1250ml H_2O 於 2500ml 燒杯內→一面攪拌一面慢慢加入 500ml H_2SO_4（1.84）→冷卻→加 350ml HNO_3（1.42）→混合均勻。

7-6-2-2-1-3 分析步驟

（一）試樣處理

　　(1) 稱取 1.0g 試樣於 200ml 電解燒杯內。另取一杯，供作空白試驗。

　　(2) 依照下表，加入適量溶劑（註 D），以溶解試樣。

試樣含 Sn、Si 及 Pb 量（%）	溶劑之種類與使用量
Sn＜0.5 Si＜0.01	13ml HNO_3
Sn＜0.5 Si＜0.01 Pb＜0.1	25ml「HNO_3-H_2SO_4」混合液

　　(3) 俟試樣溶解後，加 25ml H_2O 及少許濾紙屑，緩緩煮沸 2～3 分鐘。

　　(4) 保持於 60～75℃之溫度，擱置至上部液層澄清為度。

　　(5) 用中速濾紙（Medium paper）過濾。用熱 HNO_3（2：98）洗滌數次。濾液及洗液暫存於 200ml 電解燒杯內。

　　(6) 將沉澱（註 E）連同濾紙移於原燒杯內，依次加 3ml HNO_3 及 5ml $HClO_4$。蓋好，緩緩加熱，至濾紙消失後，蒸至冒出濃白過氯酸煙。

　　(7) 冷卻後，加 10ml HBr（註 F），然後蒸發濃縮至 1ml。此時，若溶液仍未澄清，則再加 10ml HBr，並重新濃縮成 1ml；如此重覆蒸發濃縮，直至溶液澄清後，再繼續蒸發至恰好乾燥（但不可燒烤）（註 G）。

　　(8) 加 2ml HNO_3（1：1）及 5ml H_2O，再緩緩加熱。待可溶鹽溶解後，將溶液合併於第(5)步之濾液及洗液內。

　　(9) 緩緩加熱，以趕盡棕煙（註 H）。

　　(10) 將蓋子沖洗乾淨後，加水稀釋成約 150ml。加入 1～2 滴 HCl（1：9），然後電解之。

（二）電解手續：

(1) 同 6-6-2-1-2 節或 14-6-4-1-2-2 節。惟電解時間改為約 15 分鐘；電流改為 1～2 安培。在電解快完畢以前，加 5ml 氨基磺酸（10%）（註 I）。俟電解完畢（即 Cu、Pb 除盡）後，將陰陽極之沉澱棄去。所遺電解液供第（三）步呈色反應之用。

（三）呈色反應：

(1) Fe < 0.10%。

①將上項電解後之遺液，蒸發濃縮至約 140ml。

②冷至室溫後，移溶液於 200ml 量瓶內。一面攪拌一面依次加入 1ml H_2O_2（3%）（註 J）、4ml NH_4CNS 溶液（註 K）。然後加水稀釋至刻度（註 L），並徹底混合之，以備第（四）步吸光度之測定。

(2) Fe > 0.10%

①將上項電解後之遺液移於 200ml 量瓶內，加水稀釋至刻度，並混合均勻。

②吸取適量體積（使含 Fe 量在 1.0mg 以下為度）於 200ml 量瓶內。所取溶液之體積（ml）以（V）代之，以備計算。

③加入足量之 HNO_3（1：1），使溶液內之總 HNO_3 量達 10ml。加水稀釋成約 150ml，然後一面攪拌一面緩緩依次加入 1ml H_2O_2（註 M）（3%）、40ml NH_4CNS 溶液（註 N），最後加水稀釋成 200ml（註 O），並徹底混合，以備第（四）步吸光度之測定。

（四）吸光度之測定

分別吸取空白溶液及試樣溶液於儀器所附之兩支試管內，先以光電比色儀，測定前者對光波為 480mμ 之光線之吸光度（不必記錄），次將指示吸光度之指針調整至（0），然後抽出試管，換上盛有試樣溶液之試管，以測其吸光度，並記錄之，以備計算。由「吸光度－溶液含 Fe 量（mg）」標準曲線圖（註 P），即可直接查出「溶液含 Fe 量（mg）」。

7-6-2-2-1-4 計算（註 Q）

(1) 試樣溶液全部供作試驗時〔如分析步驟第（三）－（1）－②步〕：

$$Fe\% = \frac{w}{10\ W}$$

w ＝溶液含 Fe 量（mg）

W ＝試樣重量（g）

（2）若僅取 $\dfrac{V}{200}$ ml 溶液，供做試驗時〔如分析步驟第

（三）-（2）-②步〕：

$$Fe\% = \frac{20w}{V \times W}$$

V ＝第（三）–（2）–②步所取溶液之體積（ml）

w ＝溶液含 Fe 量（mg）

W ＝試樣重量（g）

7-6-2-2-1-5 附註

（**A**）一般銅合金之 Fe 含量約在 4% 以下。

（**B**）（**C**）（**H**）

較低級之氮氧化物（如 $NO_2{}^-$）有礙 7-6-2-2-1-3 節（分析步驟）第（二）步之電解，〔參照 6-2-2-1-5 節附註（A）〕，故需通入氧氣，使其氧化成高級氧化物；或藉加熱法，趕盡之。

（**D**）因 H_2SO_4 能使呈色減退，而降低分析結果，故溶解試樣時，若加入 H_2SO_4，則於「吸光度 - 溶液含 Fe 量（mg）」標準曲線圖之製作時，亦應另加同量 H_2SO_4。

（**E**）因 Fe^{+3} 易被錫酸吸附，一併下沉，故需將沉澱再處理一次。

（**F**）（**G**）參照 7-6-2-1-3-5 節附註（C）、（D），以及 7-6-2-1-4-5 節附註（D）（E）。

（**H**）（**I**）

（1）參照附註（B）（C）（H）。

（2）電解時，溶液內之 $NO_3{}^-$ 易在陰極生成各種低級氮氧化物，其中一

種就是能防礙銅之電解作用之 NO_2^-：

$$NO_3^- + 2H^+ + 2e^- \rightarrow NO_2^- + H_2O$$

故宜加少許氨基磺酸（$H_2SO_2NH_2$），或少許尿素。依據文獻報告，在電解完畢前 15 分鐘左右，加入氨基磺酸（5 ～ 10%），能消除 NO_2^-，有助於微量 Cu^{+2} 之沉積。另外，在無 Sn 及其他少量干擾元素存在之 HNO_3 溶液內，加入微量（1 ～ 2 滴）HCl（稀），不僅能阻止少量 Mo 之干擾，且對 Cu 及 Pb（陽極沉澱為 PbO_2）之同時電解，極有助益。

(J)(K)(M)(N)

(1) 在酸性溶液內，CNS^- 能與 Fe^{+3} 生成紅色之複合鹽：

$$3CNS^- + Fe^{+3} \rightarrow Fe(CNS)_3（血紅色）$$

影響顏色強度之因素，除了 Fe^{+3} 之濃度外，尚與下列因素有關：

①呈色時，溶液含酸之濃度及種類。

②干擾雜質之濃度及種類。

③呈色後放置之時間。

④ SCN^- 過量之程度。

⑤呈色後是否曝光（因為光線能促使 CNS^- 與 Fe^{+3} 發生氧化還元作用）。

(2) 在酸性溶液中，F^-、PO_4^{-2}、AsO_3^{-3}、$C_2O_4^{-2}$、IO_3^-、SO_3^{-2}、CN^-、H_2S、SO_4^{-2} 及 NO_2^- 等，均能干擾 $Fe(CNS)_3$ 之呈色反應，或使 $Fe(CNS)_3$ 褪色，或與 CNS^- 生成另一種顏色之複合離子，故溶液中，應避免含有這些離子。

(3) CNS^- 在酸性溶液中，易生成異二硫氰酸（Isodisulfocyanicacid），而將 Fe^{+3} 還原成 Fe^{+2}；另外 SO_3^{-2}，NO_2^-、H_2S 等，亦能將 Fe^{+3} 還原成 Fe^{+2}，致呈色反應減褪。然而在加 CNS^- 呈色劑前，若先加 H_2O_2 或 $S_2O_8^{-2}$ 等強氧化劑，則能使呈色反應趨於完全。另外，光線亦可促進氧化還原作用，故呈色後之溶液，應與光線隔絕。在 H_2O_2 之存在下，若溶液不直接被光線照射，則溶液在呈色後 30

分鐘內很安定。

(4) Fe(CNS)$_3$ 亦 能 藉 戊 醇（Amyl alcohol）、戊 醇 醚（Amyl alcohol ether）、醋酸乙酯（Ethyl acetate）、或異丁醇（Isobutyl alcohol）等有機物萃取之，其中尤以異丁醇為主，因它能增進顏色之穩定性。

(5) 一般銅合金所含元素之量，若在日常規定之百分限度內，對本法不會產生干擾。

（L）（O）此時 200ml 溶液之含 Fe 量，以 0.06 ～ 1.20mg 為宜。因 Zn^{+2} 亦能和 CNS$^-$ 生成對於呈色稍具還原性之無色複合離子，故此時溶液應儘量避免含太多之 Zn^{+2}（根據文獻報告，此時 200ml 溶液中，如有 0.4g Zn 存在，所測得之含鐵量將減少 2%）。

（P）「吸光度 - 溶液含 Fe 量（mg）」標準曲線圖之製作：

(1) 分別量取 0.0ml（即空白試驗）、1.0ml、2.0ml、4.0ml、6.0ml、8.0ml 及 10.0ml 標準鐵溶液（除 0.0ml 外，每種取二份）於十三個 200ml 量瓶內，當做試樣。

(2) 一面攪拌，一面依次加入 10ml HNO$_3$（1：1）（已通純氧氣）、100ml H$_2$O、1ml H$_2$O$_2$（3%）及 40ml NH$_4$CNS（11.5%）（試樣分析過程中，若曾加 H$_2$SO$_4$，此時亦應加等量之 H$_2$SO$_4$），然後加水稀釋成 200ml，並徹底混合之。

(3) 依分析步驟第（四）步（吸光度之測定）所述之方法，依次測其吸光度。

(4) 記錄其結果如下：

標準溶液使用量 (ml)	吸光度	溶液含 Fe 量 (mg)
0	0	0
1.0		0.10
2.0		0.20
4.0		0.40
6.0		0.60
8.0		0.80
10.0		1.00

(5) 以「吸光度」為縱軸，以「溶液含 Fe 量（mg）」為橫軸，作其關係

曲線圖。

（Q）分別參照：7-6-2-1-1-5 節附註（E）與 7-6-2-1-2-4 節附註（H）。

7-6-2-2-2 市場鋅（註 A）之 Fe

7-6-2-2-2-1 應備儀器：光電比色儀

7-6-2-2-2-2 應備試劑

（1）鋅粉（Fe% < 0.001）（註 B）

（2）標準鐵溶液（1ml = 0.05mg Fe）：

　　　稱取 0.050g 鐵粉（註 C）於 100ml 燒杯內→加 50ml HNO$_3$（1：3）溶解之→煮沸至黃煙驅盡→冷卻→移溶液於 1000ml 量瓶內→加水稀釋至刻度→混合均勻。

（3）H$_2$O$_2$（3%）：同 7-6-2-2-1-2 節

（4）硫氫化銨溶液：

　　　稱取 300g 硫氫化銨（NH$_4$CNS）→以 300ml H$_2$O 溶解之（若有雜質沉澱，應予濾去）→加水稀釋至 1000ml →貯於暗色瓶內。

7-6-2-2-2-3 分析步驟

（1）稱取 1.0g（註 D）試樣及 1.0g 鋅粉（供做空白試驗），各置於一150ml 燒杯內。

（2）加 20ml HNO$_3$（1：3）溶解之。

（3）俟溶解完畢後，置於電熱板上煮沸，以驅盡黃煙。

（4）冷卻後，移溶液於 100ml 量瓶內。

（5）加水稀釋至約 50ml，然後一面攪拌，一面依次加 1ml H$_2$O$_2$（3%）及 20ml NH$_4$CNS 溶液，然後加水稀釋至刻度（註 E），並徹底混合之。

〔以下操作同 7-6-2-2-1-3 節，從第（四）步開始做起〕

7-6-2-2-2-4 計算：同 7-6-2-2-1-4 節

7-6-2-2-2-5 附註

　　　註：除下列各附註外，另參照 7-6-2-2-1-5 節有關各項附註。

（**A**）市場鋅經常所含雜質計有 Pb、Cd 及 Fe 等。其中 Fe 含量約為 0.001 ～ 0.1%。

（**B**（**C**） 鋅粉可採用諸如美國標準局所製 NBS 或日本 JIS 標準鋅粉。銻粉可採用美國 NBS, NO.551 或日本 JIS 標準鐵。

（**D**）若 1.0g 不足以代表試樣之成分時，亦可稱取 25g，再於第（4）步冷卻後，移溶液於 100ml 量瓶內，加水稀釋至刻度，然後量取 4ml 溶液（相當於 1g 試樣）於 100ml 量瓶內，再繼續從第（5）步開始做起。

（**E**）此時 100ml 溶液之含 Fe 量以 0.04 ～ 0.8mg 為宜，否則應於第（4）步調整之。

（**F**）「吸光度 – 溶液含 Fe 量（mg）」標準曲線圖之製作法：

（1）分別量取 0.0ml（即空白試驗）、1.0ml、2.0ml、3.0ml、4.0ml、5.0ml、6.0ml 及 7.0ml 標準鐵溶液(1ml ＝ 0.05mg Fe)於八個 150ml 燒杯內，每杯各加 1g 鋅粉，當作試樣，然後依照 7-6-2-2-2-3 節（分析步驟）所述之方法，測其吸光度。

（2）記錄其結果如下：

標準鐵溶液使用量 (ml)	吸光度	溶液含 Fe 量 (mg)
0.0	0	0
1.0		0.05
2.0		0.10
3.0		0.15
4.0		0.20
5.0		0.25
6.0		0.30
7.0		0.35

（3）以「吸光度」為縱軸，「溶液含 Fe 量（mg）」為橫軸，作其關係曲線圖。

7-6-2-3 水楊酸鹽法：適用於銅鎳（Cu-Ni）合金與銅鎳鋅 Cu-Ni-Zn）合金（註 A）之 Fe。

7-6-2-3-1 應備儀器：光電比色儀

7-6-2-3-2 應備試劑

（**1**）純銅粉（Fe ＜ 0.001%）。

（**2**）**純鎳粉**（Fe ＜ 0.02%）。

（**3**）**純錳粉**（Fe ＜ 0.1%）。

（**4**）**標準鐵溶液**（1ml ＝ 0.5mg Fe）：同 7-6-2-2-2-2 節；唯鐵粉用量改為 0.500g。

（**5**）**水楊酸鈉緩衝溶液：**

稱取 5g 水楊酸鈉（Sodium salicylate）於 1000ml 燒杯內 → 加 15g 醋酸銨 → 加少量水溶解之 → 加 250ml 醋酸 → 加水稀釋至 1000ml → 混合均勻。

7-6-2-3-3 分析步驟

（1）稱取 1.00g 試樣於 250ml 燒杯內。另取同樣燒杯一個，分別加 0.7g 純銅粉，0.3g 純鎳粉，及 0.006g 純錳粉，供做空白試驗。

（2）加 10ml HNO₃（1：1），緩緩加熱，以溶解杯內各種金屬。俟溶解作用完全後，再煮沸至黃煙趨盡。

（3）冷卻後，移溶液於 500ml 量瓶內，加水稀釋至刻度，並混合均勻之。吸取 50ml 於 100ml 量瓶內。

（4）加 20ml 水楊酸鈉緩衝溶液（註 B），混合均勻後，加水稀釋至刻度（註 C）。

（5）分別量取約 5ml 空白溶液及試樣溶液於儀器所附之兩支試管內，先以光電比色儀測定前者對光波為 520mμ 之光線之吸光度（不必記錄），次將指示吸光度之指針調整至（0），然後將試管抽出，換上盛有試樣溶液之試管，測其吸光度，並記錄之。由「吸光度 - 溶液含 Fe 量（mg）」標準曲線圖（註 D），可直接查出「溶液含 Fe 量（mg）」。

7-6-2-3-4 計算

$$Fe\% = \frac{w}{10W} \text{（註 E）}$$

w ＝溶液含 Fe 量（mg）

W ＝試樣重量（g）

7-6-2-3-5　附註

（A）Cu-Ni 或 Cu-Ni-Zn 合金亦稱白銅。含 Fe 小於 2% 之 Cu-Ni 或 Cu-Ni 合金均適用本法。

（B）（C）

(1) 加水稀釋 100ml 後，其含 Fe 量應在 0.15 ～ 3mg，才適於下步吸光度之測定，否則應調整第 (3) 步溶液之吸取量。

(2) 因水楊酸鈉緩衝溶液中，含有弱酸（醋酸）及弱酸鹽（如水楊酸鈉、醋酸鈉），故有緩衝作用，可保持此溶液於 pH2.5 ～ 2.8 之間。

(3) 在 pH2.6 ～ 2.8 之溶液中，Fe^{+3} 易和水楊酸鹽：

生成紫水晶色（Amethyst Color）之複合離子。在各種銅鎳合金中，尚無干擾呈色反應之元素，唯若有 Al^{+3} 存在時，則分析結果往往偏低。

（D）「吸光度 – 溶液含 Fe 量（mg）」標準曲線圖之製法：

(1) 預備 6 個 250ml 燒杯，分別加入 0.7g 純銅粉、0.3g 純鎳粉及 0.006g 純錳粉於每一個燒杯內。

(2) 各加 10ml NHO_3（1：1），再緩緩加熱，溶解杯內各種金屬。俟溶解完畢後，再煮沸趕盡黃煙。

(3) 分別吸取 0.0ml（即空白試驗）、2.0ml、4.0ml、6.0ml、10.0ml 及 15.0ml 標準鐵溶液（1ml ＝ 0.5ml Fe）於六個燒杯內。

(4) 將六個燒杯內之溶液分別移於六個 500ml 量瓶內，並加水稀釋至刻度。混合均勻後，分別吸取 50ml 於六個 100ml 量瓶內。

(5) 依照 7-6-2-3-3 節（分析步驟）所述之方法〔從第 (4) 步開始做起〕，分別測定其吸光度。

(6) 記錄其結果如下：

標準鐵溶液之使用量 (ml)	吸光度	溶液含 Fe 量 (mg)
0	0	0
2.0		1.0
4.0		2.0
6.0		3.0
10.0		5.0
15.0		7.00

(7) 以「吸光度」為縱軸，「溶液含 Fe 量」為橫軸，作其關係曲線圖。

7-6-2-4 乙硫醇酸法（Thioglycolic acid method）（註 A）：本法操作簡便又快速。適用於市場銅及銅合金之 Fe。

7-6-2-4-1 應備儀器：光電比色儀

7-6-2-4- 應備試劑

（1）H_2O_2（30%）。

（2）NH_4OH（濃）。

（3）HCl（濃）。

（4）乙硫醇酸（Thioglycolic acid 或 Mercaptoacetic acid）：

稱取 80g 乙硫醇酸（$HSCH_2COOH$）→加 100ml H_2O →攪拌溶解。

（5）檸檬酸（10%）

（6）標準鐵溶液（1ml ＝ 0.1mg Fe）：

稱取 3.512g 硫酸銨亞鐵〔$Fe(NH_4)_2$ $(SO)_4$ • $6H_2O$；純結晶〕於 1000ml 量瓶內→加 20ml HNO_3（1:1）→加水稀釋至刻度→混合均勻。

7-6-2-4-3 分析步驟

(1) 稱取 0.1 ～ 0.15g 試樣於 125ml 圓錐瓶內。

(2) 加 3ml HCl（濃）及 3ml H_2O_2（30%），以溶解試樣（註 B）。

(3) 俟作用緩和後，置於電熱板上煮沸，以驅盡過剩之 H_2O_2（註 C）。

(4) 用冷水冷卻半分鐘後，移溶液於 100ml 量瓶內，並加水稀釋至刻度。

〔若試樣含 Fe 小於 1% 時，則可免去第（5）步，直接從第（6）步開始操作。〕

(5) 用吸管吸取適量溶液於 100ml 量瓶內（所取溶液之含 Fe 量應低於 1.0mg），其體積以 V 代之，以備計算。

(6) 一面攪拌，一面依次加 5ml 檸檬酸 (10%)（註 D）、10ml NH₄OH（濃）（註 E）及 30ml 乙硫醇酸（註 F），然後加水稀釋至刻度（註 G），並徹底混合之。

(7) 分別量取約 5ml 蒸餾水（供做空白試驗）及試樣溶液於儀器所附之試管內，先以光電比色儀測定前者對光波為 530mµ 之光線之吸光度（不必記錄），次將指示吸示度之指針調整至 (0)，然後將試管抽出，換上另一支盛有試樣溶液之試管，以測定其吸光度，並記錄之。由「吸光度－溶液含 Fe 量 (mg)」標準曲線（註 G），可直接查出溶液含 Fe 之重量 (mg)。

7-6-2-4-4 計算

(1) 試樣溶液全部供做試驗時〔參照分析步驟第 (4)～(5) 步〕：

$$Fe\% = \frac{w}{10\ W} \quad （註 H）$$

w ＝溶液含 Fe 量 (mg)

W ＝試樣重量 (g)

(2) 若僅取 V／100ml 供作試驗時〔（參照分析步驟第 (4)～(5) 步〕。

$$Fe\% = \frac{10\ w}{V \times W}$$

V ＝第 (5) 步所吸取溶液之體積 (ml)

w ＝溶液含 Fe 量 (mg)

W ＝試樣重量 (g)

7-6-2-4-5 附註

(A) 凡 Ni < 2%、Mn < 1.5% 之市場銅或銅合金，皆適用本法。本法操作簡便，可在 10 分鐘內得到結果。

(B) 因溶解作用甚猛烈，故不可擱置於熱處。

(C) 當溶液呈暗色糖漿狀，且無輕微氣泡生成時，即表示 H₂O₂ 已趨盡。

（D）（E）（F）

(1) Fe^{+3} 和 $HSCH_2COOH$（具強烈臭味之無色液體）之反應式如下：

$$2Fe^{+3} + 2HS-CH_2-COO^- \rightarrow 2Fe^{+2} + S-CH_2-COO^- + 2H^+$$
$$|$$
$$S-CH_2-COO^-$$

在氫氧化銨溶液中，Fe^{+2} 和 $S-CH_2-COO^-$ 能化合成紅紫色
$$|$$
$$S-CH_2-COO^-$$

之複合物；顏色之深淺與 Fe^{+2} 之濃度成正比，故可供作光電比色。

(2) 干擾離子（如 Cu、Sn）能和檸檬酸化合成很穩定的複合離子，因此不影響鐵之呈色。

（G）「吸光度 – 溶液含 Fe 量（mg）」標準曲線圖之製法：

(1) 分別吸取 1.0ml（即空白試驗）、2.0ml、4.0ml、6.0ml、8.0ml 及 10.0ml 標準鐵溶液（1ml ＝ 0.10ml Fe）於六個 150ml 圓錐瓶內，當作試樣。

(2) 將六個燒杯內之溶液分別移於六個 500ml 量瓶內，並加水稀釋至刻度。混合均勻後，分別吸取 50ml 於六個 100ml 量瓶內。

(3) 依照 7-6-2-4-3 節（分析步驟）所述之方法〔第 (5) 步可免去〕，分別測定其吸光度。

(4) 記錄其結果如下：

標準鐵溶液之使用量 (ml)	吸光度	溶液含 Fe 量 (mg)
1.0	0	0.10
2.0		0.20
4.0		0.40
6.0		0.60
8.0		0.80
10.0		1.00

(5) 以「吸光度」為縱軸，「溶液含 Fe 量（mg）」為橫軸，作其關係曲線圖。

（**H**）參照 7-6-2-1-1-5 節 附註 (E)。

7-6-2-5 2,2'- 重吡啶法（2,2'-Bipyridine method）；適用於市場鎂及鎂合金（註 A）之 Fe

7-6-2-5-1 應備儀器：光電比色儀

7-6-2-5-2 應備試劑

（**1**）**標準鐵溶液**（1ml ＝ 0.01mg Fe）：

　　稱取 0.086g 硫酸銨亞鐵〔$Fe(NH_4)_2 (SO_4)_2 \cdot 12H_2O$，純 結 晶〕於 1000ml 量瓶內→加 100ml H_2O 溶解之→加水稀釋至刻度。

（**2**）**2,2' – 重吡啶**（1%）：

　　稱取 0.2g2,2' - 重吡啶（2,2'-Bipyridine）

　　於 100ml 量瓶內內→加 2ml HCl →加 18ml　H_2O。

（**3**）**Na_2SO_3**（10%）：

　　稱取 10g Na_2SO_3 於 100ml 燒杯內→加 100ml H_2O 溶解之。（溶液超過三天即需重新配製。）

7-6-2-5-3 分析步驟

(1)稱取 1～3g 試樣於 250ml 燒杯內（即所取試樣以含 0.01～0.5mgFe 為度）。另取一同樣之燒杯，供做空白試驗。

(2)加 50ml H_2O，然後每克試樣加 7ml HCl（濃）,再過量 5ml,以溶解之（註 B）。

(3)俟溶解作用完畢後,置於電熱板上,煮沸至近乾,再於水浴鍋上,蒸煮至乾。稍冷後,加 20ml HCl（1：9）,以溶解殘質。

〔若試樣含 Fe 小於 0.12mg、Al 小於 20mg,則可免去第（4）～（6）步,直接從第（7）步開始操作。〕

(4)冷卻後,移溶液於 100ml 量瓶內,加水稀釋至刻度,並均勻混合之。

(5)吸取適量溶液（即以含 0.01～0.12mg Fe 為度,但 Al 之含量勿大於 20mg）於 150ml 燒杯內。所吸取之體積以 V 代之,以備計算。

(6)蒸發濃縮成 2～5ml。

(7) 冷卻後，一面攪拌，一面分別加 10 ～ 15ml H_2O、2.0ml 2,2'- 重吡啶（1%）（註 C）及 1 ml Na_2SO_3（10%）（註 D）。混合均勻後，靜置 1 ～ 2 分鐘。

(8) 移溶液於 50ml 量瓶內，加 2ml Na_2SO_3（10%）。加水稀釋至刻度，並徹底均勻混合之（此時溶液若呈混濁狀，可用乾濾紙將雜質濾掉。）

(9) 分別量取約 5ml 空白溶液及試樣溶液於儀器所附之兩支試管內，先以光電比色儀，測定前者對光波為 520mμ 之光線之吸光度（不必記錄），次將指示吸光度之指針調整至（0），然後抽出試管換上盛有試樣溶液之試管，測其吸光度，並記錄之。由「吸光度 – 溶液含 Fe 量（mg）」標準曲線圖（註 E），可直接查出「溶液含 Fe 量（mg）」。

7-6-2-5-4 計算（註 F）

(1) 若試樣溶液悉數供做分析時〔參照第（3）～（5）步〕，則

$$Fe\% = \frac{w}{10\ W}$$

w ＝溶液含 Fe 量（mg）

W ＝試樣重量（g）

(2) 若僅取 V/100ml 供作分析時〔參照分析步驟第（4）～（5）步〕，則

$$Fe\% = \frac{10\ w}{V \times W}$$

V ＝第（5）步所取試樣溶液之體積（ml）

w= 溶液含 Fe 量（mg）

W ＝試樣重量（g）

7-6-2-5-5 附註

（A）市場鎂或鎂合金含 Fe 百分率約為 0.002 ～ 0.1%。

（B）因 HCl 與鎂作用劇烈，故應緩緩加入，以免溶液濺出。

（C）（D）

(1) Na_2SO_3 能將 Fe^{+3} 還原成 Fe^{+2}。

(2) 在 pH3 ～ 9 之溶液中，Fe^{+2} 和 2.2'- 重吡啶，易生成粉紅或紫紅色之「芬諾斯 -2,2'- 重吡啶複合物（Fenous-2,2'-Bipyridyl Complex）」；若無氧化作用發生，顏色可保持數小時而不變，故可供光電比色法之測定。

(3) 呈色反應時，pH 值甚為重要，通常調至 pH3 ～ 4；若 pH 值太高，則溶液中之 Al 即有沉澱之危險；若 pH 值太低，則顏色易於褪去，使分析結果偏低。

（E）「吸光度 – 溶液含 Fe 量（mg）」標準曲線之製法：

(1) 分別量取 0.0ml（即空白試驗）、2.0ml、5.0ml、10.0ml 及 15ml 標準鐵溶液（1ml ＝ 0.01mg Fe）於五個 150ml 燒杯內，當做試樣。

(2) 分置於水浴鍋上，蒸煮至乾。

(3) 冷卻後，加 2.0ml HCl 以溶解殘質。〔以下操作，同 7-6-2-5-4 節（分析步驟）所述方法，從第（7）步開始做起〕

(4) 記錄其結果如下：

標準鐵溶液之使用量 (ml)	吸光度	溶液含 Fe 量 (ml)
0	0	0
2.0		0.02
5.0		0.05
10.0		0.10
15.0		0.15

(5) 以「吸光度」為縱軸，「溶液含 Fe 量（mg）」為橫軸，作其關係曲線圖。

（F）參照 7-6-2-1-1-5 節附註（E）。

第八章　鎳（Ni）之定量法

8-1 小史、冶煉及用途

一、小史

　　鎳是人類所知合金元素中，最老之一種。數千年前，當人類還不知鎳是一種金屬元素時，史前人就已使用隕石（Meteoric origin）之鐵 - 鎳合金，來打造他們的金屬物件。

　　世界上第一種人造鎳合金，可能就是中國人所製作的所謂的白銅（White Coppper）。迄今仍存於世的最早的白銅，就是公元前 235 年在古波斯國 Bactria 地方所發行的 Bactrian 錢幣（Bactrian coin），其成份（78%Cu、20%Ni）與美國的五分錢幣（Five-cent coin）（75%Cu、25%Ni）相似。在中國鍛造的白銅試樣傳入歐洲後，未經鍛造的白銅，亦隨後約於公元 1700 年輸入歐洲，供加工之用。

　　瑞典造幣局的冶煉專家 Axel F. Cronstedt 於 1751 年，從一塊被認為沒有什麼價值的，名為 Kupfernikel 礦石中，成功的萃取出一種新的金屬元素，並命名為 Nickel（鎳）。1775 年再度提煉出高純度的此種金屬，乃再度證實鎳金屬元素的存在。

　　十九世紀初葉，歐洲人為了複製中國白銅，鎳才開始被大量使用。此時期所煉製而成之銅 – 鎳 – 鋅合金，稱為德銀（German Silver）或鎳銀（Nickel Silver）。

　　1840 年代，電鍍之實用價值受到肯定，因此在 1870 年代，鎳即被優先使用於德銀之銀電鍍和鎳電鍍。

　　加 Mg、Mn 於鎳金屬中，克服了硫的脆化效應（Embrittling effect），並於 1879 年完成了具展延性和可鍛性之鎳金屬試製後，旋即大量生產，成為主要的基礎工業。十九世紀末葉，含鎳結構鋼便在工業上佔重要地位。至二十世紀，鎳工業就已呈現一片蓬勃的發展，鎳、鎳合金和鎳化合物等，均具有多種重要用途。

二、冶煉

　　鎳與鐵共存於隕石中，其主要礦物為紅砷鎳礦（Nickelite，NiAs）、針硫鎳礦（Millerite，NiS）及硫鎳鐵礦〔Pentlandite，(Ni，Fe)S〕。將礦石煆燒，並以碳還原之，鎳金屬就可成為鐵及其他元素之合金。

　　以 Moud 法精製鎳，即先製成羰化鎳〔Nickel carbonyl，$Ni(CO)_4$〕，再經分解而獲精製鎳。礦石在氧化鐵不被還原之條件下，以氫還原之，製取金屬態鎳，然後將一氧化碳在室溫下，通過被還原之礦石，一氧化碳即與鎳結合成羰化鎳：

$$Ni + 4CO \rightarrow Ni(CO)_4$$

　　羰化鎳為氣體，將其通入分解器中，加熱至 150℃，氣體即分解，而使純金屬態鎳沉積而出；釋出之一氧化碳，可予回收而繼續使用。

三、用途

(一)鎳

　　鎳作成板、管、條、線後，可用在食品工業、化學工業、真空管材料、電池、觸媒、鍍金等。但工業上多用作不銹鋼、耐熱鋼和其他重要合金的合金元素。

(二)鎳合金

　　鎳具有許多優良的性質，若在鎳中加 Cu、Fe、Cr、Mo 等元素，而作成合金時，可得更優良的材料。以 Ni 為主要成分的合金，計有 Ni-Cu 系、Ni-Fe 系及 Ni-Mo 系等合金。

（1）Ni-Cu 合金

　　Ni-Cu 合金在任何配合比下，都可成為固溶體。此種合金富於延展性，故易於冷溫與高溫加工。而且其鑄造性與機械性均優，尤其耐蝕性特強。

　　Ni-Cu 合金當中，蒙納爾合金（monel metal；67%Ni，30%Cu，1～3%Fe 及 Mn）是重要的一種。呈銀白色，耐蝕性優良，韌性強，在常溫、高溫都有很好的機械性質，故易於鑄造與塑性加工；作成線、板、管等，可供作需要耐蝕性的礦山機械、染色機械及化學工業用泵浦等。又因其高溫強度甚大，對過熱水蒸氣的腐蝕及磨耗的抵抗性也高，故適於製作蒸汽閥、汽輪

機葉片等。

另外，在蒙納爾合金內，添加 3 ～ 4%Al 或 Si 時，會產生時效硬化性，而增加強度和耐蝕性。

康史登銅（constantan）是含 40 ～ 50%Ni 之銅合金。因其電阻甚高，在常溫附近的電阻值，幾乎不受溫度的影響而發生變化，故可用於精密的電氣儀器。亦可與 Fe 或 Cu 配合，作成熱電偶（thermo-couple）；由於其電動勢大，而熱電偶的電動勢又大致和溫度成正比，故可供溫度測定之用。

（2）Ni-Fe 合金

Ni-Fe 合金，計有 Invar、Platinite、Elinvar 等。Invar（約含 36%Ni、64%Fe）和 super invar（31 ～ 33%Ni、62 ～ 63%Fe、4 ～ 6%Co）的熱膨脹係數，在常溫附近時近於零，所以又叫做不變鋼，可用於鐘錶、精密機械、測量器等。

Platinite（約含 44 ～ 46%Ni 的鐵合金）的熱膨脹係數是 $8 ～ 9 \times 10^{-6}$，近於白金和玻璃，故可用為電燈泡的封入線。

Elinvar（33 ～ 35%Ni，4 ～ 5%Cr，53 ～ 61%Fe）的彈性係數在常溫附近不會變化，所以用為鐘錶及精密機械之彈簧。

（3）耐蝕性鎳合金

前述之蒙納爾合金是優良的耐蝕性鎳合金。Inconel、Hastelloy、Irium 等合金，也是耐蝕性鎳合金。

Inconel 能耐氧化性酸類或其鹽類之水溶液之腐蝕。Hastelloy 能耐鹽酸之腐蝕；Irium 能耐濃硝酸和濃硫酸之腐蝕。耐蝕性 Ni 合金的化學成分和機械性質，見表 8-1。

表 8-1 耐蝕性鎳合金

合金名稱	化 學 成 分 （%）					抗拉強度（kg /mm²）	硬 度（H）
	Ni	Cu	Fe	Cr	Mo		
Inconel	79.0	0.2	6.5	12		56 ～ 67	130 ～ 170
Hastelloy A	53	-	22	Si 1 Mn 2	22	77 ～ 84	200 ～ 220

| Hastelloy B | 60 | - | 6 | Si 1
Mn 1 | 32 | 91 〜 98 | 210 〜 230 |
| Irium R | 60 | 3 | 8 | 21 | 5 | 70 | 175 〜 220 |

（4）耐高溫氧化性鎳合金

　　Ni-Cr 合金與 Ni-Cr-Fe 合金，在高溫環境下不易氧化，故可供作電熱絲。另外，亦可在這些合金中，再添加 Al、Si、W、Mo、Mn 等。主要耐高溫氧化性鎳合金的種類、化學成分和其用途，見表 8-2。

表 8-2　耐高溫氧化性鎳合金表

| 合金名稱 | 化 學 成 分 （%） | | | | | 最高使用
溫度（℃） | 用 途 |
	Ni	Cr	Mn	Si	C		
Nichrome IV Chromel A	77 〜 79	19 〜 20	2.5	0.5	0.25 以下	1150	電 熱 線
Nichrome I Chromel C	60 〜 65	14 〜 18	1.2	1.5 〜 2	0.1 〜 0.5*	1100	電熱線爐構造用

　　* 其餘為 Fe。

8-2 性質

一、物理性質

　　鎳為銀白色金屬，具微弱黃色光澤，經拋光後，可得極亮之光澤。是強磁體，但 360℃ 以上會失去磁性。耐熱性強。延展性大，在常溫或高溫都能加工。退火狀態的抗拉強度為 40 〜 50 kg /cm²，伸長率 35 〜 45%，硬度 Hv80 〜 100。原子序 28，原子量 58.71，熔點 1455℃，沸點 2730℃，密度（20℃）8.91g/cc。

二、化學性質

（一）氧化態

　　最主要之氧化狀態為 Ni^{+2}，存在於所有的鎳化合物和簡單的鎳鹽中。若鎳溶液含有某些複合劑，則 Ni^{+2} 能被還原成 Ni^+ 和 Ni^0，或被氧化為 Ni^{+3} 和 Ni^{+4}。

Ni^+ 存在於 $K_2[Ni(CN)_3]$、$K_3[Ni(CN)_4]$ 和 NiCN 等物內。$K_2[Ni(CN)_3]$ 之還原性極強，能將硝酸銀、氯化鉛還原為金屬。

$K_3[Ni(CN)_4]$ 可還原為含 Ni^0 之 $K_4[Ni(CN)_4]$。另外，Ni^0 亦存於具有氧化態之 $Ni(CO)_4$ 中。

少數複合物含 Ni^{+3}。Ni^{+4} 則含於 K_2NiF_4、$Na[NiIO_6] \cdot XH_2O$、$K[NiIO_6] \cdot XH_2O$ 及某些鉬複合物（Molybdato Complex）中。

（二）鎳的反應

（1）金屬鎳

金屬鎳屬中等化性，能被稀鹽酸或硫酸緩緩溶解，並釋出氫。與溶液或熔融狀態之苛性鹼幾無反應，因此鎳杯可供作鹼性原料之溶解，而鎳坩堝則可供做鹼性原料熔融（Alkaline fusion）之用。鎳易溶於稀硝酸，但濃硝酸和所有強氧化劑一樣，能使鎳表面發生鈍感層，而不易溶解之。熱硝酸能與鎳生成硝酸鎳。鎳之抗熱性強，在乾燥或潮濕之 500℃ 以下空氣中，幾乎不氧化；在 1000℃ 左右的氧化量也很少。但若為細小鎳粒子，在常溫時亦能發生自燃。在 O_2、Cl_2、Br_2 或 S 中加熱，則發白光。

所謂的軟泥鎳（Raney Nickel）就是細小的鎳粒子，能溶解 17 倍體積的氫，此種性質可供各種氫化反應使用。另外，鎳亦可供作催化劑。

（2）鎳化合物

在 pH6.7 之溶液中，Ni 能與苛性鹼之氫氧化物化合成淡綠色氫氧化鎳〔$Ni(OH)_2$〕沉澱；沉澱劑添加中度過量時，沉澱物仍不會溶解。此物加熱，生不溶性綠色 NiO。在鹼性溶液中，〔$Ni(OH)_2$〕能被次溴酸鹽（Hypobromite）、次氯酸鹽（Hypochloride）、鐵氰化物（Ferricyanide）、或過氧二硫酸鹽（Peroxydisulfate）等，氧化成黑色水合氧化鎳（$NiO_2 \cdot x$-H_2O）。愛迪生（Edison）蓄電池就是利用此種反應原理。此種電池之電極鍍有 $NiO_2 \cdot xH_2O$ 及鐵金屬。鐵於放電時，則分別轉變成 $Ni(OH)_2$ 及 $Fe(OH)_2$。此電池中之電解質為氫氧化鈉溶液。$Ni(OH)_2$ 易溶於酸和 NH_4OH 或銨溶液；後者能與 Ni^{+2} 生成 $Ni(NH_3)_6^{+2}$ 之複合離子而溶解。另外，KCN 亦能與 $Ni(OH)_2$ 生成可溶性之 $K_2Ni(CN)_4$ 複合物。

在不含銨鹽之中性溶液中，NH_4OH 能與 Ni^{+2} 生成綠色鹼式鹽（Basic

salt）沉澱；此物能溶於過量氨水中。Ni^{+2} 能與碳酸銨生成鹼式鹽沉澱；若加過量沉澱劑，則沉澱物因生成複合物而溶解。但非常稀薄之 Ni^{+2} 溶液，則無沉澱析出。碳酸鈉亦能與 Ni^{+2} 生成綠色鹼式鹽；若溶液以 CO_2 飽和之，則可生成 $Ni_2CO_3 \cdot 6H_2O$。

　　細小鎳粒子在空氣中加熱，能生成灰色鹼式 NiO；此物亦可由 $Ni(OH)_2$、$Ni(NO_3)_2$ 或 $NiCO_3$ 等之燒灼而得之。另外，$NiSO_4$ 於鉑坩堝內燒灼一小時，亦能生成 NiO。NiO 能溶於酸，生成鎳鹽。

　　結晶性水合物或溶於溶液中之鎳，因含水合鎳離子（Ni^{+2}），故均呈綠色。大部份之無水鎳鹽均呈黃色；碘化鎳和硫氰化鎳則分別呈現黑色與棕色。

　　鎳的鹵化物均易溶於水。加氫氧化銨濃溶液於溴化鎳熱溶液內，則生成紫色溴化六胺鎳〔Hexamminenickel(II) bromide〕。

　　通 H_2S 於 NH_4OH 溶液，Ni 能生成黑色硫化鎳沉澱；但在含大量氫離子或氨水溶液中，則無沉澱發生。在含醋酸與足量之苛性鹼醋酸鹽之微酸性溶液中，由於後者能吸收被釋出之 H^+，故硫化鎳能完全析出：

$$Ni^+ + 2CH_3COO^- + H_2S \rightarrow 2CH_3COOH + NiS \downarrow$$
$$\text{黑色}$$

　　中性溶液中，苛性鹼硫化物或硫化銨亦能與 Ni^{+2} 生成 NiS 沉澱；若硫化銨過量，則 NiS 易生成棕黑色膠體狀懸浮物；但若加醋酸使溶液呈微酸性，並煮沸之，則凝成塊狀而沉澱。溶液中含足夠 NH_4^+ 時，NiS 不易形成膠體狀。

　　雖然在稀酸溶液中，S^- 難以生成 NiS 沉澱，然而在鹼性溶液中生成之 NiS，卻不易溶於中強度之鹽酸。NiS 以三種形態而存在，首次沉澱者，屬於極易溶解之形態；經靜止或加熱後，即快速形成不易溶於酸之形態。NiS 曝露於潮濕空氣時，易被氧化成 $NiSO_4$。NiS 易溶於熱濃硝酸或王水。

　　氰化鎳〔$Ni(CN)_2$〕稍溶於水，但易溶於含過量 CN^- 之溶液中，而生成四氰鎳〔Tetracyanonickelate(II)〕之複合離子〔$Ni(CN)_4^{-2}$〕。此物能被酸所分解，而生成 $Ni(CN)_2$ 沉澱；在鹼性溶液中則能完全被某些氧化劑所分解。鎳能與亞鐵氰化物（Ferrocyanide）和鐵氰化物（Ferricyanide）生成不溶性

化合物；亦能分別與亞砷酸鹽、砷酸鹽、草酸鹽、硼酸鹽和磷酸鹽等生成不溶物。

（3）鎳複合物

Ni^{+2} 複合物通常為四共價（Tetravalent），但與亞硝基化合物（Nitro compound）、某些胺基（Amine）和某些螯鉗化合物所生成之複合物則為六共價。

鹵化物之分子愈大，形成複合物之傾向愈小，氟鎳所生成之複合物為 NiF_4^{-2}，而氯鎳則為 $NiCl_3^{-}$。

CN^{-} 與 Ni^{+2} 能生成 $[Ni(CN)_4]^{-2}$ 複合物。在此種複合物之溶液中，鹼性硫化物（Alkaline Sulfide）不會與 Ni^{+2} 生成沉澱物。

亞硝酸鹽能與鎳生成 $M_4'[Ni(NO_2)_6]$ 或 $M_2''[Ni(NO_2)_6]$ 複合物；此處，M' 代表 Li^{+}、Na^{+}、K^{+} 或 Tl^{+}；M" 代表 Sr^{+2}、Ba^{+3}、Cd^{+2}、Hg^{+2}、或 Pb^{+2}。這些化合物在空氣中很安定，並可在水中進行重結晶。在溶液中，亞硝基複合物較氰化物複合物容易解離（Disociation），譬如硫化氫能將前者分解，而讓鎳完全析出。

Ni^{+2} 能與 1 至 6 個氨分子化成各種複合離子。

Ni 能與菲南透林（1,10-Phenanthroline）生成 $[Ni(1,10\text{-Phen})]^{+2}$、$[Ni(1,10\text{-Phen})_2]^{+2}$ 及 $[Ni(1,10\text{-Phen})_3]^{+2}$ 等三種複合物；亦能與乙二胺（Ethylenediamine）生成與前述對應之複合離子。

8-3 分解與分離

一、分解

金屬鎳易溶於稀硝酸，亦能緩緩溶於稀或濃鹽酸或硫酸。

鎳合金可溶於鹽酸和硝酸之混合液中。

鎳鋼可加 HCl（1:1），並緩緩加熱溶解之。然後加 HNO_3（1:1），並煮沸，至鐵和碳化物完全被氧化，同時無棕煙冒出為止。

高鎳鉻鋼可加等體積 HCl（1:1）和 HNO_3（1:1），並加熱溶解之。

高鎳鉻合金鑄鐵（High-nickel chromium alloy cast iron），可加等體積

HCl 和 HNO$_3$ 溶解之。

　　鎳鉻劑（Nichrome）可使用混酸〔HCl（1:1）:HNO$_3$（1:1）＝ 3:1〕溶解之。

　　蒙耐爾（Monel）合金可加混酸〔HClO$_4$:HNO$_3$（1:1）＝ 3:2〕，並加熱溶解之。

　　德銀、鎳銀、青銅及磷青銅軸承合金，可用 HNO$_3$（1:1）溶解之。

二、分離

（一）溶劑萃取法

　　小量的鎳，可先與二甲基丁二肟（Dimethylglyoxime）生成複合物。pH 調至 4.7 ～ 10.0 後，用氯仿萃取之。若加鹽酸處理萃取層，則鎳可再溶於鹽酸溶液。氯仿萃取層含足量氧化劑時，亦可使用光電比色法，以 366mμ 光線定量之。萃取時，為使三價元素不生沉澱，通常添加檸檬酸鹽或酒石酸鹽。為保持最佳萃取效果，若溶液含酒石酸，pH 應調至 4.8 ～ 12；若含檸檬酸，則調至 7.2 ～ 12。pH ＞ 12，則萃取效果不佳。

（二）離子交換

　　Ni^{+2} 在 0.5 ～ 12M 和 Co^{+2} 在 0.5 ～ 3M 之 HCl 濃度中，不會被強鹼式交換樹脂所吸附，因此含此二元素之強鹽酸性溶液通過強鹼式交換樹脂時，Ni^{+2} 能通過吸附管柱，而 Co^{+2} 則否。

　　酸溶液中所含的 Ni^{+2}、Mn^{+2}、Co^{+2}、Cu^{+2}、Fe^{+3} 和 Zn^{+2} 亦可使用陰離子交換樹脂分離之。譬如，1ml HCl（濃）含各為 6mg 之前述元素，通入尺寸為 26cm×0.29cm2、含強鹼性樹脂（200 ～ 230mesh）之管柱，Ni^{+2} 不會被吸附，並隨 12M HCl 流出；而 Mn^{+2}、Co^{+2}、Cu^{+2}、Fe^{+3} 和 Zn^{+2} 則分別隨 6M、4M、2.5M、0.5M 和 0.005M 等濃度之鹽酸流出。流速為 0.5 cm/min 或稍高。

　　其他元素，如 Ti^{+4}、Zr^{+4}、Fe^{+2}、V^{+5}、As^{+3}、Cu^{+2}、Sb^{+5}、Mo^{+4} 及 Cd^{+2} 等離子，亦可藉鹽酸濃度遞減法，使與 Ni^{+2} 分離。有些元素，如 Sn^{+2}、Sb^{+3}、Bi^{+3}、Cr^{+4}、W^{+4} 及 Sn^{+4} 等，能被吸附，但不能隨鹽酸流出。

　　採用陰離子樹脂交換法，分離大量 Ni^{+2} 和 Zn^{+2}，或大量 Ni^{+2} 和小量 Zn^{+2} 時，則可將含 Ni^{+2} 和 Zn^{+2} 之 HCl（2M），注入管柱內，Ni^{+2} 則隨 HCl（2M）

而流出，Zn^{+2} 則可隨水而流出。

　　高溫合金鋼元素，亦可使用陰離子交換法分離之。因試樣溶液含 HF，故需使用多苯乙烯 (Polystyrene) 管子。取試樣 1 克，以適量 HF、HCl 及 HNO_3 溶解，再以水浴法蒸乾。殘渣以 HF (5：100) 溶之，並注入陰離子交換管柱中，取 250ml 試樣溶液 (含 2.5%HF) 通過管柱，Ni、Co、Fe 及 Cr 均隨溶液流出；Ti、W 及 Mo 則留在管柱內。流出液則以鹽酸處理，再以水浴法蒸乾。殘渣以 HCl (9M) 溶之，再注入強鹼離子交換管柱內；Ni 和 Cr 則隨 HCl (9M) 而流出，而 Co 和 Fe 則分別隨 4M 和 0.5MHCl 流出。

　　鎳鋁鈦合金、永久磁鐵合金及鎳合金等所含之 Ni、Al、Ti 及 Co，可採用「陰－陽－陰」離子三段交換管柱，分段分離之。管柱可用聚乙稀材料。

　　試驗開始時，取 0.5 克試樣溶於王水，再蒸去 HNO_3。然後以 HCl (7M) 將試樣注入盛有 80 克樹脂 (強鹼性、200-400mesh、Cl^- 型) 之管柱內。依次以 100ml HCl (7M) 和 50ml HCl (5M) 流洗之，Ni、Ti 及 Al 先隨洗液流出；而 Co、Cu 及 Fe 則依次隨 5M、3M 和 0.5M 之洗液流出。然後將含 Ni、Al 及 Ti 之洗液蒸至 5ml，再加水，使 HCl 含量降至 1M；然後以 HCl (1M) 將之注入陽離子交換樹脂管柱內，並以 25ml H_2O 洗淨。陽離子交換管柱底部與一陰離子交換管柱頂部相銜接，然後以 150ml 混酸〔0.8M HF-0.06M HCl〕流洗之，Al 可從二管柱中被洗出；Ti 則留在第二管柱，而所有的 Ni 則留在第一管柱。第一管柱拆出後，以水洗之，至洗出液呈中性為止，然後以 50ml HCl (4M)，將 Ni 洗出。Ti 則以 150ml HCl (3M) 從第二管柱中洗出。

8-4 定性

　　以色點測試法 (Spot test) 為主。最常被使用之色點試劑為二甲基丁二肟和乙二硫二胺 (Rubeanic acid or Dithiooxamide)。

一、二甲基丁二肟

　　在中性、醋酸、或氨水溶液中，許多 vic– 二肟 (vic-Dioxime)，如二甲基丁二肟，能與 Ni^{+2} 生成不溶性之鮮紅色沉澱 (如下圖)。此種性質可供定性之用。試驗可在一片濾紙或白瓷板上進行。分別滴一滴二甲基丁二肟之酒精溶液和一滴 NH_4OH (稀) 於試樣溶液中，若有鮮紅色沉澱或顏色呈

現，表示試樣含 Ni^{+2}。

如果試液含 Fe^{+3} 或其他能產生有色沉澱之元素，則需先使之生成無色之複合物。為阻止 $Fe(OH)_3$ 之沉澱，可先依次加一滴飽和酒石酸鈉溶液、二滴碳酸鈉溶液於一滴試樣溶液內，然後加一滴含 1% 二甲基丁二肟之酒精溶液。

在上述狀況下，Co^{+2} 能與二甲基丁二肟，生成可溶性棕色化合物，因此需將鎳沉澱濾出，以免發生干擾。另外，亦可加足量氰化物和過氧化氫，使 Ni^{+2} 和 Co^{+2} 均生成氰的複合物。過氧化氫能將五氰鈷複合物氧化為與甲醛不發生反應之六氰鈷複合物。加入甲醛後，鎳氰複合物能被甲醛分解，再加二甲基丁二肟，鎳即與二甲基丁二肟生成鮮紅色不溶性沉澱：

$$Co(CN)_6^{-3} + CH_2O \rightarrow 無反應$$

$$Ni(CN)_4^{-2} + 4CH_2O + 2OH^- \rightarrow Ni(OH)_2 + 4(OCH_2CN)^-$$

$$Ni(OH)_2 + 2C_4H_2N_2O_2 \rightarrow Ni(C_4H_7N_2O_2)_2 \downarrow + 2H_2O$$
$$紅色$$

試樣若含鐵，此時亦生成不會被甲醛分解之六氰鐵複合物〔$Fe(CN)_6^{-3}$〕，而不生干擾。

二、乙二硫二胺

Ni^{+2} 在 NH_4OH 溶液中，能與乙二硫二胺（Rubeanic acid 或 Dithioo-xamide）：

$$S = C - NH_2$$
$$ |$$
$$S = C - NH_2$$

生成藍色之橋式複合物沉澱：

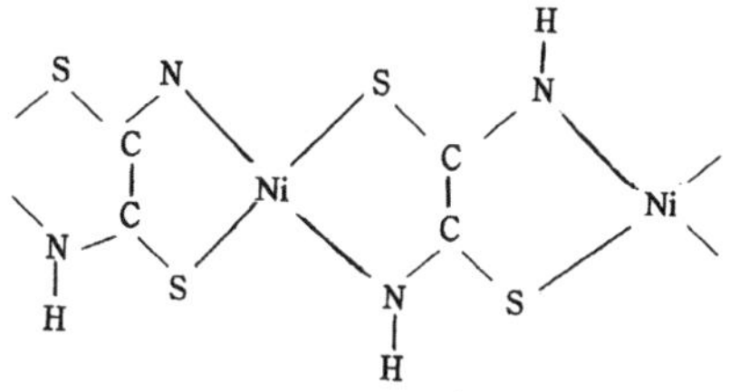

滴一滴試樣溶液於濾紙片上，以氨氣薰之，再加 1 滴含 1% 乙二硫二胺之酒精溶液，若試樣含 Ni^{+2}，則濾紙呈現藍色至藍紫色斑點。

　　在上述狀況下，Co 和 Cu 亦能與乙二硫二胺生成不溶性之棕色複合物。因此可先滴一滴氨水於濾紙上，由於鎳胺複合離子之滲透速率較 Co 和 Cu 之複合離子為快，因此鎳可在外緣呈色。此時，試樣若含鐵，則成 $Fe(OH)_3$ 停留在中心處。然後加一滴試劑於第一色點邊緣，當二色點滲透時，能產生一藍色環，圍繞著 Co 和 Cu 複合離子所生成之棕色環。

8-5 定量

一、重量法

（一）二甲基丁二肟法

　　在鎳的定量方法中，本法可能最廣被採用。

　　在含稍過量之鹼性溶液或醋酸鹽緩衝溶液中，鎳能與二甲基丁二肟生成複合物沉澱；此沉澱物易溶於無機酸、強鹼溶液和氰化物溶液中；亦能溶於酒精、四氯化碳及乙醚等有機物內。

　　在上述沉澱條件下，有些金屬亦能產生氫氧化物或鹼式醋酸鹽（Basic acetate）沉澱，如果試液添加酒石酸鹽，能使這些元素，如 Fe、Cr、Al 等，生成非常安定的可溶性複合物，而避免沉澱。中量的 As、Sb 及 Bi 等，則不生干擾。在鎢鋼中，若以酒石酸與鎢生成複合物，分析結果可能稍高。另外，若 Sn > 50mg，分析結果亦可能偏高；但 Cd、Zn 和 Mg 則無影響。在含酒石酸鹽之氨水中，小量 Mn 不生干擾，但大量 Mn 存在時，則需在醋酸鹽緩衝溶液中，進行沉澱反應。Pb 在溶液中含足夠醋酸鹽時，能生成複合物

而溶解，故無干擾。若有 V 存在，則需與 HNO_3 共沸，使生成無害之釩酸（Vanadic acid）。

Cu 雖能溶於過量的氨水中，但初次生成之氫氧化物，能與鎳發生共沉作用（Coprecipitation），而難於溶解；但以亞硫酸鹽先予以還原成 Cu^+，則無干擾。然後再加酒石酸、二甲基丁二肟和醋酸，以進行鎳之沉澱作用。

若試液含 Co，可先將 Co 轉換成 $Co(CN)_6^{-3}$。此物不會被甲醛分解，而 $Ni(CN)_4^{-2}$ 則能被分解，故後者能與二甲基丁二肟生成沉澱物（見 8-4 節）。若 Co 不先予複合化，則能大量消耗二甲基丁二肟，生成可溶性複合物。

若 Fe 和 Co 同時存在，加入二甲基丁二肟時，二者會生成沉澱，故需先加入亞硫酸鹽，使鐵還原成無干擾之離子。

溶液含鎳最適重量為 30 ～ 50mg。但若在均勻溶液中沉澱，則可增至 100mg；若然，則需加熱同時含鎳、尿素和足量之二甲基丁二肟之酒精溶液（1%）。加熱旨在水解尿素，使 pH 升至最適於沉澱之值。此法所生成之沉澱屬粗粒結晶，結實而不粘玻璃杯。鎳含量小於 0.1% 時，則不生沉澱，宜使用光電比色法定量之。

二甲基丁二肟不易溶於水（在水中之溶解度為 0.04g/100ml），因此通常製成 1% 之酒精溶液，故沉澱時，常需加過量之試劑。由於此種試劑可能結晶析出，污染沉澱；而過量時，又無助於沉澱物溶解度之降低，此為本法缺點。

鎳二甲基丁二肟沉澱物不溶於冷的酒精和水，故過濾前需靜置至少 1 小時，並需用冷水洗滌。

（二）環庚肟法

環庚肟（Heptoxime），學名為 1,2-Cycloheptanedionedioxime。9.5℃時，在水中之溶解度為 4.8 克（0.031mole）/ 公升，比二甲基丁二肟大 9 倍；在 pH 2.7 或稍高時，能與 Ni^{+2} 生成黃色之複合物沉澱（下圖）：

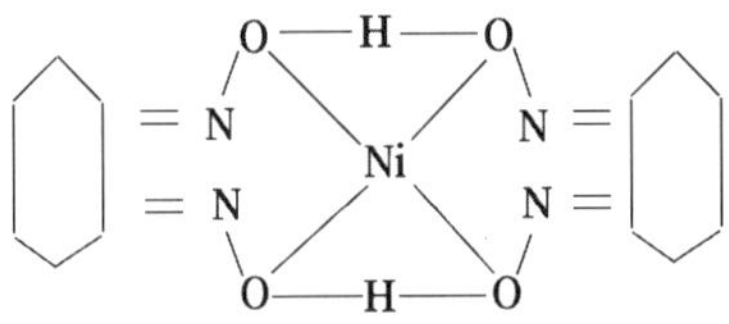

　　Ni 可在含有醋酸鹽、氯化物、檸檬酸鹽、過氯酸鹽、硫酸鹽、硫代水楊酸鹽（Sulfosalicylate）、硝酸鹽或硫氰化物之溶液中，進行沉澱反應，而與 Al、Cr、Mn、V、Pb、Mg、Zn、Cd、As、Sb、Fe、Ti、Mo、Co、Bi 及 Cu 等元素分離。以 120℃乾燥 5 小時，無重量損失或分解。

（三）4– 甲基環己肟法

　　4- 甲基環己肟（4-Methylnioxime），學名：4-Methyl-1,2-Cyclohexanedionedioxime。25℃時在水中的溶解度為 3.4 克（0.022mole）/ 公升；在 pH 3 ～ 7 之範圍內，能與鎳生成深紅色之複合物沉澱（下圖）：

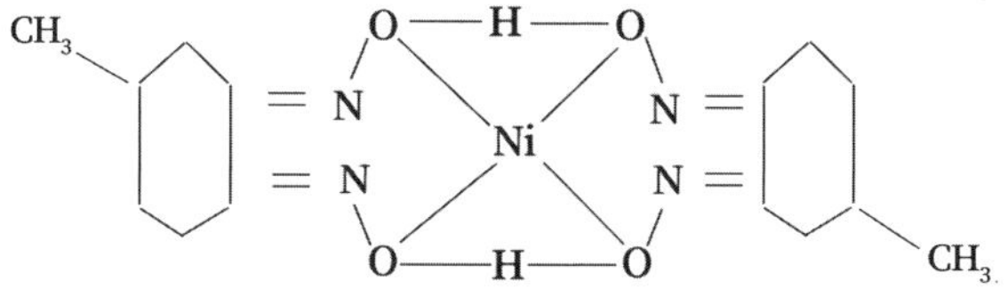

$$
\begin{array}{c}
\text{CH}_3 \quad = \text{N} \quad \overset{\text{O---H---O}}{\underset{\text{O---H---O}}{\text{Ni}}} \quad \text{N} = \quad \text{CH}_3
\end{array}
$$

此種沉澱易於過濾。過量試劑不會產生污染。上述〔第（二）項〕所述之各種陰離子和酒石酸，均不會干擾。Ni 可與 Al、Sb、Ba、Bi、Cd、Ca、Cr、Co、Cu、Fe、Pb、Mg、Mu、Ag、Sr、Ti、V 及 Zn 等元素分離。Al、Sb^{+3}、Bi、Cr^{+3} 及 Fe^{+3} 等，可用酒石酸鹽遮蔽之。Co、Cu 可分別使用氰化物和硫氰化物遮蔽之。試劑超量 300% 對分析結果無影響。

（四）4- 異丙基環己肟

　　4- 異丙基環己肟（4-Isopropylnioxime），學名：4-Isopropyl-1,2-Cyclohexanedionedioxime。25℃時之水溶解度為 0.75 克 / 公升；可與鎳生成溶解度很小之複合物沉澱（下圖）：

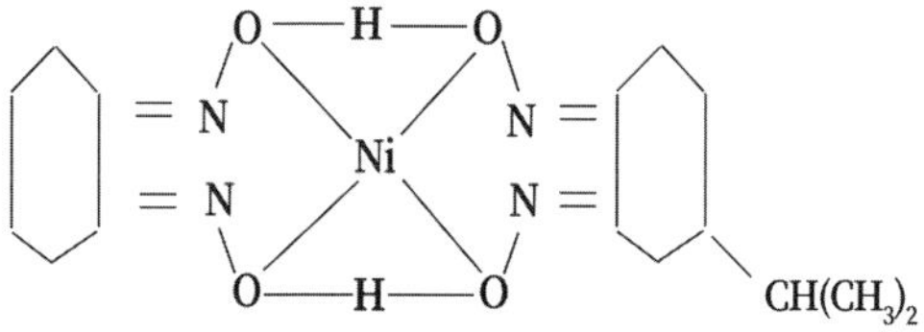

$$
\begin{array}{c}
= \text{N} \quad \overset{\text{O---H---O}}{\underset{\text{O---H---O}}{\text{Ni}}} \quad \text{N} = \quad \text{CH(CH}_3)_2
\end{array}
$$

因溶解度不高，適於小量鎳之分析。其最適沉澱條件同上述第（三）項（4-Methylnioxime）。過量之試劑對分析結果無礙。

二、滴定法

(一)氰化物法

其滴定原理為，加小量 KI 於含鎳之氨水中，然後用氰化鉀標準溶液滴定，至鎳氨複合離子之藍綠色消褪為止。加小量碘化銀標準溶液後，再繼續滴定，至呈現碘化銀之混濁物為止：

$$Ni(NH_3)_4^{+2} + 4CN^- \rightarrow Ni(CN)_4^{-2} + 4NH_3$$

$$2CN^-（過量）+ Ag^+ \rightarrow Ag(CN)_2^-$$

$$Ag^+ + I^- \rightarrow AgI（終點）$$

本法適用於鐵和鋼中之 Ni 的定量，但鎳需先與二甲基丁二肟生成複合物沉澱，以進行初步分離。試樣溶液若含足量檸檬酸鹽，則 Fe 不會產生干擾。

另外，在氨水中，亦可使用紫尿酸銨（Murexide）作為指示劑，以便直接進行 KCN 滴定。此種指示劑為紫色顏料，能與鎳化合成鮮亮的檸檬黃色。

(二) EDTA（Ethylenediaminetetraacetic acid）法

本法可分為直接與間接兩種，前者係直接使用 EDTA 標準溶液滴定至終點為止；終點可用某種方法測定之。後者係加入過量 EDTA 溶液，然後再用其他標準金屬離子溶液滴定之。

（1）直接滴定法

本法所用之指示劑甚多。鄰苯二酚紫（Pyrocatechol Violet），學名：3,3',4'-Trihydroxyfuchsone-2"-sulfonic acid，在 pH9 之鹼性溶液中，能與鎳生成藍綠色之複合離子。此種複合離子之結構，較鎳與 EDTA 所形成者為弱，因此在滴定終點到達前，全程均呈藍綠色。至終點時，EDTA 與鎳化合成複合物，而釋出指示劑。原指示劑在 pH9 之溶液中，呈現紫紅色。在含 NH_4Cl 和 NH_4OH 緩衝劑之試樣溶液中，可測試之鎳含量可達 30mg。

在 100ml 含 NH_4Cl 和 NH_4OH 緩衝溶液之試樣溶液，以 EDTA 滴定，到達終點時，鄰苯三酚紅（Pyrogallol Red；學名：Pyrogallolsulfonephthalein）指示劑由藍變紅。本法之 Ni 含量可高達 20mg。若 Ni 含量在 0.2～

20mg 之間，則可使用溴鄰苯三酚紅（BromopyrogallolRed；學名：Dibro-
mopyrogallolsulfonephthalein），到達終點時，顏色由藍變為酒紅。

在 pH＞3 之酸性溶液中，亦可使用 PAN〔學名：1-(2-Pyridylazo)-
2-naphthol〕作為指示劑，並另加少量 Cu-EDTA 複合劑，以確定滴定終
點。由下述反應式，可知在含 Ni^{+2} 溶液中，Cu-PAN 複合物之安定性大於
Cu-EDTA 複合物：

$$Ni^{+2} + Cu(EDTA)^{-2} + PAN^{-2}（黃色）→ Ni(EDTA)^{-2} + Cu(PAN)（紫色）$$

定量時，首先以醋酸鈉和醋酸調整試液之 pH，再加數滴 Cu-EDTA 複
合劑，然後再加足夠 PAN 指示劑，使溶液產生明顯的紫色。然後加熱至沸，
以 EDTA 滴定，至終點時，依下述反應式，顏色由紫變黃：

$$Cu(PAN)（紫色） + EDTA^{-2} \rightleftarrows Cu(EDTA)^{-2} + PAN（黃色）$$

因 Cu 加入時，與 EDTA 生成複合物，故無需確知其用量。當 Cu-ED-
TA 複合物與 PAN 指示劑化合時，即釋出 EDTA，其釋出量相當於在滴定
終點時與 Cu 生成複合作用之量。

（2）間接滴定法

在鎳定量時，以鋅（Zn^{+2}）或錳（Mn^{+2}）標準溶液對 EDTA 標準溶液進
行反滴定時，可用 EBT[Eriochrome Black T；學名：Sodium salt of 1-(1-hy-
droxy-2-naphthylazo)-6-nitro-2-naphthol-4-sulfonic acid〕，當做指示劑。
滴定時，試樣溶液需使用 NH_4Cl-NH_4OH 緩衝劑，將 pH 調整至10。到達
滴定終點時，顏色由藍變紅。本法可同時定量 Co 和 Ni。需先測定 Co 和
Ni 的總量，然後使用另一試樣溶液，以氯仿萃取鈷與 1- 亞硝基 -2- 萘酚
（1-Nitroso-2-naphthol）所生成之複合離子後，再測定 Ni 量。

在 Ni 定量時，過量的 EDTA 標準溶液，以 $Bi(NO_3)_3$ 標準溶液進行反
滴定時，可用鄰苯二酚紫（Pyrocatechol Violet）做為指示劑。滴定可在0℃、
pH2 之硝酸溶液中進行。鹼金屬、鹼土族金屬、Mn、Zn、Cd、Co、Cu、Cr、
Pb、As 及 Ag 等元素不會干擾；而 Fe、Bi 則具干擾性。

過量的 EDTA 亦可使用 $CoCl_2$ 標準溶液反滴定之。反滴定前，需以醋
酸銨將含 50% 丙酮之試樣溶液，調整至 pH4.6 ～ 6 。可使用 KSCN 當作
指示劑。到達滴定終點時，EDTA 已耗盡，同時生成硫氰化鈷複合離子，故

顏色由紅變藍。

三、光電比色法

(一)二甲基丁二肟法

(1) 水溶液法

　　鎳的光電定量法中，呈色劑二甲基丁二肟最廣被使用。其原理為，含有氧化劑之鹼性溶液中，Ni^{+2} 能與二甲基丁二肟生成酒紅色複合物。此種反應之性質，迄今仍未被了解，因此豐富的經驗和標準步驟，至為重要。

　　因反應條件的不同，能產生兩種不同的複合物，以及兩種不同的吸收光譜。Ni：二甲基丁二肟＝ 1：2 之複合物，性不安定，易分解為 Ni：二甲基丁二肟＝ 1：4 之複合物。在含足夠氧化劑（如溴水）之含氨溶液中，易生成前者。經混合後，在 10 分鐘內很穩定。其最大吸收光譜為 445 和 530mμ。在含少量氨和氧化劑，且 pH > 11 之溶液，易生成後者。此物性安定，最佳吸收光譜為 465mμ；在常溫時，呈色速度慢，加熱至 60 ～ 70℃時，5 分鐘內呈色完全；24 小時內，顏色很安定。水溶液法最適含 Ni 濃度為 5ppm。

(2) 氯仿法

　　本法適用於小量的鎳。鎳與二甲基丁二肟生成複合物後，可用氯仿淬取之，其最大吸收光譜為 366mμ。在常溫時，此物之溶解度約為 20γ/ml。試樣若為鋼鐵，則需加檸檬酸鹽或酒石酸鹽，使鐵溶於溶液內。含酒石酸鹽之溶液之最佳萃取 pH，約為 5.5，高於此值，易生乳化現象，而使分離困難。試樣溶液若含磷酸，在 pH5 ～ 10 之內，能生成磷酸鐵沉澱。若以檸檬酸鹽取代酒石酸，則不易發生乳化；同時在 pH7 ～ 12 之間，磷酸鐵不會沉澱。銅複合物可能有部份被萃取，但可與稀氨水共振而除去之。鈷能消耗呈色劑，但不易被萃取；少量被萃取者，亦可使用稀氨水共振法除去之。大量錳能阻礙萃取反應。

(二)4- 異丙基環己肟 (4-Isopropylnioxime) 法

　　Ni^{+2} 能與 4 – 異丙基環己肟生成複合物，並可使用氯仿或二甲苯 (Xylene) 萃取之。使用後者萃取時，靈敏度較佳，其萃取係數亦較前者高約 5 倍；另外，此複合物在水溶液中之溶解度亦低，故萃取時，可增加水溶液對有

機溶液之體積比；其最大吸收光譜為 383mμ，最適含 Ni 濃度為 1 ～ 2γ/ ml。

　　干擾元素計有 Fe、Cu 及 Co 等。Fe 可用氟化物遮蔽之。將鈷轉化為 Co(CN)$_6^{-3}$ 時，則濃度小於 100γ/ml 時無干擾。

　　Cu 與 Ni 均能與試劑生成複合物，萃取液可用含乙硫醯胺（Thioacet-amide）之稀酸洗滌，一次約可洗去 800γ 之 Cu。鎳亦能被乙硫醯胺溶液所萃取，故需同時加入試劑和醋酸銨，使溶液重新平衡，而使 Ni 重入二甲苯相內。

（三）環己肟法

　　在含阿拉伯膠之溶液內，Ni^{+2} 和環己肟（學名：1,2-Cyclohexaned-ionedioxime，簡稱 Nioxime）能生成有色且安定之浮懸複合物。本法對 pH 改變不敏感；最大吸收光譜為 550mμ。過量試劑對顏色無影響，但過量阿拉伯膠能阻礙呈色反應。最佳呈色 pH 為 4 ～ 6；1 小時內顏色很安定。若使用 1cm 試管，最適 Ni 濃度為 7γ/ml；若為 5cm 試管，則為 0.5 ～ 1.4γ/ ml。

　　醋酸鹽、砷酸鹽、硼酸鹽、溴鹽、碳酸鹽、氯酸鹽、氯鹽、檸檬酸鹽、重鉻酸鹽、鐵氰化物（Ferricyanide）、氟鹽、碘鹽、苯乙醇酸鹽〔Mandelate；C$_6$H$_5$CH(OH)COO$^-$〕、鉬酸鹽、硝酸鹽、亞硝酸鹽、過氯酸鹽、磷酸鹽、矽酸鹽（Silicate）、硫酸鹽、硫氰化物（Thiocyanate）、硫代硫酸鹽、鎢酸鹽和釩酸鹽（Vanadate）等陰離子之濃度不高於 Ni 濃度之 1000 倍時不會干擾。而亞鐵氰化物（Ferrocyanide）、氰化物（Cyanide）、EDTA（Ethyenedi-aminetetraacetate）、碘酸鹽、草酸鹽及高錳酸鹽等陰離子則生干擾。

　　NH$_4^+$、Na$^+$、K$^+$、Mg^{+2}、Ca^{+2}、Sr^{+2}、Ba^{+2}、Mn^{+2}、Zn^{+2}、Cd^{+2}、Hg^{+2}、Al^{+3} 及 Pb^{+2} 等陽離子，若其濃度不高於 Ni^{+2} 濃度之 1000 倍時，無干擾。Ti^{+4}、Zr^{+4}、V^{+4}、Fe^{+3}、Sn^{+2} 及 Sn^{+4} 等陽離子，在定量時之 pH，會生沉澱。因 Cr^{+3} 之吸收光譜為 550mμ，故 Cr^{+3} 與 Ni^{+2} 之比值不得高於 50：1。Fe^{+2}、Co^{+2} 和 Cu^{+2} 能與環己肟生成顏色較深之複合物，故屬干擾性陽離子。

（四）α- 二扶喃基乙二酮二肟

　　鎳能與 α- 二扶喃基乙二酮二肟（α-Furildioxime）生成有色複合物，

經1,2-二氯苯(1,2-Dichlorobenzene)或氯仿萃取法萃取之,可進行光電比色。複合物之分子式如下:

$$
\text{(結構式) } O—H—O,\quad =N\quad N=,\quad Ni,\quad =N\quad N=,\quad O—H—O,\quad CH(CH_3)_2
$$

需加緩衝劑,調節 pH 至 7.5 ～ 8.3,俾利萃取。溶液含氨太多,能阻礙呈色和萃取,故緩衝劑以使用醋酸鈉或氫氧化鈉為宜。使用 1 cm 試管時,Ni 最適濃度為 0.2 ～ 3ppm。最大吸收光譜為 438mμ,顏色安定之時間甚長。萃取效率與溶液體積有關。Al、Sb、Bi、Zn、Cr^{+3}、Co、Cu、Fe^{+2}、Fe^{+3}、Mn^{+2} 和 Zr 等元素,在萃取時之 pH,會產生沉澱,因此需予複合化(Complexation)。MnO$_4^-$ 能與試劑反應。過氯酸鹽、焦磷酸鹽(Pyrophosphate)、氰化物、過碘酸鹽(Periodate)、硫化物和檸檬酸鹽等,均能阻礙鎳之萃取。Ag 能與試劑產生黃色生成物,而生干擾。

(五) SDDC 法

進行比色之前,Ni^{+2} 應先與二甲基丁二肟生成複合物,再用氯仿萃取之,以分離干擾元素。因為許多金屬離子,譬如 Bi、Co、Cu、Cr、Mo 及 Sn 等,能與本法試劑,生成能溶於有機物之有色沉澱。加檸檬酸鹽於鹼性溶液,鐵不生干擾。氯仿也能萃取部份的 Cu、Co;可使用稀氨水洗滌之;萃取完後,再度用稀酸萃取鎳,然後以 SDDC(Sodium diethyldithiocarbamate)處理之,並將溶液調整為鹼性,以異戊醇(Isoamyl alcohol)萃取黃綠色的鎳複合離子:

$$
(C_2H_5)_2N — C\quad Ni\quad C — N(C_2H_5)_2 \quad (S\ S\ /\ S\ S)
$$

最大吸收光譜為 385mμ;最適 Ni 濃度為 5 ～ 80γ/ml。本法適用於合金鋼。

8-6 分析實例

8-6-1 重量法

8-6-1-1 各種鐵與鋼鐵之 Ni

8-6-1-1-1 應備試劑

（1）酒石酸溶液（25%）

稱取 250g 酒石酸→加 600ml H_2O 溶解之→過濾（沉澱棄去）→加 10ml HNO_3 →加水稀釋成 1000ml。

（2）酒石酸溶液（2%）

量取 80ml 上項酒石酸溶液（25%）→加水稀釋成 1000ml。

（3）硫碳酸鉀（Potassium thiocarbonate）溶液

量取 125ml KOH（5%）→以 H_2S 飽和之→加 125ml KOH（5%）及 10ml CS_2 →緩緩加熱之→以傾泌法（Decantation）將溶液（暗紅色）泌於瓶內，塞緊待用。未溶解之 CS_2 棄去。

（4）乙醚（Ethyl ether）

（5）二甲基丁二肟（1%）

稱取 1g 二甲基丁二肟於 100ml 燒杯內→加 100ml 酒精（95%）溶解之。

（6）「NH_4OH-NH_4Cl」混合液

稱取約5g NH_4Cl 於150ml 燒杯內→加100ml NH_4OH（濃）溶解之。

8-6-1-1-2 分析步驟

8-6-1-1-2-1 鎳鋼（Ni = 0.05 ～ 3.5%）

（1）稱取 1g 試樣（註 A）於 600ml 燒杯內，並用錶面玻璃蓋好。

（2）加 60ml HCl（1：1）（註 B），並加熱助溶。俟試樣溶解後，小心加入 10ml HNO_3（1：1）（註 C），再煮沸 3 ～ 5 分鐘，以趕盡氮氧化物之棕煙。

（3）加水稀釋至約 200ml，再加 20ml 酒石酸溶液（25%）（註 D）。

（4）加 NH_4OH 至溶液呈中性後，再過量（1%）（註 E）。

(5) 過濾。依次以「NH₄OH-NH₄Cl」混合洗液及熱水洗滌沉澱及濾紙數次。沉澱棄去。

(6) 加 HCl 於濾液，使呈微酸性，再煮至近沸。

(7) 乘熱加 20ml 二甲基丁二肟 1%）（註 F）。

(8) 一面猛烈攪拌（註 G），一面慢慢加入 NH₄OH，至溶液呈微鹼性為度（註 H），然後置於熱處（註 I），使溶液保持在 80℃左右，時間 30 分鐘，最後冷至室溫（註 J）。

(9) 用已烘乾稱重之古氏坩堝過濾。分別用熱水及酒精(1:2)沖洗三次。濾液及洗液棄去。

(10) 將沉澱連同古氏坩堝置於烘箱內，以 120℃（註 K）烘乾至恒重（約需 1 小時 30 分鐘）。殘質為鎳二甲基丁二肟。

8-6-1-1-2-2 高鎳鉻鋼（如 Cr = 20%、Ni = 20%，或 Cr = 18%、Ni = 8% 等成份之合金鋼）

(1) 稱取 0.35 ～ 0.5g 試樣（註 L）於 400ml 燒杯內。

(2) 加 20ml HCl(1:1) 及 20ml HNO₃ (1:1)，然後加熱至試樣完全溶解。

(3) 加 20ml HClO₄，然後蒸發至冒濃白過氯酸鹽（若係低碳低矽合金，本步可免）。

(4) 稍冷後，加 100ml H₂O，再加熱至可溶鹽完全溶解完畢。

(5) 加 20ml 酒石酸溶液（20%）。

〔以下各步同第一項（8-6-1-1-2-1 節 鎳鋼），從第 (4) 步開始作起，唯需加足二甲基丁二肟溶液（約 20 ～ 40ml）。〕

8-6-1-1-2-3 平爐鐵、鍛鐵、碳素鋼及其他鋼種（Ni ＜ 0.05%）

(1) 稱取 5g 試樣於 400ml 燒杯內。

(2) 加 40ml HCl(1:1)，然後加熱至試樣溶解完全。

(3) 小心加入 15ml HNO₃ (1:1)（註 M），然後蒸發至 15ml。

(4) 加 50ml HCl(1:1)。移溶液於 200ml 分液漏斗內。每次以 15ml HCl(1:1) 洗滌燒杯，至洗淨為止。

(5) 冷卻至 10℃。加 120ml 乙醚，然後一面用流動之冷水（如自來水）

冷卻，一面搖動 1 〜 2 分鐘。

（6）靜置數分鐘後，將下層澄清液體排放於原燒杯內。

（7）緩緩加熱，以蒸淨溶液內之乙醚（註 N）。

（8）加 0.3g $KClO_3$。煮沸，使 $KClO_3$ 完全溶解。

（9）用水稀釋至 100ml。加 3g 酒石酸。

〔以下各步同第一項（8-6-1-1-2-1 節 鎳鋼），從第（4）步開始做起〕

8-6-1-1-2-4 鑄鐵及高矽鋼

（1）稱取 5g 試樣於 100ml 燒杯內。

（2）加 40ml HCl（1:1），以溶解試樣。

（3）俟試樣溶解後，小心加入 15ml HNO_3（1:1）（註 O），然後蒸乾。

（4）加 10ml HCl，以溶解可溶鹽。

（5）加 75ml H_2O，然後過濾。以 HCl（1:1）洗滌沉澱數次。沉澱棄去。

（6）將濾液及洗液蒸至糖漿狀。

〔以下各步同第三項（8-6-1-1-2-3 節　平爐鐵、鍛鐵、碳素鋼及其他鋼料），從第（4）步開始做起。〕

8-6-1-1-3 計算

$$Ni\% = \frac{20.31\ w}{W}$$

w ＝鎳二甲基丁二肟重量（g）

W＝試樣重量（g）

8-6-1-1-4 附註

（A）（D）（L）試樣含 Ni ＜1% 時，試樣重量應增至 2 〜 3g，而酒石酸亦應相對增加。

（B）試樣含 Cr ＜ 0.5% 時，可改用 HNO_3（1:3）。

（C）（M）（O）可將 Fe^{+2} 氧化成 Fe^{+3}；亦可將碳化物（Carbides）氧化。

（D）（E）

(1) 鎳二甲基丁二肟沉澱係在 NH_4OH 之微鹼性中生成，為防止大量之 Fe^{+3} 亦同時生成 $Fe(OH)_3$ 沉澱，混雜其中，故先加酒石酸或檸檬酸，使 $Fe(OH)_3$ 與酒石酸：

$$HO - CH - COOH$$
$$|$$
$$HO - CH - COOH$$

生成安定之複合離子而溶解：

$$Fe(OH)_3 + C_4H_4O_6^{-2} \rightarrow C_4H_2(FeOH)O^{-2} + 2H_2O$$

另外，鋼鐵中之其他元素（如 Al、Cr）亦與 Fe^{+3} 一樣，能與酒石酸生成安定之複合離子，而不致生成氫氧化物而沉澱，故對本法不會引起干擾。

(2) Ni^{+2} 在微鹼性溶液中，亦能與酒石酸形成複合離子而溶解，故不會與 NH_4OH 生成 $Ni(OH)_2$ 之沉澱。

（**F**）（**H**）

(1) 在 NH_4OH 之微鹼性溶液中，Ni^{+2} 可與二甲基丁二肟相結合，生成紅色之懸浮物〔鎳二甲基丁二肟（Nickel Dimethylglyoxime）〕而完全沉澱：

$$Ni^{+2} + 2CH_3 - C = NOH + 2NH_3 \rightarrow 2NH_4^+ + CH_3 - C - C - CH_3$$
$$| \qquad\qquad\qquad\qquad || \quad ||$$
$$CH_3 - C = NOH \qquad\qquad NOH \quad ON$$
$$\diagdown \diagup$$
$$Ni$$
$$\diagup \diagdown$$
$$NO \quad NOH$$
$$|| \quad ||$$
$$CH_3 - C \ - \ C - CH_3$$

(2) 每 10ml 二甲基丁二肟溶液（1%）約可沉澱 0.025g 鎳。

（**G**）（**I**）猛烈攪拌，旨在促進沉澱。在熱處放置，可促使鎳二甲基丁二肟沉澱完全，以及凝結成粗大之沉澱，俾利過濾。

（**J**）若試樣含 Ni < 0.2%，或有大量 Co 存在，則溶液應在室溫之狀況下，擱置過夜。

（**K**）烘乾溫度切忌過高；超過 250℃，殘質即開始昇華而去矣。

（N）加熱蒸去乙醚時，應謹防著火。

8-6-1-2 鋁或鋁合金（註 A）之 Ni

8-6-1-2-1 應備試劑

(1) **NaOH**（20%）（貯於塑膠瓶內）。

(2) **H_2S 洗液**：通足 H_2S 氣體於 H_2SO_4（1：99）溶液內。

(3) **酒石酸溶液**（25%）：同 8-6-1-1-1 節。

(4) **二甲基丁二肟溶液**（1%）：

稱取 1g 二甲基丁二肟→加 100mlNH_4OH 溶解之。

8-6-1-2-2 分析步驟

(1) 稱取 1g 試樣（註 B）於 400ml 燒杯內。

(2) 加 15ml NaOH（20%）溶解之（註 C）。

(3) 當試樣溶解後，加熱水稀釋成約 150ml。擱置少時，讓沉澱下沉。

(4) 過濾。用熱水洗滌數次。濾濾及洗液棄去。

(5) 用最少量之 HCl（1：1）（內含少量 HNO_3），將濾紙上之沉澱溶解於燒杯內。用熱水洗滌濾紙數次。沉澱棄去。

(6) 加 10ml H_2SO_4（1：1）於濾液及洗液內，並蒸發至冒出濃白硫酸煙。

(7) 加熱水稀釋成 100ml，再通 H_2S 氣體至飽和（註 D）。

(8) 過濾。用 H_2S 洗液洗滌數次。沉澱棄去。

(9) 煮沸濾液及洗液，趕盡 H_2S。

(10) 加 5ml HNO_3，並煮沸之，使鐵悉數氧化成高價鐵（Fe^{+3}）（註 E）。

(11) 加水稀釋成 200ml 後，再加 10ml 酒石酸（25%）。

(12) 以 NH_4OH 中和之，再過量 2～3ml。煮至近沸。

(13) 乘熱，一面猛烈攪拌，一面加 25ml 二甲基丁二肟（1%）。然後擱置 1 小時。

(14) 用烘乾已稱之古氏坩堝過濾。以冷水洗滌沉澱數次。濾液及洗液棄去。

(15) 將沉澱連同古氏坩堝置於烘箱內，以 150℃ 烘至恒重。稱重之前，需置於乾燥器內冷卻之。殘質為鎳二甲基丁二肟。

8-6-1-2-3 計算：同 8-6-1-1-3 節

8-6-1-2-4 附註

註：除下列各附註外，另參照 8-6-1-1-4 節有關各項附註。

（A）（B）市場鋁或鋁合金含鎳百分比約為 0.02 ～ 4%。本法適用於含 Ni = 0.1 ～ 4% 之試樣；亦即 1g 試樣內以含 0.001 ～ 0.04g Ni 為度。否則試樣重量應予酌量增減。

（C）Al 與 NaOH 作用，生成可溶性之 $NaAl(OH)_4$；而 Ni 則成 $Ni(OH)_2$ 沉澱，故 Ni 得與大量之 Al 分開。

（D）

（1）第（6）步蒸到溶液冒濃白硫酸煙，表示 HNO_3 及 HCl 已被趕盡，以免干擾下步硫化物生成。

（2）在稀硫酸溶液內通 H_2S，在定性化學上屬 H_2S 族之元素，皆能生成硫化物沉澱，故得與 Ni 分開。

（E）通畢具有還原性之 H_2S 氣體後，Fe^{+3} 能被還原成 Fe^{+2}。Fe^{+2} 不能和第（11）步所加之酒石酸生成複合離子，故需加 HNO_3 氧化之〔參照 8-6-1-1-4 節之附註（D）（E）。〕

8-6-1-3 市場鎳（註 A）之 Ni

8-6-1-3-1 應備試劑

（1）$HClO_4$（70%）或 H_2SO_4（1：1）。

（2）檸檬酸銨（Ammomium Citrate）溶液（20%）。

（3）二甲基丁二肟溶液（1%）：同 8-6-1-1-1 節。

8-6-1-3-2 分析步驟

（1）稱取 0.1 ～ 0.2g 試樣（註 B）於 400ml 燒杯內，蓋好。

（2）加 20ml HNO_3（1：1），緩緩加熱，以溶解之。

（3）加 10ml $HClO_4$（70%）或 20ml H_2SO_4（1：1）。蒸發至白煙冒出後，

再繼續加熱至矽酸完全脫水為止。（註C）

(4) 冷卻後，加 100ml H$_2$O，再加熱至鎳鹽完全溶解為止。

(5) 過濾。分別用 HCl（5:95，熱）及熱水洗滌沉澱數次。沉澱棄去（註D）
（若試樣含 Si ＞ 1%，則沉澱需依附註（D）所述之方法再處理之）。
聚濾液及洗液於 600ml 燒杯內。

(6) 加 10ml 檸檬酸銨（20%）。

(7) 加 NH$_4$OH 中和之，再過量 1ml。

(8) 加水稀釋成 350 ～ 400ml，然後加熱至 60 ～ 70℃。

(9) 趁熱加適量二甲基丁二肟（1%）（每 mg Ni 加 0.4ml），再過量 5 ～
10ml。

(10) 猛烈攪拌約 2 分鐘，再靜止冷卻至室溫，並不時攪拌之。

(11) 以已烘乾稱重之古氏坩堝過濾。用冷水洗滌數次。濾液擱置過夜，
觀察沉澱是否濾淨，若沉澱確已濾淨，則棄去濾液及洗液。否則
重新過濾一次。兩次沉澱合併。濾濾及洗液棄去。

(12) 若試樣不含鋅，則沉澱連同坩堝置於烘箱內，以 120℃烘至恒重。
殘質為鎳二甲基丁二肟，可供計算。

(13) 若試樣含鋅，則用 HCl（2:1，熱），經由坩堝，將第（11）步之沉
澱溶解於燒杯內。

(14) 加 10ml 酒石酸（20%），然後以 NH$_4$OH 中和之，再過量 1ml。
〔以下再處理之操作，同本分析步驟第（8）～（12）步〕

8-6-1-3-3 計算：同 8-6-1-1-3 節

8-6-1-3-4 附註

註：除下列各附註外，另參照 8-6-1-1-4 節有關各項附註。

(A) 一般市場鎳之純度約為 99.9% 以下，其經常所含之雜質，計有 Co、
Cu、Mn、Fe、Si、S 及 C 等。

(B) 亦可稱取 1.0g 試樣於 400ml 燒杯內，依本分析步驟第（2）～（5）步
所述之方法處理之，再將第（5）步所得濾液及洗液移於 500ml 量瓶內，
以水稀釋至刻度，然後用吸管吸取 50 ～ 100ml（即相當於 0.1000 ～

0.2000g 試樣）於 600ml 燒杯內，再從本分析步驟第（6）步開始做起。

（C）（1）參照 4-4-1-1-4 節附註（A）。

　　（2）市場鎳往往含大量 Si（可高達 6%）。溶解時所生成之 H_2SiO_3，不易過濾，且能吸附 Ni^{+2}，而一併沉澱，故需加 $HClO_4$ 或 H_2SO_4 處理之。

（D）若試樣含 Si ＞1%，則此時沉澱需再處理之；其法如次：置沉澱及濾紙於鉑坩堝內→冷卻→加 5ml $HClO_4$（70%）或 H_2SO_4（1：1）及足量 HF，以溶解 SiO_2 →蒸發濃縮至 2 ～ 3ml →加少量水，以溶解可溶鹽→過濾。將濾液及洗液合併於第（5）步所遺之濾液內。

8-6-2 電解法

8-6-2-1 白銅及炮銅之 Ni：本法可連續分析 Cu、Zn 及 Ni

8-6-2-1-1 應備儀器：電解器

8-6-2-1-2 應備試劑

（1）二甲基丁二肟溶液（4%）

　　稱取 4g 二甲基丁二肟於 150ml 燒杯內，以 100ml 酒精（熱）溶解之。

（2）酸性硫化氫水溶液

　　量取 400ml H_2O →加 10ml H_2SO_4（1.84）→引入 H_2S 氣體飽和之。

（3）「硫酸銨－硫化氫」洗液

　　稱取 5g$(NH_4)_2SO_4$ →以 200 ～ 300ml H_2O（含 H_2S）溶解之。

（4）硫碳酸鉀（Potassium thiocarbonate）

　　量取 125ml KOH（5%）→以 H_2S 氣體飽和之→加 125ml KOH（5%）及 10ml CS_2 →緩緩加熱→以傾泌法將溶液泌於瓶內，塞緊待用。未溶解之 CS_2 棄去。

8-6-2-1-3 分析步驟

（一）試樣處理

（1）將第 6-6-2-7-1 節第（二）項（電解手續）銅電解完畢後所遺溶液及洗液，置於電熱板上加熱，同時通入 H_2S 至飽和（註A）。

(2) 過濾。用酸性硫化氫水沖洗沉澱及濾紙數次。沉澱棄去。

(3) 煮沸，以驅盡 H_2S。

(4) 加 NH_4OH 中和之〔以剛果（Congo）試紙變淡紫色為度〕再加單氯醋酸（$ClCH_2COOH$），至溶液含單氯醋酸量達 3% 為止（註 B）。

(5) 加熱，同時以 H_2S 氣體飽和之（約 1～2 小時。）（註 C）

(6) 過濾（註 D）。以「硫酸銨‑硫化氫」洗液（註 E）洗滌沉澱及濾紙數次。（流出之洗液若呈黑色，則反覆過濾至無色。）沉澱可供 Zn 定量之用。

(7) 加少量溴水（Bromine water）及 5ml H_2SO_4（1.84）於濾液內，然後加熱，以趕盡 H_2S。

(8) 加 NH_4OH 中和之，再加水稀釋至 100ml（註 F）。

(9) 加 15～20ml NH_4OH（0.91）（註 G）及 5g $(NH_4)_2SO_4$，然後電解之。

（二）電解手續：

(1) 先將陰極洗淨，烘乾，放冷，精稱至 0.1mg，記其重為 w₁ 以備計算。

(2) 裝上電極（使陽極完全和杯底接觸，陰極露出液面 1 公分）。

(3) 通以電流（電流 2 安培，時間 4～5 小時）。

(4) 電解至溶液無色後（註 H），用洗瓶沖洗燒杯內壁及露於液面之電極。

(5) 再繼續電解 30 分鐘。

(6) 一面繼續通電流，一面將盛溶液之燒杯迅速移去。

(7) 以洗瓶將電極用水洗淨，然後置於盛水之燒杯內，繼續電解 5 分鐘。

(8) 切斷電流取下電極。

(9) 以酒精浸洗陰極兩次，烘乾、放冷後，稱重，記其重為 w₂，以備計算。

(10) 電極之恢復：將附著鎳之陰極浸於 HNO_3（1：1）內，以溶解電解鎳→加少許 $Ca(NO_3)_2$→煮沸約 15 分鐘→取出，以水洗淨→烘乾。

8-6-2-1-4 計算

$$Ni\% = \frac{(w_2 - w_1)}{W} \times 100$$

w_1 ＝陰電極重量（g）

w_2 ＝陰電極加純鎳之重量（g）

W ＝試樣重量（g）

8-6-2-1-5 附註

（A）在強酸性溶液中（pH ＜ 1）通入 H_2S，Zn 及 Ni 均不沉澱；但在定性分析化學上，屬於硫化氫族之元素，即成硫化物下沉，故可於第（2）步濾去。

（B）（C）在弱酸性溶液中（pH ＝ 2 ～ 3）通以 H_2S 時，Zn 可生成 ZnS 沉澱；而 Ni 需在近中性之溶液（pH ＝ 5 ～ 6）中通入 H_2S 才會生成 NiS 沉澱。故 Zn、Ni 得以分開。

（D）因析出之 ZnS，易於濾取，故不必等待沉澱下沉，即可立刻過濾。

（E）因 $(NH_4)_2SO_4$ 是強酸弱鹼所化合而成之鹽，溶解後，由於水解作用，溶液呈弱酸性，故加入 $(NH_4)_2SO_4$，即可調節洗液，使其維持在較低之 pH，以防止在近中性之溶液中（pH ＝ 5 ～ 6），Ni 與 H_2S 作用而析出 NiS 沉澱。同時，$(NH_4)_2SO_4$ 係電解質，可阻止 ZnS 生成膠狀液體，透過濾紙而流失。另外，洗液內之 H_2S 能防止 ZnS 被空氣氧化及水解。

（F）（G）這些操作，旨在調節電解液之 pH 值，使適於 Ni 之電解析出。

（H）吸取 1 ～ 2 滴電解液於 1ml 硫碳酸鉀溶液內，呈粉紅色或紅色，表示溶液內仍含有 Ni^{+2}。

8-6-2-2 市場鎳之 Ni

8-6-2-2-1 應備試劑

（1）$HClO_4$（70%）或 H_2SO_2（1：1）

（2）檸檬酸銨（20%）

（3）二甲基丁二肟（4%）

稱取 4g 二甲基丁二肟於 150ml 燒杯內→加 100ml 酒精（熱）溶解之。

8-6-2-2-2 分析步驟

（一）試樣處理

(1) 稱取 0.5000g 試樣於 400ml 燒杯內。

(2)～(8)：同 8-6-1-3-2 節（分析步驟）第(2)～(8)步。

(9) 一面劇烈攪拌，一面慢慢加 60ml 二甲基丁二肟（4%，熱）。

(10) 冷卻至室溫，並不時攪拌之。

(11) 用中速濾紙（Medium paper）過濾。以冷水洗滌沉澱及濾紙數次。濾液及洗液靜置過夜，並觀察是否還有 Ni 沉澱；若有，需再過濾之，並將兩次沉澱及濾紙合併，移於原燒杯內。

(12) 加 40ml HNO_3 及 15ml $HClO_4$（70%）。蓋好，加熱至濾紙溶解後，再繼續蒸發至乾，然後以 250℃烘烤之，以驅盡 $HClO_4$。

(13) 冷卻後，加 40ml H_2SO（1：3），然後加熱至鎳鹽完全溶解。

(14) 過濾。用熱水洗滌沉澱及濾紙數次。沉澱棄去。聚濾液及洗液於 250ml 電解燒杯內。

(15) 冷卻後，以 NH_4OH 中和之，再過量 25ml。

(16) 加水稀釋成 125ml，然後電解之。

（二）電解手續

同 8-6-2-1-3 節 第（二）項（電解手續）；唯改用 0.2～0.3 安培電流，電解一夜。

8-6-2-2-3 計算：同 8-6-2-1-4 節

8-6-2-3 各種鐵及鋼鐵之 Ni

8-6-2-3-1 應備儀器與試劑：分別同 8-6-2-1-1 節及 8-6-2-1-2 節

8-6-2-3-2 分析步驟

（一）試樣處理：

同 8-6-1-1-2-1 節（鎳鋼）。唯分析步驟第(9)、(10)兩步應改用下法：

(1) 使用 12 或 15cm 濾紙過濾。以熱水洗滌 18～20 次。濾液及洗液棄去。

（2）以 HNO$_3$（1:3）注於濾紙上，以溶解沉澱。以熱水徹底洗淨濾紙。

（3）加 20ml H$_2$SO$_4$（1:1），以錶面玻璃蓋好，然後蒸至冒硫酸白煙。

（4）稍冷後，加 10ml HNO$_3$，再蒸至冒硫酸白煙。

（5）以水洗淨蓋子及杯緣，再蒸至冒硫酸白煙，以徹底驅盡微量 HNO$_3$。

（6）待冷後，加 50ml 冷水，並加熱溶解可溶鹽。

（7）加 NH$_4$OH 中和之，再過量 25ml。然後加水稀釋成 175ml。

（二）電解手續

同 8-6-2-1-3 節（分析步驟）第（二）項（電解手續）。唯電流改為 1 ～ 2 安培。電解時間約需 5 ～ 8 小時。

8-6-2-3-3 計算：同 8-6-2-1-4 節

8-6-3 光電比色法

8-6-3-1 各種鋼鐵（Ni ＜ 3）之 Ni

8-6-3-1-1 應備儀器

（1）250ml 伊氏燒杯。

（2）200ml 及 100ml 量瓶。

（3）20ml 吸管。

（4）光電比色儀。

8-6-3-1-2 應備試劑

（1）混酸：

量取 500ml H$_2$O 於 1000ml 燒杯內→小心徐徐加入 133mlH$_2$SO$_4$（1.84）→加 167ml H$_3$PO$_4$（85%）→冷卻 →加水稀釋至 1000ml。

（2）**HNO$_3$**（8N）：量取 350ml HNO$_3$ →小心加水稀釋成 1000ml。

（3）**酒石酸**（20%）：

稱取 200g 酒石酸→以適量水溶解後，再加水稀釋至 1000ml。

（4）**溴水**（飽和者）。

（5）**NH₄OH**（28 ～ 30%）。

（6）**二甲基丁二肟**（1%）：

　　稱取 1g 二甲基丁二肟→加 100ml 酒精（95%）→若有雜質，應予濾去。

（7）**NaOH**（6N）：

　　稱取 240g NaOH →以適量水溶解後，再加水稀釋至 1000ml。

8-6-3-1-3 分析步驟

(1) 稱取 1.00g 試樣（試樣 A）於 250ml 伊氏燒杯內。

(2) 加 20ml 混酸，並緩熱至作用停止。

(3) 小心加入 10ml HNO₃（8N），並煮沸 1 ～ 2 分鐘，以驅盡黃煙。

(4) 冷卻後，將溶液移於 200ml 量瓶內，加水稀釋至刻度。

(5) 以吸管精確吸取 20ml（註 B）溶液於 100ml 量瓶內，然後一面劇烈攪拌，一面依次加入 5ml 酒石酸（20%）（註 C）、5ml 溴水（飽和）（註 D）、10ml NH₄OH（註 E）及 5ml 二甲基丁二肟（註 F）。擱置 1 分鐘後，加入 10ml NaOH（6N），然後加水稀釋至刻度（註 G）。

(6) 靜置 5 分鐘（註 H）。

(7) 分別量取 5ml 蒸餾水（空白溶液）及試樣溶液於儀器所附之兩支試管內。先以光電比色儀測定前者對波長為 $470\mu m$ 之光線之吸光度（不必記錄），再將指示吸光度之指針，調整至（0）之位置，然後抽出試管，換上盛有試樣溶液之試管，以測其吸光度，並記錄之。由「吸光度－溶液含 Ni 量（g）」標準曲線圖（註 I），可直接查出「試樣含 Ni 量（g）」。

8-6-3-1-4 計算

$$Ni\% = \frac{w}{W} \times 100$$

w ＝溶液含 Ni 量（g）

W ＝試樣重量（g）

8-6-3-1-5 附註

註：除下列各附註外，另參照 8-6-1-1-4 節有關各項附註。

（A）（B）（D）

本法試樣含 Ni > 4% 時，分析步驟第 (5) 步之稀釋程度應酌量增大（因為取樣可能不均，故試樣之稱取不可減少。）總之，在測定其吸光度時，每 100ml 溶液中 Ni 之含量不可超過 0.6mg。

（C）（D）（E）（F）（H）

(1) 參照第 8-6-1-1-4 節附註（D）（E）、（G）（I）。

(2) 在酸性溶液內，Ni^{+2} 經 Br_2 氧化成 Ni^{+3} 後，在氫氧化銨溶液中，能與二甲基丁二肟化合成可溶之紅色複合離子。呈色溶液若不含 Cu、Co、Mn 等元素之離子，則在 1～2 分鐘後，呈色即達最大限度。顏色在 20～30 分鐘內很安定。

(3) 溴水因能與 NH_4^+ 化合成無色物質：

$$2NH_4^+ + 3Br_2（棕色）\rightarrow N_2 \uparrow + 6Br^-（無色）+ 8H^+$$

故其棕色不會干擾吸光度之測定。

（I）「吸光度 – 溶液含 Ni 量（g）」標準曲線圖之製法：

(1) 選取含 Ni = 0.04～0.25% 之標準樣品數種，每種稱取 3 份，每份 0.5g，當做試樣，依 8-6-3-1-3 節（分析步驟）所述之方法處理之，以測定其吸光度，並記錄之。

(2) 以「吸光度」為縱軸，「溶液含 Ni 量（g）」為橫軸，作其關係曲線圖。

8-6-3-2 市場鋁或鋁合金之 Ni

8-6-3-2-1 應備儀器

(1) 250ml 伊氏燒杯。

(2) 100ml 量瓶。

(3) 150ml 燒杯。

(4) 光電比色儀。

8-6-3-2-2 應備試劑

（1）H_2SO_4（1.84）。

（2）HNO_3（1.42）。

（3）混酸〔H_2SO_4（1.84）：HNO_3（1.42）＝ 1：1〕。

（4）NH_4OH（28 ～ 30%）。

（5）溴水（飽和）。

（6）檸檬酸（50%）：

稱取 150g 檸檬酸於 500ml 燒杯內→加 300mlH_2O 溶解之。

（7）二甲基丁二肟（1%）：

稱取 1g 二甲基丁二肟於 100ml 燒杯內→加 100ml 酒精（95%）→
若有雜質，應予濾去。

（8）標準鎳溶液（1ml ＝ 1mg Ni）：

稱取 3.365g 硫酸銨鎳（Nickelous Ammonium sulfate; $NiSO_4$-

$(NH_4)_2 \cdot 6H_2O$；分子量 394.998；純結晶）於 500ml 量瓶內→加

100ml H_2O（溫）→攪拌溶解之→加水稀釋至刻度。

8-6-3-2-3 分析步驟

(1) 依照下表，稱取適量試樣於 250ml 伊氏燒杯內。另取同樣燒瓶一個，
供作空白試驗。

樣品含 Ni 百分比（%）	試樣重量（g）
0.01 ～ 0.3	0.300
0.3 ～ 2.5	0.100

(2) 加 20ml 混酸（空白溶液只加 10ml），於電熱板上加熱至乾後，再
燻烤約 10 分鐘，以脫去矽酸之水份（註 A）。

(3) 冷卻後加 50ml H_2O，於電熱板上加熱至可溶鹽類溶盡為止。

(4) 冷卻後，移溶液於 100ml 量瓶內。加水稀釋至刻度，並均勻混合之。
過濾一部份溶液（約 60ml）。沉澱及未過濾之溶液棄去。

(5) 依照下表，用吸管吸取適量濾液於 100ml 量瓶內。

試樣重量（g）	濾液體積（ml）
0.100	20
0.300	50

(6) 一面攪拌，一面依次加 5ml 檸檬酸（5%）及 5ml 溴水。

(7) 加 NH₄OH 至中和（至溴之顏色消失為度），再過量 3～5ml。

(8) 加 5ml 二甲基丁二肟(1%)，然後稀釋成 100ml（註 B），並徹底混合之。

(9) 迅速（註 C）分別量取 5ml 空白溶液及試樣溶液於儀器所附之兩支試管內。先以光電比色儀測定前者對波長為 440mμ 之光線之吸光度（不必記錄），再將指示吸光度之指針調整至（0），然後抽出試管，換上盛有試樣溶液之試管，以測其吸光度，並記錄之。由「吸光度-溶液含 Ni 量（mg）」標準曲線圖（註 D），可直接查出「溶液含 Ni 量（mg）」。

8-6-3-2-4 計算

$$Ni\% = \frac{10\ w}{V \times W}\ （註\ E）$$

V＝在分析步驟第（5）步所取試樣溶液之體積（ml）

w＝溶液含 Ni 重量（mg）

W＝試樣重量（g）

8-6-3-2-5 附註

註：除下列附註外，另參照 8-6-1-1-4 及 8-6-3-1-5 節有關各項附註。

（A）參照 8-6-1-3-4 節之附註。

（B）（C）

(1) 因 Co⁺² 和 Cu⁺² 均能干擾二甲基丁二肟與 Ni 之呈色反應，故此時 100ml 溶液中，其含量不可超過 Ni 之濃度。

(2) 此時 100ml 溶液中，Ni 之含量應調整在 0.02～0.5mg 之間，俾利吸光度之測定。

(3) 呈色溶液中，Mn 太多時，會防礙呈色反應。Cu 太多，會引起褪色；尤其在呈色 10 分鐘以後為然；溶液溫度若高於 25℃，則其褪色速

度隨溫度而增加。另外因 Co 亦能與發色劑化合成複合離子，因此太多時，可能會限制與發色劑發生呈色反應之 Ni 量。

(4) 加入發色劑後，需在 5 分鐘內完成吸光度之測定，否則顏色可能減褪。

（**D**）「吸光度 – 溶液含 Ni 量（mg）」標準曲線圖之製備：

(1) 用吸管吸取 10ml 標準鎳溶液於 500m 量瓶內，並加水稀釋至刻度（1ml ＝ 0.02mg Ni）。

(2) 以吸管分別吸取 25、20、15、10、5、1 及 0ml（即空白試劑）上項溶液（除 0ml 外，每種取兩份）於十三個 100ml 量瓶內。

(3) 一面攪拌，一面加入 25ml H_2O、10ml 混酸、5ml 檸檬酸（50%）及 5ml 溴水（飽和）於每一瓶內。

(4) 加 NH_4OH（濃）至溴（Br_2）之顏色消失後，再過量 3 ～ 5ml。

(5) 冷至室溫後，加 5ml 二甲基丁二肟溶液（1%）。加水稀釋成 100ml。

(6) 分別量取約 5ml 溶液於儀器所附之十三支試管內。先以光電比色儀測定空白溶液（即盛 0ml 標準鎳溶液之試管）對波長為 445mμ 之光線之吸光度（不必記錄），次將指示吸光度之指針調至 (0)，最後抽出試管，依次換上其餘十二支試管，測其吸光度，並記錄之。

(7) 記錄其結果如下：

標準試樣溶液之使用量 (ml)	吸光度	溶液含 Ni 量 (mg)
1		0.02
5		0.1
10		0.2
15		0.3
20		0.4
25		0.5

(8) 以「吸光度」為縱軸，「溶液含 Ni 量（mg）」為橫軸，作其標準關係曲線圖。

（**E**）參照 7-6-2-1-1-5 節附註（E）。

第九章　鉬（Mo）之定量法

9-1 小史、冶煉及用途

一、小史

　　約在公元前 350 年至十八世紀初葉之間，人們仍無法正確使用 Molybddena（輝鉬礦）、Galera（方鉛礦）、Plumbaga（黑鉛礦）以及 Graphite（石墨礦）等字彙，因為在十七世紀期間，這些字均意指石墨而言。後來證實方鉛礦代表現今所賦予之定義。不久再證實輝鉬礦和石墨並不含鉛。Scheele 於 1778 年證實此二者不同處在於前者是一種酸性物質，屬金屬類，是硫的化合物。後來 Von Cronstedt 又證實輝鉬礦是一種含碳和少量黃鐵礦（Pyrite）之礦物，因此其英文名稱由 Molybddena 易為 Molybdenite。Hjelm 於 1782 年自輝鉬礦分離出金屬物，並命名為 Molybdenum（鉬）。

二、冶煉

　　鉬在自然界中，係成化合物而存在。其化合物雖分佈全球，但在地殼中，仍屬微量；在火成岩中，鉬約佔 1.5×10^{-3}%。

　　鉬的主要礦石為輝鉬礦（MoS_2），美國科羅拉多州儲量甚豐。此礦成輝亮之黑色板片，其外觀與石墨頗相似。

　　鉬之煉製，首先煅燒礦石，使成鉬的氧化物，然後以氫、碳、鋁，或採用電解法，使之還原。高純度之鉬，則是以氫還原鉬酸銨（Ammonium molybdate）或三氧化鉬而得。此法可得粉狀之純鉬；藉燒結法（Sintering process）或電弧熔解法（Arc-melting process），可使之成形。

三、用途

　　（1）製造電阻爐（Resistor furnace）之電極。

　　（2）製作真空管和燈泡內之陽極、柵極和燈絲支架。

　　（3）電氣接頭。

（4）由於具高熔點，以及良好之「強度對比重比值（Strength to density ratio）」，故適於製造火箭、飛彈及太空船。但溫度太高時，鉬易氧化，需使用抗氧化材料塗敷之。

（5）硫化鉬（Molybdenum sulphide）可製造滑潤劑。

（6）鉬是極佳的合金鋼組成份，例如構造用與工具用合金鋼之組成與用途，分別見表 9-1、9-2、9-3。

表 9-1　構造用鎳鉬合金鋼（CNS 2800 G63）之化學組成與用途

種類	符號	化　學　成　分　(%)					用途例	外國類似規格
		C	Mn	Ni	Cr	Mo		
構造用鎳鉻鉬鋼	S47Ni CrMo	0.44~0.50	0.60~0.90	1.60~2.00	0.60~1.00	0.15~0.30	齒輪, 中小形軸。	JIS SNCM9
	S 45 Ni CrMo	0.43~0.48	0.70~1.00	0.40~0.70	0.40~0.65	0.15~0.30	齒輪, 中小形軸, 臂, 各種桿。	JIS SNCM7
	S 40 Ni CrMo1	0.38~0.43	0.70~1.0	0.40~0.70	0.40~0.65	0.15~0.30	同上	AISI 8640 JIS SNCM6
	S 40 Ni CrMo2	0.36~0.43	0.60~0.90	1.60~2.00	0.60~1.00	0.15~0.30	齒輪, 中小形軸。	AISI 4340 JIS SNCM8
	S 30Ni CrMo1	0.27~0.35	0.60~0.90	1.60~2.00	0.60~1.00	0.15~0.30	曲柄軸, 連捍, 輪機葉片。	JIS SNCM1
	S 30Ni CrMo2	0.25~0.35	0.35~0.60	2.50~3.50	2.50~3.50	0.50~0.70	齒輪, 強力螺栓。	JIS SNCM5
	S 25Ni CrMo	0.20~0.30	3.50~0.60	3.00~3.50	1.00-1.50	0.15~0.30	齒輪, 大形軸, 曲柄軸, 各種捍。	JIS SNCM2

(Si：0.15~0.35 %,　P≦0.030%,　S≦0.030 %,　Cu≦0.30%)

表 9-2　構造用鉻鉬合金鋼（CNS 2800 G63）之化學組成與用途

種類	符號	化　學　成　分　(%)				用途	外國類似規格
		C	Mn	Cr	Mo		
構造用鉻鉬鋼	S 32Cr Mo	0.27~0.37	0.30~0.60	1.00~1.50	0.15~0.30	齒輪, 螺栓, 螺椿。	AISI 4130 JIS SCM 1
	S 30 Cr Mo	0.28~0.33	0.60~0.85	0.90~1.20	0.15~0.30	齒輪, 螺栓, 小形軸, 螺椿	AISI 4130 JIS SCM 2
	S 35 Cr Mo	0.33~0.38	0.60~0.85	0.90~1.20	0.15~0.30	齒輪, 強力螺栓, 曲柄軸, 車軸, 臂螺椿	AISI 4135 JIS SCM 3
	S40 Cr Mo	0.38~0.43	0.60~0.85	0.90~1.20	0.15~0.30	同上	AISI 4140 JIS SCM4
	S45 Cr Mo	0.43~0.48	0.60~0.85	0.90~1.20	0.15~0.30	齒輪, 大形軸, 強力螺栓, 螺椿。	AISI 4145 JIS SCM5

(Si：0.15~ 0.35%,　P≦0.030 %,　S≦0.030 %,　Ni≦0.25%,　Cu≦0.30 %)

表 9-3　熱加工合金工具鋼（CNS 2965 G79）之化學組成與用途

種類	符號	化　學　成　分（%）								用途	外國類似規格
		C	Si	Mn	Ni	Cr	Mo	W	V		
熱加工合金工具鋼	S30CrWV1（TH）	0.25~0.35	<0.40	<0.60	—	2.00~3.00	—	5.00~6.00	0.30~0.50	床模，壓床模	AISI H20 JIS KD4
	S30CWV2（TH）	0.25~0.35	<0.40	<0.60	—	2.00~3.00	—	9.00~10.00	0.30~0.50		JIS KD5
	S37CrMoV1(TH)	0.32~0.42	0.80~1.20	<0.50	—	4.50~5.50	1.00~1.50	—	0.30~0.50		AISI H11 JIS SKD6
	S37CrMoV2(TH)	0.32~0.42	0.80~1.20	<0.50	—	4.50~5.50	1.00~1.50	—	0.80~1.20		AISI H 13 JIS SKD61
	S 55C（TH）	0.50~0.60	<0.35	0.80~1.20	—	—	—	—	—	造模塊料	JIS SKT 1
	S55Cr（TH）	0.50~0.60	<0.35	0.80~1.20	—	0.80~1.20	—	—	—		JIS SKT 2
	S55NiCrMol(TH)	0.50~0.60	<0.35	0.60~1.00	0.25~0.06	0.90~1.20	0.30~0.50	—	—		JIS SKT3
	S55NiCrMo2(TH)	0.50~0.60	<0.35	0.60~1.00	1.30~2.00	0.70~1.00	0.20~0.50	—	—		JIS SKT4
	S55CrMoV(TH)	0.50~0.60	<0.35	0.60~1.00	—	1.00~1.50	0.20~0.40	—	0.10~0.30		JIS SKT5
	S75NiCrMo(TH)	0.70--0.80	<0.35	0.60~1.00	2.50~3.00	0.80~1.10	0.30~0.50	—	—	衝壓	JIS SKT6

(P<0.030 %,　S<0.030 %,　Ni≦0.25%)

9-2 性質

一、物理性質

　　鉬元素之原子序數為 42，原子量 95.95g，熔點 2622℃ ±10℃，比熱（Cal/g-atom）（20℃）6.24，熱傳導性（Cal/cm²/cm/sec/℃）（20℃）0.38，彈性係數（26℃)46,000,000psi，熱中子吸收橫截面2.4Barns。在所有實用耐火金屬中，只有鎢和鉭（Ta）之熔點高於鉬。市售實用金屬中，鉬之彈性係數（Modulus of elasticity）列於最高之一者；在 850℃時，其彈性係數仍比室溫鋼鐵高三分之一。其熱傳係數（Thermal Conductivity）較一般高溫合金為高，但其比熱甚低，因此受到急速加熱和冷卻時，其熱應力（Thermal stress）甚低。另外，其熱中子吸收橫截面（Thermal neutron absorption cross-section）甚低，在具高熔點元素中，只有碳、矽、鈹、鋯及鈮等之吸收橫截面較鉬為低。

二、化學性質

　　鉬在週期表中，屬於VI A 屬，具＋2～＋6價。在低價時，呈鹼性;高價時，則呈酸性。Mo^{+6} 所形成之化合物最為安定。

　　金屬鉬在高溫時易氧化，是其嚴重缺點;但在常溫時具卓越之抗蝕性，

是其優點，例如，其對苛性鹼溶液、鹽酸、硫酸和氫氟酸等，均具抗蝕性。但易被硝酸、王水、熔融氧化鹽（Molten oxidizing salt）和熔融鹼性物（Fused alkalis）等所溶解。鉬在 370℃以上之空氣中，即緩緩發生氧化作用；大於 650℃則反應迅速。高溫時，鉬易被水蒸汽、二氧化硫、一氧化氮和二氧化氮（Nitrous and nitric oxides）所氧化；但在 1000℃以上，仍不易與二氧化碳和氮發生反應。

　　鉬形成兩種組成明確之氧化物，MoO_2 和 MoO_3。MoO_3（三氧化鉬）之性質如次：（1）性安定，可由金屬鉬、硫化鉬、較低之鉬氧化物、或鉬酸（Molybdic acid）燒結（Calcinating）而成。（2）白色固體，加熱則轉為黃色。（3）熔點為 795℃，500℃即開始昇華。（4）不溶於水，但溶於 鹼性溶液（包括氨水和鹼性碳酸鹽），生成鉬酸鹽，如 M_2MoO_4（M 表示一正價陽離子）。（5）溶於無機酸。（6）在 300℃～ 470℃時，MoO_3 能被氫還原成 MoO_2；高於 500℃，則還原成金屬鉬。

　　加無機強酸，如 H_2SO_4，於鉬酸鹽溶液內，能產生鉬酸（H_2MoO_4）之白色沉澱。若再加過量酸液，則再溶解而生成 MoO_2SO_4 型式之鉬醯基化合物（Molybdenyl compound）。

　　鉬酸具有強烈的自行和與其他酸類發生縮合（Condense）和聚合傾向，並產生異聚合（Isopoly）和異性或多相聚合（Heteropoly）複合物。

　　在異性複合物系列中，通常係由單一氧酸基團（Oxyacid radical）與 6、9、或 12 個鉬酸基團化合，其中磷鉬酸銨（Ammonium phosphomolybdate，〔$(NH_4)_3PO_4 \cdot 12MoO_3$〕可代表本系列之主要特性。$M_2MoO_4$ 具有縮合傾向，因此大部份鉬酸鹽均成同性聚合鉬酸鹽（Polymolybdate）狀態而存在，典型分子式為（$M_6Mo(Mo_6O_{24}) \cdot 4H_2O$。M 代表一正價陽離子。各種鉬酸在水中之溶解度各異，其鹼鹽（Alkali salt）易溶於水，而其鹼土鹽（Alkaline earth salt）和重金屬鉬酸鹽則較不易溶解。鉬酸鹽之酸性溶液，以過氧化氫處理之，可生成過鉬酸鹽（Permolybdate），如 M_2MoO_5、M_2MoO_6（黃）、和 M_2MoO_8（紅，有爆炸性）等。M 代表一正價陽離子。

　　二氧化鉬（Molybdenum dioxide, MoO_2）為惰性甚大之灰色結晶粉末，在缺氧狀態下，僅與酸和鹼發生反應。

較低層之氧化物，如 MoO_3，證實存在。加鹼於 MoO_3 溶液，可生成其對應氫氧化物，$Mo(OH)_3$，之黑色沉澱。

鉬酸鹽溶液以硫化氫飽和之，然後加入鹽酸，使成酸性，則生成三硫化鉬（Molybdenum trisulfide, MoS_3）。

通硫化氫於以鋅還原之酸性鉬酸鹽溶液中，可生成五硫化鉬（Molybdenum pentasulphide, Mo_2S_5）。鉬最重要之硫化鉬（Molybdenite, MoS_2），可用 MoO_3 與硫、碳酸鉀共熱而得之。

「鉬藍（Molybdenum blue）」係一種化合物，其組成尚未確定，但悉所含之鉬具有兩種價數，一為 Mo^{+6}，另一可能為 Mo^{+5}。鉬酸鹽在酸性或鹼性溶液中，經部分還原（Partial reduction），或氧化較低價位之鉬，均可得鉬藍。鉬藍可能含有數種化合物。

Mo^{+5} 只能生成含氧（Oxy）或含醯基（yl）硫酸鹽，並可能以雙鹽方式存在，如 $(NH_4)[MoO_2(SO_4)] \cdot H_2O$。但 Mo^{+5} 之複合物種類甚多，如氧鹵化物（Oxyhalide）、氰化物（Cyanide）、硫氰化物（Thiocyanate）、以及螯鉗狀有機衍生物（如與 Catechol 所生成之複合物）。Mo^{+4} 能與許多化合物生成複合物，較重要者包括氰化物〔例如：① M_4MoCy_8（黃）、② $M_4MoO_2Cy_4$）$\cdot xH_2O$（紅至紫）、及第②項氰化物經水解所生成之藍色複合物〕、硫氰化物及草酸鹽等。草酸鹽能與 Mo^{+4} 生成醯基鹽（yl salt），如醯基草酸鉬｛Molybdenyl oxalate，$H_2[Mo_3O_4(C_2O_4)_3] \cdot 8H_2O$｝。$Mo^{+3}$ 能與氯化物、氟化物、氰化物及硫氰化物等，分別生成 M_3MoCl_6 與 M_2MoCl_5、$K_2MoF_4 \cdot H_2O$、$K_4Mo(CN)_7 \cdot H_2O$ 及 $M_3Mo(SCN)_6$ 等複合物。Mo^{+2} 之主要複合物為與酸所生成之 $H_2[Mo_6Cl_4(H_2O)_2] \cdot 6H_2O$。

在 200℃ 和 150atm 條件下，一氧化碳能與鉬生成羰基鉬化合物〔（Carbonyl compound），$Mo(CO)_6$〕。

9-3 分解與分離

一、分解

金屬鉬不溶於濃鹽酸、氫氟酸或稀硫酸；易溶於王水、稀硝酸、或濃過氯酸與硫酸之混合物。細碎樣品易溶於熱濃硫酸。

鉬亦易與碳酸鈉和硝酸鉀二者共熔而分解。

MoO_3 易溶於鹼液（如氨溶液）與濃無機酸內。鹼類鉬酸鹽（但非重金屬鉬酸鹽）易溶於水。

二、分離

(一)沉澱法

（1）從鐵、鈦和鋯中分離

①含有硫酸（1：4）或鹽酸（1：19）之溶液中，鉬能與 α- 苯安息香肟（α-Benzoinoxime，$C_6H_5CH(OH)C(NOH)C_6H_5$）生成沉澱物。此時 W、Cr^{+6} 和 V^{+5} 亦同時沉澱；Cr^{+6} 和 V^{+5} 可使用還原劑，如硫酸亞鐵，還原成低價離子，而阻止其沉澱。本法對鋼中鉬元素之分離，特別有用；另外，亦可應用於鉬與鈦、鋯之分離。

②另外，亦可使用氫氧化鈉，從鐵、鈦和鋯等分離鉬元素。於含有 Fe^{+3} 之酸性溶液，加入氫氧化鈉，至近中和，然後一面攪拌，一面緩緩注入熱氫氧化鈉溶液（10%）內。煮沸後靜置之，俟氫氧化物之不溶物沉澱後，過濾之。鉬留在濾液內。如果沉澱物數量很多，則需再溶解、沉澱之。

③在含硫氰化物（0.25～0.5M）和四甲基藍（Methylene blue）（0.015～0.03M）之鉬、鈦溶液中，若鈦以氟化銨遮蔽（Masking）之，則鉬可與前述二種化合物，生成三元化合物（Ternary compound），而與鈦分離。

（2）從鐵、鋁、鉻、鎳、鈷、鋅、錳以及鹼土族元素中分離

①硫化氫法

在酸性溶液〔以 H_2SO_4（1：19）為最佳〕中，Mo^{+6} 能與 H_2S 生成三硫化鉬沉澱。在熱酸溶液中，通入 H_2S 15 分鐘，使之飽和，然後以等體積水稀釋之，再通入 H_2S 10 分鐘，使之飽和。靜置約 1 小時，過濾之。沉澱為三硫化鉬（Molybdenum trisulfide）。若使用非氧化酸溶液（Non-oxidizing acidic solution），譬如鹽酸，或溶液中含釩或同類雜質，則沉澱不易完全。另外，H_2S 能與部份鉬發生還原

作用，致引起不完全沉澱，故宜再煮沸濾液，驅除 H_2S，使用諸如過硫酸銨（Ammonium persulfate）等氧化劑，氧化餘鉬，然後再通入 H_2S，以收回三硫化鉬。

②**庫弗龍（Cupferron）法**

　　在酸性溶液中，鉬能與庫弗龍生成沉澱物，而與多種金屬，包括 Al、Cr、Ni、Co、Zn、Mn 以及鹼土族等金屬分離。

（3）從釩中分離

　　在含酒石酸之氨水溶液中，通入 H_2S，鉬即成硫化鉬而沉澱。然後加稀硫酸於溶液內，至恰呈酸性為止，再通入 H_2S。過濾後，以含 H_2S 之 H_2SO_4（1：99）洗滌沉澱。再以含酒石酸之 NaOH 溶液溶解，然後再沉澱處理之。

（4）從鎢中分離

　　通 H_2S 於含酒石酸之酸性溶液內，鉬成硫化鉬沉澱；而鎢則留在溶液中。其法如次：加 10 ～ 15g 酒石酸於試樣溶液中，再加稍過量之 NaOH，以生成安定之鎢與酒石酸之複合物。加 H_2SO_4（1：1）至呈酸性，並加熱至 80℃，然後快速通入 H_2S，使鉬成硫化鉬沉澱。使用本法時，鉬含量不宜超過 30mg，否則沉澱不完全。為使鉬完全沉澱，另一個方法就是，在冷鹼性溶液中，以 H_2S 飽和之，再加稀硫酸至呈酸性，然後再通入 H_2S 約 15 分鐘。

　　另外，亦可在甲酸（Formic acid）溶液中，通入 H_2S，使成硫化鉬沉澱，而與鎢分開。其法如次：分別加 10ml 甲酸銨（50%）、10ml 酒石酸（30%）、100ml H_2O（在 10℃ 時，以 H_2S 飽和之）以及 10ml 甲酸（2M）。以 60℃ 加熱 1 小時。加入少許濾紙屑與 10ml 甲酸（24M）。加熱 30 分鐘。硫化鉬沉澱以洗液洗滌之。洗液為 100ml H_2O，加 5ml 甲酸銨（50%）和 5ml 甲酸。

（二）萃取法

　　在稀鹽酸中，Mo^{+6} 能被二乙醚（Diethyl ether）所萃取，而與許多元素，諸如 Cu、Mn、Ni、Co、Cr 以及 Al 等分開。其分離係數（Partition coefficient）隨鹽酸濃度之增加而提高；但鹽酸濃度不得大於 6N，否則萃取效率急遽降低。在適當之酸度狀況下，萃取而得之鉬，可用水反萃取之（Back-extracted with water）。試樣若含 W、V 和 Fe，亦可與鉬同被萃取

而出。

　　若試樣溶液之鉬含量小於1g，則可在含 H₂SO₄ 溶液（6N）的試樣溶液中，加入適量「乙醯基丙酮（Acetylacetone）– 氯仿（Chloroform）」混合物（1：1），並搖震 30 分鐘而萃取之。試樣若含鐵，則本法同時可萃取出 3%Fe。

　　如果試樣溶液之鹽酸含量為 1 ～ 2M，則磷酸三丁酯（Tributyl phosphate）亦為適當之萃取劑。

　　小於1g 之 Mo⁺⁶，亦可使用含有 2% 辛醇（Capryl alcohol）之三辛胺（Trioctylamine）〔溶於煤油（Kerosine），其濃度為 0.1M〕萃取之；最適萃取 pH 為 0.85。試樣溶液若含釩，亦能同時被萃取而出。

　　8- 羥 喹 啉 鉬 鹽（Molybdenum 8-hydroxyquinolate） 能 被 氯 仿（Chloroform）所萃取。若樣品為鐵合金，則採用含 Mo⁺⁶ 大於 0.5mg 之試樣溶液，加 5mlEDTA（0.02M），調整至 pH 1.55 後，用水稀釋至約 100ml。分兩次，各加入 10ml「8- 羥喹啉 – 氯仿」混合液（1：99），並劇烈搖振萃取之。使用本法時，鎢為干擾元素。

　　另外，庫弗龍鉬鹽（Molybdenum cupferrate）亦能被氯仿萃取；最適萃取 pH 為 1.6。干擾元素計有：Fe⁺³、Ti⁺⁴、V⁺⁵、Sn⁺⁴、Cu⁺² 以及 W⁺⁶ 等。H₂SO₄（6N）或異戊醛（Isoamyl aldehyde），亦可用為本法之萃取劑；後者之干擾元素為鎢。

　　在鹽酸溶液（2M）中，Mo⁺⁶ 與安息香肟（Benzoin α-oxime）所生成之化合物，亦能使用氯仿萃取之，但需萃取 3 ～ 4 次。鎢亦能被萃取而出，但 Cr、V 則留在水溶液內。

　　鉬醯基硫氰化物（Molybdenyl thiocyanate）能被多種有機溶劑所萃取，諸如乙醚、異丙醚（Isopropyl ether）、異戊醇（Isoamylalcohol）、醋酸丁酯（Butyl acetate）及「異戊醇 - 四氯化碳（Carbon tetrachloride）」混合物等，其中以異戊醇和醋酸丁醋最廣被使用。從鎢中分離鉬時，每 30ml 樣品溶液中，分別加入 6 滴乙硫醇酸（Thioglycollic acid）（1：1）、1ml 硫氰化鉀溶液（20%）及 7ml H₂SO₄（濃），冷卻 15 分鐘後，以醋酸丁酯萃取之。

　　從鋼中之鎢或其他元素分離鉬時，亦可藉萃取鎢以及戴賽歐（Dithiol）與 Mo 所生成之複合物，而分離之。其法如下：

取 4mg 鋼鐵樣品，分別加 0.5ml 混酸〔H_2SO_4（12.7M）＋ H_3PO_4（2.5M）〕、0.5ml HNO_3（濃）。蒸煮至發出濃白硫酸煙後，冷卻之。加 3ml HCl（4N），以水浴（Water bath）冷卻之。加 3ml「戴賽歐 - 醋酸戊酯」混合溶液（1：99，新配製）。靜置 15 分鐘，並不時攪拌之。然後注入分離漏斗（Separating funnel）內，並以數 ml 醋酸戊酯沖洗之。靜置至液層分離後，水溶液層含鎢和其他元素，棄之。有機層含鉬，可使用 3ml HCl（濃）洗滌之。

其他使用戴賽歐的分離方法，尚包括在含檸檬酸（Citric acid）之無機酸中，使用醋酸丁酯萃取，以及在 H_2SO_4（8 ~ 14N）中，使用石油醚（Petroleum ether）或苯萃取。此二法能使鉬從鎢中分開。

在無機酸〔尤以 H_2SO_4（稀）為宜〕中，Mo^{+6} 與乙基黃酸鉀（Potassium ethyl xanthate）所生成之紅色化合物，可用「乙醚 – 輕石油（Light petroleum）」混合物（2：1）或氯仿萃取之。最適 pH 為 1.8 ~ 1.9。多種重金屬，如 Cu、Fe 等，亦能與試劑生成紅色化合物，但鎢不會干擾。

另外，從鎢中分離鉬時，亦可使鉬與「苯基苯羥醯胺酸（N-phenyl benzohydroxamic acid）」或庫弗龍（Cupferron）生成複合物，在酒石酸鹽或檸檬酸鹽溶液中，以氯仿萃取之。

從多種金屬元素中分離鉬，亦可使用氯仿，萃取「二乙基二硫氨基甲酸鉬（Molybdenumdiethyl dithiocarbamate）」。

（三）離子交換法

從大量鐵中分離鉬時，可將含有此二元素之鹽酸溶液（0.5M）通過陽離子交換樹脂管柱（如 Dowex-50），然後使鉬與硫氰化銨（NH_4SCN）溶液（0.04M）共同溶洗而出。另外，離子交換法亦可從下列物質中分離鉬：① Cu、Pb、Cr、Ni 和 Fe；② W 和 Ti；③ W 和 Fe；④ W 等。

9-4 定性

在酸性溶液中，鉬能與硫化氫生成硫化鉬（MoS_3）之棕黑色沉澱。MoS_3 能溶於鹼性或硫化銨溶液，而生成紅棕色硫鉬酸鹽（Thiomolybdate）。

加硫代硫酸鈉於微酸性之鉬酸銨溶液，能生成藍色沉澱與藍色溶液。

若改為通入二氧化硫則生成藍綠色沉澱，若鉬含量很小，則呈藍色。

加磷酸銨於鉬酸銨之硝酸溶液，能生成易溶於氨溶液之磷鉬酸銨黃色沉澱。

加硝酸亞汞（Mercurous nitrate）於中性鉬酸鹽溶液，能生成易溶於硝酸之白色沉澱。

加亞鐵氰化鉀（Potassium ferrocyanide）於含 HCl 之鉬酸鹽溶液，能生成紅棕色沉澱。

醋酸鉛能與鉬酸鹽，生成易溶於硝酸之白色鉬酸鉛沉澱。加 DPC（Diphenylcarbizide）之酒精溶液於鉬酸鹽溶液，能生成靛紫色（Indigo-violet）溶液。

鹼性鉬酸鹽溶液，能分別與水楊酸（Salicylic acid）和「二羥基順丁烯二酸（Dihydroxymaleic acid）」生成黃色與紅棕色溶液。

加鉬酸鹽於茜素紅磺酸（Alizarin sulphonic acid）與過氧化氫，能分別生成紫色與黃色溶液。

含鉬溶液之斑點測試法（Spot test）說明如下：

一、硫氫化鉀與氯化亞錫法

（一）試劑

(1) **HCl**（1：1）

(2) **KSCN**（10%）

(3) **SnCl$_2$**〔HCl（1：3）含 5%SnCl$_2$〕

（二）測試

滴 1 滴試樣溶液和 1 滴 KSCN（10%）於一片已使用 HCl（1：1）潤濕之濾紙上。如果滴上 Fe^{+3} 溶液，則呈現硫氰化鐵（Ferric thiocyanate）之紅斑，再滴上 1 滴 SnCl$_2$ 溶液，則紅斑消失。若滴上鉬醯基硫氰化物（Molybdenyl thiocyanate），則呈紅磚色斑點。

在上述條件下，鎢能呈現藍色斑點，但若加一滴濃鹽酸於斑點上，即可阻止鎢的斑點反應。

二、苯聯氨法

(一)試劑

苯聯氨（Phenylhydrazine）：冰醋酸（Glacial acetic acid）＝ 1：2（體積計）。

(二)測試

(1)在白磁板(Spot plate)上，以1滴樣品溶液與試劑混合，若有鉬存在，則混合物呈紅色，其色澤深淺視鉬含量之多寡而定。

(2)滴一滴試劑於白色測試紙上，在未被吸收前，加一滴樣品溶液，如有鉬存在，就會在紙上出現紅色環。

三、四甲基藍與聯氨法

(一)試劑

(1)四甲基藍（Methylene blue）溶液（0.0012%）

(2)硫酸聯氨（Hydrazine sulphate）（固體）

(二)測試

加 1 滴微酸性樣品溶液於微量試管（Micro test-tube）內，再分別加約 4 滴四甲基藍溶液（0.0012%）及 20 ～ 30mg 硫酸聯氨。另製備一空白試液，並加1滴水。二試管置於沸水煮之。如有鉬存在，則 3 分鐘後四甲基藍顏色消失。

試樣溶液若含鎢，則需加入鹼性氟化物，以阻止鎢酸沉澱，否則部份鎢酸易被聯氨還原，而生成藍色氧化物(W_2O_5)；而此物亦能還原四甲基藍。另外，試樣溶液若含硝酸鹽，則必須先加入甲酸（Formic acid），經蒸發後，再燒灼殘渣，以驅逐之。

四、黃酸鉀法

滴一滴微酸性試樣溶液於白磁板上，再加微量固體黃酸鉀（Potassium xanthate）與 2 滴 HCl（2N），混合均勻。視鉬含量而定，溶液顏色由粉紅至紫。

本法專供不含陰離子之鹼性鉬酸鹽溶液之鉬定性測試。陰離子，如氟

化物、酒石酸鹽或草酸鹽，均能與鉬生成安定之複合物。

9-5 定量

　　鉬元素之定量方法很多，在此僅就重量法、滴定法以及比色法等三法討論之。重量法通常應用於鉬含量大於約 1% 之樣品；若含量大於 10%，近來已有日益廣用比色法之趨勢。

一、重量法

　　鉬能生成不溶性鉬酸鹽；亦能與 α- 安息香肟、8- 羥喹啉或硫化氫生成沉澱化合物，故可採用本法。其中安息香肟法較為快速，干擾性元素亦較少，故較廣被採用。

（一）鉬酸鉛法

　　重量法中，以本法最為準確。鉬酸鹽在高溫時很安定，與濾紙共灼，亦不虞被碳素還原。沉澱條件，諸如酸度、鹽的濃度等，限制甚寬。唯採醋酸鉛（Lead Molybdate）沉澱法時，沉澱劑應避免過量。在沉澱時，可緩緩加醋酸鉛溶液於含鉬酸鹽之熱、稀醋酸和醋酸銨混合溶液，或緩緩加醋酸銨溶液於含醋酸鉛和鉬酸鹽之熱酸性溶液。後者所得之沉澱顆粒較大。Co、Cu、Mg、Mn、Hg、Ni 和 Zn 等不會干擾。Al、Cr、Fe、Si、W 和 V 等會產生干擾，故需事先除去。Sn、Ti 和 Zr 等鹽類水解後，會產生干擾。

（二）α- 安息香肟法

　　在重量法中，本法較廣被採用。在冷稀無機酸中，鉬能與 α- 安息香肟（Benzoin α-oxime）生成複合物沉澱。所用之無機酸以硫酸（1：19）較佳，其濃度可高達 1：4。

　　溶液含氫氟酸或酒石酸，則沉澱不完全。單位重量之鉬需使用二倍於所需重量之 α- 安息香肟沉澱之。譬如 1g 鉬需加入 3 g α- 安息香肟沉澱之，最後再加過量 3 g α- 安息香肟，才能完全沉澱。沉澱時，需添加溴水，以免鉬被還原。其沉澱物不能直接稱重，需燒灼成二氧化鉬，再稱重之。

　　Al、Sb、As、Bi、Cd、Co、Cu、Fe、Pb、Mn、Hg、Ni、Ag、Sn、Ti、Zn 和 Zr 等元素不會沉澱，亦不會與 Mo 發生共沉現象。Si、W 則會污染沉澱物，

故需先除去，或稱重時予以合併計算。Cr、V 在加沉澱劑前，若還原成 Cr^{+3} 和 V^{+4}，則無干擾現象。本法適用於多種材料，包括鋼鐵和鈦等。

(三) 8- 羥喹啉法

在含 EDTA 之醋酸與醋酸銨混合溶液中，鉬能與 8- 羥喹啉 (8-Hydroxyquinoline) 生成複合物而沉澱。干擾元素計有 Ti、V 和 W 等。其步驟如下：

以甲基紅作為指示劑，加 H_2SO_4 (1:19) 於鹼性鉬溶液中，至中性為止。分別加 15ml EDTA 溶液 (5%) 和 5ml 緩衝溶液〔120ml 醋酸銨 (50%) ＋ 160ml 醋酸 (1:1)〕，再加水稀釋至 100ml。煮沸後, 加稍過量之 8- 羥喹啉溶液 (3%)〔3g 8- 羥喹啉＋ 60ml 醋酸 (1:3) →以醋酸 (1:3) 稀釋至 100ml →以氨水中和之〕。以小火緩緩煮沸 2 ～ 3 分鐘，再以玻璃坩堝 (Tared sintered glass cruicible) 過濾之。以熱水洗滌，至濾液無色為止。以 130℃～ 140℃烘至恒重。殘質為 MoO_2 $(C_9H_6ON)_2$。Mo％ ＝ MoO_2-$(C_9H_6ON)_2$ ×0.2307。

(四) 三硫化鉬法

本法僅適用於鉬含量少於約 30mg 之樣品，否則三硫化鉬 (Molybdenum Trisulfide，MoS_3) 最後不易轉化為供做計算之三氧化鉬。500℃～ 600℃之間，MoO_3 之昇華損失小於 0.1mg/hr。為免於此種損失，MoS_3 最後亦可轉化為鉬酸鉛而計算之。

二、滴定法

滴定法與重量法之準確度不相上下，但樣品數量多時，使用前者較方便。但通常後者之干擾元素較少。

滴定法通常係將鉬還原成 Mo^{+3}，然後以標準氧化劑，如高錳酸鉀，滴定之。其次，亦可使試樣溶液與碘化鉀和鹽酸混合液共同煮沸，使鉬還原，然後以碘標準溶液滴定之。另外，亦可使用醋酸鉛標準溶液滴定鉬酸鹽溶液；滴定時，通常以丹寧酸 (Tannin 或 Tannic acid) 做為外指示劑 (Exteral indicator)。

（一）高錳酸鹽滴定法

採用本法時，先將酸性試樣溶液通過鐘氏還原器（Jones' reductor）的鋅汞齊管柱，使鉬還原成 Mo^{+3}。為防 Mo^{+3} 再被空氣氧化，因此當溶液離開還原器後，即收集於含 Fe^{+3} 溶液中；此時 Mo^{+3} 被 Fe^{+3} 氧化為 Mo^{+5}，而部份 Fe^{+3} 則被還原為 Fe^{+2}。最後以高錳酸鉀標準溶液滴定 Fe^{+2}〔1 ml $KMnO_4$（0.1N）-3.2mg Mo〕。未滴定前，通常加磷酸鹽，以褪去 Fe^{+3} 之顏色。在前述同樣狀況下，能生成安定之還原性離子之物質，如 HNO_3、Sb、As、Cr、Fe、Ti、W、V、有機物等，必須先予除去。

（二）碘滴定法

本法可測定三氧化鉬、鉬酸鹽、以及複合鹽〔如矽和磷鉬酸鹽（Silico- and phosphomolybdate）〕等之鉬含量。滴定原理：將鉬還原至一定之氧化位階，碘則依下式釋出：

$$2MoO_3 + 4KI + 4HCl \rightarrow 2MoO_2 + 2I_2 + 4KCl + 2H_2O$$

除去游離碘（Free iodine）後，以一定體積之碘標準溶液再使鉬氧化。過剩的氧化劑以亞砷酸反滴定之：

$$As_2O_3 + 2I_2 + 2H_2O \rightarrow As_2O_5 + 4HI$$

1ml 碘標準溶液（0.1N）＝ 14.4mg MoO_3。

（三）醋酸鉛（Lead acetate）法

本法通常僅使用於鉬含量較大之樣品以及日常品管之用。滴定時，如果試樣溶液含大量鹼性鹽類，則鉬酸鉛生成較慢，嚴重影響滴定結果之準確度。

許多內指示劑（Internal indicator），如 PAR〔4-(2-Pyridylazo)-resorcinol〕、DPCI（Diphenylcarbazide）、DPCO（Diphenylcarbazode）、二甲酚橙（Xylenolorange）、以及茜素紅–S（Alizarin red S）等，均可測試滴定終點。若溶液含有鹽，則可使用丹寧（Tannin）作為外指示劑。滴定方法如下：

1. 試劑

（1）醋酸鉛標準溶液製備

加 10g 醋酸鉛（含三結晶水）於 100ml 醋酸（1：99）內。溶解後，以醋酸（1：99）稀釋至 500ml。

(2) 標定

溶 2gMoO₃（高純）於 25ml NaOH（10%），加稀醋酸至溶液呈酸性。加熱至約 90℃，然後趁熱以醋酸鉛溶液滴定之，至加一滴試樣溶液於白磁板上之一滴新配丹寧溶液（0.5%）時，不再呈現黃色為止。

(3) 計算

1ml 醋酸鉛溶液＝ 5mg（約）鉬

2. 測試

移試樣溶液（約含 0.1g Mo 之可溶性鉬酸鹽）於 250ml 錐形燒瓶內，加稀醋酸至溶液呈酸性，加熱至約 90℃。依上述試劑標定方法，趁熱以醋酸鉛標準溶液滴定之。計算試樣含鉬百分比。

三、光電比色法

本法的優點就是簡單、快速以及靈敏度高。本法適用於含鉬量高至約 10%，甚或更高之樣品。如果準確度要求高，則試樣含鉬量宜低，如低於 2%。本法主要的發色劑為硫氰化物（Thiocyanate）與戴賽歐（Dithiol），此二者經使用多年，效果良好。茲舉硫氰化物法為例，說明如下：

鉬能與硫氰化合物在含還原劑之無機酸溶液中，生成桔紅色之複合鹽。還原劑以氯化亞錫（SnCl₂）為主，其次為碘化鉀（KI）和氯化亞銅（CuCl₂）。氯化亞銅之缺點就是，易受鐵離子嚴重干擾，而且試樣溶液僅限於數 ml。

含 Mo⁺⁵ 之複合物能展現顏色。此物可能屬於「鉬醯基硫氰酸鹽（Molybdenyl thiocyanate）」，最易吸收波長為 470μm 之光線。

以有機溶劑萃取此種有色複合物，能增進其顏色安定性，並提高本法之靈敏度。通常所用之萃取劑包括異戊醇（Isoamyl alcohol）、異丙醚（Isoamyl ether）以及醋酸丁酯（Butyl acetate）等。若以水溶性溶劑，如「丙酮或二乙二醇丁醚（Butyldigol or Butyl Carbitol，C₄H₉OCH₂CH₂OCH₂CH₂OH）」代之，則不能同時加強和穩定色澤。過氯酸

（Perchloric acid）能促進顏色之安定效果。溶液必須含鐵，才能獲致最大呈色效應。

　　如果直接使用水溶液，進行光電比色，其顏色深度與酸度、硫氰化合物濃度及呈色時間等因素有關。經驗顯示，酸度約為 1：19（HCl 或 H_2SO_4）最為適宜；在此種酸度之下，於 5 分鐘內，顏色會持續稍微增強；此後 1 小時內，顏色很安定。酸度太高或太低，顏色強度會減少，並有逐漸褪色之傾向。氯化亞錫在頗大之濃度範圍內，不會影響顏色之深度。

　　至於金屬元素之影響，則視分析步驟而定，在某種條件下會發生干擾之元素，包括 V、Cr、W、Co 及 Cu 等。

9-6 分析實例

9-6-1 重量法

9-6-1-1 各種鋼鐵之 Mo

9-6-1-1-1 α- 安息香肟沉澱法

9-6-1-1-1-1 第一法

9-6-1-1-1-1-1 應備試劑

（1）α- 安息香肟（α-Benzoin oxime）之酒精溶液

　　稱取 10g α- 安息香肟於 500ml 燒杯內→以 500ml 酒精（95%）溶解之（若溶液混濁，應予過濾，取其濾液使用。）

（2）α- 安息香肟混合洗液

　　量取 25 ～ 50ml 上項 α- 安息香肟之酒精溶液於 1000ml 燒杯內→加 10ml H_2SO_4（1.84）→加水稀釋至 1000ml（使用時配製，不宜久儲。）

（3）王水〔HCl（1.18）：HNO_3（1.42）= 3：1〕。

9-6-1-1-1-1-2 分析步驟

（一）試樣之前處理

　（1）稱取 1 ～ 3g 試樣於蒸發皿內，並用錶玻璃蓋好。

　（2）徐徐加入 60ml 王水。加熱（註 A）蒸乾後，再烘烤（註 B）至完全

乾燥。

(3) 加 50ml H_2O 及 5ml HCl（1.18）（註 C），然後加熱，並用玻璃棒時加攪拌，至皿內可溶鹽類完全溶解為止。

(4) 過濾（註 D）。用 HCl（5:95，熱）洗滌濾紙及沉澱多次。聚濾液及洗液於 300ml 燒杯內。沉澱棄去。

(5) 加 40ml H_2O，再以 HCl（5:95）稀釋成約 200ml。

（二）沉澱之生成：

(1) 加 8g $FeSO_4$（註 D），然後置於水箱內，冷卻至 5℃（註 F）。

(2) 趁冷，一面猛烈攪拌（註 G），一面徐徐加入 10ml α- 安息香肟之酒精溶液（註 H），再連續攪拌久時（註 I）。

(3) 加 5 ～ 10ml 溴水（Bromine water），至溶液呈淡黃色為止。然後一面攪拌，一面加入數 ml α- 安息香肟之酒精溶液。

(4) 加少量濾紙屑，同時在冷處放置 10 ～ 15 分鐘（註 J），並時加攪拌（註 K）。然後使用組織細密之濾紙，藉抽氣法過濾之（註 L）（若前 50ml 濾液不澄清，則應重濾一次。）用 200ml α- 安息香肟混合洗液洗滌沉澱及濾紙數次。濾液及洗液棄去。

（三）沉澱物之乾燥：

(1) 將沉澱及濾紙移於已烘乾、稱重之鉑坩堝內，於烘箱內烘乾之。

(2) 置於本生燈上慢慢灼焦濾紙（勿使濾紙著火，否則沉澱物會被還原），使之灰化。

(3) 俟濾紙灰化後，移置於高溫電爐內，以 500 ～ 525℃（註 M）燒烤久時，然後置於乾燥器內，放冷後，稱之。如是反覆燒烤、放冷、稱重，至恒重為止。殘質為 MoO_3。

9-6-1-1-1-1-3 計算

$$Mo\% = \frac{w}{W} \times 66.66（註 N）$$

w ＝殘質（MoO_3）重量（g）

W ＝試樣重量（g）

9-6-1-1-1-1-4　附註

（**A**）（B）重量法中，以本法最為簡捷。在加熱時，表面玻璃蓋住皿口 2/3 即可；但在烘烤時，應移去錶面玻璃。

（**C**）在蒸乾過程中，有不溶於水之氧化物，或鹼式鹽（Basic salt）生成，加入 HCl，可使之轉變為氯化物而溶解，俾與 Si、W 等沉澱物分離。

（**D**）（1）Si、W 等之氧化物，均能混雜於下述第（二）-（2）～（3）步之 $Mo(C_{14}H_{11}NO_2)_3$ 沉澱中，故應予除去。此二元素經王水氧化及烘乾後，可生成 SiO_2 及 WO_3；此等氧化物不溶於 HCl、H_2SO_4 及 NHO_3，可藉過濾法除去之。

　　（2）其他鋼鐵所含之一般元素，如 Cr^{+3}、Co、Fe、Mn、Ni、Ti、V^{+4}、Zr、Cu 及 Al 等，對本法無干擾。

（**E**）（1）若試樣含 V^{+5} 或 Cr^{+6}（如 VO_3^-、$Cr_2O_7^{-2}$），會干擾 Mo^{+6} 與 α- 安息香肟之沉澱，故加入還原劑（$FeSO_4$），將 V^{+5}、Cr^{+6} 分別還原為 V^{+4} 及 Cr^{+3}。

　　（2）若未備 $FeSO_4$，亦可以新製之 H_2SO_3 代之，然後煮至無 SO_2 之刺鼻味後，再冷卻至 5℃。

（**F**）（**G**）（**H**）（**I**）（**K**）

　　（1）所稱取之試樣中，Mo 之含量超過 0.01g 時，則每超過 0.01g Mo，需多加 5ml α- 安息香肟之酒精溶液。例如所取之試樣中含 0.02g Mo，加 15ml；含 0.03g Mo，則加 20ml。餘此類推。

　　（2）在溶解時，鉬被 HNO_3 氧化成 Mo^{+6}。在含酸溶液〔如含 5%（體積比）H_2SO_4、HCl、HNO_3、H_3PO_3、或 CH_3COOH 等〕中，Mo^{+6} 能與 α- 安息香肟

$$
\begin{array}{c}
\text{H} \\
| \\
-\text{C}-\text{C}- \\
| \quad\ \| \\
\text{H} \ \ \text{N-OH}
\end{array}
$$

結合，而生成 $Mo(C_{14}H_{11}NO_2)_3$ 之白色沉澱：

$$Mo^{+6} + 3C_{14}H_{13}NO_2 \rightarrow Mo(C_{14}H_{11}NO_2)_3 \downarrow + 6H^+$$

　　　　　　　　　　　　　　　　　　白色

(3)因係在低溫狀況下沉澱，故需不斷攪拌，以促使 α- 安息香酸鉬悉數析出。

（**J**）若 α- 安息香肟之量已足夠，濾液靜置時，有針狀結晶析出。

（**L**）亦可改用快速濾紙，以替代抽氣（或真空）過濾。

（**M**）(1)高溫燒烤，$Mo(C_{14}H_{11}NO_2)_3$ 能分解成 MoO_3。

　　　(2)在 500℃以上，MoO_3 即開始昇華而逸去；但在 500 ～ 600℃之間加熱 1 小時，MoO_3 之損失不會超過 0.1mg。

（**N**）$\dfrac{\text{Mo 之分子量}}{\text{MoO}_3\text{ 之分子量}} \times 100 = \dfrac{95.94}{143.922} \times 100 = 66.66$

9-6-1-1-1-2 第二法

9-6-1-1-1-2-1 應備試劑

（**1**）**硼酸溶液**：稱取 40g 硼酸於 1000ml 燒杯內，加適量水溶解之，再繼續加水稀釋成 1000ml。

（**2**）**α- 安息香肟之酒精溶液**

（**3**）**α- 安息香肟混合洗液**　}　同 9-6-1-1-1-1-1 節

（**4**）**辛克寧**（Cinchonine）**之鹽酸溶液**：稱取 125g 辛克寧於 1000ml 燒杯內→以適量 HCl（1：1）溶解之，再繼續加 HCl（1：1）稀釋成 1000ml。

（**5**）**辛克寧洗液**：量取 30ml 上項辛克寧之鹽酸溶液於 1000ml 燒杯內→加水稀釋成 1000ml。

9-6-1-1-1-2-2 分析步驟

（**一**）**試樣之前處理**

(1)稱取 1 ～ 3g 試樣於 600ml 燒杯內。

(2)加 50ml H_2SO_4（1：6），並加熱至作用停止。

(3)小心加入足夠 HNO_3（1.42）（註 A）及 2 ～ 4 滴 HF（註 B），然後攪拌少時。

(4)加 10ml 硼酸溶液（註 C），再加熱數分鐘。此時若試樣不含 Cr，

且溶液澄清而無雜質析出，則加水稀釋成 100ml，再冷卻至 25℃，然後跳從第（二）步（沉澱之生成）開始做起；否則依次操作下去。

(5) 過濾。以 H_2SO_4（1：9，熱）沖洗濾紙及沉澱數次。濾液及洗液暫存。試樣若未含 Cr，則沉澱棄去，而直接從第（10）步開始操作；否則將沉澱連同濾紙置於坩堝內，依次操作下去。

(6) 將上項沉澱連同坩堝置於烘箱內，以 110 ～ 120℃烘乾後，再以小火焰（低於 500℃）燒灼濾紙，使之灰化。

(7) 加 2g $K_2S_2O_8$，以 500℃（勿超過）之溫度融熔之。

(8) 放冷後，以 H_2SO_4（1：9，熱）溶解殘質。

(9) 過濾。以 H_2SO_4（1：9，熱）洗滌沉澱及濾紙。沉澱棄去。將濾液及洗液與第（5）步之濾液合併。

(10) 濾液以水稀釋成 200ml，再冷卻至 25℃。

（二）沉澱之生成；同 9-6-1-1-1-2 節之第（二）項（沉澱之生成）。

（三）沉澱之再處理與乾燥

(1) 將上述沉澱及濾紙移於已烘乾稱重之鉑坩堝內，並置於烘箱內烘乾之。

(2) 俟烘乾後，置於本生燈上，灼焦濾紙（勿使濾紙著火），使之灰化。

(3) 移置於高溫電爐內，以 500 ～ 525℃燒烤久時，然後置於乾燥器內，冷卻後稱其重量。如是反覆燒烤、放冷、稱重、至恒重為止。記錄其重量（g），以 w_1 代之，以備計算。（殘質為不純之 MoO_3）。

(4) 將坩堝內殘留物，以 5ml NH_4OH（註 D）溶解之。

(5) 過濾。以 NH_4OH（1：99）洗滌沉澱及濾紙數次。沉澱連同濾紙置於原坩堝內，再依照本（第三）步之第（1）～（3）步所述之方法，加以烘乾、燒灼、稱重，其重量（g）以 w_2 代之（註 E），以備計算。〔此時試樣若未含 W（註 F），則可省去下面第（6）～（10）步，而直接計算之。〕

(6) 濾液及洗液加 5ml H_2SO_4，並蒸發至冒出硫酸白煙。

(7) 冷卻後，加水稀釋成 25ml。

(8) 加少量濾紙屑及 1～2ml 辛克寧之鹽酸溶液（註 G），然後以 80～90℃靜置二小時。

(9) 過濾。以辛克寧洗液（註 H）洗滌沉澱及濾紙數次。濾液及洗液棄去。

(10) 然後再依上述（三）–（1）～（3）步所述之方法烘乾、燒灼之，最後以 750～850℃（註 I）燒至恒量，其重量（g）以 w_3 代之，以備計算。

9-6-1-1-1-2-3 計算

$$Mo\% = \frac{(w_1 - w_2 - w_3)}{試樣重量（g）} \times 66.66$$

w_1= 殘質（不純之）MoO_3 重量（g）

w_2= 雜質重量（g）

w_3=WO_3 重量（g）

9-6-1-1-1-2-4 附註

註：除下列各附註外，另參照 9-6-1-1-1-1-4 節之有關各項附註。

（A）HNO_3 能使鋼鐵所含之各種碳化物（Carbide）（如碳化鎢）分解，並能使 Fe 及 Mo 完全氧化成 Fe^{+3} 及 Mo^{+6}。

（B）HF 能除去矽質，以免干擾 Mo 之沉澱。

（C）因 HF 會阻礙 Mo^{+6} 與 α- 安息香肟之結合，故加硼酸，以除去過量 HF：

$$H_3BO_3 + 3HF \rightarrow BF_3 \uparrow + 3H_2O$$

（D）（E）（F）

　　MoO_3 略溶於水，易溶於 NH_4OH，而生成鉬酸銨溶解，但混雜於 MoO_3 內之雜質（如 Fe、Al、Pb、Bi、Sn、Cr 等）則不溶於 NH_4OH，而成氫氧化物沉澱析出，經高溫燒灼後，即成氧化物，其淨重即係第（三）–（5）步之（w_2）量。

　　若試樣含鎢，則鎢亦能完全和 α- 安息香肟生成沉澱，而與

$Mo(C_{14}H_{11}NO_2)_3$ 一併析出，經高溫燒灼後，即成 WO_3，而混於 MoO_3 中，與第（三）–（4）步之 NH_4OH 作用後，則生成鎢酸鹽而溶解，故需經第（三）–（6）～（10）步之處理，以求出 WO_3 之重量（即 w_3 量）。

（G）（H）參照 2-4-3-4-4 節附註（B）（C）。

（I）燒灼溫度切忌超過 850℃，否則 WO_3 即昇華而逸去。

9-6-1-1-2 硫化氫沉澱法：適用於各種鋼鐵

9-6-1-1-2-1 應備試劑

硫化氫洗液：量取 100ml H_2SO_4 (1:99)於 150ml 燒杯內→通 H_2S 至飽和。

9-6-1-1-2-2 分析步驟

（一）平爐鐵、鍛鐵、碳素鋼及各種鉬鋼（不含 W）

(1) 稱取 2 ～ 10g 試樣（以約含 0.03g Mo 為度）於 600ml 燒杯內。

(2) 加 100ml H_2SO_4 (1：5)，再加熱溶解之。

(3) 待作用停止後，加 20ml $(NH_4)_2S_2O_8$ (25%)（註 A），然後煮沸 8 ～ 10 分鐘。

(4) 稍冷後，加 5g 酒石酸（註 B），然後以 NH_4OH 中和之。加 H_2SO_4 (1：1) 至恰呈酸性後，每 100ml 溶液再過量 10ml（註 C）。

(5) 煮沸。乘熱通入急速 H_2S（註 D）氣流 10 分鐘。

(6) 加入與溶液同體積之熱水後，再繼續通入 H_2S（註 E）5 分鐘。

(7) 使用水浴鍋，以 50 ～ 60℃水浴 1 小時（註 F）。

(8) 乘熱過濾。以硫化氫洗液洗滌數次。濾液與洗液（註 G）棄去。

(9) 將沉澱連同濾紙置於原燒杯內，加 5ml H_2SO_4 (1.84) 與 20mlHNO$_2$ (1.42)，以錶面玻璃蓋好。然後加熱至冒出濃白硫酸煙（註 H）。

(10) 稍冷後，加 10m HNO$_3$，再繼續加熱至冒出濃白硫酸煙。加熱過程中，若溶液混濁，應重覆本步操作。（註 I）

(11) 冷卻後，加水稀釋成 100ml。以 NaOH (20%) 中和之，再稍過量

約 10 ～ 12 滴（註 J）。

(12) 煮沸後，靜置 5 分鐘。

(13) 過濾。以熱水洗滌數次。沉澱棄去。

(14) 將濾液及洗液煮沸，然後乘熱通入 H_2S 氣體 10 分鐘。

(15) 加 H_2SO_4（1:1）至中和後，每 100ml 溶液再多加 4mlH_2SO_4（1:1）（註 K）。然後再通入 H_2S 5 分鐘（註 L）。

(16) 水浴（50 ～ 60℃）1 小時（註 M）。

(17) 以 9 ㎝細密濾紙過濾。沉澱以硫化氫洗液徹底洗淨。濾液及洗液（註 N）棄去。

(18) 將沉澱連同濾紙，移於已烘乾稱重之小瓷坩堝內，然後置於本生燈上，灼焦濾紙（勿使濾紙著火），使之灰化。

(19) 俟濾紙灰化後，即置於高溫電爐內，以 500 ～ 525℃（註 O）燒至恒重。殘渣為 MoO_3（註 P）。

（二）各種鎢鋼

(1) 稱取 2 ～ 5g 試樣（以約含 0.03g Mo 為度）於 150ml 燒杯內。

(2) 加 100ml HCl（1:1），以溶解試樣。

(3) 俟作用停止後，小心加入 20ml HNO_3（1:1）（註 Q）。

(4) 待作用停止後，煮沸少時，俟亮黃色之鎢酸沉澱完全後，加水稀釋成 150ml。再煮沸之。

(5) 過濾。以 HCl（1:9）洗滌沉澱及濾紙數次。沉澱（註 R）暫存。

(6) 加 15ml H_2SO_4（1.84）於濾液及洗液內，並煮沸至冒出濃白硫酸煙。

(7) 冷卻後，加 100ml H_2O，並加熱之，以溶解可溶鹽〔此時溶液中若未發生任何鎢酸沉澱（註 S），則下面第（8）步可省去。〕

(8) 以小號濾紙過濾。以少量 H_2SO_4（1.99）洗滌沉澱及濾紙數次。沉澱合併於第（5）步之沉澱內。

(9) 然後依照本（9-6-1-1-2-2）節第（一）–（4）～（8）步所述之步驟，處理濾液。所得沉澱（MoS_3）暫存。

(10) 另外將（5）、（8）兩步所得之沉澱，以 NaOH（5％，熱）溶解之，並依次以少量水及少量 H_2SO_4（1：99）洗滌沉澱。

(11) 加 5g 酒石酸。然後加硫酸，至每 100ml 溶液含 5ml H_2SO_4 為止。

(12) 然後依照本（9-6-1-1-2-2）節第（一）–（5）～（8）步所述之步驟操作之。所得沉澱（MoS_3）與第（9）步所得者合併。

〔以下各步同本（9-6-1-1-2-2）節，從第（一）–（9）步開始做起〕

（三）鑄鐵

(1) 稱取 2 ～ 10g 試樣（以含約 0.03g Mo 為度）於 600ml 燒杯內。

(2) 加 100ml H_2SO_4（1：4），再加熱溶解之。

(3) 俟作用停止後，再一滴一滴加入 HNO_3（1：1）（註 T），至溶液不再急速冒泡後（約 5 ～ 10ml），再過量 3 ～ 5 滴。然後加熱至冒出濃白硫酸煙。

(4) 稍冷後，加 100ml H_2O，並攪拌之。然後加熱至可溶鹽溶解。

(5) 使用快速濾紙過濾。以熱水洗滌濾紙數次。濾液及洗液置於 600ml 燒杯內。沉澱棄去。

〔以下操作同本（9-6-1-1-2-2）節，從第（一）-（4）步開始做起。〕

9-6-1-1-2-3 計算

$$Mo\% = \frac{w}{W} \times 66.66$$

w ＝殘質（MoO_3）重量（g）

W ＝試樣重量（g）

9-6-1-1-2-4 附註

（A）（Q）（T）

HNO_3 及 $NH_4S_2O_8$ 均能將 Fe 及 Mo 分別氧化為 Fe^{+3} 及 Mo^{+6}，俾便以下各步操作。前者亦能將 W 氧化為鎢酸，俾與 Mo 分離。

（B）酒石酸能與氫氧化物產生安定之複合離子；譬如：

$$Fe(OH)_3 + C_4H_4O_6^{-2} \rightarrow C_4H_2(FeOH)O_6^{-2} + 2H_2O$$

$$Al(OH)_3 + C_4H_4O_6^{-2} \rightarrow C_4H_2(AlOH)O_6^{-2} + 2H_2O$$

故能阻止其沉澱。

（C）（D）（E）（K）（L）

調節溶液至較強之酸度（PH＜1），旨在讓別的元素不易成硫化物析出，但適於 MoS_3 之沉澱。

（F）（M）溫水加熱多時，旨在促進 MoS_3 沉澱完全，並成大塊析出。

（G）若恐濾液內仍含有低價鉬離子，可先煮沸，以趕盡 H_2S，再將溶液調整至 450ml，然後加 20ml $(NH_4)_2S_2O_8$（25%）。煮沸約 10 分鐘，使鉬氧化。然後通入急速之 H_2S 氣體約 10～15 分鐘。以 50～60℃加熱 1 小時，再過濾、洗滌之。將所得沉澱併入前次所得之沉澱內。

（H）（I）（J）

反覆以 HNO_3 處理，並蒸至冒濃白硫酸煙，能使 MoO_3 生成鉬酸（H_2MoO_4），並使與 MoS_3 一併沉澱出來之雜質，氧化成高價物，使易與 OH^- 生成氫氧化物沉澱，以便與 Mo 分離。

（N）此時濾液內通常已無 Mo 存在；若恐濾液及洗液中，仍含有少量 Mo，可先煮沸濾液及洗液，趕盡 H_2S，然後加適量溴水（Br_2）氧化之。煮沸，以趕盡過量 Br_2。再通足 H_2S，使 Mo 成 MoS_3 沉澱而收回之。

（O）（1）在高溫下，MoS_3 能被氧化成 MoO_3。

　　（2）燒灼溫度不宜過低或過高，過低則氧化不完全，且浪費時間；過高則 MoO_3 即昇華而逸去〔參照 9-6-1-1-1-1-4 節附註（M）第（2）項。〕

（P）以適量 NH_4OH 溶解 MoS_3 後，若有無法溶解之雜質，則過濾之。沉澱經水洗後，再依照 9-6-1-1-2-2 節第（一）–（18）～（19）兩步燒灼之，即得雜質重量。減去雜質重量後，才是真正 MoO_3 之重量。

（R）（S）鎢酸（H_2WO_4）易吸附少量鉬酸（H_2MoO_4）而一同沉澱；另外少量鎢酸又能與鉬酸發生異性酸（如鎢鉬酸）之複合離子，而溶解於溶液內，故（5）、（8）兩步之鎢酸沉澱需再處理，以收回少量之鉬。

9-6-1-2 鉬鐵之 Mo

9-6-1-2-1 應備試劑

（1）酸性醋酸鉛溶液

稱取 1 ～ 1.5g 醋酸鉛〔$Pb(CH_3COO)_2 \cdot 3H_2O$〕→以少量水溶解之→加 2 ～ 3 滴醋酸。

（2）酸性醋酸銨洗液

稱取 1g 醋酸銨（CH_3COONH_4）→加少量水溶解後，再加水稀釋至 100ml →加 2 ～ 3 滴醋酸。

9-6-1-2-2 分析步驟

(1) 稱取 0.5g 鉬鐵於蒸發皿內，以錶面玻璃蓋好。

(2) 徐徐加入 20ml 王水。加熱蒸乾後，繼續烘烤至全乾。

(3) 加 50ml H_2O 及 5ml HCl（1.18）。然後加熱，同時以玻璃棒攪拌，至皿內鹽類完全溶解為止。

(4) 過濾。用 HCl（5：95，熱）洗滌沉澱及濾紙數次。沉澱棄去。聚濾液及洗液於 250ml 量瓶內。（註 A）

(5) 加水稀釋至刻度，再用吸管吸取 50ml（即原液或試樣重量之 1/5）於燒杯內。

(6) 加 NH_4OH 至恰呈鹼性（若有沉澱應予濾去）。加醋酸使呈弱酸性後（註 B），加 20g 醋酸銨（註 C）。

(7) 加熱（註 D），然後趁熱加入酸性醋酸鉛溶液（註 E）（此液內必須含有 1 ～ 1.5g 之醋酸鉛；亦即所配酸性醋酸鉛溶液之全部。）

(8) 煮沸約 1 分鐘，然後在熱處擱置 2 小時。

(9) 過濾（用雙層濾紙）。以酸性醋酸銨洗液，洗滌沉澱及濾紙數次。濾液及洗液棄去。將沉澱連同濾紙置於已烘乾稱重之瓷坩堝內烘乾。

(10) 加數粒硝酸銨結晶（註 F），置於本生燈上，以低溫將濾紙灰化後，再以強焰灼熱至恒重。殘質為鉬酸鉛。

9-6-1-2-3 計算

$$Mo\% = \frac{w}{W} \times 130.65 \,（註\,G）$$

w ＝殘質（$PbMoO_4$）重量（g）

W ＝試樣重量（g）

9-6-1-2-4 附註

（A）本法前四步與 9-6-1-1-1-1-2 節第（一）項之前四步相似，可參照其 附註。

（B）（C）（D）（E）

(1) 鉬經王水溶解，即成 MoO_4^{-2} 而存於溶液中，在弱酸性之熱溶液（如「$CH_3COOH － CH_3COONH_4$」緩衝溶液）內，易與 Pb^{+2} 化合成鉬酸鉛沉澱：

$$MoO_4^{-2} + Pb(CH_3COO)_2 \rightarrow 2CH_3COO^- + PbMoO_4 \downarrow$$
$$\text{白色}$$

(2) 在含多量之醋酸或醋酸鉛之弱酸性溶液中，Cu、Co、Ni、Mg、Zn 等元素不生干擾。W、V 會產生干擾。

（F）(1) NH_4NO_3 加熱至 210℃，即起分解：

$$NH_4NO_3 \xrightarrow{\quad 210℃ \quad} 2H_2O \uparrow + N_2O \uparrow$$

故不影響計算結果。

(2) NH_4NO_3 係氧化劑，能預防濾紙灰化時，$PbMoO_4$ 被還原之虞。

$$（G）Mo\% = \frac{殘質重量 \times Mo\,之分子量\,/PbMoO_4\,之分子量}{試樣重量 \times 1/5} \times 100$$

$$= \frac{殘質重量 \times 95.95/367.16}{試樣重量 \times 1/5} \times 100$$

$$= \frac{殘質重量}{試樣重量} \times 130.65$$

9-7-2 光電比色法：適用於各種鋼鐵

9-6-2-1 第一法

9-6-2-1-1 應備儀器：光電比色儀

9-6-2-1-2 應備試劑

（1）**NaOH（20%）**

稱取 200g NaOH →以適量水溶解之，再加水稀釋成 1000ml。

（2）**NaCNS（5%）**

稱取 50g NaCNS →以適量水溶解之，再加水稀釋成 1000ml。

（3）**$SnCl_2$（35%）**

稱取 350g $SnCl_2$·$2H_2O$ 於 600ml 燒杯內→加 250m HCl（濃）→加熱（勿超過 50℃）助溶→冷卻→加 250mlH_2O →將溶液移於 1000ml 燒杯內→加 HCl（1：1）稀釋成 1000ml →若溶液澄清，則加 3 ～ 5g 金屬錫，擱置 24 小時；若溶液混濁或有雜質，則擱置 24 小時後，加 3 ～ 5g 純錫→貯於暗色瓶內。

（4）**$Fe_2(SO_4)_3$（8%）**

稱取 80g $Fe_2(SO_4)_3$·$9H_2O$ →以適量水溶解之→加水稀釋成 1000ml。

（5）**乙酸丁酯（Butyl acetate）或異丙醚（Isopropyl ether）溶液**

A 液：量取適量乙酸丁酯或異丙醚於兩個燒杯內→加固體 NaCNS 於其中之一瓶，另一瓶則加入固體 $SnCl_2$·$2H_2O$，至溶液分別為 NaCNS 及 $SnCl_2$·$2H_2O$ 所飽和為度→將兩液合併於一暗色瓶內，塞好。

B 液：量取 50ml 乙酸丁酯或異丙醚於分液漏斗內→加 25ml $Fe_2(SO_4)_3$（8%）→加 10ml NaCNS（5%）及 10ml $SnCl_2$（35%）→振盪混合→排去下層酸性溶液，而留用上層溶液（本液應即配即用。）

9-6-2-1-3 分析步驟

一、試樣之前處理

（一）**Mo ＜ 0.02%**

(1) 稱取 0.5 ～ 1.0g 試樣於 150ml 伊氏燒瓶內。

(2) 加 20ml HNO_3（1：3），以溶解之。

(3) 俟作用停止後，加 8ml $HClO_4$（1：1）（若試樣為高矽鋼，需另加 0.5ml HF），然後蒸煮至冒白色過氯酸煙（註 A）。

(4) 放冷後，以水洗淨燒瓶內面，然後再蒸發至冒白色過氯酸煙。

(5) 稍冷後，加 25ml H_2O，然後煮沸數分鐘，驅盡氯氣（Cl_2）。

（二）**Mo ＝ 0.02 ～ 0.4%**

註：若 Mo 之含量較高，則試樣稱取量應依比例遞減之，所加試劑亦應按比例減少。

(1) 稱取 0.1g 試樣於 150ml 伊氏燒杯內。

(2) 加 10m $HClO_4$（1：1），再加熱溶解之。

(3) 俟作用停止後，加 1ml HNO_3（1.42）（註 B），以錶玻璃蓋好，蒸至冒煙後，再繼續加熱，至所有碳化物被分解完全為止。

(4) 稍冷後，加 25ml H_2O，再煮沸數分鐘，以驅盡氯氣（Cl_2）。

二、酸度調節、呈色反應及吸光度之測定

(1) 俟上述溶液放冷後，加 2g 酒石酸（註 C），然後加 NaOH 溶液（20%）中和之，再稍過量（共需約 30ml）。

(2) 加熱至約 80℃，並保持此溫度 5 分鐘。

(3) 稍冷後（註 D），以 H_2SO_4（1：1）中和之（以石蕊試紙當指示劑）。然後估計溶液之體積，每 48ml 溶液多加 1ml H_2SO_4（1：1）（註 E）。

(4) 冷卻至 25℃ 或室溫後，將溶液移於 250ml 圓筒型分液漏斗內。每次以 5ml H_2SO_4（1：9）（冷）洗滌盛試液之原燒杯，共洗兩次。將洗液一併注於分液漏斗內。

(5) 加 10ml NaCNS（5%）（註 F），振盪 30 秒後，加 10ml $SnCl_2$（註 G）（3%），再振盪 1 分鐘。

(6) 加 50ml A 液（註 H），塞好分液漏斗，劇烈振盪數分鐘（註 I）。

(7) 靜置少時，俟兩液層分開後，將下層酸性溶液排於燒杯內；上層有機液體則注於 100ml 量瓶內。

(8) 把下層酸性溶液倒回分液漏斗，加入 40ml A 液，劇烈振盪數分鐘（註 J）。

(9) 靜置少時，俟兩液層分開後，棄去下層酸性溶液。將上層液體一併注於第（7）步所遺之上層有機溶液內。

(10) 以 B 液（註 K）稀釋成 100ml（註 L），並充分混合之，然後放置 2～3 分鐘（註 M）。

(11) 分別量取約 5ml 蒸餾水（空白溶液）及試樣溶液於儀器所附之兩支試管內。先以光電比色儀測定前者對波長為 540mμ 之光線之吸光度（不必記錄），次將指示吸光度之指針調整至（0），然後抽出試管，換上盛有試樣溶液之試管，以測其吸光度，並記錄之，由「吸光度 – 溶液含 Mo 量（mg）」標準曲線圖（註 N），可直接查出「溶液含 Mo 量（mg）」。

9-6-2-1-4 計算

$$Mo\% = \frac{w}{10\ W}$$

w ＝溶液含 Mo 量（mg）

W ＝試樣重量（g）

9-6-2-1-5 附註

(A) 因使用 HNO_3 作為溶劑，故需加入 $HClO_4$，並反覆蒸發，務使 HNO_3 完全蒸去，以免氮氧化物（如 NO_2^-）與 CNS^- 作用，產生血紅色之化合物，進入醚層，而干擾爾後吸光度之測定。

(B) 少量 HNO_3 可以助溶，但不可多加，否則加熱過程中，不易蒸盡〔參照附註（A）。〕

(C) (1) 參照 9-6-1-1-2-4 節附註（B）。

(2) 鎢能干擾 Mo 之呈色，但在萃取前，若溶液含足量酒石酸或檸檬酸時，此項干擾即可減至最小，甚或消除。

(3) 亦 可 用 10ml 檸 檬 酸 溶 液〔檸 檬 酸：H_2SO_4（1.96）＝ 250g：1000ml〕代替 2g 酒石酸。

（D）冷後若有沉澱，應予濾去。

（E）（F）（G）（H）

(1) 將 NaCNS 加於酸性（0.25 ～ 2.5N）鉬酸鹽（MoO_4^{-2}）溶液，不會發生反應，需加入還原劑（如 $SnCl_2$ 或 Zn）始能形成血紅色或橙色之硫氰酸鉬鹽複合物〔Molyldenium thiocyanate Complex；如 $Na_2[MoO(SCN)_5]$〕。此物可被乙酸丁酯或異丙醚等有機溶媒所萃取；而且存於有機溶媒中，遠較水中為安定。

(2) Fe^{+3} 雖亦能與 CNS^- 生成紅色之 $Fe(CNS)_3$，但加 $SnCl_2$ 後，Fe^{+3} 被還原成 Fe^{+2}，血紅色即消失，故無妨於吸光度之測定。

(3) 除了本法所述之萃取劑外，其他如乙二醇（Glycol）、醚類（Ethers）、丁原醇（Butyl Carbitol）以及丁基塞羅梭夫（ButylCellosolve）等，均為良好之萃取劑或安定劑。

（I）（J）此時若溶液生熱，可用流水冷卻之。

（K）因B液含 Fe，可促使呈色完全。Cu 亦有此功能。

（L）此時 100ml 溶劑中，以含 0.01 ～ 0.5mg Mo 為度。

（M）3 分鐘後，若液色混濁，可放置 10 分鐘或使用玻璃棉過濾。

（N）「吸光度 - 溶液含 Mo 量（mg）」標準曲線圖之製法：

(1) 稱取 0.3680g 七鉬酸銨〔$(NH_4)_6Mo_7O_{24}\cdot 2H_2O$；分子量：1235.7g〕於 1000ml 量瓶內→加適量水溶解之，再加水稀釋至刻度（1ml ＝ 0.2mg Mo）。

(2) 用吸管分別吸取 5ml、4ml、3ml、2ml 及 1ml 上述七鉬酸銨溶液於 5 個 150ml 燒杯內，當做試樣，依 9-6-2-1-3 節（分析步驟）第二項所述之方法處理之，以測其吸光度。

(3) 記錄其結果如下：

標準溶液使用量（ml）	吸光度	溶液含 Mo 量（mg）
1		0.2
2		0.4
3		0.6
4		0.8
5		1.0

(4) 以「吸光度」為縱軸，「溶液含 Mo 量（mg）」為橫軸，作其關係曲線圖。

9-6-2-2 第二法

9-6-2-2-1 應備儀器

(1) 300ml 高腳燒杯。

(2) 200ml 及 100ml 量瓶。

(3) 25ml 吸管。

(4) 滴定管。

(5) 光電比色儀。

9-6-2-2-2 應備試劑

（1）**NaOH**（20%）

（2）**NaCNS**（5%） ⎭ 同 9-6-2-1-2 節

（3）溶劑：使用丁原醇（Butyl Carbitol 或 diethyleneglycalmonobutyl ether）或丁基賽羅梭夫（Butyl cellosolve 或 Ethyleneglycol monobutyl ether）。

9-6-2-2-3 分析步驟

一、試樣之前處理

（一）碳素鋼及低合金鋼

(1) 稱取 1g 試樣於 300ml 高腳杯內，蓋好。

(2) 加 5ml HCl(1:1) 及 15ml HClO₄（70 ～ 72%），以溶解試樣〔若試樣(3) 含 C > 0.5%，或 S > 0.05%，則先加 20mlHCl（1:1）溶解試樣；俟作用停止後，再一滴一滴加入 HNO₃（1.42），至試樣剛好溶解完

全為止。俟溶液稍冷後,再加 15ml HClO$_2$（70 ～ 72%）〕。

(3) 緩緩加熱,至發出濃白煙後,再繼續蒸煮 5 分鐘。

(4) 稍冷後,用流水冷卻。

（二）高鉻鋼或不銹鋼

(1) 稱取 1g 試樣於 300ml 高腳燒杯內,蓋好。

(2) 分別加 5ml HCl（1：1）及 15ml HClO$_4$（70 ～ 72%）,然後緩緩加熱至冒出濃白 HClO$_4$ 煙後,再蒸煮 5 分鐘,使試樣溶解（註 A）。

(3) 稍冷後,一面攪拌,一面加 1 ～ 2ml HCl（濃）,然後加熱至冒出濃白煙。如此循環不斷加 HCl（濃）及加熱,以蒸出濃煙,直至不再有黃色次氯酸鉻（Chromyl Chloride,CrO$_2$Cl$_2$）煙霧冒出為止。（在蒸煮過程中亦可加少許 HClO$_4$,以防結晶析出。）（註 B）。

(4) 俟黃橙色之次氯酸鉻煙霧不再冒出後,冷卻之。

二、呈色反應及吸光度之測定

(1) 加 20ml H$_2$O,煮沸 3 ～ 5 分鐘,使可溶鹽類完全溶解。

(2) 冷卻後,移溶液於 200ml 量瓶內,加水稀釋至刻度。

(3) 以雙層濾紙,濾取約 10ml 溶液,再用吸管精確吸取 5ml 溶液於 100ml 量瓶內,然後一面搖動,一面用滴管分別加入 15ml 溶劑、5ml NaCNS（5%）及 5ml SnCl2（35%）,然後加水稀釋至刻度。

(4) 擱置 10 分鐘後,分別量取 5ml 蒸餾水（當作空白溶液）及試樣溶液於儀器所附之兩支試管內。先以光電比色儀測定前者對波長為 465mμ 之光線之吸光度（不必記錄）,次將指示吸光度之指針調整至（0）。然後抽出試管,換上盛有試樣溶液之試管,以測其吸光度,並記錄之。由「吸光度 – 試樣含 Mo%」標準曲線圖（註 C）,可直接查出「試樣含 Mo%」。

9-6-2-2-4 附註

註:除下列各附註外,另參照 9-6-2-1-5 節各項附註。

（A）若試樣仍不能溶解,則可先加 20ml HCl（1：1）,至作用停止後,再一滴一滴加入少量 HNO$_3$（1.42）（不可多加）,俟試樣完全溶解後,再

加 15ml HClO$_4$（70～72%）。緩緩加熱至冒出濃煙後，再蒸煮 5 分鐘。

（**B**）試樣若含鉻太多，則其離子之顏色能干擾吸光度之測定，故需將其蒸煮驅盡。

（**C**）「吸光度－Mo%」標準曲線圖之製法：

（1）選取含 Mo＝0.05～0.40% 之不同標準樣品數種，每種稱取 3 份，每份 1.00g，當做試樣，依 9-6-2-2-3 節（分析步驟）所述之方法處理之，以測其吸光度。

（2）以「吸光度」為縱軸，以「Mo%」為橫軸，作其關係曲線圖。

9-6-2-3 第三法

9-6-2-3-1 應備儀器：光電比色儀

9-6-2-3-2 應備試劑

（**1**）混酸（H$_3$PO$_4$：H$_2$SO$_4$：H$_2$O＝3：3：14）。

（**2**）**NaOH**（20%）
（**3**）**NaCNS**（5%）　同 9-6-2-1-2 節

9-6-2-3-3 分析步驟

（1）稱取 1.00g 試樣於 250ml 燒杯內，蓋好。

（2）加 20ml 混酸（註 A）。加熱至試樣溶解。

（3）加 5ml HNO$_3$（1：1）。加熱，至冒出濃白硫酸煙（註 B），以驅盡 HNO$_3$。

（4）加 20ml HClO$_4$ 及 10ml H$_2$O。煮沸 10 分鐘。

（5）冷至室溫後，移溶液於 250ml 量瓶內，再加水稀釋至刻度。

（6）精確吸取 10ml 上項溶液於小號分液漏斗內。

（7）加 10ml NaCNS（5%），振盪少時。然後加 10ml SnCl$_2$（35%），再振盪至紅色 Fe（SCN）褪盡為止。

（8）加 50ml 乙醚（註 C），振盪約 10 秒。靜置，至上下層液體完全分離後，將下層酸液注於另一漏斗內；上層乙醚則注於 100ml 量瓶內，暫存。

(9) 每次加 25ml 乙醚於酸液內，再依上述〔第(8)步〕之方法萃取之，至酸液之桔黃色消失為止（約需萃取 3 ～ 4 次）。每次所得之上層乙醚層，均合併於第(8)步所遺之乙醚液內，最後以乙醚稀釋至刻度。所遺之酸液棄去。

(10) 分別量取約 5ml 蒸餾水（空白溶液）及試樣溶液於儀器所附之兩支試管內，先以光電比色儀，測定前者對波長為 465mμ 之光線之吸光度（不必記錄），次將指示吸光度之指針調整至(0)，然後抽出試管，立刻（註 D）換上盛有試樣溶液之試管，以測其吸光度，並記錄之。由「吸光度 -Mo%」標準曲線圖（註 E），可查出 Mo%。

9-6-2-3-4 附註

註：除下列附註外，另參照 9-6-2-1-5 節之有關各項附註。

（A）（B）混酸內含 H_2SO_4 及 H_3PO_4。加熱至硫酸發煙之溫度時，各種鎢鋼所含之鎢，因與 PO_4^{-3} 形成無色之複合離子，故不會有鎢酸析出。

（C）（D）鉬與硫氰化物所生成之桔黃色複合離子 $[MoO(SCN)_5]^{-2}$，久置後會褪色；另外，做為溶劑之乙醚亦極易揮發逸去，影響測定結果，故在呈色後，宜儘速測其吸光度。

（E）「吸光度 – Mo%」標準曲線圖作法：

(1) 選取含 Mo ＝ 0.05 ～ 0.40% 之標準鋼數種，每種稱取 3 份，每份 1.00g，當做試樣，依 9-6-2-3-3 節（分析步驟）所述之方法處理之，以測其吸光度。

(2) 以「吸光度」為縱軸，「Mo%」為橫軸，作其關係曲線圖。

第十章 鋁（Al）之定量法

10-1 小史、冶煉及用途

一、小史

歐斯特（Oersted）於 1825 年，以鉀汞齊（Potassium amalgam）還原氯化鋁，首次製得金屬鋁。

在地球礦物中，並未有自由態之金屬鋁出現，但在地殼中，卻是分佈最廣的元素，約佔 8%，是泥土（Clay）、頁岩（Shale）、螢石（Feldspar）、沸石（Zeolite）、雲母（Mica）等之重要組成份。最重要的鋁礦稱為鋁氧石，或稱水礬土礦（Bauxite，$Al_2O_3 \cdot H_2O$）。

鋁的特點是重量輕、強度低；若添加其他金屬，可得機械特性優良之輕合金（Light alloy）。輕合金可供化工、電機、光學、建材、飛機、汽車等工業零件製造，可說是近代工業的重要合金。

二、冶煉

工業上以鋁氧石作為煉鋁原料。先由鋁氧石精製出氧化鋁（Al_2O_3），然後把氧化鋁加入熔融的晶石（Na_2AlF_6）中進行熔解，然後在 950℃左右的溫度下電解，鋁即在陰極電解槽，以熔融狀態析出，可得純度為 99.5～99.8% 的鋁。這種鋁含有由原料或電解用碳極所帶進的各種不純物，這些不純物的量和種類，對鋁的性質有很大影響，例如 Na 量較多時，質變脆；由原料礦石所留下來的 Mn、Cr、V、Ti 等元素的量過多時，會降低導電度。因此需再行電解，使純度提高至約 99.99%。

三、用途

（一）鋁

鋁具有許多優點，應用範圍很廣，可用於化學工業裝置、電氣、機器、衛生容器、建築、船舶、車輛、家庭用品、高壓電纜、電線、包裝（如糖果、

香菸、食品等之包裝）、電容器等。

（二）鋁合金

由於汽車、飛機的發達，對重量輕且強度大的鋁合金之需求日益增加。鋁合金可分為鑄造用和鍛造用兩種。有些未經熱處理，就可使用；有些則經熱處理，改善機械性質以後才使用。茲分述如下：

（1）鑄造用鋁合金

這種合金之熔點很低，易於作業。現時所用的鑄造用鋁合金，計有 Al-Cu、Al-Cu-Si、Al-Si、Al-Cu-Mg-Ni 及 Al-Mg 等系合金。需要耐蝕性時，則採用 Al-Mg 系合金；其他視用途上的要求，而選定適當成分的合金。表 10-1 表示鋁合金鑄件成分的實例。

① Al-Cu 系合金

鑄造性、機械性及切削性均良好，但有高溫脆性的缺點。見表 10-1 之第 1 種（相當於 Alcoa 195）屬之。銅含量在 12% 以下。少量 Fe 可使鑄件縮口時不易破裂；少量 Ti 可使晶粒變細。

② Al-Cu-Si 系合金

鑄造性、機械性均良好。表 10-1 之第 2 種屬之。矽含量較第 1 種多，有利於鑄造性及機械性之改善。

③ Al-Si 系合金

鑄造性及機械性都好，切削性稍差。表 10-1 之第 3、4、8 三種屬之。

④ Al-Cu-Mg-Ni 系合金

Y 合金為此系合金之代表。標準成份為 4%Cu、2%Ni、1.5%Mg，其餘為 Al。耐熱性特別良好，鑄造性較差。表 10-1 之第 5 種屬之。

⑤ Al-Mg 系合金

Al 易被海水侵蝕，而 Cu、Zn 等會減低 Al 的耐蝕性，若添加 Mg，可增加耐蝕性。表 10-1 之第 7 種屬之。

（2）鍛造用鋁合金

所謂鍛造用鋁合金，是在高溫加工成形後使用之鋁合金。此種合金除

了兼具純鋁的耐蝕性和易加工性外，同時強度高。依據用途不同，可分為耐蝕性合金、高強度合金及耐熱性合金等三種。

表 10-1　鋁合金鑄件 (JIS H5202)

種類 JIS	記　　號	化　學　成　分　（％）（其餘Al）							
		Cu	Si	Mg	Zn	Fe	Mn	Ni	Ti
1 種 A	AC1A-F AC1A-T6	4.0～5.0	<1.2	<0.1	<0.3	<1.0	<0.3	－	<0.2
2 種 A	AC2A-F AC2A-T6	3.5～4.5	4.0～5.0	<0.2	<1.0	<0.8	<0.5		<0.2
2 種 B	AC2B-F AC2B-T6	2.0～4.0	5.0～7.0	<0.5	<1.0	<1.0	<0.5	<0.3	<0.2
3 種 A	AC3A-F	<0.2	10.0～13.0	<0.1	<0.3	<0.8	<0.3	－	－
4 種 A	AC4A-F AC4A-T6	<0.2	8.0～10.0	0.2～0.8	<0.2	<0.7	0.3～0.8		<0.2
4 種 B	AC4B-F AC4B-T6	2.0～4.0	7.0～10.0	<0.6	<1.0	<1.2	<0.8	<0.5	<0.2
4 種 C	AC4C-F AC4C-T5 AC4C-T6	<0.2	6.5～7.5	0.2～0.4	<0.3	<0.5	<0.3	－	<0.2
4 種 D	AC4D-T6	1.0～1.5	4.5～5.5	0.4～0.6	<0.3	<0.6	<0.5	－	<0.2
5 種 A	AC5A-F AC5A-T21 AC5A-T6	3.5～4.5	<0.6	1.2～1.8	<0.1	<0.8	<0.3	1.7～2.3	<0.2
7 種 A	AC7A-F	<0.1	<0.3	3.5～5.5	<0.1	<0.4	<0.8	－	<0.2
7 種 B	AC7B-T4	<0.1	<0.3	9.5～11.0	<0.1	<0.4	<0.1	－	<0.2
8 種 A	AC8A-F AC8A-T5 AC8A-T6	0.8～1.3	11.0～13.0	0.7～1.3	<0.1	<0.8	<0.1	1.0～2.5	<0.2
8 種 B	AC8B-F AC8B-T5 AC8B-T6	2.0～4.0	8.5～10.5	0.5～1.5	<0.5	<1.2	<0.5	0.5～1.5	<0.2

F：鑄造狀態； T₄：焠火； T₅：回火； T₆：焠火、回火； T₂₁：退火

①**耐蝕鍛造用鋁合金**

此種合金含 Mg、Mn、Si 等元素,無傷鋁的耐蝕性,且可增加其強度。可分為 Al-Mn、Al-Mn-Mg、Al-Mg 及 Al-Mg-Si 等系合金。

（a）**Al-Mn 系合金**

表 10-2 之第 3 種及 Alcoa 3S 合金屬之。成形加工及熔接都容易。用在建築、食品及化學工業方面。

（b）**Al-Mn-Mg 系合金**

本合金就是,在 Al-Mn 系合金內加少量 Mg（約 1%）者。

（c）**Al-Mg 系合金**

在 Al 中加 Mg 的合金稱之;另稱 Hydronalium 合金。表 10-2 之第 1 種、第 2 種、Alcoa 52S、Alcoa 56S 等屬之。耐蝕用材料多用這種合金。含 2 ～ 3%Mg 者,易鍛造及軋延。Mg > 3% 者,需在適當溫度下細心加工,否則容易龜裂。

（d）**Al-Mg-Si 系合金**

表 10-2 之第 5 種、第 6 種、Alcoa 51S、63S 等屬之。耐蝕性及加工性均良好。表內第 4 種或 Alcoa 61S 也是屬於此系合金,但另加少量 Cu,以增加其強度;雖耐蝕性稍差,但鍛造性良好。

②**高強度鍛造用鋁合金**

此種合金都含 Cu,用於飛機或其他要求重量輕、強度大的機械零件。因含銅,耐蝕性不良。計有 Al-Cu、Al-Cu-Mg 和 Al-Zn-Mg 等系合金。

（a）**Al-Cu 系合金**

表 10-2 之第 5 種及 Alcoa 25S 是此系合金的代表。若加入 Pb、Bi 各 0.2 ～ 0.7%,可改良切削性。用於鍛造飛機零件。

（b）**Al-Cu-Mg 系合金**

係加少量 Mg 和 Mn 於 Al-Cu 系合金而成者。杜拉鋁（Duralumin）合金為其代表。Duralumin 是德國 Afred wilm 在 1911 年所發明,當時的成份是 3.5 ～ 4.5%Cu、0.1 ～ 1.0%Mg、0.5 ～ 1.0%Mn、0.5%Si,餘為 Al。此合金相當於現時的普通 Duralumin（D）,其標準成份是 4% Cu、0.5% Mg、0.5% Mn,餘為 Al。

表 10-2　製造用鋁合金的化學成分和其應用例

合金之種類 (JIS)	化學成分 (%) 其餘 (Al)									用 途 例	Alcoa 規格
	Cu	Si	Fe	Mn	Mg	Zn	Cr	Ni	Ti		
耐蝕Al合金 第1種	<0.10	<0.30	<1.0	<0.10	2.2~2.8	<0.10	0.15~0.35	-	<0.15	板·管·棒·線·擠延品	52 S
第2種	<0.10	<0.30	<1.0	0.05~0.20	4.9~5.6	<0.10	0.05~0.20	-	<0.15	板·管·棒·線·擠延品	56 S
第3種	0.05~0.20	<0.60	<0.70	1.0~1.5	-	<0.10	-	-	-	板·管·棒·鍛造品	3 S
第4種	0.15~0.40	<0.8	<0.70	<0.15	0.8~1.2	<0.20	0.15~0.35	-	<0.15	板·管·棒·線·鍛造品	61 S
第5種	<0.10	0.2~0.6	<0.35	<0.10	0.45~0.85	<0.10	<0.10	-	-	條·管·線·擠延品	63 S
第6種	<0.35	1.2	<1.0	<0.2	0.45~0.85	<0.25	0.15~0.35	-	<0.15	鍛造品	5:S
高抗張度合金 第1種	3.9~5.0	0.5~1.2	<1.0	0.4~1.2	0.2~0.8	<0.25	<0.10	-	<0.15	鍛造品·條·擠延品	14 S
第2種	3.5~4.5	<0.8	<1.0	0.4~1.0	0.2~0.8	<0.25	<0.10	-	-	板·條·鉚釘	17 S
第3種	2.0~3.0	<0.8	<1.0	<0.2	0.5~0.8	<1.0	<0.10	-	-	鉚釘	A17 S
第4種	3.8~4.9	<0.5	<0.5	0.3~0.9	1.2~1.8	<0.10	<0.10	-	<0.15	鍛造品·板·擠延品	24 S
第5種	3.9~5.0	0.5~1.2	<1.0	0.4~1.2	<0.05	<0.05	<0.10	-	<0.15	鉚釘·條·鍛造品	25 S
第6種	1.2~2.0	0.5	<0.7	<0.3	2.1~2.9	5.1~6.1	0.18~0.40	-	<0.05	鍛造品·條·板·擠延品	75 S
耐熱Al合金 第1種	3.5~4.5	<0.9	<1.0	<0.1	0.45~0.9	<0.25	<0.10	1.7~2.3	<0.05	鍛造品	18 S
第2種	3.5~4.5	<0.9	<1.0	<0.2	1.2~1.8	<0.25	<0.10	1.7~2.3	-	鍛造品	18 S
第3種	1.5~2.5	0.5~1.3	0.6~1.5	<0.2	1.2~1.8	<0.2	-	0.6~1.4	<0.2	鍛造品	
耐熱合金 第4種	3.0~4.0	0.6~1.0	<0.8	0.2~0.5	1.2~2.0	<0.25	<0.25	-	<0.25	鍛造品	
第5種	0.2~1.3	11.0~13.5	<1.0	<0.2	0.8~1.3	<0.10	<0.10	0.5~1.3	<0.05	鑄造品	32 S

　　Duralumin 的特性是重量輕，比重為 2.8，約為軟鋼的 1/3。經淬火處理後，可得相當高的強度，其抗拉強度約與軟鋼相同。是製造飛機不可少的材料。

　　表 10-2 之第 2、3 種和 Alcoa 17S、A17S，相當於普通 Duralumin，用於飛機、車輛，或其他要求重量輕的機器部份零件。

　　超級杜拉鋁（Super duralumin，S.D.）含鎂量較普通杜拉鋁為多，抗拉強度更大。表 10-2 之第 4 種和 Alcoa 24S 相當於此種合金，其標準成份為：4% Cu、1.5% Mg、0.5% Mn，餘為 Al。主用於飛機結構、鉚釘、器具類及一般構造用材料等。

　　鍛造用鋁合金因含 Cu、Zn，易遭海水或含鹽份空氣腐蝕；為防止這種缺點，可以把耐蝕性大的純鋁（＞ 99.5%）、Al-Mn 系合金、或 Al-Mg 系金的薄板，密貼在鍛造用鋁合金表面，做成夾板使用。這種夾板叫做鋁夾板。製造鋁夾板時，把心板（Core）和薄皮板（Clad）密合後，加熱到鍛接溫度，而在高溫軋延到適當厚度，最後施行冷溫加工。表面的厚度大致為心板的 5 ～ 10%。美國稱為 Alclaid；德國則稱為 Duralplat。

③耐熱鍛造用鋁合金

　　製造活塞、汽缸蓋等的鋁合金，因為操作時的溫度較高，所以添加 Cu、Ni 等，以增加其耐熱性。這種合金可分成 Al-Cu-Ni 及 Al-Si 系合金。

（a）Al-Cu-Ni 系合金

　　Al-Cu 系合金中添加 Ni 者，叫做 Y 合金。其膨脹係數比其他鍛造用鋁合金小，導熱度大，在高溫的機械性亦優。表 10-2 之第 1、2 種與 Alcoa18S 屬之。第 3 種的 Ni、Cu 含量，較第 1、2 種少。第 4 種不含 Ni，但耐熱性好。

（b）Al-Si 系合金

　　約含 11 ～ 14% Si，及含各約 1%Cu、Mg 及 Ni 等。表 10-2 之第 5 種、Alcoa 32S 屬之。因鑄造性、耐熱性良好，膨脹係數小，可用作活塞、汽缸蓋。

10-2 性質

一、物理性質

　　鋁在週期表中屬第Ⅲ屬，原子量 26.9815 克。其特點是重量輕，比重為 2.7。導熱度、導電度及耐蝕性良好，又富於延展性，容易製成板、管、條、線、箔等。鋁的機械性因溫度不同而異。而純度相同時，又因加工程度之差異，機械性亦不相同，譬如加工後，抗拉強度增加，而伸長率急減。

二、化學性質

（一）表面腐蝕

　　鋁在空氣或清水中不易生銹，因為鋁表面會生成一層很薄的耐蝕性氧化膜（Al_2O_3），密佈於表面，所以能保護內部，而防止氧化繼續進行。但是遇到能侵蝕這種氧化膜的液體，就容易被腐蝕。

　　鋁不易被大多數的有機酸類侵蝕，故在化學工業上，具有多方用途。鋁易被稀薄的鹽酸、硫酸、磷酸、硝酸等無機酸腐蝕，但能耐 80% 以上的濃硝酸。由於鋁屬於兩性元素，因此鋁亦易被鹼性水溶液所腐蝕，但對 NH_3 會產生特別保護膜，所以不易被侵蝕。

　　鋁的純度愈高，耐蝕性愈好。少量的不純物會顯著地損害它的耐蝕性。例如，在同一條件下，99.99%Al 能被鹽酸溶解的量，只有 99.5%Al 的 1/1000 程度而已。鋁內之不純物中，以 Cu、Ag、Ni 對耐蝕性最有害。Fe 也有害處。Mg、Mn 等對耐蝕性有影響。

　　所謂鋁氧極處理（Almite），就是在鋁表面以人工生成密緻氧化膜者，因耐蝕性佳，日常用品常用之。要製造氧化膜時，在稀薄的酸水溶液中，以鋁製品為陽極，施以電解。所用的酸為 5 ～ 10% 草酸水溶液、5 ～ 25% 硫酸水溶液、或 5 ～ 10% 鉻酸水溶液等。使用電壓則因酸類而異。

（二）鋁鹽

　　鋁與強酸所生成之鋁鹽，通常均能溶於水，唯磷酸鹽例外。其他水不可溶之鋁鹽，尚有砷酸鹽、氟矽酸鹽（Fluorosilicate）及鹼式醋酸鹽（Basic acetate）。另外，鋁也能和某些有機酸，如安息香酸（Benzoic acid）、棕梠酸

（Palmitic acid）、水楊酸（Salicylic acid）、及硬脂酸（Stearic acid）等生成不溶或難溶於水的鋁鹽。有些水合物之生成，能影響鋁鹽之溶解度，譬如，氟化鋁是水溶物，如為含一結晶水之氟化鋁（$AlF_3 \cdot H_2O$），則微溶於水；若為含七個結晶水之氟化鋁（$AlF_3 \cdot 7H_2O$），則難溶於水。然而，含有結晶水之硫酸鋁易溶於水，烤乾之硫酸鋁則幾不溶於水。硫酸鋁在 770℃以上，即釋出 SO_3，而遺下 Al_2O_3 殘渣。氯化鋁在空氣中加熱時，亦能釋出 HCl，而遺下 Al_2O_3。

（三）離子性質

溶液中之鋁離子，通常均為正三價，Al^{+3}。由於電荷高，體積小，故能緊緊吸住陰離子，因此 $AlCl_3$ 及 $Al(OH)_3$ 均不易溶解。另外，由於鋁離子具有六個配位數（Ligency），故能與 6 個分子水結合成〔$Al(H_2O)_6$〕Cl_3 或 $AlCl \cdot 6H_2O$。在溶液中，鋁離子能供應質子，故鋁鹽溶液呈酸性：

$$[Al(H_2O)_6]^{+3} + H_2O \rightarrow [Al(OH)(H_2O_5)]^{+2} + H_3O^+$$

當加鹼於此溶液，OH^- 即取代水分子，而形成正常的氫氧化鋁〔$Al(OH)_3 (H_2O)_3 \cdot nH_2O$〕。此物約在 pH4 時開始沉澱；約在 pH7 時幾乎完全沉澱；約在 pH9 時，開始形成可溶性鋁酸鹽（Aluminate）。其異電點（即溶解度最小之 pH，Isoelectric point）不明確，但知在 pH6.5 ～ 7.0 之間。氫氧化鋁之溶解積（Solubility product）為 4×10^{-13}。

（四）複合化合物 （Complex Compound）

在中性溶液中，EDTA、三乙醇胺（Triethanolamine）及 2,3- 二硫丙醇（2,3-Dimercaptopropanol）等，能與 $Al(OH)_3$ 生成螯鉗複合化合物，而阻止 $Al(OH)_3$ 沉澱。許多氫氧酸（即含有 OH^{-1} 基之有機酸，Hydroxy acid）及其鹽類，諸如酒石酸、檸檬酸、磺化水楊酸（Sulfosalicylic acid）及羅徹鹽（Rochelle salt）等，亦具同樣效用。另外，草酸對鋁有遮蔽（Masking）作用，如 Al^{+3} 及 Ca^{+2} 同時存在中性溶液時，草酸能與 Al^{+3}，生成複合物，因此 Ca^{+2} 能成 $Ca(OH)_2$ 而沉澱，而 Al^{+3} 則否。但上述這些複合劑的功能並非相等，例如檸檬酸鹽能阻止磷酸鋁沉澱，而酒石酸鹽則否。

10-3 分離

因鋁無特定的分離劑，而且在定量過程中，干擾元素甚多，故需根據樣品材料種類，選擇鋁的分離方法。其法簡述如下：

一、沉澱法

（一）庫弗龍（Cupferron）法

在冷酸溶液（約 1：10）中，庫弗龍能使許多干擾性元素沉澱。此物易受硝酸及其他氧化劑破壞。在中性或非常弱的酸性溶液中，庫弗龍易與鋁生成近乎完全的沉澱。

（二）氫氧化銨法

因干擾元素太多，因此以氫氧化銨沉澱鋁以前，必須清除或控制干擾元素。儘管如此複雜，氫氧化銨分離法，仍是鋁與其他元素分離之最方便及最廣被使用之方法。氫氧化鋁沉澱時，溶液內應保持有銨離子，以促進凝聚沉澱（Coagulation）。過濾時，洗液若存有銨離子，則可阻止沉澱物膠化及氫氧化鋁流失。若樣品含鋁量很少，則可加集聚劑（Gathering agent），如鋯及鐵（三價）離子。但集聚劑最後必須除去。

（三）氫氧化鈉法

溶液中含過量氫氧化鈉，許多干擾元素即成氫氧化物而沉澱，而鋁則留在溶液中，故得以分離。唯有些氫氧化物，如氫氧化鐵沉澱，能吸附約 20%Al，使分析結果偏低，故需使用含氫氧化鈉及硫化鈉之洗液洗滌之，以減少沉澱物之吸附作用。

（四）8- 羥喹啉法

8- 羥喹啉（8-Hydroxyquinoline）能與鋁等約 30 種元素發生沉澱作用，但溶液若含有酒石酸鈉及氫氧化鈉，則許多干擾元素不會生成沉澱，因此可使鋁得到第一階段之分離。若再配合諸如前述之氫氧化物與庫弗龍等之沉澱分離、汞陰極分離，以及依試樣種類再作其他適當之分離，可得很純的羥喹啉鋁鹽沉澱。

（五）氯化氫法

適用於含大量鋁之試樣。在冰冷且含飽和氯化氫氣體之溶液內，鋁易成氯化鋁結晶沉澱。

（六）磷酸鹽法

在弱酸性溶液內，鋁能與磷酸鹽，生成磷酸鋁沉澱；若鋁含量很少，可加入三價鐵鹽，作為集聚劑。溶液中不得有氟化物、醋酸鹽、檸檬酸鹽、酒食酸鹽等複合劑（Complexing agent）存在。

（七）安息香酸鹽法

在 pH3 ～ 4 之微酸性溶液中，鋁能與安息香酸銨（Ammonium benzoate）生成安息香酸鋁沉澱，而與大部份之二價金屬鹽分離。另外，Fe^{+3}、Cr^{+3}、Sn^{+4}、Bi^{+3}、Ti^{+4} 及 Zr^{+4} 等，亦能與安息香酸鹽發生沉澱反應，但若溶液中含有乙硫醇酸（Thioglycolic acid），而產生還原及複合作用，則只有 Al^{+3}、Ti^{+4} 及 Zr^{+4}，能生成沉澱作用。此種沉澱物能溶於溫熱酒石酸銨溶液或鹽酸，因此可再添加 8- 羥喹啉，使鋁成羥喹啉鋁鹽而沉澱，供作定量分析。

（八）琥珀酸鹽法

鋁能與鹼式琥珀酸鹽（Basic Succinate）生成琥珀酸鋁沉澱，而得與大量之二價金屬離子分離。含有試樣之微酸性溶液，與琥珀酸、氯化銨、尿素等共煮之，尿素能發生水解，並生成氨氣，而使溶液保持在 pH4.2 ～ 4.6 之間，俾利於生成易於過濾之琥珀酸鋁。

（九）汞陰極電解（Mercury cathode electrolysis）法

在酸性溶液中，使用汞陰極及鉑陽極，能使多數金屬離子沉澱，而鋁離子則留在溶液中。

二、萃取法

（一）乙醯丙酮

乙醯丙酮（Acetylacetone），分子式為：

$$CH_3\overset{\overset{\textstyle O}{\|}}{C}-CH_2-\overset{\overset{\textstyle O}{\|}}{C}-CH_3，$$

無色液體，密度 0.976（25℃），沸點 139℃，可溶於酸性水、苯、乙醇、氯仿及乙醚等。對中性水之溶解度為 12.5g/100g H_2O。能與許多金屬，如 Fe^{+3}，形成螯鉗複合離子，其中多種能溶於有機溶劑內。含鋁試樣溶液之 pH 調至 4～6，加於含乙醯丙酮及氯仿各半體積之溶液內，經搖振後，至少90%Al 會溶於有機相內；再經第二次萃取，即可將遺下之鋁質回收完全。

（二）乙醚

乙醚〔（Ether），$(C_2H_5)_2O$〕，無色液體，密度 0.703，沸點 34.6℃，在水中之溶解度為 7.5g/100g H_2O。在鹽酸溶液中，氯化鋁不易被乙醚萃取，但其他金屬離子，如 Fe^{+3}、Mo^{+4}，則易溶於乙醚，因而得以分開。

（三）8- 羥喹啉

8- 羥喹啉可用作鋁的沉澱劑，亦可用作鋁的萃取劑。在 pH9 之試樣溶液中，加入氰化物，然後與含 1%　8- 羥喹啉之氯仿混合、搖振，則羥喹啉鋁鹽溶於有機相中，而其他元素，如 Fe、Ni、Cd、Co、Cu 及 Zn 等，則留於水溶液中。如果試樣含鉛，則可使用醋酸，將溶液 pH 調至 5。如果試液加入氰化物與 EDTA 兩種複合劑，則可分離 Ag、As^{+3}、As^{+4}、Au^{+3}、Cr^{+3}、Co、Cu、Fe、Pb、Mg、Mn、Mo、Ni、P、Pt^{+4}、Si、Sn、W、V^{+5} 及 Zn 等元素；而 Bi、Sb^{+3}、Sb^{+5}、Ti、V^{+4} 及 Zr 等，則與 Al 留於有機液中。

三、離子交換樹脂法

含鹽酸等於或大於 9N 之溶液中，鋁不會被強鹼式陰離子樹醋（如Dowex-1）所 吸 收；而 Cd、Co、Cu、Cr^{+4}、Fe^{+2}、Fe^{+3}、Mn^{+7}、Mo^{+4}、Sb^{+3}、Sb^{+5}、Sn^{+2}、Sn^{+4}、V^{+5} 及 Zn 等，則能被吸收，故得以分開。

10-4 定性

許多合成顏料，如茜素紅（Alizarin）、鋁試劑（aluminon）、CA（Curminic acid）、ECC（Eriochromecyanine）、蘇木紫（Hematoxylin）及金雞納茜素紅（Quinalizarin）等，均能與鋁鹽溶液生成色湖（Colored lake），

可供鋁定性之用；其顏色深淺，亦可作為鋁定量之用。定性方法述之如下：

一、試樣製備

以適當方法溶解試樣。如含矽及硫化氫族元素，則以傳統方法分離之。煮去過多的硫化氫。加硝酸，並煮沸之，使鐵氧化。然後以氫氧化鈉沉澱鐵及鉻，並予濾去。以鹽酸中和濾液，使氫氧化鋁沉澱。過濾。濾液棄去。沉澱供作下列呈色反應。

二、呈色反應

(一) 鋁試劑（Aluminon）法

取小部份氫氧化鋁沉澱，以 5ml HCl（1N）溶解之。分別加 1ml Aluminon（0.1%）及 5ml 醋酸銨（5%）。若有鋁存在，則呈紅色反應或紅色沉澱；紅色濃度與鋁含量成正比。干擾元素有鐵。

(二) 蘇木紫（Hematoxylin）法

以鹽酸溶解氫氧化鋁沉澱，並稀釋成 25ml。以碳酸銨（2N）將 pH 調至 7.5。分別加 5ml 甘油（Glycerin）及 5ml 蘇木紫（0.1%）。混合後，靜止 15 分鐘，若有鋁存在，則呈藍色或紫色反應；顏色濃度與鋁含量成正比。加入 5ml 硼酸（Boric acid）（10%），再加入氫氧化銨，使含 NH_4OH 濃度達 1N。靜止 2 分鐘，若有鋁存在，則呈藍色反應，其顏色濃度與鋁含量成正比。

(三) 朋他孔（Pontachrome Blue Black R，簡稱 PBBR）法

以 1ml 醋酸（0.5N）溶解部份氫氧化鋁沉澱。以水稀釋成 10ml。置於試管內，加熱至約 80℃。加入含有 0.1% 酒精之朋他孔〔PBBR，（學名：4-Sulfo-2-hydroxy-α-Naphthalene-azo-β-naphthol, Na or Zn Salt）〕。如有鋁存在，則在紫外線照射下，溶液呈螢光反應。干擾元素有 Fe 及 Cr，需先分離之。

(四) 葛萊縮（Glyoxal）試驗法

鋁能對氟化鈣產生「去遮蔽（Demasking）」作用，釋出鈣離子：

$$3CaF_2 + Al^{+3} \rightarrow AlF_6^{-3} + 3Ca^{+2}$$

而 Glyoxal〔學名：bis（2-hydroxy-anil）〕則能測知鈣離子的存在。其法如下：

（1）試劑配製

溶 4.4g 鄰氨基酚（o-Aminophenol）於 1000ml H_2O（80℃）→加 3.0ml Glyoxal 溶液（40%）→以 80℃加熱 30 分鐘→冷卻，並在冰箱內儲存 12 小時→過濾，水洗→以甲醇重新結晶一次→以甲醇為溶劑，配製 1% 試劑。

（2）定性試驗

置數 mg CaF_2 於試管→加 1 滴中性或微酸試樣溶液→分別加數滴 Glyoxal 試劑、1 滴 NaOH（10%）及 1 滴 Na_2CO_3（10%）→加數滴氯仿，以萃取沉澱物→如有鋁存在，則有機層呈現紅色。

（3）注意事項

①鎘為干擾元素，在萃取液中呈藍色反應，故在加氯仿前，需加入數滴 NaCN（10%）。

②萃取時，pH 應保持於 2 ～ 8，否則若 PH ＜ 2，鈣離子會從氟化鈣釋出；若 pH ＞ 8，則鋁無法使鈣發生「去遮蔽」作用。

（五）硝酸鈷（Cobalt Nitrate）法

取部份沉澱，以數滴硝酸溶解之→將繞於鉑網的石棉線圈浸於硝酸鈷溶液（0.05N）→燒烤→浸於含有試樣溶液之硝酸溶液→重複燒烤→若有鋁存在，石棉線呈現藍色。

10-5 定量

在所有元素中，鋁可能是最難定量的元素，因為干擾元素太多，而且分離不易完全，因此在定量前，需進行一系列的分離操作。譬如最常用的重量法中，常使用氫氧化銨、8- 羥喹啉、磷酸鹽及各種有機物等之系列沉澱分離。其中以氫氧化銨沉澱法，最常被採用。採用氫氧化銨沉澱法時，需嚴格控制溶液條件，否則部份氫氧化鋁沉澱物會重新溶解。另外與鋁共同沉澱之其他金屬，亦應在適當濃度下，予以分離，以免化驗結果發生誤差。

滴定法計有氟化鉀（Potassium fluoride）、8- 羥喹啉及 EDTA 等三種。光電比色法中，計有鋁試劑（Aluminon）與 8- 羥喹啉兩種。

下述分析實例中，僅舉最常用之沉澱法。

10-6 分析實例

10-6-1 氫氧化銨沉澱法

10-6-1-1 青銅（註A）之 Al

10-6-1-1-1 應備試劑

H_2S 洗液：量取 1000ml H_2O 於 1500ml 燒杯內→緩緩加 10mlH_2SO_4（1.84）→引入 H_2S 氣體至飽和。

10-6-1-1-2 分析步驟

(1) 稱取 0.5 ~ 1.0g 試樣於 100ml 燒杯內。

(2) 加 10ml HNO_3（2:1）。俟試樣溶解後，加熱，將氮氧化物之黃煙驅盡。

(3) 加 50ml H_2O，再過濾之。用熱水沖洗數次。聚濾液及洗液於 200ml 燒杯內。沉澱（SnO_2）棄去。

(4) 加 5ml H_2SO_4 於濾液內，蒸發至濃白硫酸煙恰好冒出為止（註B）。

(5) 加 50ml H_2O，攪拌至可溶鹽溶解後，再引入 H_2S，至硫化物沉澱完畢（註C）。

(6) 過濾。以 H_2S 洗液沖洗數次。聚濾液及洗液（註D）於 200ml 燒杯內。沉澱棄去。

(7) 煮沸濾液及洗液，以驅盡 H_2S。

(8) 加 5ml HNO_3（1.42），再煮沸少時，使溶液內之還原物氧化。

(9) 加過量 NH_4OH，使 Fe、Al 完全沉澱。

(10) 過濾。以 NH_4OH（2%）沖洗數次。濾液及洗液棄去（註E）。

(11) 加少許 HCl（註F）於濾紙上，至沉澱恰恰溶盡為度。濾液透過濾紙，聚於 200ml 燒杯內。

(12) 加 Na_2CO_3（註G），至游離酸中和後，再加過量 $Na_2S_2O_3$（註H）。

(13) 過濾。以熱水沖洗數次。濾液及洗液棄去。

(14) 沉澱連同濾紙聚於鉑坩堝內，烘乾後，再緩緩燒灼之。俟濾紙

碳化後，使用本生燈或馬福電爐（Mnffle furnace），以 1150 ～ 1200℃（註 I）燒至恒重（約需 10 ～ 15 分鐘）。

(15)以恰適之蓋子蓋好後，迅速置於乾燥器內放冷、稱重。殘渣為三氧化二鋁（Al_2O_3）（註 J）。

10-6-1-1-3 計算

$$Al\% = Al_2O_3 \times 0.5291$$

10-6-1-1-4 附註

（A）青銅係 Cu、Sn、Pb、Zn 等元素之合金。

（B）

(1)因 HNO_3 能分解第 (5) 步之 H_2S：

$$3H_2S + 2NO_3^- + 2H^+ \rightarrow 4H_2O + 3S \downarrow + 2NO \uparrow$$

故需驅盡。

(2)因 H_2SO_4 沸點比 HNO_3 高，故蒸至白色硫酸煙冒出時，表示 HNO_3 已被趕盡。

（C）引 H_2S 於酸性溶液內，則具有干擾性、且在定性分析上屬硫化氫族之各元素，皆能成硫化物沉澱（如 CuS、PbS、SnS_2、SnS 等），而於下步濾去，以免在第 (12) 步，與 $Al(OH)_3$ 一併沉澱析出。

（D）濾液含 Fe、Zn、Al 等。

（E）Fe^{+3}、Al^{+3}、Zn^{+2} 等，能與第 (9) 步所加 NH_4OH 分別生成 $Fe(OH)_3$、$Al(OH)_3$ 及 $Zn(OH)_2$ 等沉澱，但 $Zn(OH)_2$ 旋又與過量之 NH_4OH 生成錯離子，而再度溶解於濾液內：

$$Zn^{+2} + 4NH_4OH \rightarrow Zn(NH_3)_4^{+2} + 4H_2O$$

故 Zn 得與 Fe、Al 等分開。

（F）（G）（H）

(1)$Al(OH)_3 + 3HCl \rightarrow AlCl_3 + 3H_2O$ ……………………………… ①

$2AlCl_3 + 3Na_2S_2O_3 + 3H_2O \rightarrow$

$6NaCl + 2Al(OH)_3 \downarrow + 3SO_2 \uparrow + 3S \downarrow$ ………………… ②

　　　白色

$$Fe(OH)_3 + 3HCl \rightarrow FeCl_3 + 3H_2O \cdots\cdots\cdots\cdots\cdots\cdots\cdots ③$$

$$8FeCl_3 + S_2O_3^{-2} + 5H_2O \rightarrow 2HSO_4^- + 8FeCl_2 + 8HCl\cdots\cdots④$$

由以上第②④兩式可知，Al 成 Al(OH)$_3$ 沉澱，而 FeCl$_2$ 則仍留在濾液內，故 Fe、Al 得以分開。

(2) 因需在近中性之溶液中，第 (4) 式之反應方能趨於完全，故需加能被水解成微鹼性之 Na$_2$CO$_3$，以中和游離酸。

(I) 以高溫（約 1150℃以上）燒灼 Al(OH)$_3$，才能脫去組織水，而變成 Al$_2$O$_3$：

$$2Al(OH)_3 \xrightarrow{\text{高溫燒灼}} Al_2O_3 + 3H_2O$$

若 Al(OH)$_3$ 沉澱量多時，以馬福電爐燒灼為宜。

(J) Al$_2$O$_3$ 吸濕力甚強，尤其在燒灼完畢，恰從火中移出之際為甚。然而只要用適當之蓋子蓋好，以及放冷及稱重（仍需蓋好）之動作迅速，即可減少其吸濕度。

10-6-1-2 市場鋁之 Al

10-6-1-2-1 應備試劑

(1) H$_2$S 洗液

量取 1000ml H$_2$O 於 1500ml 燒杯內→加 2ml HCl（1.42）→引入 H$_2$S 至飽和。

(2) 碘酸鉀（KIO$_3$）標準溶液（N/10）

稱取約 5g KIO$_3$ 於錶面玻璃內→以 180℃烘至恒重→精確稱取 3.570g 上步烘乾之 KIO$_3$ →加 200ml H$_2$O（內含 1g NaOH 及 10g KI）→攪拌溶解→移溶液於 1000ml 量瓶內→加水至刻度→混合均勻。

(3)「碘化鉀－澱粉」混合液

稱取 1g 澱粉→徐徐加入 5ml H$_2$O →攪拌至呈漿糊狀→一面攪拌，一面將此澱粉液徐徐加於 100ml H$_2$O（沸）中→冷卻→加 40g KI →攪拌至 KI 溶解。

（**4**）**硫代硫酸鈉**（$Na_2S_2O_3$）**標準溶液**（**N/10**）

①**溶液配製**

稱取 24.8g $Na_2S_2O_3 \cdot 5H_2O$ 於 1000ml 量瓶內→加適量水溶解後，再繼續加水稀釋至刻度。（在製備或使用本溶液時，若有硫磺析出，應予棄去，重新配製。）

②**濃度**（**N**）**標定**

量取 25.0ml KIO_3（N/10）於 125ml 三角燒杯內→分別加 30ml H_2O、1 g KI 及 10ml H_2SO_4（1：4）→以上項所配硫代硫酸鈉標準溶液滴定至淡乾草黃色→加 2ml「澱粉 - 碘化鉀」混合液→再繼續緩緩滴定，至溶液恰呈淡藍色為止。

③**濃度計算**

$$C = \frac{2.5}{V}$$

C＝新配硫代硫酸鈉標準溶液之濃度（N）

V＝滴定時所耗新配硫代硫酸鈉標準溶液之體積（ml）

10-6-1-2-2 分析步驟

（**一**）**氧化鋁**（Al_2O_3）**及氧化鐵**（Fe_2O_3）**之混合定量**

(1) 稱取 1～5g 試樣於一頗大之燒杯內。試樣重量以 W_1 代之，以備計算。

(2) 加適量 HCl（1：5），再加熱溶解之。

(3) 引入 H_2S，至硫化物沉澱完全（註 A）。

(4) 放冷後，過濾。以 H_2S 洗液沖洗數次。聚濾液及洗液於 1000ml 量瓶內。沉澱棄去。

(5) 將量瓶內之溶液加水稀釋至刻度，再以吸管吸取 40ml 溶液（以含 0.2g Al 為度）於大鉑蒸發皿內，然後加熱至 H_2S 驅盡。

(6) 加適量溴水，使鐵氧化（註 B）。

(7) 加水稀釋至 200～300ml，然後加過量 NH_4OH，使沉澱完全析出。

（8）用錶面玻璃蓋好，將氨氣蒸掉。

（9）過濾。用熱水洗滌，至新滴下之洗液不呈氯（Cl⁻）之反應為度（註C）。濾液及洗液棄去。

（10）置濾紙與沉澱於坩堝內，以 1200 ～ 1300℃燒灼至恒重。其重量以 w_2 代之，以備計算。殘質為 Al_2O_3 及 Fe_2O_3 之合重（註 D）。

（二）Fe_2O_3 之定量

（1）稱取 2g 試樣於高腳燒杯內。其重量以 W_3 代之，以備計算。

（2）加水少許，再漸漸加 50ml NaOH（10％、純）。然後加熱溶解之。

（3）加數 ml H_2O_2（3 ％）（註 E），並煮沸之。

（4）加 300ml HCl〔HCl（1.15）：H_2O ＝ 1：60〕〔註 F〕，並均勻攪拌之。

（5）過濾。用熱水沖洗數次。濾液及洗液棄去。

（6）將沉澱連同濾紙置於 400ml 燒杯內，加 HCl（稀），至沉澱恰好溶盡後，再引入 H_2S（註 G），至硫化物沉澱完全。

（7）過濾。用 H_2S 洗液沖洗數次。沉澱棄去。

（8）煮沸濾液及洗液久時，以趕盡 H_2S。

（9）加數滴 HNO_3，以氧化溶液內之還原物。

（10）加 5ml HCl（濃），置於熱水鍋上蒸乾後，再加 5ml HCl（濃），再蒸乾之，以驅盡 HNO_3。（註 H）

（11）加水溶解後，通入 CO_2（註 I），以趕盡杯內空氣。

（12）分別加 5ml HCl（1：10）及 5g KI（註 J）。蓋好，並搖動之，使溶液混合均勻。然後於冷處擱置 20 分鐘。

（13）加水稀釋成 200ml，再加 5ml「碘化鉀－澱粉」混合液，當作指示劑（註 K），以硫代硫酸鈉標準溶液（N/10）（註 L）滴定，至藍色恰恰消失為止；所耗滴定液體積（ml）以 V 代之，以備計算。

10-6-1-2-3 計算

$$Al_2O_3\%\,(\text{註 M}) = (\dfrac{W_2}{W_1 \times \dfrac{4}{100}} - \dfrac{C \times V \times 0.007984}{W_3}) \times 100$$

Al%（註 N）＝ $Al_2O_3\% \times 0.5291$

C ＝硫代硫酸鈉標準溶液之濃度（N）

V ＝第（二）步滴定時，所耗新配硫代硫酸鈉標準溶液（N）之體積
　　（ml）

W_1 ＝第（一）步所稱取之試樣重量（g）

W_2 ＝第（一）步所得 Al_2O_3 與 Fe_2O_3 之合重（g）

W_3 ＝第（二）步所稱取之試樣重量（g）

10-6-1-2-4 附註

註：除下列各附註外，另參照 10-6-1-1-4 節之有關附註。

（**A**）市場鋁所含雜質除 Fe 外，亦含有在定性分析化學上屬於 H_2S 族之各
元素，故需在酸性溶液中通 H_2S，使成硫化物沉澱而予濾去，以免在
第（一）–（（7）步為 $Fe(OH)_3$ 及 $Al(OH)_3$ 所吸附，而一併下沉。

（**B**）第（一）步旨在求取 Fe_2O_3 及 Al_2O_3 之合重，但因 $Fe(OH)_2$ 之溶解積常
數（Solubility Product Coustant, Ksp）較 $Fe(OH)_3$ 為大，不易悉數成
氫氧化物沉澱，會減少 Fe_2O_3 之分析結果，因此需先將被 H_2S 還原成
低價之鐵離子（Fe^{+2}），再以 Br_2 氧化成 Fe^{+3}：

$$2Fe^{+3} + 3H_2S \xrightarrow{\ \ H^+\ \ } 2Fe^{+2} + 2S^{-2} + S\downarrow + 6H^+$$

$$2Fe^{+2} + Br_2 \rightarrow 2Fe^{+3} + 2Br^-$$

然後再加 NH_4OH，使 Fe 完全成 $Fe(OH)_3$ 而析出。

（**C**）

（1）若 Cl^- 未洗淨，則沉澱經燒灼後，殘渣除 Al 及 Fe 之氧化物外，尚
含 $AlCl_3$ 與 $FeCl_3$，會導致計算上之錯誤，故需洗淨 Cl^-。

（2）另參照 19-6-1-3 節 附註（B）（C）（D）（E）。

（D）（M）（N）

(1) 此燒灼後之殘質，尚含全量之 Fe_2O_3，故需另用鐵之定量法，在第（二）步中，檢出 Fe 含量，再算成 Fe_2O_3 之百分率，從 Fe_2O_3 與 Al_2O_3 之混合重量之百分率中，減去 Fe_2O_3 之重量百分率，即得 Al_2O_3 之百分率。由純 Al_2O_3 之百分率，即可算得 Al 之百分率。見附錄七。

(2) 因第（一）步所稱取之試樣，於第（一）–(5) 步時，只吸取 40/1000 供作試驗，亦即僅使用 4% 之試樣重量，故需乘 4/ 100。

(3) 設 C_2=KIO_3 標準溶液濃度 (N/10)

　　　V_2=KIO_3 標準溶液體積 (25.0ml)

　　　C_1= 滴定上項 KIO_3 標準溶液之 $Na_2S_2O_3$ 標準溶液之濃度 (N)。

　　　V_1= 滴定上項 KIO_3 標準溶液所耗 $Na_2S_2O_3$ 標準溶液之體積 (ml)

　　∵ $C_1 V_1$=C_2V_2

　　∴ C_1 =C_2V_2/ V_1

　10-6-1-2-1 節顯示，

　　　C_1= C_2V_2/ V_1= 0.1 (N) x 25 ml / V_1= 2.5 / V_1

　　或　 C= 2.5 / V

(4) 因 l ml $Na_2S_2O_3$（ 1N）= 0.007984g Fe_2O_3，所以

　　Fe_2O_3 總重量 (g) = (Cx V)x 0.007984

（E）將 Fe^{+2} 氧化成 Fe^{+3}。

（F）此時，因溶液內所含 NaOH 濃度太高，於第（二）–(5) 步過濾時，易侵蝕濾紙，故需加 HCl（稀），以中和 NaOH 至適當濃度。

（G）（H）

因 As^{+3}、Sb^{+3}、Cu^{+2}、Sn^{+2}、Sn^{+3}，以及硝酸所生成之氮氧化物（如 NO_2^-）等離子，均能與 I^- 或 I_2（或 I_3^-）生成氧化或還原之作用，影響分析結果，故需先在酸性溶液中通 H_2S，使成硫化物沉澱而濾去。另加 HCl 蒸煮，旨在除盡過剩且具氧化性之 HNO_3：

$$HCl + HNO_3 \rightarrow NO_2 \uparrow + 1/2\ Cl_2 \uparrow + H_2O$$

（I）（J）（K）（L）

(1) 在酸性溶液中，I^- 能被 Fe^{+3} 氧化而析出 I_2，I_2 再與澱粉生成藍色之複合離子。以 $S_2O_3^{-2}$ 滴定，至溶液內之 I_2 完全被還原成 I^- 時，藍色即告消失，故可當作終點：

$$2Fe^{+3} + 2\ I^- \xrightarrow{\quad H^+ \quad} 2Fe^{+2} + I_2$$

$$I_2 + 2S_2O_3^{-2} \rightarrow S_4O_6^{-2} + 2\ I^-$$

(2) 因空氣所含之 O_2，在酸性溶液中，能氧化 I^-、Fe^{+2} 及 $S_2O_3^{-2}$：

$$4S_2O_3^{-2} + O_2 + 4H^+ \rightarrow 2S_4O_6^{-2} + 2H_2O$$

$$4I^- + O_2 + 4H^+ \rightarrow 2I_2 + 2H_2O$$

$$I_2 + 2S_2O_3^{-2} \rightarrow S_4O_6^{-2} + 2I^-$$

$$4Fe^{+2} + O_2 + 4H^+ \rightarrow 4Fe^{+3} + 2H_2O$$

致影響化驗結果，故在滴定前，需先以 CO_2 氣體將溶液內之空氣趕盡。

(3) 參照 6-2-1-1-4 節附註（E）（F）（G）（H）。

10-6-1-3 鋁合金（註A）之 Al

10-6-1-3-1 應備試劑

（1）NaOH（2.5%）

稱取 25g NaOH（不得含 Al）於 1000ml 燒杯內→加適量水溶解後，再繼續加水稀釋成 1000ml →儲於塑膠瓶內。

（2）Na₂S 溶液

稱取 150g NaOH（不含 Al）→加適量水溶解後，再繼續加水稀釋至 1000ml →取約 500ml，引入 H_2S 氣體至飽和→與另 500ml 原液混合。

（3）酸性硫化氫水

量取 1000ml H_2O →加 10ml HCl（1.19）→引入硫化氫至飽和。

（4）**HCl（稀）**

　　量取 600ml H$_2$O →加 10ml HCl（1.19）→均勻混合之。

（5）**NH$_4$Cl 溶液**

　　量取 200ml H$_2$O →加 30ml HCl（1.19）及 1 滴甲基紅（Methyl red）指示劑→加 NH$_4$OH，至溶液恰變黃色→加水稀釋成 1000ml。

10-6-1-3-2 分析步驟

（1）稱取 2g 試樣於 1000ml 燒杯內。

（2）加 20ml HCl（1.19）及 5ml HNO$_3$（1.42）溶解之。

（3）煮沸多時，以驅盡氯氣（Cl$_2$）。

（4）加 50ml H$_2$O。放冷之。

（5）加 NaOH（2.5%）至近中和，然後將溶液逐漸注於已盛有 100ml Na$_2$S 溶液（註 B）之 500ml 量瓶內。經充分振盪後，加 NaOH（2.5%）（註 C）至量瓶刻度。徹底混合之，然後乘徹底混合之際，將瓶內物質傾注於 50ml 量瓶內，至刻度為止。餘液棄去。

（6）過濾。用水沖洗數次。聚濾液及洗液於 600ml 燒杯內。沉澱棄去。

（7）加 HCl 至中和後，再過量 25ml（註 D）。然後於 40 ～ 60℃之間，加熱 1 小時（註 E）。

（8）過濾。用酸性硫化氫水（註 F）沖洗數次。沉澱棄去。

（9）煮沸濾液及洗液多時，以趕盡 H$_2$S。

（10）加數滴甲基紅指示劑，再加 NH$_4$OH（1：2），至溶液恰呈鮮黃色為止（註 G）。然後繼續沸騰 1 ～ 2 分鐘，即刻過濾。以 NH$_4$Cl 溶液（熱）（註 H）沖洗沉澱及濾紙 2 ～ 3 次。濾液及洗液棄去。

（11）逐漸加 30 ～ 40ml HCl（1：3，熱）（註 I）於濾紙上，以溶解沉澱。以熱水洗滌數次。濾液及洗液透過濾紙，聚於燒杯內。保留濾紙，以備第（13）步使用。

（12）加水稀釋至 200ml，並加甲基紅指示劑數滴，再加 NH$_4$OH（1：2）至溶液恰呈鮮黃色為止。

（13）煮沸 1 ～ 2 分鐘後，即刻利用第（11）步所保留之濾紙過濾。以

NH$_4$Cl（熱）沖洗 2 ～ 3 次。濾液及洗液棄去。

(14) 將沉澱連同濾紙置於鉑坩堝內，俟濾紙燒白後，取下冷卻之。

(15) 分別加 1 ～ 2 滴 H$_2$O、1 滴 H$_2$SO$_4$（稀）（註 J）及 1 ～ 5ml HF（註 K），然後置於通風櫃內蒸乾之。使用噴燈或馬福電爐，以 1150 ～ 1200℃燒至恒重。殘渣為 Al$_2$O$_3$。（註 L）

10-6-1-3-3 計算

$$Al\% = \frac{w \times 0.5291}{W \times \dfrac{1}{10}} \times 100 \quad （註 M）$$

w ＝殘渣（Al$_2$O$_3$）重量（g）

W ＝試樣重量（g）

10-6-1-3-4 附註

註：除下列各附註外，另參照 10-6-1-1-4 節之有關各項附註。

(A) 鋁合金俗稱「鋼中」，常含多量之 Zn、Cu、Si、Mg、Fe 或 Ni 等。

(B)(C) 在含 Na$_2$S 之 NaOH 溶液中，鋁合金所常含之元素，如 Cu、Cr、Ti、Mg、Mn、Ni、Fe、Zn、Co 等，能成硫化物或氫氧化物沉澱而濾去，以免在第(10)及(12)步時，亦生成氫氧化物，而與 Al(OH)$_3$ 沉澱一併析出。在過量 NaOH 溶液內，Al 成鋁酸鈉而存在於溶液中。

(D) 除了附註(B)(C)所指各元素外，鋁合金亦往往含 Sn、Bi 等元素，故需在酸性溶液中，與 S^{-2} 作用，使生成硫化物之沉澱濾去，以免其在第(10)及(12)步時，亦生成氫氧化物，而與 Al(OH)$_3$ 之沉澱一併析出。此時溶液若含 Cu、Pb 等，此時亦成硫化物而沉澱。

(E) 煮沸旨在使硫化物結成大塊而析出，俾利過濾。

(F) 為免硫化物水解，或為空氣氧化而重新水解，故需用酸性硫化氫水沖洗沉澱。

(G) Al(OH)$_3$ 於 pH4.14 時，開始沉澱；於 pH10.8 時開始溶解。pH6.5 ～ 7.5 時，沉澱最完全。甲基紅變黃時，溶液為 pH6.5，適於

Al(OH)$_3$ 之沉澱。

（H）因 NH$_4$Cl（或 NH$_4$NO$_3$）係電解質，故以之做洗液，能預防 Al(OH)$_3$ 水解成膠狀物而透過濾紙。

（I）Al(OH)$_3$ 易吸附其他元素，不易洗淨，故需以 HCl 溶解之，再經第(11)～(13)步，重新沉澱一次。

（J）（K）各步操作所用之試劑，往往含少量 Si；另外，鹼性試劑（如 NaOH、NH$_4$OH 等）易侵蝕玻璃容器之 Si 元素，而混合於 Al(OH)$_3$ 內，使分析結果偏高，故需以 HF 將 Si 蒸掉。

（L）因 Al$_2$O$_3$ 易吸濕，故稱重前，需以恰適之蓋子蓋好，迅速置於乾燥器內，放冷。

（M）因第(5)步只取 50/500 試樣溶液，故試樣重量須乘以 1/10。

10-6-2「重碳酸鹽－氫氧化銨」沉澱法：適用於含 Al < 0.1% 之各種鋼鐵）

10-6-2-1 應備儀器：光電比色儀

10-6-2-2 應備試劑

（1）**H$_2$S 洗液**：引 H$_2$S 氣體於 HCl（1：99）內，並飽和之。

（2）**硫氰化銨（NH$_4$CNS）（4%）**

　　稱取 4g NH$_4$CNS →以 100ml 甲基賽洛梭夫（Methyl "Cellosolve"）溶解之。（註 A）

（3）**重碳酸鈉（NaHCO$_3$）（8%）**

（4）**「鉬酸銨 [(NH$_4$)$_2$MoO$_4$]- 硫酸聯銨 [(NH$_2$)$_2$・H$_2$SO$_4$]」混合液**

　①**甲液**：稱取 0.15g (NH$_2$)$_2$・H$_2$SO$_4$ 於 100ml 燒杯內→以 100ml H$_2$O 溶解之。

　②**乙液**：稱取 1g (NH$_4$)$_2$MoO$_4$ 於 100ml 燒杯內→以 100mlH$_2$SO$_4$（1：5）溶解之。

　③量取 10ml 乙液於 100ml 量瓶內→加 1ml 甲液→加水稀釋至刻度（此混合液極不安定，宜即配即用）。

10-6-2-3 分析步驟

（一）雜質之分離與 Al(OH)₃ 之沉澱

(1) 稱取 10g 試樣於 500ml 伊氏燒杯內。另取同樣燒杯一個，供作空白試驗。

(2) 準確加 100ml H_2O，然後慢慢加入 11ml H_2SO_4（濃）〔亦可使用 110ml H_2SO_4（1：9）代替 100ml H_2O 及 11ml H_2SO_4（濃）〕。用錶面玻璃蓋好，以 80 ～ 90℃加熱至作用停止。

(3) 以熱水稀釋至 150ml，再加熱至沸。

(4) 一面攪拌，一面以滴管滴入 $NaHCO_3$（8%），至恰生微量且不溶之沉澱後，再過量 5ml（註 B）。

(5) 蓋好，煮沸 1 分鐘後，靜置至沉澱完全下沉。

(6) 以 11cm 快速濾紙過濾。以溫水洗滌燒杯及沉澱兩次。濾液及洗液棄去（註 C）。

(7) 將沉澱連同濾紙置於原燒杯內，加 40ml HCl（1：3）。以錶面玻璃蓋好後，緩緩加熱至溶解完畢。

(8) 將濾紙攪爛，使成漿狀。

(9) 以細密慢速濾紙過濾。以 HCl（5：95）洗滌 8 ～ 10 次，再以熱水洗滌 3 ～ 4 次。濾液及洗液暫存。

(10) 將沉澱連同濾紙置於鉑坩堝內，以 500℃（不得超過）燒灼之（燒灼時，需有充足之氧氣。）

(11) 殘質以 1 ～ 1.5g 焦硫酸鉀（$K_2S_2O_7$）熔融之（註 D）。

(12) 放冷後，以第 (9) 步所遺之溶液溶解熔質。

(13) 以熱水稀釋至 200ml，然後冷至室溫。

(14) 以一個一個氣泡緩緩引入 H_2S 氣體（註 E）。

(15) 以細密慢速濾紙過濾。以 H_2S 洗液洗滌燒杯及濾紙數次。聚濾液及洗液於 400ml 燒杯內。沉澱棄去。

(16) 煮沸濾液，以趕盡 H_2S 氣體。

(17) 加足量（約 2ml）HNO_3（濃）（註 F），再蒸煮濃縮至 75ml。

(18)加 NaOH 至溶液近中性（約需 50～60ml）。加熱至 70℃時，一面劇烈攪拌，一面將溶液緩緩注入 120ml NaOH（10%、熱）（註 G）內。

(19)煮沸 1～2 分鐘。放冷至室溫。

(20)以雙層慢速濾紙過濾。以 NaOH（0.5%）洗滌沉澱數次。聚濾液及洗液於 600ml 燒杯內。沉澱棄去。

(21)加 HCl 至微酸性，再加 10ml NH₄NO₃（註 H）（50%），然後煮至恰沸。

(22)加入數滴甲基紅指示劑，然後一滴一滴加入 NH₄OH，至溶液恰恰變成鮮黃色為止（註 I）。

(23)煮沸 1～2 分鐘，然後緩緩加熱，使沉澱凝成大塊下沉（約需 10～12 分鐘）。

(24)以快速濾紙過濾，以 NH₄NO₃（註 J）（2%、熱）洗滌燒杯及濾紙 3～4 次。將沉澱連同濾紙置於原燒杯內。濾液及洗液棄去。

(25)加 40ml HCl（1：3）。然後一面緩緩加熱，使沉澱完全溶解，一面以玻璃棒將濾紙攪碎。

(26)加水稀釋至 125～150ml 後，加 10ml NH₄NO₃（50%）。然後煮至恰沸，再依（22）～（24）步所述之方法處理之。（註 K）

(27)將沉澱連同濾紙置於已烘乾稱重之坩堝內，然後燒灼至濾紙完全碳化。

(28)放冷後，加數滴 H₂SO₄（註 L）（1:3）及 2～3ml HF（註 M）。蒸乾後，以 1200℃燒灼至恒重。殘渣為 Al_2O_3 與微量 Fe_2O_3、P_2O_5、Cr_2O_3、及 V_2O_5 等。

（二）Fe_2O_3、P_2O_5、Cr_2O_3 及 V_2O_5 之校正

(1)加 1g 焦硫酸鉀（$K_2S_2O_7$）於燒灼後之殘渣內，以高溫熔融之。

(2)以 20ml HCl（1：1）溶解熔質，再移溶液於 50ml 量瓶內。加水稀釋至刻度，並徹底混合之（此溶液以 A 稱之）。

(3)以吸管量取 2ml A 液於一試管內→加 80ml（精確）NH₄CNS（4%）（註 N）→使用光電比色法，與依同法所製得之標準試樣溶液比較，以

測其 Fe_2O_3 之重量。

(4) 再 以 吸 管 量 取 2ml A 液 於 250ml 燒 杯 內 → 加 30ml 「$(NH_4)_2MoO_4(NH_2)_2 \cdot H_2SO_4$」混合液（註 O）→置於水浴鍋上，加熱 15 ～ 20 分鐘，至顏色顯現為止→放冷→移溶液於 50ml 量瓶內→以「$(NH_4)_2MoO_4(NH_2)_2 \cdot H_2SO_4$」混合液稀釋至刻度→使用光電比色法，與依同法所製得之標準試樣溶液比較，以測其 P_2O_5 之重量。

(5) 以 NaOH（30%）中和所餘之A溶液後，再過量 10ml（註 P）→加數 ml H_2O_2（3%）（註 Q）→煮沸至 Cr 氧化完全→冷卻→使用光電比色法，與依同法所製得之標準試樣溶液比較，以測其 Cr_2O_3 之重量。

(6) 加 H_2SO_4（註 R）（1：1）於上述第（5）步 Cr_2O_3 量測完畢之溶液內，至恰呈酸性為止→加數 ml H_2O_2（3%）（註 S）→使用光電比色法，與依同法所製得之標準試樣溶液比較，以測其 V_2O_5 之重量。

10-6-2-4 計算

$$Al\% = \frac{(W_1 - W_2) \times 0.529}{W_3} \times 100$$

$W_1 =$ 經校正 Fe_2O_3、P_2O_5、Cr_2O_3 及 V_2O_5 後，試樣溶液含 Al_2O_3 之重量（g）

$W_2 =$ 經校正 Fe_2O_3、P_2O_5、Cr_2O_3 及 V_2O_5 後，空白溶液含 Al_2O_3 之重量（g）

$W_3 =$ 試樣重量（g）

10-6-2-5 附註

註：除下列附註外，另參照 10-6-1-1-4 節有關各項附註。

(A) 甲基賽洛梭夫（Methyl "Cellosolve", $CH_3OCH_2CH_2OH$），另名：甲氧基乙醇。學名計有 Ethylene Glycol Monomethyl Ether、Methyl Glycol 及 2-Methoxyethanol 等三種。當分析步驟第（二）–（3）步之 Fe^{+3} 和 CNS^- 生成紅色之 $Fe(SCN)_3$ 時，其顏色在水溶液中極易褪去，但甲氧

基乙醇却能安定其顏色，俾利比色。

（B）

（1）Fe 於第（2）步與 H_2SO_4（稀）作用後，生成 Fe^{+2}：

$$Fe + H_2SO_4（稀）\rightarrow FeSO_4 + H_2 \uparrow$$

而 Al 則生成 $[Al(OH)_3 \cdot 3H_3O]^{+3}$。加入微鹼性之 $NaHCO_3$ 後，則分別生成 $Fe(OH)_2$ 及 $Al(OH)_3 \cdot 3H_2O$ 沉澱。此時試樣若含 Ni、Co、Cr、Zn、Mn、Sn 等元素，亦皆成各該元素之氫氧化物沉澱。

（2）因 $Al(OH)_3$ 之溶解積常數（Solubility Product Constant，Ksp）較上述任一氫氧化物為小〔$Al(OH)_3$ 為 1×10^{-15}，餘皆在 1×10^{-14} 以上〕，故需俟 $Al(OH)_3 \cdot 3H_2O$ 沉澱完全後，所餘 $NaHCO_3$ 方能和其餘元素生成氫氧化物沉澱，故 $NaHCO_3$ 之量不可太多，否則徒增爾後分離之困難。

（3）應儘量避免讓 Fe 被空氣或其他氧化物（如 HNO_3）氧化成 Fe^{+3}。因 $Fe(OH)_3$ 之 Ksp $= 1.1 \times 10^{-36}$，約比 $Al(OH)_3$ 小一半，故若溶液中充滿著 Fe^{+3}，則徒耗第（一）–（4）步所加之 $NaHCO_3$。

（4）由於 $Al(OH)_3$ 的吸附作用，或元素本身的沉澱作用，Cr、Co、Cu、Ni、P、Sn、Ti、V、W、Zr、Si 及 Fe 等，能伴隨 $Al(OH)_3$ 一同沉澱；有的全部沈析而出，有的只有部分沈析而出。

（5）Al 屬兩性元素，故〔$Al(OH)_3 \cdot 3H_2O$〕可溶於較強之酸（如 HCl），亦可溶於較強之鹼（如 NaOH）：

$$Al(OH)_3 \cdot 3H_2O + 3H^+ \rightleftarrows [Al(OH)_3 \cdot 3H_3O]^{+3}$$

$$Al(OH)_3 \cdot 3H_2O + OH^- \rightleftarrows [Al(OH)_4 \cdot 3H_2O]^-$$

NH_4OH、CO_3^{-2} 及 HCO_3^- 等弱鹼或弱酸鹽，均可除去 $[Al(OH)_3 \cdot 3H_3O]^{+3}$ 之質子，而成〔$Al(OH)_3 \cdot 3H_2O$〕沉澱：

$$NH_3$$

$$[Al(OH)_3 \cdot 3H_3O]^{+3} + 3OH^- \rightleftarrows [Al(OH)_3 \cdot 3H_2O] \downarrow + 3H_2O$$

$$[Al(OH)_3 \cdot 3H_3O]^{+3} + 3CO_3^{-2} \rightleftarrows [Al(OH)_3 \cdot 3H_2O] \downarrow + 3HCO_3^-$$

$$[Al(OH)_3 \cdot 3H_3O]^{+3} + 3HCO_3^- \rightleftarrows [Al(OH_3 \cdot 3H_2O] \downarrow + 3H_2CO_3$$

以鹽基性之強弱順序排列之，HCO_3^- $<$ CO_3^{-2} $<$ NH_4OH。即使在濃 NH_4OH 或 CO_3^{-2} 溶液中，$[Al(OH)_4 \cdot 3H_2O]^-$ 存量亦甚微，至於 HCO_3^-，則因其鹽基性較 CO_3^{-2} 弱，所以更不能形成可溶之 $[Al(OH)_4 \cdot 3H_2O]^-$，故鋼鐵中含 Al 量雖少，但仍能悉數成 $[Al(OH)_3 \cdot 3H_2O]$ 而析出。

（C）由於鐵之水解作用，致濾液有雲狀物析出，可不必顧慮。

（D）Al 在鋼鐵中，很可能與矽（Si）化合成不溶於水或酸之矽酸鋁 $[Al_2(SiO_3)_3]$ 或氧化鋁而存在，故殘質需用 $K_2S_2O_7$ 再處理一次。

（E）鋼鐵中往往含有微量之 Sn。Sn 易在酸中與 H_2S 生成硫化物而濾去，故可免於干擾最後 $Al(OH)_3$ 之沉澱。

（F）（G）

(1) 在 H_2S 溶液中，鐵成二價鐵（Fe^{+2}）存在。HNO_3 能將 Fe^{+2} 氧化成 Fe^{+3}，使易與 NaOH 生成 $Fe(OH)_3$ 沉澱。此時溶液若含 Mn、Mo、Ni、Co，則亦分別與 NaOH 生成各該元素之氫氧化物沉澱；而 Al 則與 NaOH 首先生成 $Al(OH)_3$ 沉澱，然後再與過量之 NaOH 生成可溶性之 AlO_2^- 或 $Al(OH)_4^-$，而留於溶液內，故得與上述各元素分開：

$$AlCl_3 + 3NaOH \rightarrow Al(OH)_3 \downarrow + 3NaCl$$

$$Al(OH)_3 + NaOH \rightarrow 2H_2O + Na^+ + AlO_2^-$$

(2) Cr 與 Al 相似，首先與 NaOH 生成 $Cr(OH)_3$ 沉澱，然後再與過量之 NaOH 生成可溶性之 CrO_2^-，而與 Al 同時留於溶液內：

$$Cr(OH)_3 + NaOH \rightarrow Na^+ + CrO_2^- + 2H_2O$$

此時濾液內，除了 P、V、Cr 外，可能還有微量之 Fe。

（H）（I）（J）

(1) 參照 10-6-1-3-4 節附註（G）。

(2) NH_4NO_3（或 NH_4Cl）具有電離性質，故若事先加於溶液內，或以之作為 $Al(OH)_3$ 之洗滌劑，可促進 $Al(OH)_3$ 成塊析出，同時預防 $Al(OH)_3$ 水解成乳膠狀液體而透過濾紙。

（K）因 Al(OH)$_3$ 能吸附 V、P，故需再沉澱一次。

（L）（M）因經過許多步驟，且使用了許多試劑（可能含 Si）；尤其鹼性試劑（如 NaOH）在熱溶液中，最易侵蝕玻璃或瓷製容器之 Si，而混於 Al(OH)$_3$ 沉澱物內，故需用 H$_2$SO$_4$ 及 HF 將它蒸去。

（N）參照 7-2-2-2-1-5 節附註〔（J）（K）（M）（N）（P）〕。

（O）參照 3-6-3-1-4 節附註（C）、（D）。

（P）（Q）Cr$_2$O$_3$ 在第（二）－（1）步被 S$_2$O$_7^{-2}$ 氧化成 Cr^{+6} 後，在第（二）－2）步又被 HCl 還原成 Cr^{+3}，然後在鹼性（NaOH）溶液中，再被 H$_2$O$_2$ 氧化成黃色之 Cr^{+6}，其顏色之深度，與 Cr^{+6} 之含量成正比，故可藉光電比色法定量之：

$$Cr_2O_7^{-2} + 6Cl^- + 14H^+ \rightarrow 2Cr^{+3} + 7H_2O + 3Cl_2 \uparrow$$

$$Cr^{+3} + 4OH^- \rightarrow Cr(OH)_4^-$$

$$2Cr(OH)_4^- + 3O_2^{-2} \rightarrow 2CrO_4^{-2}（黃色）+ 4OH^- + 2H_2O$$

（R）（S）

（1）釩之呈色反應有兩種說法，其一為：在酸性溶液中，H$_2$O$_2$ 和釩酸（Vanadates, VO$_4^-$）作用，生成棕紅色之 HVO$_4$。二為：H$_2$O$_2$ 在 H$_2$SO$_4$ 溶液中與 V^{+5} 作用，生成棕紅色之過氧硫酸釩（Vanadium Peroxide Sulfate）：

$$2V^{+5} + 2H_2O_2 + 3SO_4^{-2} \rightarrow \left(V\!\!<\!\!{}^O_O \right)_2 (SO_4)_3 + 4H^+$$

H$_2$SO$_4$ 或 H$_2$O$_2$ 不可加過量，否則部分$\left(V\!\!<\!\!{}^O_O \right)_2 (SO_4)_3$ 會逐漸水解成

黃色之對過氧釩酸〔o-Peroxyvanadic acid, $\left(V\!\!<\!\!{}^O_O \right)(OH)_3$〕：

$$\left(V\!\!<\!\!{}^O_O \right)_2 (SO_4)_3（棕紅色）+ 6H_2O \xrightarrow[\;H_2O_2\;]{H_2SO_4}$$

$$2\left(V\!\!<\!\!{}^O_O \right)(OH)_3（黃色）+ 3H_2SO_4$$

（2）參照 18-6-2-4 節附註（O）。

10-6-3「重碳酸鹽－磷酸鹽」沉澱法：適用於含 Al > 0.1% 之鋼鐵

10-6-3-1 應備溶劑

（1）**H₂S 洗液**：引 H₂S 氣體於 HCl（2%）內，並飽和之。

（2）**重碳酸鈉（NaHCO₃）溶液（8%）**

（3）**(NH₄)₂S 洗液**

　　量取 5ml NH₄OH 於 1000ml H₂O 內→引入 H₂S 氣體至飽和→加 20g 酒石酸→若有雜質應予濾去。

10-6-3-2 分析步驟

一、Al(OH)₃ 之沉澱

（1）稱取 10g 試樣於 500ml 伊氏燒杯內。另取一杯，供作空白試驗。

（2）加 100ml H₂O，再慢慢加入 11ml H₂SO₄（濃）〔亦可使用 110ml H₂SO₄（1：9）代替 100ml H₂O 及 11ml H₂SO₄（濃）〕。以錶面玻璃蓋好後，以 80 ～ 90℃加熱至作用停止。

（3）以熱水稀釋至 150ml，再加熱至沸。

（4）一面攪拌，一面以滴管滴入 NaHCO₃（8%），至生微量且不溶之沉澱後，再過量 5ml。

（5）蓋好，煮沸 1 分鐘後，靜置至沉澱完全。

（6）以溫水洗滌燒杯及沉澱兩次。濾液棄去。

二、雜質之分離

（一）NaOH 分離法（試樣含 Ti、Zr 時，宜用本法）

（1）以 20m HCl（1：3，熱）注於濾紙上，以溶解沉澱。用 HCl（5：95）洗滌 8 ～ 10 次，再用熱水沖洗 4 次。濾液及洗液暫存。

（2）將殘渣連同濾紙置於鉑坩鍋內，加 1 ～ 1.5g 焦硫酸鉀（K₂S₂O₇），再以高溫熔融之。

（3）放冷後，將熔質溶於第（1）步所遺之濾液及洗液內。

　　(4) 加 2 ～ 3ml HNO$_3$（1.42）。煮沸 2 ～ 3 分鐘。

　　(5) 加 NaOH 至近中和後，再徐徐加 80ml NaOH（5%），並不斷攪拌，促使沉澱下沉。

　　(6) 過濾。以 NaOH（10%）洗滌數次。沉澱棄去。

　　(7) 濾液加 HCl 至呈酸性後，再加水稀釋至恰為 250ml。然後依照下述第三步（AlPO$_4$ 之沉澱），以 NH$_4$H$_2$PO$_4$ 沉澱之。

（二）NH$_4$OH 分離法

　　(1) 將沉澱置於燒杯內，加適量 HCl（1:1，熱），再置於電熱板上蒸煮，使可溶物完全溶解。

　　(2) 過濾。以熱水洗滌數次。濾液及洗液暫存於 400ml 燒杯內。

　　(3) 將不溶物連同濾紙置於坩堝內，燒灼至濾紙碳化（溫度不宜超過 500℃）。然後加 1 ～ 1.5g 焦硫酸鈉（Na$_2$S$_2$O$_7$），以高溫熔融之。

　　(4) 放冷後，將熔質溶於第（2）步所遺之濾液及洗液內。

　　(5) 一滴一滴加入 NH$_4$OH，至恰恰生成微量不溶之沉澱物為度。

　　(6) 加 5ml HCl（註 A），再加水稀釋至 250ml，然後加熱至沸。

　　(7) 放冷，通入 H$_2$S 氣體（註 B）約 20 分鐘。

　　(8) 加 2g 酒石酸（註 C）於濾液及洗液內。然後加 NH$_4$OH 至中和後，再過量 10ml（註 D）。

　　(10) 引入 H$_2$S 氣體約 20 分鐘。

　　(11) 靜置少時後，過濾。以 NH$_4$S 洗液洗滌數次。沉澱棄去。

　　(12) 濾液加 HCl 至酸性後，再加水稀釋至恰成 250ml。然後依照下述第三步（AlPO$_4$ 之沉澱），以 NH$_4$H$_2$PO$_4$ 沉澱之。。

三、AlPO$_4$ 之沉澱

　　(1) 加 0.5g NH$_4$H$_2$PO$_4$（註 E）及 2 滴甲基紅。然後加 NH$_4$OH，至溶液恰呈鹼性。再加數滴 HCl（1:20）至溶液呈微酸性後，煮沸之。

　　(2) 加 20ml 醋酸銨（註 F）（25%），再繼續煮沸 5 分鐘，使沉澱完全。

　　(3) 過濾。以 NH$_4$NO$_3$（註 G）（2%，熱）洗盡氯離子（Cl$^-$）（註 H）。

濾液及洗液棄去。

(4)沉澱連同濾紙置於已烘乾稱重之瓷坩堝內,以1000℃燒灼至恒重。殘渣為磷酸鋁（$AlPO_4$）。

10-6-3-3 計算

$$Al\% = \frac{0.221 \times w}{W} \times 100$$

w ＝殘渣（$AlPO_4$）重量（g）

W＝試樣重量（g）

10-6-3-4 附註

註:除下列各附註外,另參照 10-6-2-4 節有關之各項附註。

（A）（B）

(1)此時唯恐溶液仍含有微量之 Cu、Zn 及多量之 Mo,故需於酸性溶液中,引入 H_2S,使成硫化物沉澱而濾去,以免干擾最後 $AlPO_4$ 之沉澱。

(2)第二－（二）－⑤～⑥步旨在調整酸度,俾利硫化物沉澱,宜細心操作。

（C）（D）

通 H_2S 氣體於 NH_4OH 之鹼性溶液內,Al、Cr 分別成 $Al(OH)_3$、$Cr(OH)_3$ 沉澱;而 Zn、Fe、Co、Ni、Mn 等,則成 ZnS、FeS、CoS、NiS 及 MnS 沉澱。但若溶液內含足量之酒石酸,Al 則與酒石酸生成安定之複合離子,而留於溶液內,故上述各元素逐得與 Al 分開,而不致在第三步干擾 $AlPO_4$ 之沉澱。

（E）（F）

(1) $Al^{+3} + PO_4^{-3} \xrightarrow{\text{pH5} \sim 5.4} AlPO_4 \downarrow$
　　　　　　　　　　　　　　　　　　白色

(2)實驗結果顯示,溶液在 pH5 ～ 5.4 時,沉澱最完全,故 pH 之調節

應嚴守三－(1)～(2)步之規定，否則 AlPO₄ 沉澱不完全。

(**G**) NH₄NO₃ 係電解質，可預防 AlPO₄ 水解成乳膠狀液體而透過濾紙。

(**H**) 若 Cl⁻ 未洗淨，則經最後燒灼後，殘質除含 AlPO₄ 外，尚含 AlCl₃，而能導致計算上之錯誤，故需將 Cl⁻ 洗淨。

10-6-4「汞陰極－8-羥喹啉或氫氧化銨」沉澱法

10-6-4-1 銅合金（Copper-base alloys）、鋁黃銅（Aluminum brass）、磷青銅（Phosphor bronz）、錳青銅（Manganese bronz）及銅矽合金（Cu-Si Alloys）之 Al（註A）

10-6-4-1-1 應備儀器：汞陰極電解裝置（Mercury Cathode Cell）（如圖 10-1）

A ＝玻璃容器
B ＝兩通活塞
C ＝升降瓶
D ＝玻璃管（與滴定管相似）
E ＝鉑網或鉑線圈
F ＝玻璃管（引入空氣以攪拌電
　　解質與汞；亦可用電動攪拌
　　器替代）
G ＝電解液

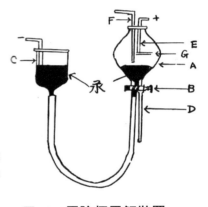

圖 10-1 汞陰極電解裝置

10-6-4-1-2 應備試劑

(**1**) FeCl₃（10%）

稱取 100g FeCl₃·6H₂O →以適量水溶解後，再繼續加水稀釋成 1000ml。

(**2**) 甲基紅（Methyl red）指示劑（0.02%）

稱取 0.02g 甲基紅→加 100ml H₂O（熱）→攪拌溶解→放冷→濾去雜質。

(**3**) 溴甲酚紫（Bromocresol Purple）指示劑（0.04%）

稱取 0.04g 溴甲酚紫→加 100ml H_2O（熱）→攪拌溶解之→放冷→若有雜質應予濾去。

（4）8- 羥喹啉（8-Hydroxyquinoline）（2.5%）

稱取 25g 8- 羥喹啉於 100ml 燒杯內→加 50ml 醋酸→緩緩加熱至溶解完全→移溶液於預先盛有 900ml H_2O（60℃）之燒杯內→放冷→若有雜質應予濾去→加水稀釋成 1000ml。

10-6-4-1-3 分析步驟

（一）依照下表稱取及溶解試樣

Al%	0.1～1.0	1.0以上
試樣重量(g)	5.00	1.00
試樣容器	400ml燒杯	250ml燒杯
試樣溶劑	5ml HCl＋20ml HNO₃（若有必要亦可另酌加HCl）	5ml HCl＋5ml HNO₃

（二）Si、Pb 之分離（註 B）

（1）試樣含大量之 Si 或 Si、Pb 時

①加 5 ～ 15ml H_2SO_4，然後蒸發，至杯內冒出白色硫酸煙時，再強熱數分鐘，以驅盡 HCl 及 HNO_3。

②放冷後，以少量水溶解可溶鹽。然後緩緩移杯內物質於盤內，加足量 HF，俟 Si 蒸盡後，再緩熱至生濃白煙。

③放冷後，移盤內物質於原燒杯內。然後以 H_2SO_4（1：19）稀釋成 50ml，再加熱至沸。

④擱置少時。若有沉澱，以細密濾紙（Fine Paper）過濾之。以水沖洗數次。沉澱棄去。聚濾液及洗液於燒杯內，然後繼續從下述第（三）步開始做起。

（2）試樣含少量 Si，但含大量 Pb 時

①加 5 ～ 10ml H_2SO_4，再蒸至冒出濃白硫酸煙。

②放冷後，加水稀釋成 150ml。

③過濾。以水沖洗數次。沉澱棄去。聚濾液及洗液於燒杯內，然後繼續從下述第（三）步開始做起。

（三）Cu 之分離（註 C）

（1）試樣重量為 5g 時，Cu 之分離法

①若試樣未含足量之 Fe 以與 Al 共同沉澱時，則加 2ml FeCl$_3$（註 D）（10%），然後加 NH$_4$OH（註 E）至微鹼性，再煮沸之。

②置水浴鍋上加熱 5 分鐘，使沉澱完全。

③以快速濾紙過濾。以 NH$_4$Cl（註 F）（2%，熱）洗滌燒杯及沉澱，直至洗去大部分綠色銅鹽為止。濾液棄去。

④將沉澱連同濾紙置於原燒杯內，加 5ml H$_2$SO$_4$ 及 20ml HNO$_3$，然後加熱，至所有有機質均消失為止（加熱期間，若有必要，可另酌加少量 HNO$_3$），最後蒸至冒濃白硫酸煙為止。⑤

⑤放冷後，以水洗滌杯蓋及杯緣。再蒸至冒濃白硫酸煙，以趕盡最後微量之 NHO$_3$（註 G）。然後繼續從下述第（四）步（電解）開始做起。

（2）試樣重量為 1g 時，Cu 之分離法

①加 2ml HNO$_3$，然後以電解法（電流＝ 0.5 安培）將 Cu 除去。

②加入足量之 H$_2$SO$_4$，使電解液含 H$_2$SO$_4$ 之總量達 5ml 為度。

③放冷後，以水洗滌杯緣，再蒸至濃白硫酸煙，以趕盡最後微量之 HNO$_3$（註 H）。然後繼續從下述第（四）步開始做起。

（四）電解

(1) 放冷後，加水稀釋成 25ml。若有 PbSO$_4$（白色）沉澱，應予濾去，並用 H$_2$SO$_4$（1：19）洗滌乾淨。

(2) 移溶液於汞陰極槽內，並使溶液體積保持在 1000ml 以下（若有輕微水解，不必顧慮）。

(3) 一面劇烈攪拌電解液及汞（註 I），一面以 3 ～ 5 安培電流電解之（若電流為 1 ～ 1.5 安培，則電解一夜）。

（4）俟電解完畢後，一面繼續通電，一面將汞自電解液中分離出來。分離後，若電解液仍飄浮著蓬鬆之汞齊時，應予濾去。

（五）沉澱之生成、燒灼及稱重

（1）8- 羥喹啉沉澱法〔試樣含 P（註 J）〕

①以水將第（四）–（4）步所遺溶液調整至 200ml，再分別加 10ml HCl、15ml 醋酸銨（40%）及 8～10 滴溴甲酚紫指示劑（0.04%）。然後加 NH_4OH（1:1），至溶液呈明顯紫色為止（註 K）。

②一面攪拌，一面以滴管慢慢加 8- 羥喹啉（註 L）（2.5%），至 Al 沉澱完畢後，再過量沉澱 Al 時所需量之 15～20%（註 M）。

③一面攪拌，一面加熱至沸，再緩緩沸騰 1 分鐘，然後放冷至 60℃。

④以烘乾、已稱之 35ml 細孔玻璃濾杯（Fritted-glass crucible of fine porosity）及中速抽氣馬達過濾之。以 100ml 冷水洗滌沉澱數次。濾液棄去。

⑤將沉澱連同玻璃濾杯置於 135℃之馬福電爐內，燒灼 3 小時，再置於乾燥器冷卻後，稱重。殘質為 8- 羥喹啉鋁鹽。

（2）氫氧化銨沉澱法〔試樣不含 P（註 N）〕

①調整溶液體積至 200ml。加 500ml HCl（濃）及少量濾紙屑，然後煮沸。

②乘熱，加 2 滴甲基紅指示劑。加 NH_4OH 至中性後，再繼續小心加入 NH_4OH（1:3），至溶液恰呈黃色為止。

③緩緩煮沸 1 分鐘後〔此時溶液顏色若變成橙色，則再加 NH_4OH（1:3）至鮮黃色〕立刻以中速濾紙（Mediun Paper）過濾。以 NH_4Cl（1%）洗滌數次。濾液及洗液棄去。

④將沉澱連同濾紙置於已烘乾、稱重之鉑坩堝內，烘乾後再緩緩燒灼，使濾紙灰化。最後以約 1100℃燒灼 10～15 分鐘。

⑤以恰適之鉑蓋蓋好，於乾燥器內放冷後，稱重。再繼續以 1100℃燒灼至恒重為止。殘質為 Al_2O_3。

10-6-4-1-4 計算

（1）以 8- 羥喹啉作沉澱劑

$$Al\% = \frac{w \times 0.0587}{W} \times 100$$

w ＝殘質（羥喹啉鋁鹽）重量（g）

W ＝試樣重量（g）

（2）以 NH_4OH 作沉澱劑

$$Al\% = \frac{w \times 0.5291}{W} \times 100$$

w ＝殘質（Al_2O_3）重量（g）

W ＝試樣重量（g）

10-6-4-1-5 附註

（A）一般銅合金除了含大量 Cu（25%）及 Al 外，亦含其他元素；其百分比含量如下表。銅合金含 Al ＜ 12% 者，均適用本法。

元素	%	元素	%
Pb	＜ 27	Mn	＜ 6
Sn	＜ 20	S	＜ 0.1
Si	＜ 5	P	＜ 1
Ni	＜ 5	As	＜ 1
Fe	＜ 5	Pb	＜ 1
Zn	＜ 50		

（B）

（1）因 H_2SiO_3 能吸附 Al 而一併下沉，使分析結果偏低，故需以 H_2SO_4 及 HF 予以驅盡。

（2）因第（三）步最後需以 H_2SO_4 將 HNO_3 趕盡；第（四）-（3）步亦必須在 H_2SO_4 溶液內電解，故若試樣含 Pb 太多時，對於爾後之操作實為不便。另外，因汞陰極槽無法將 Pb 移去，最後 Pb 若仍混於 NH_4OH 之鹼性溶液中，則能與 8- 羥喹啉生成部分沉澱，而混

於羥喹啉內，使分析結果偏高。故 Pb 太多時，需加 H_2SO_4，使成 $PbSO_4$ 沉澱濾去。

（C）（D）（E）

(1) 固然第（四）–(3) 步汞陰極能將 Cu 悉數移去，但因銅合金含 Cu 太多，徒耗時間及水銀，故需先加過量之 NH_4OH，使 Al 成 $Al(OH)_3$ 沉澱；而 Cu 則成藍色之 $Cu(NH_3)_4^{+2}$ 複合離子，留於溶液中，最後隨濾液濾去。

(2) 在 pH6.5 之溶液中，Al^{+3} 幾悉成 $Al(OH)_3$ 沉澱；但銅合金往往含大量之 Zn，在 pH6.5 時，亦成 $Zn(OH)_2$，而與 $Al(OH)_3$ 一併下沉，故需加多量之 NH_4OH，將溶液之 pH 值增至 6.5 以上，使 Zn 生成 $Zn(NH_3)_4^{+2}$ 複合離子，而與 $Cu(NH_3)_4^{+2}$ 同時留於溶液中，隨溶液濾去，而與 $Al(OH)_3$ 分開。但 pH 值大於 6.5 時，$Al(OH)_3$ 之溶解度亦成直線上升；至 pH = 10 時，溶於 NH_4OH 之 $Al(OH)_3$ 即達可觀之數量，不容忽視，故需加 Fe^{+3}，使生成 $Fe(OH)_3$，而與 $Al(OH)_3$ 形成共沉（Coprecipitation）或吸附（Adsorption）現象，如此即可大大減少 $Al(OH)_3$ 之溶解度。

（F）參照 10-6-2-5 節附註（H）（I）（J）。

（G）（H）（I）

(1) 汞陰極能還原 Fe、Cr、Zn、Ni、Co、Sn、Mo、Cu、Bi、Ag、Mn、Sb 及 As 等元素，而使之溶解於汞陰極槽內；然而對於 Al、Ti、Zr、PO_4^{-3} 等物質則無作用，故仍留於溶液中。

(2) 電解操作通常在含 H_2SO_4（或 $HClO_4$）之溶液中進行，但不得含 NO_2^- 或 Cl^-，因此在電解前需用 H_2SO_4 將它趕盡。另外電解液若含大量之鹽，則電解速度減緩。

(3) 實驗結果顯示，若溶液保持在 pH1.5 左右，同時在電解期間，不斷攪拌電解質及水銀，則電解速度最快。

（J）（N）

因 P 能與 $Al(OH)_3$ 一併下沉，故試樣含 P 時，不宜用 NH_4OH 作 Al 之最後沉澱劑。

（K）（L）

（1）8- 羥喹啉之分子式為，

或

其 OH 基上之 H^+ 能被許多金屬元素所取代，而生成沉澱。在 pH4.2 ～ 9.8 之溶液中，易與 Al^{+3} 生成羥喹啉鋁鹽〔$Al(C_9H_6NO)_3$〕之沉澱。

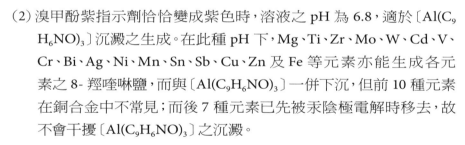

（2）溴甲酚紫指示劑恰恰變成紫色時，溶液之 pH 為 6.8，適於〔$Al(C_9H_6NO)_3$〕沉澱之生成。在此種 pH 下，Mg、Ti、Zr、Mo、W、Cd、V、Cr、Bi、Ag、Ni、Mn、Sn、Sb、Cu、Zn 及 Fe 等元素亦能生成各元素之 8- 羥喹啉鹽，而與〔$Al(C_9H_6NO)_3$〕一併下沉，但前 10 種元素在銅合金中不常見；而後 7 種元素已先被汞陰極電解時移去，故不會干擾〔$Al(C_9H_6NO)_3$〕之沉澱。

（M）過量＝所需量 ×（15% ～ 20%）；譬如說，加 100ml 8- 羥喹啉即能使 Al 沉澱完全時，最後需再過量 15 ～ 20ml；若加 6ml 時，則需再過量 0.9 ～ 1.2ml。餘此類推。

10-6-4-2 鎂合金之 Al

10-6-4-2-1 應備儀器：同 10-6-4-1-1（註 A）

10-6-4-2-2 應備試劑

（1）**H₂SO₄**（1：1）

（2）**NH₄OH**（1：1）

（3）**H₂O₂**（3%）

（4）**8-羥喹啉**（8-Hydroxyquinoline）（4%）

　　稱取 40g 8-羥喹啉→加 200ml 醋酸→加熱溶解之→以水稀釋成 1000ml。

（5）**醋酸銨**（20%）

（6）**緩衝溶液**

　　分別稱取 0.75g KCl 及 0.63g 硼酸（H₃BO₃）於燒杯內→以適量水溶解之→加 8ml NaOH（1N）→加水稀釋成 90ml。

（7）**辛昆**（Zincon）（註 B）

　　稱取 0.1g 辛昆（粉末）→以 2ml NaOH（1N）溶解之→加水稀釋成 100ml（儲存期限為 2 日）。

10-6-4-2-3 分析步驟

（1）稱取 0.3g 試樣於 200ml 燒杯內。

（2）加 20ml H₂O，並以錶面玻璃蓋好。然後加 2ml H₂SO₄（1：1）分解之。

（3）俟反應停止後，加 2ml H₂O₂（%），然後置於電熱板上，加熱至試樣完全溶解。

（4）放冷後，將溶液移於汞陰極電解裝置之電解槽內，再以水調整溶液至約 50ml，然後電解之（註 C）。

（5）電解終了後，將水銀自電解液中分離出來，溶液移於 200ml 燒杯內。分離後，若電解液仍飄浮著蓬鬆之汞齊，則應予濾去。

（6）加 20ml 8-羥喹啉（4%）於試樣溶液，然後滴加 NH₄OH（1:1），至 8-羥喹啉鋁鹽〔Al(C₉H₆NO)₃〕沉澱開始析出後，再加醋酸銨（20%），至溶液之 pH 約等於 4.5 為止（註 D）。

（7）以 60 ～ 70℃水浴 3 分鐘。

（8）以已烘乾稱重之玻璃濾杯（Glass Crucible）過濾。以約 50ml H₂O

（溫）沖洗數次。濾液及洗液棄去。

(9) 沉澱連同玻璃濾杯置於烘箱內，以 130～140℃烘至恒重。殘質為 8- 羥喹啉鋁鹽〔$Al(C_9H_6NO)_3$〕。

10-6-4-2-4 計算

$$Al = \frac{w \times 0.0587}{W}$$

w ＝殘質（8- 羥喹啉鋁鹽）重量（g）

W＝試樣重量（g）

10-6-4-2-5 附註

註：除下列各附註外，另參照 10-6-3-1-5 節有關之各項附註。

（A）亦可以下列兩種汞陰極電解裝置之一代之：

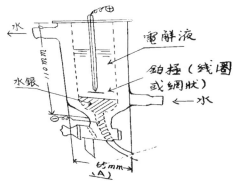

圖 10-2　另類汞陰極電解裝置

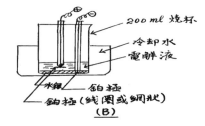

（B）（C）

(1) 鋅昆（Zincon）之分子式為：

$$2\text{-}OHC_6H_3\ (5\text{-}SO_3H)N：NC(C_6H_5)：NNHC_6H_4\text{-}2\text{-}COOH$$

（2）電解所需之時間，依電解裝置之不同而異，通常電解電流為 10 安培時，約需 30 分鐘。電解是否完全，可用下法鑑定之：

取電解液 1 滴於小白磁盂內，分別加 2 滴緩衝溶液、1 滴鋅昆溶液。此時溶液若呈青色，則表示溶液中仍有 Zn^{+2} 存在；若溶液呈黃赤色，則表示已達電解終點。

（**D**）以使用酸度計（pH meter）較便利。

10-6-5「安息香酸銨－8-羥喹啉」沉澱法：適用於市場鎂及鎂合金之 Al（註 A）〕

10-6-5-1 應備儀器：中孔過濾坩堝（Medium porosity cruicible）

10-6-5-2 應備試劑

（**1**）**安息香酸銨**（Ammonium benzoate）（10%）

稱取 100g 安息香酸銨（$C_6H_5COONH_4$）→以 1000ml H_2O（溫）溶解之→加 1mg 麝香草酚（Thymol）（註 B）。

（**2**）**酒石酸銨**（Ammonium tartrate）（3%）

稱取 30g 酒石酸銨→以 50ml H_2O 溶解之→加 120ml NH_4OH →加水稀釋至 1000ml。

（**3**）**安息香酸銨洗液**

量取 1000ml 上項安息香酸銨（10%）→加 900ml H_2O（溫）及 20ml 冰醋酸（Glacial acetic acid）。

（**4**）**8-羥喹啉**（8-Hydroxyquinoline）（5%）

稱取 50g 8-羥喹啉→以 120ml 冰醋酸溶解之→加水稀釋成 1000ml →過濾。濾液以暗色瓶儲存。沉澱棄去。

10-6-5-3 分析步驟

（1）稱取適量試樣（試樣重量以含 0.2 ～ 0.3g Al 為度）於 400ml 燒杯內。

（2）加 50ml H_2O，再緩緩加入 HCl（濃）（註 C）（每 g 試樣加 10ml），以溶解之。

(3)試樣溶解完畢後,冷至室溫。

(4)移杯內物質於 500ml 量瓶內。加水稀釋至刻度。

(5)此時若有未溶解之 Si 存在,應充分搖動,使之浮懸(註 D),然後 以吸管迅速精確吸取 50ml 溶液於 400ml 燒杯內,再加水稀釋成 100ml。

(6)一面攪拌,一面一滴一滴加入 NH₄OH(1:1),至所形成之沉澱 緩緩溶解時為止(亦即調整至所有游離酸幾全被中和,但並無 Al(OH)₃ 沉澱析出為止。)(註 E)

(7)分別加 1ml 冰醋酸,1g NH₄Cl 及 20ml 安息香酸銨(10%)(註 F)。

(8)一面攪拌,一面加熱至沸,然後再繼續緩緩沸騰 5 分鐘(註 G)。

(9)以中速濾紙(Medium Paper)過濾。以安息香酸銨洗液(熱)洗滌 8～ 10 次(註 H)。濾液及洗液棄去。

(10)加 50ml 酒石酸銨(3%)(註 I)(分五次加入,每次 10ml)於濾紙 上,以溶解沉澱;同時每加 10ml 酒石酸銨溶液後,即以熱水洗滌 濾紙一次。聚濾液及洗液於燒杯內。濾紙及未溶解之沉澱棄去。

(11)加水稀釋至 150～200ml,然後加熱,俟溫度昇至 70～80℃時, 加入 20ml 8-羥喹啉(5%)(註 J),再繼續以低於沸點之溫度,緩 緩蒸煮 15 分鐘。

(12)以已烘乾稱重之古氏坩堝過濾。以熱水洗滌 8 次。濾液及洗液棄 去。

(13)以 120～130℃烘至恒重。殘渣為 8-羥喹啉鋁鹽〔Al(C₉H₆(NO)₃〕。

10-6-5-4 計算

$$Al\% = \frac{w \times 0.0587}{W \times \dfrac{1}{10}} \times 100 \quad (註\ K)$$

w ＝羥喹啉鋁鹽〔Al(C₉H₆(NO)₃〕重量(g)

W＝試樣重量(g)

10-6-5-5 附註

(**A**)本法適用於含 Al ＝ 0.5 ～ 12% 之試樣。一般鎂合金含 Al 約為 12% 以下。有時亦含大量 Sn、Mn 及少量 Cu、Fe、Pb、Ni、Si、Zr 等。

(**B**) 因安息香銨易發霉，故需加微量麝香草酚，作為防霉劑。

(**C**) 因 HCl 與 Mg 作用時，反應劇烈，故需緩緩加入，以免溶液濺出。

(**D**) 因未溶解之二氧化矽（Silica）可能吸附一些 Al^{+3} 而下沉，故需使之浮懸，並同時迅速吸取試樣溶液。

(**E**)(**F**)(**J**)

(1) 若溶液之 pH ＝ 2.5 ～ 3.5，則安息香酸銨（－ COONH₄ ）

易分解為安息香酸（－ COOH）而結晶析出，失去效用；

若 pH ＝ 4.0 ～ 5.0，則易與 Al 生成白色塊狀之安息香酸鋁〔Al(C₆H₅COO)₃〕而沉澱析出，且易於過濾；若 pH ＝ 5.5 ～ 7.0，Al(C₆H₅COO)₃ 即成膠狀沉澱，難於過濾，且易於吸附其他元素而一併下沉。故沉澱時，溶液需保持在 pH4 ～ 5 之間；在此 pH 值下，不但沉澱完全，易於過濾，而且對於其他元素之吸附作用最小。故應細心操作 (6)、(7) 兩步，以調整溶液至最適安息香酸鋁沉澱之 pH 值。

(2) 在一般鎂合金所含之元素中，Ni、Zn、Mn、Sn 及 Si 等元素之含量均不致干擾 Al((C₆H₅COO)₃ 之沉澱。Cu 則很難溶於 HCl，故溶液中 Cu 之含量亦不足構成干擾。Cr 與 Zr 雖亦能生成安息香酸鹽，而與 Al 一併下沉，但在鎂合金中，很少含此等元素。Fe^{+3} 亦能完全與安息香酸銨生成安息香酸鐵下沉，但試樣所含之鐵僅被 HCl 溶解成 Fe^{+2}（Fe ＋ 2HCl → FeCl₂ ＋ H₂ ↑），而 Fe^{+2} 不能與安息香酸銨生成安息香酸鹽沉澱，故不致發生干擾。Pb 含量多時，雖亦能部分與安息香酸銨生成沉澱，但不會與 8- 羥喹啉生成沉澱，故最後能得純淨之 Al(C₉H₆NO)₃ 沉澱。

（G）實驗結果顯示，Al 雖能立刻與 $(C_6H_5-COO)^-$ 生成 $Al(C_6H_5COO)_3$ 沉澱，但欲使沉澱完全，需煮沸少時。

（H）因 $Al((C_6H_5COO)_3$ 能吸附甚多之安息香酸，故需洗滌數次。以含少量安息香酸銨之洗液洗滌之，可促進洗滌，並防水解。

（I）$Al(C_6H_5COO)_3$ 能與酒石酸銨生成複合離子而溶解；其餘沉澱物則仍留於濾紙上，故不致干擾下步 $Al(C_9H_6NO)_3$ 之沉澱。

（K）至第（5）步時，500ml 試樣溶液中，僅吸取 50ml 供作試驗，故試樣重量須乘 1/10。

10-6-6 「8- 羥喹啉 – 庫弗龍 – 氫氧化銨」沉澱法：適用於含少量 Al 之 Ni-Cr-Fe 合金

10-6-6-1 應備儀器：次氯酸鉻（CrO_2Cl_2）發生器（如下圖）。其裝置簡圖與使用說明如次：

先打開活塞，讓儲於A瓶中之 HCl，滴入正在緩緩加熱之B瓶內，以產生 HCl 氣體，然後使其流經盛有 H_2SO_4 之C瓶內，以吸盡 HCl 所含之水份。此乾燥之 HCl 氣體，經D管通入盛有冒濃白 $HClO_4$ 煙霧之試樣溶液之E瓶後，即與試樣溶液所含之鉻酸（H_2CrO_4）作用，生成揮發性之次氯酸鉻（CrO_2Cl_2）氣體；此氣體最後能被F瓶內之水所吸收。俟溶液不再呈現紅橙色之 CrO_2Cl_2 氣體時，即表示溶液中之 Cr 已被驅盡。

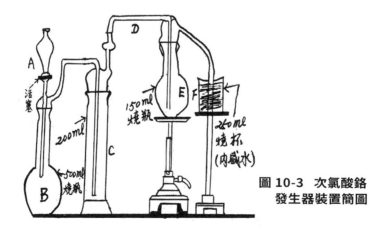

圖 10-3　次氯酸鉻
發生器裝置簡圖

10-6-6-2 應備試劑

（1）過氯酸（HClO₄）（70%）

（2）酒石酸溶液（20%）

（3）硫化銨〔(NH₄)₂S〕洗液

量取 5ml NH₄OH →加 1000ml H₂O →引入 H₂S 氣體至飽和→分別加 20g 酒石酸銨、20g NH₄Cl 及 5g NaCN →攪拌溶解（若有雜質應予濾去）。

（4）8-羥喹啉（8-Hydroxyquinoline）酒精溶液（5%）

稱取 5g 8-羥喹啉於 200ml 燒杯內→以 95ml 酒精（95%）及 5ml H₂O 溶解之→過濾（濾去雜質）→濾液置於冷處儲存（儲存時間不得超過 5 天）。

（5）庫弗龍（Cupferron）（6%）

稱取 6g 庫弗龍於 100ml 燒杯內→以 100mlH₂O（冷）溶解之→擱置 10 分鐘→濾去雜質後待用（以即用即配為宜）。

10-6-6-3 分析步驟

(1) 稱取 5g 試樣於 400ml 燒杯內。

(2) 加 30ml HCl 及 15ml HNO₃，用錶面玻璃蓋好。以約 80℃之溫度溶解試樣。

(3) 加 35ml HClO₄（70%）（註 A）。緩緩加熱，至恰恰開始冒出濃白過氯酸煙。

(4) 移杯內物質於次氯酸鉻（CrO₂Cl₂）發生器之E瓶內，蓋好，再蒸至白煙冒出，使鉻氧化完全（註 B）。

(5) 移去蓋子，將E瓶接於 CrO₂Cl₂ 發生器內，然後開啟A瓶，讓其內之 HCl 滴入預先盛有 H₂SO₄ 之B瓶內。

(6) 緩緩加熱B瓶，使生成 HCl 氣體。HCl 氣體經過預先盛有 H₂SO₄ 之C瓶後，即成乾燥氣體，最後經D管通入E瓶內。

(7) 加熱E瓶內之溶液，並使之保持在 205 ～ 225℃之間，同時繼續通乾燥 HCl 氣體（註 C），至不再有紅橙色之 CrO₂Cl₂（註 D）氣體

冒出為止。

(8) 卸下 E 瓶。

(9) 冷後，加 50ml H_2O 煮沸之。

(10) 過濾。以熱水洗滌沉澱及濾紙數次。濾液及洗液暫存於 400ml 燒杯。

(11) 將沉澱連同濾紙置於鉑坩堝內，然後燒灼至濾紙碳化（勿使濾紙著火）。

(12) 加 1～2 滴 H_2SO_4（1：1）（註 E）及 1ml HF（註 F），然後加熱，以趕盡所有酸液。

(13) 加 1～2g 焦硫酸鈉（$Na_2S_2O_7$），燒灼熔解之。

(14) 加 25ml HCl（5：95），以溶解融質，然後移杯內物質於第 (10) 步所遺之濾液及洗液內。

(15) 加 25ml 酒石酸（註 G）（20%）。其次加 NH_4OH（註 H），至中性後再稍過量。加 20g NaCN（註 I）。攪拌均勻後，一個一個氣泡通入 H_2S（註 J）20 分鐘。

(16) 過濾（濾紙內需先加濾紙屑）。以 $(NH_4)_2S$ 洗液洗滌數次。聚濾液及洗液於 600ml 燒杯內。沉澱棄去。

(17) 將濾液及洗液煮沸 1～2 分鐘。

(18) 一面攪拌，一面加 25ml 8- 羥喹啉酒精溶液（5%）（註 K）及 5～6 滴 NH_4OH，然後再繼續攪拌 15 分鐘。

(19) 緩緩蒸煮 1 小時。

(20) 冷至室溫後，過濾之（濾紙內需先加濾紙屑）。以溫水（60～70℃）洗滌 18～20 次。濾液及洗液棄去。

(21) 將沉澱連同濾紙置於 150ml 燒杯內。加 20ml HNO_3 及 5ml $HClO_4$（70%），然後蒸煮至冒出濃白過氯酸煙。

(22) 稍冷後，加 5ml H_2SO_4（1：9）（註 L），然後煮沸之。

(23) 冷卻至 5～10℃（註 M）後，加入濾紙屑及稍過量之庫弗龍（Cupferon）（6%）（註 N）。

(24) 過濾（濾紙內需先加濾紙屑）。以庫弗龍洗液（冷）洗滌數次。聚濾液及洗液於 600ml 燒杯內。沉澱棄去。

(25) 加 25ml HNO$_3$ 及 25ml HClO$_4$（70%）。蒸煮至冒濃白煙。

(26) 稍冷後，加 25ml H$_2$O，再煮沸之。

(27) 過濾。以水沖洗數次。聚濾液及洗液於 250ml 燒杯內。沉澱棄去。

(28) 加 2 ～ 3 滴 KMnO$_4$（2.5%）及數滴溴甲酚紫（Bromocresol Purple）指示劑。加 NH$_4$OH（註 O）（1：3）至中性後，再一滴一滴加至溶液呈明顯之紫色（註 P）。煮沸 1 ～ 2 分鐘。

(29) 過濾（濾紙上面需先加濾紙屑）。以 NH$_4$Cl（2%）沖洗 6 ～ 8 次。濾液及洗液棄去。

(30) 將沉澱連同濾紙置於原燒杯內。加 25ml HCl（1：9）。加熱至沸後，再依第（28）～（29）步所述之方法，以 NH$_4$OH 重複沉澱一次。

(31) 將沉澱連同濾紙置於鉑坩堝內，先以低溫燒灼濾紙，俟碳化後，再以 1150 ～ 1200℃ 燒灼至恒重（約 10 分鐘）。

10-6-6-4 計算

$$Al\% = \frac{w \times 0.5291}{W} \times 100$$

w ＝殘渣（Al$_2$O$_3$）重量（g）

W＝試樣重量（g）

10-6-6-5 附註

（A）（B）（C）（D）

(1) 試樣所含之 Cr，在第（15）步雖亦能與 CN$^-$ 化合成安定之複合離子而溶解，不致與 8- 羥喹啉生成 8- 羥喹啉之鉻鹽析出，而干擾 8- 羥喹啉鋁鹽之沉澱，但其含量若超過 0.5mg，即足以干擾羥喹啉鋁〔Al(C$_9$H$_6$(NO)$_3$〕之沉澱，故需先將 Cr 除淨。

(2) 試樣所含之 Cr，經 HClO$_4$ 完全氧化成 H$_2$CrO$_4$ 後，在高溫下，能與 HCl 生成 CrO$_2$Cl$_2$ 氣體冒出，經 F 瓶時，即為瓶內之水所吸收，

再度變成 H_2CrO_4：

$$H_2CrO_4 + 2HCl \overset{\triangle}{\longrightarrow} CrO_2Cl_2 + 2H_2O$$

$$CrO_2Cl_2 + 2H_2O \rightarrow H_2CrO_4 + 2HCl$$

上面第一式雖係可逆反應，但因 $HClO_4$ 能吸收其所產生之 H_2O，而打破其平衡狀態，故 H_2CrO_4 逐得完全變成 CrO_2Cl_2，而揮發趕盡。

（E）（F）參照 10-6-4-1-5 節附註（B）第（1）項。

（G）（H）（I）（J）（K）

(1) 在含足量之酒石酸鹽及氰化物（CN^-）之 NH_4OH 溶液中通 H_2S 時，因 Al、Ti、Zr 等，均能與酒石酸生成極安定之複合鹽，而 Fe、Ni、Co、Cu、Mo、Cr 等，則與 CN^- 生成各種極安定之複合離子〔如 $Cu(CN)_4^{-2}$、$Fe(CN)_6^{-3}$、$Ni(CN)_4^{-2}$、$Co(CN)_6^{-3}$ 等〕，故皆不致生成硫化物而沉澱。Mn 則成 MnS 沉澱而濾去。

(2) 在 NH_4OH 之鹼性溶液中，Al 與酒石酸所生成之複合離子能與 8- 羥喹啉生成 8- 羥喹啉鋁鹽（Aluminum Quinolate）而沉澱；而 Fe、Ni、Co、Cu、Mo、Cr 等元素，與足量之 CN^- 所生成之複合離子，不能與 8- 羥喹啉生成各該元素之 8- 羥喹啉鹽沉澱物，故留於溶液內，隨濾液濾去。P 在此時成 PO_4^{-3} 狀態而存在，與 8- 羥喹啉不會生成沉澱，故不會干擾 Al 之沉澱。

（L）（M）（N）

(1) Cupferron 原本稱為銅鐵試劑，顧名思義，即知是 Cu 及 Fe 之專用沉澱劑，但後來發現，它能與更多其他元素作用，而生成沉澱，故今皆稱其音譯名：庫弗龍。其學名為亞硝基苯羥胺銨鹽（Ammonium salt of nitrosophenylhydroxy amine）；分子式為：

$$
\begin{array}{c}
\text{（苯環）} - \text{N} - \text{O} - \text{NH}_4 \\
| \\
\text{N} \\
\| \\
\text{O}
\end{array}
$$

被水溶解後則慢慢分解成亞硝基苯（Nitrosobenzene），因此儲存時間勿超過一日。與 H_2SO_4 及 HNO_3 共同加熱，易被分解破壞。在弱酸中，其分子式內之 NH_4^+，能被甚多金屬元素所取代，而生成沉澱物；但在 HCl（1：9）或 H_2SO_4（1：9）之強酸冷溶液中，只有 Ti、Zr、V、Mo、W、Fe、Cu（僅部分沉澱）、Sn 及 Sb 等元素，能與之生成各該元素之亞硝基苯羥胺鹽而沉澱，故得與 Al 分開。

(2) 加庫弗龍於溶液內，若有白色沉澱生成，攪拌時又立刻溶解，即表示沉澱作用已完全。

（O）（P）

(1) $Al(OH)_3$ 在 pH = 6.5 ～ 7.5 時，沉澱最完全，而溴甲酚紫指示劑開始變成紫色時，則表示溶液之 pH = 6.8；此酸度適於 $Al(OH)_3$ 沉澱，故宜小心調整之。

(2) 能干擾 $Al(OH)_3$ 沉澱之一般常見元素，計有 Cr、Si、C、Mn、Fe、Co、Ni、Cu、Mo、Ti、Zr、V、W、Zn、Cd、Sn、Pb、Sb 等元素，其中 Cr 在第(5)～(8)及(20)步除去〔參照附註(A)(B)(C)(D)與(G)(H)(I)(J)(K)〕；Si 在第(12)步移去；C、Mn 在第(16)步中除去；Fe、Co、Ni、Mo、Cu 等，則在第(20)步與 Al 分開〔參照附註(G)(H)(I)(J)(K)〕；Ti、Zr、V、W 等，則在第(24)步除去；其餘元素在本合金中不常見，故最後可得純淨之 $Al(OH)_3$（或 Al_2O_3）。

10-6-7「汞陰極–庫弗龍–8-羥喹啉」沉澱法：適用於銅鎳合金（Cu-Ni Alloy）之 Al（註 A）

10-6-7-1 應備儀器：同 10-6-4-1-1 或 10-6-4-2-1-5 節附註（A）

10-6-7-2 應備試劑

（1）庫弗龍（Cupferron）（5%）（註 B）

稱取 5g 庫弗龍（$C_6H_5NNOONH_4$）於 100ml 燒杯內→以 100ml H_2O（冷）溶解之→擱置 10 分鐘→濾去雜質（本溶液儲存時間勿超過一天）。

（2）庫弗龍洗液

加 1ml 上項庫弗龍（5%）及 1ml 蟻酸（Formic acid）於 100ml H_2O（冷）。

（3）酒石酸溶液（20%）

（4）鋁溶液（0.01%）

稱取 1.6810g 硫酸銨鋁〔簡稱明礬，$Al_2(NH_4)_2 \cdot (SO_4)_4 \cdot 24H_2O$〕（純）於 1000ml 量瓶內→加適量水溶解之→加 10ml HCl →加水至刻度→混合均勻。

（5）醋酸銨溶液（30%）

（6）溴甲酚紫（Bromocresol Purple）指示劑（0.04%）：同 10-6-4-1-2 節。

（7）8- 羥喹啉（8-Hydroxyqumoline）（0.25%）

稱取 12.5g 8- 羥喹啉於 50ml 燒杯內→加 25ml 冰醋酸→加熱，使溶液澄清→移溶液於已盛有 475ml H_2O（60℃）之容器內→放冷至室溫→若有雜質應予濾去。

（8）鐵溶液（0.1%）

稱取 5g 氯化鐵（$FeCl_3 \cdot 6H_2O$）於 1000ml 燒杯內→加適量水溶解之→加 10ml HCl →加水稀釋成 1000ml。

（9）NH_4Cl 溶液（2%）

10-6-7-3 分析步驟

（一）試樣含 Al > 0.5%

(1) 稱取 1.0g 試樣於 250ml 燒杯內。另取一杯，供作空白試驗。

(2) 加 10ml HNO_3，以錶面玻璃蓋好。緩緩加熱至作用停止。

(3)（註 C）加 10ml H_2SO_4（註 D）（1：1），以錶面玻璃蓋好。蒸煮至冒出濃白硫酸煙後，再繼續加熱 10 分鐘（註 E）。

(4) 放冷後，加 50ml H_2O。然後加熱至硫酸鹽溶解完畢，並時加攪拌。

(5) 以中速濾紙（Medium filter Paper）過濾。依次用 H_2SO_4（1：19，熱）及熱水各洗滌數次。沉澱棄去（註 F）。

(6) 移溶液於汞陰極槽內（註 G），以 2 ～ 5 安培電流電解之。俟 Ni、

Fe 完全移去後，再將電解液移回燒杯內。

(7) 過濾（註 H）。以水洗滌數次。沉澱棄去。

(8) 將濾液及洗液蒸發濃縮至約 75ml。

(9) 加 10ml HCl（註 I）。冷卻至 10 ～ 15℃（註 J）。

(10) 加 5ml 庫弗龍（註 K）（5%），然後擱置 10 分鐘，並時加攪拌（註 L）。

(11) 以中速濾紙過濾。以 HCl（1：19，冷）洗滌數次。聚濾液及洗液於 400ml 燒杯內。沉澱棄去。

(12) 加 1ml 庫弗龍（5%）於濾液內。此時若有白色沉澱生成，而攪拌時又立刻溶解，即表示沉澱完全，否則需依第（10）～（11）步所述方法重複處理之。

(13) 加 1ml 酒石酸（20%）及 10ml 鋁溶液（註 M）（0.01%）（加於試樣溶液及空白溶液之鋁溶液量應完全相等。）

(14) 一面用冷水冷卻燒杯，一面慢慢加入 NH_4OH（註 N），至溶液恰呈鹼性（ 即石蕊試紙恰好變紫）。

(15) 加蟻酸（Formic acid），至溶液呈微酸性（註 O）後，再過量 5ml。冷卻至 10 ～ 15℃（註 P）。

(16) 試樣每含 1mg Al，即加 0.4ml 庫弗龍（5%）（註 Q），最後再過量 10ml。

(17) 加少許濾紙屑。然後靜置 10 分鐘，並時加攪拌（註 R）。

(18) 使用細密濾紙及藉由抽氣唧筒過濾之。以新配之庫弗龍洗液洗滌數次。濾液及洗液棄去。

(19)（註 S）將沉澱連同濾紙移於原沉澱燒杯內。加 5ml HNO_3 及 $10mlH_2SO_4$。蒸發至冒出濃白煙後，再繼續加熱，至有機質消失（註 T），以及溶液體積濃縮至 5ml 為止。

(20) 加 50ml H_2O，然後加熱至杯內鹽類溶解。

(21) 過濾。以水沖洗數次。聚溶液及洗液於 200ml 燒杯內。沉澱棄去。

(22) 分別加 1ml 酒石酸（20%）、1ml H_2SO_4 及 15ml 醋酸銨（30%），再加水稀釋至 100ml。

(23) 加 8 ～ 10 滴溴甲酚紫指示劑（0.04%）。然後加 NH_4OH，至黃色溶液轉呈明顯之紫色為止（註 U）。

(24) 加適量 8- 羥喹啉（0.25%）〔試樣每含 1mg Al，即加 1.0ml 8- 羥喹啉，（0.25%）（註 V），但總量最少不得低於 10ml〕。

(25) 加熱至沸後，再繼續緩緩煮沸 1 分鐘。然後以 60℃ 蒸煮，至沉澱凝成大塊下降為度。

(26) 以烘乾稱重之古氏坩堝過濾。以熱水洗滌數次。濾液及洗液棄去。

(27) 以 135℃ 烘乾 1 ～ 2 小時，再置於乾燥器內，放冷後，稱重。殘渣為羥 8 喹啉鋁鹽〔$Al(C_9H_6NO)_3$〕。

（二）試樣含 Al ＝ 0.1 ～ 0.5%

(1) 稱取 2.00g 試樣於 400ml 燒杯內。另取一杯，供作空白試驗。

(2) 加 15ml HNO_3，用錶面玻璃蓋好，緩緩加熱至作用停止後，再繼續加熱至糖漿狀。

(3) 加 15ml HCl，再緩緩加熱至各種鐵氧化物完全溶解。

(4) 加 50ml H_2O（熱），再加熱至可溶鹽類溶解。

(5) 以中速濾紙過濾。以熱水洗滌沉澱及濾紙數次。暫聚濾液及洗液於 400ml 燒杯內。

(6) 將沉澱連同濾紙移於鉑坩堝內，燒灼至濾紙灰化。

(7) 放冷後，加數滴 H_2SO_4（1：1）及足量之 HF，蒸煮至冒出濃白硫酸煙（註 W）。

(8) 加 2g $NaHSO_4$，然後以高溫熔解鉑坩堝內之殘質。

(9) 以適量水溶解融質後，將溶液移於第（5）步所遺之濾液及洗液內。

(10) 加 5ml 鐵溶液（0.1%）（註 X）。然後加 NH_4OH，至首先生成之鹽基性水合物（Basic hydrate）完全溶解為止。

(11) 煮沸此深藍色之溶液，至呈現輕微混濁之鹽基性水合物為止。

(12) 以快速濾紙過濾，以 NH_4Cl（2%，熱）洗滌數次。濾液及洗液棄去。

(13) 將沉澱連同濾紙移回原沉澱燒杯內。

(14)（註 Y）加 15ml HNO_3（濃）及 10ml $HClO_4$。然後蒸煮至冒出濃白煙後，再繼續加熱至有機質消失。

(15)（註 Z）稍冷後，加 50ml H_2O。攪拌至過氯酸鹽完全溶解。

〔餘同本（10-6-7-3）節第（一）項（試樣含 Al ＞ 0.5%），從第（一）－（6）步開始作起〕。

（三）試樣含 Al ＜ 0.1%

(1) 稱取 5.00g 試樣於 600ml 燒杯內。另取一杯，供作空白試驗。

(2) 加 35ml HNO_3，並用錶面玻璃蓋好。緩緩加熱至作用停止後，再繼續加熱至糖漿狀。

(3) 加 25ml HCl，再緩緩加熱，至各種鐵氧化物完全溶解。

(4) 加 50ml H_2O，再加熱至可溶鹽類溶解。

(5) 以中速濾紙過濾。以熱水洗滌沉澱及濾紙數次。暫聚濾液及洗液於 400ml 燒杯內。

〔餘同本（10-6-7-3）節第（二）項（試樣含 Al ＝ 0.1 ～ 0.5%），從第（二）－（6）步開始做起〕。

10-6-7-4 計算

$$Al = \frac{(w_1 - w_2) \times 0.0587}{W} \times 100$$

w_1 ＝由試樣所得之 8- 羥喹啉鋁鹽〔$Al(C_9H_6NO_3)$〕重量（g）

w_2 ＝由空白溶液所得之 8- 羥喹啉鋁鹽重量（g）

W＝試樣重量（g）

10-6-7-5 附註

（A）一般鎳銅合金（Ni-Cu Alloys）除含大量 Cu、Ni 外，有時亦含 Fe、Mn、Co、Al、C、Si、S 等元素。本法適用於含 Al ＜ 4.0 之試樣。

（B）（I）（J）（K）參照 10-6-6-5 節附註（L）（M）（N）。

（C）第（3）～（4）步亦可以下法代之：

　　加 10ml HClO$_4$，並用錶面玻璃蓋好→蒸煮至冒出大量濃白煙→加熱至沸後，再緩緩煮沸 10 分鐘（其蒸煮程度以 10 分鐘後，大部分 HClO$_4$ 仍能留在杯內為度）→稍冷後，加 50ml H$_2$O（熱）→攪拌至過氯酸鹽全部溶解。

（**D**）（**E**）（**G**）參照 10-6-4-1-5 節附註（G）（H）（I）。

（**F**）沉澱物含 C、SiO$_2$、PbSO$_4$ 等。

（**H**）濾去細小之汞齊（Amalgams）。

（**L**）（**R**）於低溫時，沉澱作用不易完成，故在擱置期間，需加以攪拌。

（**M**）（**N**）（**O**）（**P**）（**Q**）

　　(1) 在 pH4.6 之弱酸（如蟻酸）弱鹼緩衝冷溶液中，Al 能完全與庫弗龍生成沉澱；Cr 則僅能部份生成沉澱；Mg、Mn、Zn、Cd、Co 及 Ni 等，則不能生成沉澱。然而溶液若含酒石酸，則僅 Al 與庫弗龍生成亞硝苯羥胺鋁鹽〔Al(C$_6$H$_5$·N·NO·O)$_3$〕之沉澱。

　　(2) 第(16)步之溶液內，若不含適量且可與庫弗龍化合成沉澱物之離子，以伴隨〔Al(C$_6$H$_5$·N·NO·O)$_3$〕下沉，則小量之鋁離子（Al^{+3}）即無法獨自悉數與庫弗龍化合成沉澱物，致分析結果偏低，故需另加適量 Al^{+3}，使生共沉作用（Coprecipitation），以促使溶液中所含少量之 Al^{+3}，完全與庫弗龍生成沉澱而析出。

　　(3) NH$_4$OH 不可加入過速，否則溶液溫度遽然上升，易促使膠狀沉澱（Gummy precipitate）生成。

（**S**）第(19)步亦可採用下法代之：

　　將沉澱連同濾紙移於原沉澱燒杯內→加 20ml HNO$_3$ 及 5ml H$_2$SO$_4$ →蒸至冒出濃白煙→一小份一小份慢慢加入 HNO$_3$，至溶液呈淡黃色為止→將 H$_2$O$_2$ 一滴一滴小心加於此發煙之溶液，至有機質完全分解為止。

（**T**）庫弗龍與金屬所生成之鹽以及濾紙，與 HNO$_3$ 及 H$_2$SO$_4$ 共熱時，均能被破壞而分解。

（**U**）（**V**）

(1) 參照 10-6-4-1-5 節附註（K）（L）。

(2) 在 Cu-Ni 合金中，能夠干擾 8- 羥喹啉鋁鹽在 NH_4OH 之鹼性溶液內沉澱之元素中，Si、C 已在第（5）步移去；Fe、Cu 等，經第（6）步及第（11）步之處理後，已完全移去；Mn、Ni、Co 等，經第（6）步及第（16）步之處理後，已與 Al 完全分開。故最後所得者殆為純淨之羥喹啉鋁鹽。

（W）參照 10-6-4-1-5 節附註（B）第（1）項。

（X）參照 10-6-4-1-5 節附註（C）（D）（E）。

（Y）（Z）

第（14）～（15）步亦可以下法代之：

加 20ml HNO_3 及 5ml H_2SO_4 →蒸煮至冒出濃白煙→慢慢加入一小份一小份之 HNO_3，至黑色溶液呈淡黃色為止→一滴一滴小心加入 H_2O_2 於此發煙之溶液內，至有機質消失為止→放冷→加 50ml H_2O →加熱，至各種硫酸鹽完全溶解為止。

10-6-8 「庫弗龍 – 氯仿 – 汞陰極 -8- 羥喹啉」萃取、沉澱法：適用於市場鈦及鈦合金之 Al（註 A）

10-6-8-1 應備儀器

(1) 分液漏斗：500ml 容量

(2) 汞陰電極槽：同本 10-6-4-1-1 節

(3) 中孔度玻璃濾杯（Fritted-glass crucible of medium porosity）

10-6-8-2 應備試劑

（1）醋酸銨緩衝溶液（pH5）

稱取 154g 醋酸銨→加 500ml H_2O →攪拌至溶解→加 60ml 醋酸→加水稀釋成 1000ml。

（2）庫弗龍（9%）

稱取 9g 庫弗龍（Cupferron）→以 100ml H_2O（冷）溶解之→若有雜質應予濾去（本試劑應即用即配）。

（3）NaOH（10%）

　　稱取 100g NaOH 於聚乙烯塑膠容器內→加適量水溶解後，再繼續加水稀釋成 1000ml →儲於聚乙烯塑膠瓶內。

（4）NaOH（0.5%）

　　量取 50ml 上項 NaOH（10%）→加水稀釋成 1000ml。

（5）8- 羥喹啉（2.5%）：同 10-6-4-1-2 節。

10-6-8-3 分析步驟

(1) 稱取 1.000g 試樣於 250ml 伊氏燒杯內。若含 Al 百分率很低時，應另取一杯，供做空白試驗。

(2) 加 80ml HCl（1：1），用橡皮塞塞好（此橡皮塞有兩孔，每孔各插一支短玻璃管，使杯內氣體與大氣相通），以減少氧化作用。然後加熱至試樣完全溶解。

〔試樣含 Al ＜ 1 % 時，則可省去第（3）～（4）兩步，而直接從第（5）步開始做起。〕

(3) 移溶液於 100ml 量瓶內，加 HCl（1：1）至刻度，並均勻混合之。

(4) 以吸管精確吸取適量溶液（以含 Al 量不超過 25mg 為度）於 250ml 燒杯內，再以 HCl（1：1）稀釋成 50ml。

(5) 加 H_2O_2（10%），至溶液呈桔紅色（註 B）為止。然後煮沸，至顏色呈淡黃色或白色（註 C）為止。

(6) 冷卻至 15℃，然後移溶液於 500ml 分液漏斗內，並以 HCl（1：1）洗滌燒杯數次，洗液合併於主液內。若試樣溶液係由第（4）步用吸管所吸取者，需另加 20mlHCl 於漏斗內。

(7) 以水稀釋至 150ml 後，加適量庫弗龍（註 D）（9%）（每克鈦需 18 克庫弗龍），然後激烈震盪，使沉澱凝成大塊析出。

(8) 加適量氯仿（Chloroform）（註 E）於分液漏斗內（每 g 試樣加 75mg 氯仿，但總量不得少於 30ml）。激烈振盪，以溶解及萃取沉澱物。然後靜置最少 5 分鐘，俟兩層不相溶之液體分開後，再排棄底下較重之氯仿層。

(9) 加 1ml 庫弗龍（9%）於所遺之酸層內。此時若有白色沉澱生成，但又立刻溶解，則表示已加足庫弗龍；若所生之白色沉澱不溶解，則需再加 5ml 庫弗龍（9%）。經激烈振盪後，再加 25ml 氯仿，並依第(8)步所述之方法萃取之。如此不斷重複試驗之，直至加足庫弗龍為止。最後含足量庫弗龍之試樣溶液，每次以 10ml 氯仿，萃取過量之庫弗龍，直至氯仿層呈現水白色為止。

(10) 移酸液層於 400ml 燒杯內，並用 HCl（1：9）漱洗分液漏斗。洗液合併於溶液內，然後再蒸發至 50ml。

(11) 加入適量 H_2SO_4，使每 100ml 溶液含 3ml H_2SO_4（註 F）。

(12) 加 25ml HNO_3，再加熱至濃白硫酸煙冒出（註 G）。如有必要，可另酌加 HNO_3，至所有有機質完全分解為止。

(13) 冷卻後，以水洗淨杯緣，再加熱至濃白硫酸煙冒出。

(14) 冷卻後，加 50ml H_2O，然後加熱至可溶鹽類溶解。若有 SiO_2 存在，應予濾去，並用 H_2O 沖洗。

〔試樣若未含 Mn、Cr、Co、Ni、Cu 等元素，則可省去第(15)～(21)步，而直接從第(22)步開始做起。〕

(15) 調整溶液至適量體積（勿超過 1000ml）。

(16) 移溶液於汞陰極槽內，使用 5～10 伏特電壓及 2 安培電流電解之，至各金屬離子完全被還原，而溶於汞層為止（註 H）（約需 1～3 小時）。

(17) 俟電解完畢後，一面通電，一面將槽內溶液移於 400ml 燒杯內（註 I），並以水洗滌電解槽及水銀。洗液與主液合併，然後蒸發至約 150ml。

(18) 冷卻後，加 NaOH（註 J）（10%）至中和，然後依溶液中含 Mn 量之多寡，再過量 5～10ml。

(19) 加 1ml H_2O_2（註 K）（10%）。煮沸（註 L）2 分鐘。

(20) 以抗鹼性之濾紙過濾。依次以 NaOH（0.5%）與熱水洗滌數次。聚濾液及洗液於 600ml 燒杯內。沉澱棄去。

(21) 加 HCl 至濾液呈酸性。

(22) 置於恒溫水浴器上加熱，使溶液保持在 55 ～ 60℃之間，然後加適量 8- 羥喹啉（2.5%）（註 M）（試樣每含 1mg Al，需加 10ml，但總量不得少於 10ml）。一滴一滴加入 NH_4OH，至溶液產生輕微之混濁，旋又緩緩溶解為止。

(23) 加 20ml 醋酸銨緩衝溶液（pH5）（註 N）。攪拌後，靜置少時。

(24) 以已烘乾稱重之玻璃濾杯過濾。以冷水洗滌數次。濾液及洗液棄去。

(25) 以 130 ～ 140℃烘至恒重（約 2 小時）。置於乾燥器內放冷後，稱其重量。殘渣為 8- 羥喹啉鋁鹽〔$Al(C_9H_6NO)_3$〕（註 O）。

10-6-8-4 計算

$$Al\% = \frac{(w_1 - w_2) \times 0.0587}{W \times \dfrac{V}{100}} \times 100 \quad （註 P）$$

w_1 ＝由試樣溶液所得之 8- 羥喹啉鋁鹽〔$Al(C_9H_6NO)_3$〕之重量（g）

w_2 ＝由空白溶液所得之 8- 羥喹啉鋁鹽之重量（g）

W ＝試樣重量（G）

V ＝第（4）步所取溶液之體積（ml）

10-6-8-5 附註

（A）一般鈦合金之百分組成，列如下表。本法適用於含 Al < 20% 之樣品。所取之試樣以含 0.5 ～ 2.5mg Al 為宜。

元素	%	元素	%
Al	＜20	Si	＜5.0
Cd	＜5.0	Tl	＜5.0
Fe	＜20	W	＜1.0
Mn	＜20	Sn	＜10
Mo	＜10	V	＜20
Mg	＜1.0	Ti	餘數
Cl	＜20		

（B）（C）（D）（E）

(1) 參照 10-6-6-5 節附註（L）（M）（N）。

(2) 在 HCl 溶液中，Fe、V、Ti 等元素，必須先生成高價離子（如 Fe^{+3}、V^{+7}、Ti^{+4} 等），而與庫弗龍生成沉澱後，才能溶於氯仿層，而予以除去。故在加入庫弗龍以前，需先加 H_2O_2 氧化之。

(3) $TiCl_3$ 為一強還原劑，在 HCl 中能被 H_2O_2 氧化成黃色之 H_2TiO_4（若 Ti 很多，則溶液由黃色變成桔紅色）。經煮沸後，H_2TiO_4 旋又被仍留在溶液內之 $TiCl_3$ 還原成白色或無色之 $TiCl_4$：

$$2TiCl_3 + 3H_2O_2 + 2H_2O \rightarrow 2H_2TiO_4（黃色或桔紅色）+ 6HCl$$

$$H_2TiO_4 + 2TiCl_3 + 6HCl \xrightarrow{\triangle} 3TiCl_4（無色）+ 4H_2O$$

以上兩式亦可簡化如下：

$$2TiCl_3 + H_2O_2 + 2HCl \xrightarrow{\triangle} 2TiCl_4 + 2H_2O$$

另外，若溶液有 Mo、Cr、V 等元素存在，加 H_2O_2 後，亦可使之轉呈黃色〔參照 10-6-2-5 節，附註（P）（Q），（R）（S）〕。

（F）（G）（H）

(1) 參照 10-6-4-1-5 節附註（G）（H）（I）。

(2) H_2SO_4 蒸發不可過度，尤以 Cr 存在時為然；否則易導致不溶鹽生成，而使實驗無法再進行下去。

(3) 電解完畢時，滴一滴電解液於一白瓷板上，加入 1 滴 NH_4OH，若溶液變成藍色，則表示 Cu 尚未除盡。然後再加一滴二甲基丁二肟溶液，若溶液呈紅色，則表示 Ni 尚未除盡。若溶液在電解前呈綠色，電解後呈無色，則表示 Cr 已被除盡。

（I）（J）（L）

普通燒杯與第（18）步所加之 NaOH 溶液共熱時，其所含之 Si 易被 NaOH 分解成 $NaSiO_3$，而與第（25）步之 8- 羥喹啉鋁鹽一併下沉，致化驗結果偏高，故以使用高矽杯（如 Vycor）為佳。

（**J**）（**K**）

因汞陰電極不易將 Mn 完全除盡，故需加 H_2O_2（或 Na_2O_2）於 NaOH 之鹼性溶液，使 Mn 生成黑褐色之 $MnO(OH)_2$ 沉澱而予濾去：

$$Mn^{+2} + 2NaOH + H_2O_2 \rightarrow MnO(OH)_2 \downarrow + H_2O + 2Na^+$$
黑褐色

（**M**）（**N**）

(1) 參照 10-6-4-1-5 節附註（K）（L）第（1）項。

(2) 每 ml 8- 羥喹啉溶液可沉澱 1.6mg Al；但切忌加入過多。

(3) 市場鈦及鈦合金可能含有、且在「醋酸－醋酸銨」所生成之緩衝溶液（pH5）內，能干擾 8- 羥喹啉鋁鹽沉澱之元素中，Fe 與 Cu 經第（8）步及第（16）步之處理後，可完全除盡；Ti、Zr、V、Mo 及 W 等元素，已在第（8）（9）兩步除去；Cr、Co 及 Ni 等，則在第（16）步除盡。經第（16）～（20）步之處理後，Mn 亦已完全除盡。故最後所得者殆為純淨之〔$Al(C_9H_6NO)_3$〕。

（**O**）〔$Al(C_9H_6NO)_3$〕本為純黃色固體，但若鈦合金含有 Fe、Mo、V、Zr、W 等元素，因不易悉數除去，而有微量（通常低於 1mg）留於溶液內，亦與 8- 羥喹啉生成 8- 羥喹啉鹽，而與〔$Al(C_9H_6NO)_3$〕一併下沉，故殘渣往往呈不純之黃色；但此微量之雜質，恰足以補償 Al 輕微溶於氯仿層之損失。

（**P**）因第（4）步係由 100ml 試樣溶液中，吸取 Vml，供作試驗，故試樣之重量 W 需乘 V/100；但若試樣含 Al < 0.1%，而省去（3）～（4）步時，則試樣重量可免乘 V/100。

第十一章 錫（Sn）之定量法

11-1 小史、冶煉及用途

一、小史

錫除了製作青銅外，很少應用在古物中。最早文獻記載的錫製品，是十八世埃及王朝（公元前 1580 ～ 1350 年）時代的一個朝聖者的瓶子。此物現存於英國牛津 Ashmolean 博物館內。該館最近的光譜分析顯示，此物是由金屬錫所組成，其主要雜質為：6%Pb、1%Cu、0.006%Fe 及 0.05%Zn。在古希臘大詩人荷馬（Homer）時代（公元前十九世紀）的文獻中，錫曾被提到八次；在稍後的聖經中，則提到五次。公元前 700 年以後，錫箔即被用於包紮木乃伊屍體；至公元前 150 年，英國即以錫鑄造錢幣。

二、冶煉

錫之主要來源為錫石（Cassiterite）（SnO_4），重要礦床在南美玻利維亞及東南亞之馬來西亞。粗礦石經粉碎後，在流水中洗濯，以分離較輕之礦碴，而取得較重之錫石。然後焙燒此礦石，並以氧化鐵及銅之硫化物處理之，不純質用水洗去後，所得之純礦石再與碳混合，在反射爐中使之還原。由此製得之粗錫，以微熱熔融之，純金屬錫即流出，而得與主要高熔點不純物（如鐵及砷化物）分離。用電解法亦可純製一部份錫。

三、用途

錫在 18℃ 時，有 α Sn 與 β Sn 的同位素變態。18℃ 以上是白色的金屬（白錫，White tin，β Sn）；18℃ 以下時，會緩慢變為非金屬同素異構物的灰色粉末（灰錫，Gray tin，α Sn）。錫通常容易呈現過冷狀態，所以在 18℃ 以下，也不會變為灰錫。

白錫質軟，抗拉強度 2 ～ 4 kg /mm^2，伸長率 35 ～ 40%，富於展性，故能製成很薄的錫箔。又耐蝕性優良，可以鍍在鐵板上，製成白鐵板，此為錫最大用途。

錫的鑄造性和鍛造性良好，容易和其他金屬作成合金，所以多用為合金材料。錫的重要合金，簡述如下，可供定量化學分析參考：

(1) 白合金 (White metal)

是 Sn、Sb、Pb、Zn、Cu 等元素的合金，最適於製作軸承用合金。白合金的化學成份和用途見表 11-1。

表 11-1　白合金的化學成份和用途 (JIS H 5401)

種類	化 學 成 分（％）										
	Sn	Sb	Cu	Pb	Zn	As	不　純　物				
							Pb	Fe	Zn	Al	Bi	As
1種, WJ 1	其餘	5~7	3~5	—	—	—	< 0.50	< 0.08	< 0.01	< 0.01	< 0.08	< 0.01
2種, WJ 2	〃	8~10	5~6	—	—	—	〃	〃	〃	〃	〃	〃
2種, WJ 2B	〃	7.5~9.5	7.5~8.5	—	—	—	〃	〃	〃	〃	〃	〃
3種, WJ 3	〃	11~12	4~5	< 3	—	—	< 0.10	〃	〃	〃	〃	〃
4種, WJ 4	〃	11~13	3~5	13~15	—	—	〃	〃	〃	〃	〃	〃
5種, WJ 5	〃	—	2~3	—	28~29	—	< 0.10	〃	< 0.05	—	—	—
6種, WJ 6	〃	11~13	1~3	其餘	—	—	< 0.10	< 0.05	< 0.01	—	—	< 0.2
7種, WJ 7	11~13	13~15	< 1	〃	—	—	〃	〃	〃	—	—	〃
8種, WJ 8	6~8	16~18	< 1	〃	—	—	〃	〃	〃	—	—	〃
9種, WJ 9	5~7	9~11	—	〃	—	—	〃	〃	〃	—	Cu<0.03	〃
10種, WJ 10	0.8~1.2	14~15.5	0.1~0.5	〃	—	0.75~1.25	〃	〃	〃	—	—	—

第 1、2、2B 種：高速高荷重軸承用。　　第 3 種：高速中荷重軸承用。
第 4、5 種：中速中荷重軸承用。　　　第 6 種：高速小荷重軸承用。
第 7、8 種：中速中荷重軸承用　　　　第 9、10 種：中速小荷重軸承用

　　白合金可分為二種，分別以 Sn 和以 Pb 為主成份。以 Sn 為主成份者，磨擦係數小，耐高溫、高壓，適用於高速度、大荷重的引擎之用。表 11-1 中，第 1、2 種是所謂的巴氏合金 (Babbit metal)，為優良的軸承合金。

　　Sn 含量多者，機械性質良好，但是價錢高。第 4 種是把 Sn 的一部份用 Pb 代替者。

　　第 5 種是以 Sn 為主要成份的軸承合金中，加入較多量的 Zn，而減低價格者。但抗拉強度高，可用作中速度，中荷重的軸承。

　　第 7 種是鉛基 (即以鉛為主成份) 軸承合金中，含 Sn 較多者，因為靭性好，適用於中速度、中荷重的軸承。

(2) 易熔合金 (Fusible alloy)

　　Pb、Sn、Bi、Cd 等低熔點金屬適當配合時，可得到熔點更低的金屬。這種合金用為軟焊料、保險絲、防火自動洒水器、鍋爐之安全熔塞、熱處理浴等。其化學組成舉例，見表 11-2。

表 11-2　易熔合金

熔 點 (℃)	化 學 成 分 (％)					名　　　　稱
	Bi	Cd	Pb	Sn	Hg	
68	50	12.5	25	12.5	—	Wood's alloy
68	50.1	10	26.6	13.3	—	Lipowitz's alloy
70	49.5	10.1	27.3	13.1	—	四　元　共　晶
94	50	—	25	25	—	D'Arcet's alloy
94	50	—	31.2	18.8	—	Newton's metal
91.5	51.6	8.1	40.3	—	—	三　元　共　晶
95	52	—	31	17	—	〃　　　　　　〃
103	40.7	31.4	—	27.9	—	〃　　　　　　〃
100	50	—	28	22	—	Rose's alloy
113	40	—	40	20	—	Bismuth solder
69	53.5	—	17	19	10.5	
70	44.5	—	30	15.5	10	

(3) 軟焊料 (Soft solder)

焊接用的合金，有軟焊料及以黃銅為主的硬焊合金。軟焊料是含 25 ～ 90%Sn，其餘為 Pb 的合金；通常使用含有 40 ～ 50%Sn 者。軟焊料的成份和用途見表 11-3。

表 11-3　軟焊料的成份和用途

成分（%）		凝固開始 溫度℃	凝固完了 溫度℃	性　質　和　用　途
Sn	Pb			
37	63	252	182	熔融溫度範圍大。自來水管之焊接、其他白鐵皮加工。
50	50	213	182	一般電氣用品、鋅和白鐵皮加工、瓦斯流量計和罐頭的加工。
63	37	182	182	鋼管焊接。
90	10	217	182	飲食器具用。
95	5	225	182	特殊電氣零件、食用品器具。

(4) 活字合金

通常使用以 Pb 為主之 Pb-Sb-Sn 合金。活字合金化學組成舉例，見表 11-4。

表 11-4　活字合金化學組成

種　　　類	化　學　成　分　（%）			
	Sn	Sb	Cu	Pb
單鑄版活字合金	8	15	－	77
手植活字合金	14	24	0.5	61.5
行鑄版活字合金	4	12	－	84
紙版活字合金	7	13	－	80

(5) 其他

有些銅合金，如加錫特殊黃銅、青銅及軸承用青銅，均含適量 Sn，以改進合金之物理性質（見 6-1 節）。

11-2 性質

一、物理性質

　　錫在自然界，計有十種同位素，並具白錫及灰錫兩種形態，白錫比重為 7.286（26℃），灰錫 5.770（25℃）。熔點 232℃，沸點 2270℃。重要化合物計有氧化錫、亞錫及錫之化合物、金屬亞錫酸及錫酸鹽等。在分析化學中，較重要的化合物計有：氧化錫、氫氧化亞錫、氫氧化錫、硫化亞錫、硫化錫、氯化錫及溴化錫等。

　　（1）**氧化錫**（SnO_2）

　　　　不溶於酸和鹼。與 Na_2O_2 共熔，可轉變成可溶性錫酸鈉。

　　（2）**氧化亞錫**（SnO）

　　　　不溶於水，但溶於酸。可被硝酸氧化成 SnO_2。

　　（3）**氫氧化亞錫**〔$Sn(OH)_2$〕

　　　　稍溶於水，易溶於含過量 NaOH 或 KOH 溶液，而生成 $Sn(OH)_4$。此溶液加熱，即有棕色或黑色金屬錫析出。$Sn(OH)_2$ 易溶於 HCl，但不溶於 NaOH、KOH 及 NH_4OH。

　　（4）**錫酸**（$SnO_2 \cdot 3H_2O$）

　　　　錫酸亦即氫氧化錫（Stannic hydroxide）。白錫所生成之錫酸，不溶於稀酸，但溶於濃鹽酸，而成 $SnCl_4$。

　　（5）**硫化亞錫**（SnS）

　　　　不溶於水、氫氧化銨、碳酸鹽、無色硫化銨或硫化鈉等溶液；但易溶於濃鹽酸、多硫化銨或鹼性溶液。

　　（6）**硫化錫**（SnS_2）

　　　　不溶於水。易溶於濃鹽酸、硫化鈉及鹼性溶液。

　　（7）**氯化錫**（$SnCl_4$）

　　　　不溶於冷水。與濃鹽酸共沸，則 $SnCl_4$ 會產生揮發現象；若蒸至乾，則 $SnCl_4$ 可完全被蒸發而逸去。

　　（8）**溴化錫**（$SnBr_4$）

不溶於冷水。稀熱溶液易分解成錫酸。蒸乾時，可完全揮發。

二、化學性質

錫原子序數為 50，原子量 118.70，價數為＋ 2 和＋ 4。在週期表上屬第 IV 族。錫及其合金，極易溶於含有四氯化銻的熱濃鹽酸；另外，氫溴酸與溴水混合液（4：1）、熱濃硫酸、王水、或含 3% H_2O_2 之濃鹽酸，亦均可溶解錫及其合金。錫化合物之化學性質分述如下：

（一）氧化與還原

亞錫溶液屬強還原劑，在酸性溶液中，能被碘及碘酸鹽溶液完全氧化，此為碘滴定法之基本定理。亞錫能被硝酸、亞硝酸、硫酸（熱）、氯、溴、三價鐵、重鉻酸鹽、高錳酸鹽及高硫酸鹽（在過量鹽酸中）等所氧化。在酸性溶液中，錫可被鐵、鎳、鉛、銻及次磷酸還原成亞錫。錫及亞錫溶液，能被鎘、鋅、鋁及鎂還原成金屬錫。

（二）與分析有關之重要錫化合物之生成與反應

（1）氧化錫（SnO_2）及氧化亞錫（SnO）

SnO_2 呈白色，而 SnO 則呈黑色或藍黑色。二者均為具酸性和鹼性的氧化物。與酸作用，則生成錫酸或亞錫酸；與鹼作用，則生成錫酸鹽或亞錫酸鹽。SnO_2 之製備，可在空氣中將錫直接熱至白熱而得之；或以鹼性碳酸鹽使錫沉澱，再洗滌與燒灼而得之；或使錫與硝酸作用而得之；或在熱溶液中水解錫酸鹽，再經洗滌與燒灼而得之。除了濃熱硫酸外，SnO_2 不溶於其他酸性溶液內。如果 SnO_2 經高溫燒烤，則硫酸亦無法溶解之。若與鹼共熔，則生成可溶性錫酸鹽；若與碳酸鈉及硫磺共熔，則生成硫錫酸鈉（Sodium thiostannate）。SnO 可在鈍氣中，加熱氫氧化亞錫而得。

（2）氫氧化錫與氫氧化亞錫

加鹼或鹼性碳酸鹽於氯化亞錫溶液，即得氫氧化亞錫；此物易吸收空氣中的氧，而生成氫氧化錫。新製的氫氧化物，易溶於鹼性溶液，生成錫酸鹽；若再加過量酸，則生成易溶於水的鹼性錫酸鹽。

（3）**氯化亞錫**（$SnCl_2$）

　　$SnCl_2$ 易溶於水、酒精、冰醋酸及許多有機溶劑。在稀溶液中，易發生水解；但在鹽酸溶液中，則可阻止水解，並能使鐵離子還原成亞鐵離子：

　　　　$2FeCl_3 + SnCl_2 \rightarrow 2FeCl_2 + SnCl_4$

　　此種反應可作為滴定分析法之基礎。

　　氯化亞錫能與氯化汞溶液發生反應，生成氯化錫及氯化亞汞沉澱：

　　　　$2HgCl_2 + SnCl_2 \rightarrow SnCl_4 + Hg_2Cl_2$

　　此種反應，可作為重量分析方法之基礎。另外，氯化亞錫能將異性雜多鉬酸（Heteropoly molybdic acid）還原成鉬藍；此種反應，可作為間接光電比色法之基礎。

（4）**氯化錫**（$SnCl_4$）

　　無色液體，溶於水，同時釋出熱量。亦溶於酒精、四氯化碳、苯、甲苯、煤油及其他有機溶劑。在酸性溶液中，則成 $SnCl_4 \cdot 5H_2O$ 而結晶析出。未含硫酸之氯化錫溶液中，若蒸發或濃縮過速，則四氯化錫易成氣體逸去。

（5）**硫酸亞錫**（$SnSO_4$）、**溴化亞錫**（$SnBr_2$）、**碘化亞錫**（SnI_2）、**氟化亞錫**（SnF_2）、**氯化錫**（$SnCl_4$）**及溴化錫**（$SnBr_4$）

　　均溶於水；在水中不易分解。呈酸性且含上述溴化物之溶液，若蒸發至乾，則錫易揮發而去。

11-3 分解與分離

一、分解：見 11-2 節第二項（化學性質）

二、分離

　　在酸性溶液中，二價與四價錫離子與硫離子（S^{-2}），化合成硫化物而沉澱，迄今仍是錫最佳的分離方法。錫與硫化氫的沉澱反應，通常係在鹽酸溶液（$0.2 \sim 1N$）中進行；以硫酸溶液（$0.5 \sim 6N$）代之亦可。藉改變

酸的濃度，以及與其他化合物，如草酸鹽、酒石酸鹽、磺基陰離子（Sulfo-anion）及氟基陰離子（Fluo-anion）等，形成複合離子，錫就可從其所屬硫化氫族，分離出來。各種分離方法簡述如下：

(1) 硫化氫沉澱法

除了定性分析上之銅和砷族外，本法可使錫與其他元素分離。快速通 H_2S 於含錫之 HCl（$0.2 \sim 1N$）或 H_2SO_4（$0.5 \sim 6N$），約 20 分鐘，可得硫化錫沉澱。過濾後，使用與沉澱時同一強度、且以硫化氫飽和之酸液洗滌之。

(2) 氟基陰離子或草酸鹽複合物 (Oxalate Complex) 生成法

通 H_2S 於含 5ml HF、5ml HCl 之 300ml 溶液中，Sb^{+3}、As^{+3} 及 Cu^{+2} 均成硫化物沉澱，而 Sn^{+4} 則與 F^- 生成複合物，而留於溶液中。

通 H_2S 於含 10 克草酸之中性溶液或 HCl（1：9）中，Sb、As 及 Cu，生成硫化物沉澱，而 Sn^{+4} 則與草酸生成複合物，而留於溶液中。

(3) 氫氧化銨沉澱法

在銨鹽溶液中，錫能與氨生成氫氧化錫（Stannic hydroxide）而沉澱，故能與大量的 Cu、Ni 及 Co 等分離；但沉澱物易與這些元素共沉，故應視作碘滴定法之前期分離處理。溶液中若含可沉澱物質（如 Fe），可作錫沉澱時之載體（Carrier），有利於小量錫之沉澱。濾紙上之沉澱物，可使用氫氧化鈉溶解之，但不易溶解完全，故需使用 HNO_3 或 H_2SO_4 銷毀濾紙後，再溶解之。

(4) 偏錫酸 (Metastannic acid) 沉澱法

硝酸溶解試樣，錫成偏錫酸而沉澱，經蒸煮或揮發至乾，並烘烤之即可。本法適用於黃銅與青銅所含之錫之分離。本法因不易得到純錫，故可作為碘滴定法之前期分離。雜質通常有 Si、W、Sb、As、P、Cu、Fe 及 Zn。

(5) 有機物沉澱法

在冰冷的鹽酸（$5 \sim 10\%$）、硫酸或氫氟酸中，加庫弗龍（Cupferron）溶液（6 %），錫能與庫弗龍生成複合物沉澱，而得與 Al、Cr、Mn、As、Zn、

Co、Ni 及 Sb^{+4} 等元素分離。燒灼沉澱物時，需除去鹵化物，否則錫易揮發而去。另外，在鹽酸或硫酸溶液中，錫與庫弗龍所生成之複合物沉澱，能被氯仿萃取。萃取物與硝酸共煮，能消除庫弗龍，而將錫回收。大量的 Al、Zn、Co 及 Cr 等，對本法有干擾性。

（6）蒸發

在適當條件下，以 200 ～ 220℃ 蒸餾含氫溴酸之硫酸，或以 130 ～ 160℃ 蒸餾鹽酸和氫溴酸，能餾去錫份。另外通乾燥氯化氫氣體於 200 ～ 220℃ 之硫酸，亦可使錫揮發而去。本法可使錫與大部份元素，諸如能干擾碘滴定法之 W、Ti、Cu、V、Cr、As、Sb 及 Mo 等元素分離。

（7）液體 - 液體萃取法

Sn^{+2} 或 Sn^{+4} 在不同之溶液中，能被不同之萃取液所萃取，例如在氫氟酸或鹽酸中，可使用乙醚萃取；在硫氰化銨（NH$_4$SCN）溶液中，使用乙醚；在環己烷（Cyclohexane）中，使用氧化三 – 正 – 辛基磷化氫氧化物（tri-n-Octyl-phosphine Oxide）；在氯仿中，使用 8- 羥喹啉（8-Hydroxyquinoline）或庫弗龍（Cupferron）。

11-4 定性

加氯化汞溶液於氯化亞錫之鹽酸溶液內，能生成氯化錫與白色氯化亞汞沉澱。若溶液含有氯化錫，宜先加鐵還原之。

亞錫溶液亦能與鉬酸銨作用，產生藍色之低價鉬離子。加亞錫溶液於含硫氰化物與鉬酸鹽之鹽酸溶液中，則生紅色液體。加數滴戴賽歐（Dithiol）溶液於錫或亞錫離子之酸性溶液中，則生紅色溶液。亞錫離子之變色速度較錫離子為快，故在加入戴賽歐之前，先加小量乙硫醇酸（Thioglycolic acid），可使錫迅速還原為亞錫。試劑配製方法如次：0.5 克戴賽歐→依次加 8 滴乙硫醇酸、50ml NaOH（2%）→攪拌溶解→蓋緊後，於冰箱內可存放一星期。

11-5 定量

通常採用重量法和滴定法，後者優於前者。前者係以所稱得之二氧化錫（SnO_2）來計算錫之含量；後者係以碘酸鹽（Iodate）標準溶液滴定，使 Sn^{+2} 氧化為 Sn^{+4}，以計算錫含量。前者適用於溶液中僅含錫之狀況，通常可採用 NH_4OH、HNO_3、庫弗龍、或 H_2S 等，作為沉澱劑。重量法的缺點就是，易經由吸附（absorption）、共沉（Coprecipitation）或夾雜（Occlusion）等效應，而使沉澱物遭到其他元素之污染。使用重量法時，應注意下列事項：①鹵化物（Halide）應洗淨，否則燒灼時錫易成鹵化物而逸去；②緩緩燒灼，以免沉澱物被濺出；③錫易被還原，故應保持良好的氧化條件。

一、重量法

（一）硫化氫沉澱法

錫成硫化錫（Stannic sulfide）沉澱，再燒灼成二氧化錫。錫含量較大之樣品，不適用本法，因泥濘狀之沉澱，不易過濾和洗淨。若試樣含大量 Fe、Ni 或 Co，宜進行二次溶解與沉澱，否則硫化錫易挾帶這些元素，而一併沉澱。

（二）庫弗龍沉澱法

在 HCl（1：9）或 H_2SO_4 溶液中，Sn 能與庫弗龍（Cupferron）生成複合物沉澱，而與許多元素分離。干擾元素計有 Fe、Ti、V、Zr、Mo、W 及 Bi 等元素。Sb^{+3} 能沉澱，但 Sb^{+5} 則否。最適沉澱溫度約為 10℃。每 10ml 試劑（6g/100ml H_2O）可沉澱 10mg Sn；40ml 為 50mg；110ml 為 200mg。試劑不宜過多，否則本身亦會發生沉澱，且烘乾期間易於濺出。

亦可先將錫以 $SnBr_4$ 之形態蒸餾而出，再使用庫弗龍沉澱。本法適用於銅和鉛合金之分析。另外，錫經過預先分離（如成硫化錫沉澱），再以庫弗龍沉澱之分離方法，適用於鋁合金、鋅合金以及鋼鐵之分析。

（三）硝酸沉澱法

錫與硝酸作用，生成偏錫酸（Metastannic acid）沉澱，經燒灼後，即成二氧化錫（SnO_2）。干擾元素多，是其缺點。若樣品含鐵超過 1mg，即有沉澱不完全之虞。錫量若 5 倍於銻量時，銻可能完全隨錫沉澱。若無 Sb、As

或 P 存在，則二氧化錫可使之生成碘化錫（Stannic iodide）而揮發，然後再校正遺下之雜質。

（四）氫氧化銨沉澱法

錫能與氫氧化銨生成氫氧化錫沉澱，燒灼後即成二氧化錫。本法因干擾性元素多，故僅適用於獨含錫之溶液。雜質含量之校正同上〔第（三）〕項。

（五）電解法

電解含草酸和草酸鉀或草酸銨之溶液，或含硫酸、鹽酸及鹽酸羥胺（Hydroxylamine hydrochloride）之錫溶液，錫能成金屬態，沉積於陰極鉑網上。

二、碘滴定法

能使 Sn^{+2} 氧化為 Sn^{+4} 之滴定劑，除了碘和碘酸鹽（Iodate）外，還有硫酸硒（Ceric sulfate）、溴酸鉀（Potassium Bromate）、高錳酸鉀及氯化鐵等，但其優點均不如碘和碘酸鹽。

本法通常不需經過錫與其他元素之前期分離。欲得良好之分析結果，首應注意，Sn^{+4} 是否完全還原為 Sn^{+2}。還原劑計有 Pb、Ni、Fe、「Fe ＋ Ni」、Zn、Al、Sb 及次磷酸（Hypophosphorus acid, H_3PO_2）等，其中以前三者最廣被使用；又「Fe ＋ Ni」之還原效果較 Ni 為佳。

樣品溶液在還原前，若加少量銻，如 1 ～ 2 滴三氯化銻（Antimony-trichloride）（20g/ 公升），可抑制錫之空氣氧化。另外鎳易被諸如 Ag 和 Bi 元素所鈍化，而小量之銻可保持鎳之活化性。

本法之干擾物質計有：HNO_3、Cu、Sb、Ti、Cr、V、Mo、W 及 As 等，其干擾程度視各元素含量而定。無干擾之物質包括 SO_4^{+2}、PO_4^{+3}、I^-、Br^-、F^-、Fe、Ni、Co、Ag、Zn、Mn、Al、Pb、Bi 及鹼土族（Alkaline earths）等。各種干擾物之干擾狀況，說明如次：

干擾性最嚴重者為 HNO_3。Cu ＜ 5mg 無干擾，超過此量，會使銅之還原不完全；但若使用次磷酸為還原劑，則銅之含量不致影響分析結果。Sb 含量不可超過 15mg，否則會影響分析結果，尤以溶液同時含銅時為甚。

Ti 含量太多時，紫色的 Ti^{+3} 會隱蔽「澱粉－碘化物」滴定終點。Cr、

V 及 Mo，能被還原成低價化合物，同時消耗氧化劑。總之，滴定 15mg Sn 時，以下各元素若不超過下列含量，則不具干擾性：As, 5mg；Cu, 5mg；Sb, 15mg；「Cu ＋ Sb」（5mg ＋ 15mg）；V, 40mg；Ti, 50mg；Mo, 50mg；Cr, 100mg。

在銅合金等含大量銅之溶液中，為簡化分離步驟，並得到良好分析結果，可使用次磷酸（H_3PO_2）與少量氯化汞（Mercury chloride）為還原劑；另加 NH_4SCN，以除去 Cu 和 Sb 之干擾，俾便直接滴定。

使用次磷酸鹽（Hypophosphite）作為錫之還原劑，以測定鈦及其合金中之錫時，合金中最易包含之元素，諸如 Cr、Fe、Al、Mn、Mo 及 V 等，以及 Cu、W 等少量雜質，均無干擾性。

正如上所述，某些元素含量大時，會干擾分析結果（例如 Ni、Co 之顏色干擾滴定），因此可視溶液中所含元素種類，而可使用 NH_4OH、HNO_3、H_2S、庫弗龍、或蒸餾法，將錫分離。

11-6 分析實例

11-6-1 重量法

11-6-1-1 青銅（註 A）與炮銅（註 B）之 Sn：可連續分析 Pb、Cu、Zn

11-6-1-1-1 應備儀器：同 3-6-2-4 節附註（L）

11-6-1-1-2 應備試劑（試樣含 P）

（1）硫化銨〔$(NH_4)_2S_2$〕溶液

量取 200ml NH_4OH（0.9）→通足 H_2S 氣體→加 3 ～ 4g 硫磺及 1g NH_4Cl。（此液需隨配隨用，且用前需先濾清。）

（2）硫化銨洗液：量取 20ml 上項硫化銨溶液→加 400ml H_2O。

（3）醋酸銨洗液

量取 300ml H_2O →加 10g 醋酸銨→加少許醋酸，使溶液呈酸性→通入 H_2S 氣體至飽和。

11-6-1-1-3 分析步驟

（一）試樣不含 P

(1) 稱取 1.00g 試樣於 150ml 燒杯內。

(2) 加 10ml HNO₃（1.42）（註 C）溶解之。

(3) 作用完畢後，煮沸之，以驅盡氮氧化物之黃煙。

(4) 加 50ml H₂O（沸），然後將燒杯靜置於熱水鍋上 1 小時（註 D）。

(5) 乘熱，以雙層濾紙過濾（註 E）。過濾時需將燒杯置於熱水鍋上，以免杯內溶液冷卻。用沸水洗滌數次。濾液及洗液可繼續供 Pb、Cu 及 Zn 之定量分析。

(6) 將沉澱連同潮濕之濾紙，置於已烘乾稱重之坩堝內，逐漸加熱，最後以本生燈全火焰灼熱之（註 F）。若沉澱重量高於 0.02g 以上，再用噴燈燒之，稱得不變重量，即為二氧化錫（SnO₂）重量。（註 G）

（二）試樣含 P

(1) 稱取 1.00g 試樣於 150ml 燒杯內。

(2) 加 10ml HNO₃（1.42）（註 H），溶解之。

(3) 俟作用完畢後，煮沸，以驅盡氮氧化物之黃煙。

(4) 加 50ml H₂O（沸），然後將燒杯靜置於熱水鍋上 1 小時（註 I）。

(5) 乘熱，以雙層濾紙過濾（註 J）。過濾時需將燒杯置於熱水鍋上，以免杯內溶液冷卻。用沸水洗滌數次。濾液及洗液可繼續供 Pb、Cu、Zn 等之定量分析。

(6) 將沉澱連同濾紙置於 150ml 燒杯內，加 40 ～ 50ml 硫化銨溶液，再加熱（約 15 分鐘），至沉澱完全溶解為止。（註 K）

(7) 過濾。用硫化銨洗液洗滌數次。聚濾液及洗液於 150ml 燒杯內。沉澱棄去。

(8) 緩緩加入醋酸（註 L）（50%），至呈酸性為止。然後加熱（註 M），使硫化錫及硫完全析出（註 N）。

(9) 用雙層濾紙過濾（註 O），以醋酸銨洗液洗滌數次。濾液及洗液棄去。

(10) 將沉澱連同濾紙置於已烘乾稱重之瓷坩堝內，再將瓷坩堝安置於大鐵坩堝內，（大坩堝內需先置一石棉板，板上鑽一圓孔，以盛

較小之瓷坩堝)緩緩加熱，使硫全部昇華而去(但不可令其燃燒。)

(11) 俟硫驅盡後，置瓷坩堝於三角架上，逐漸加熱，最後以本生燈全火焰燒灼之；若沉澱重量高於 0.2g，需再用噴燈燒至恆重。殘渣為二氧化錫(SnO$_2$)。(註 P)

11-6-1-1-4 計算

$$Sn\% = \frac{w \times 78.77 \text{(註 Q)}}{W}$$

w ＝二氧化錫重量(g)

W ＝試樣重量(g)

11-6-1-1-5 附註

（A）（B）

(1) 青銅係 Cu、Sn、Pb、Zn 等元素之合金；炮銅係 Cu、Sn、Zn 之合金。青銅之百分組成若為 Cu：Sn：Pb：Zn ＝ 83：6：9：2，或 ＝ 77：8：14：1，則可供製工作機，軋平機等之承軸。炮銅之百分組成若為 Cu：Sn：Zn ＝ 88：10：2，則在兵工上可製炮架。

(2) 在此合金內，原不應含磷質，即使有亦甚微，但此磷質對於 Sn 之定量，極有關係，故應於事前作一簡單試驗，以斟酌定錫方法。茲將磷之定性實驗，述之如下：

稱取 25g FeCl$_3$ →加 100ml H$_2$O →加 25ml HCl(1.2) →取一小片青銅或炮銅之試樣，浸入此 FeCl$_3$ 溶液 10 分鐘→取出後，用水沖洗之。若試樣含 P，則其浸入部分呈黑暗色；含 P ＞ 0.25%，則幾成全黑色。Sb 及 As 雖亦能有此同樣反應，但在此合金中，不應含此二質。

（C）（D）（E）（H）（I）（J）

(1) 在比重為 1.42 之 HNO$_3$(熱)中，Sn 成白色粉末狀之偏錫酸(H$_2$SnO$_3$)沉澱：

$$Sn + 4NO_3^- + 4H^+ + H_2O \rightarrow 3H_2SnO_3 \downarrow + NO \uparrow$$

白色

在冷、稀之 HNO_3 中，部分 Sn 易成 $Sn(NO_3)_2$ 而溶解：

$$4Sn + 10HNO_3（冷，稀）\rightarrow 4Sn(NO_3)_2 + 3H_2O + H_4NO_3$$

在過濃之 HNO_3 中，則作用緩慢，甚至完全停止作用。故宜用比重為 1.42 之 HNO_3 作為溶劑。

(2) 以重量法定 Sn 時，切忌使用 HCl 或 H_2SO_4 作為溶劑，否則將無法得 $HSnO_3$ 之沉澱：

$$Sn + 2HCl \rightarrow SnCl_2 + H_2 \uparrow$$

$$Sn + 2H_2SO_4 \xrightarrow{\triangle} SnSO_4 + SO_2 \uparrow + 2H_2O$$

(3) 置於熱水鍋上靜置久時，可促使 H_2SnO_3 沉澱完全，並可增大其結晶粒子；使用雙層濾紙，則更可阻止其透過濾紙。

（F）（G）（P）

(1) 在 700℃之溫度，即可脫去 H_2SnO_3 之組織水，而成 SnO_2；若以本生燈全火焰燒灼之（約 1100℃），則可加快其脫水速度：

$$H_2SnO_3 \xrightarrow{\;>700℃\;} SnO_2 + H_2O \uparrow$$

(2) 所得之 SnO_2 是否純潔，可作如下之檢驗：

於坩堝內加 6 倍重之碳酸鈉及硫磺之混合物（$Na_2CO_3 : S = 1 : 1$）→蓋好→加熱（溫度不能太高，以坩堝內之物質能熔解為度），至坩堝及堝蓋空隙處不見藍色火陷為止→冷卻→將坩堝置於蒸發皿內→加水並加熱，以溶解錫質〔此時殘渣（SnO_2）若完全溶解成 Na_2SnS：

$$2SnO_2 + 2Na_2CO_3 + 9S \rightarrow 3SO_2 + 2CO_2 + 2Na_2SnS_3$$

則係 SnO_2 純潔之證；否則如有黑色沉澱，乃是他種金屬之硫化物，應繼續操作下去〕→過濾。用熱水洗淨。濾液及洗液棄去。將沉澱連同濾紙置於已稱重之坩堝內燒灼之→冷後稱重（此時所稱得之重量，為他種金屬氧化物之重量。將此重量由初次所得之 SnO_2 之重量內減去，即得純 SnO_2 之重量。）

（K）（L）（M）（N）（O）

(1) P 首先被 HNO_3 氧化成 PO_4^{-3}：

$$3P + 5HNO_3 + 2H_2O \rightarrow 3H_3PO_4 + 5NO \uparrow$$

(2) PO_4^{-3} 幾乎全被 H_2SnO_3 所吸附（Adsorption）而一併下沉，使化驗結果偏高，故需再用硫化銨〔$(NH_4)_2S_2$〕溶解 H_2SnO_3，使生成 $(NH_4)_2SnS_3$（另有 S 析出），然後再加醋酸，使溶液呈酸性，讓 $(NH_4)_2SnS_3$ 悉數成 SnS_2 析出：

$$(NH_4)_2SnS_3 + 2HAc \rightarrow SnS_2 \downarrow + H_2S + 2NH_4Ac$$
$$黃色$$

而 PO_4^{-3} 則留於溶液內，故得與 Sn 分開。

(3) 因 SnS_2 呈乳膠狀而浮懸於溶液中，不易過濾，而且易透過濾紙，隨濾液而去，故需加熱，促使 SnS_2 沉澱完全，並凝成大塊沉澱，使用雙層濾紙可防未凝結之 SnS_2 穿透濾紙，俾利過濾。

（Q）見附錄七。

11-6-1-2 焊鑞（註 A）與易融合金（註 B）之 Sn

11-6-1-2-1 分析步驟

(1) 稱取 100g 試樣於瓷蒸發皿內，用錶面玻璃蓋好。

(2) 加 6ml HNO_3（1.5），再逐漸加 3ml H_2O，以分解試樣。

(3) 俟試樣分解後，加 500ml H_2O（熱），然後靜置少時，讓沉澱析出。

(4) 過濾。用熱水沖洗沉澱及濾紙數次。濾液及洗液可繼續供 Bi、Pb 及 Cd 等元素之定量。

(5) 俟濾紙及沉澱乾燥後，將沉澱移於臘光紙上。所遺濾紙則置於瓷坩堝內，燒灼灰化後，再用小毛筆將沉澱移於坩堝內，並加 HNO_3 數滴溼潤之（註 C）。然後先加微熱，乾後，用蓋蓋好，最後用噴燈燒灼至恒重。殘渣為 SnO_2（註 D）。

11-6-1-2-2 計算

$$Sn\% = \frac{w \times 78.77}{W}$$

w =二氧化錫重量（g）

W =試樣重量（g）

11-6-1-2-3 附註

（A）（B）

焊鑞（Solder）係 Sn、Pb 合金，往往含少量 Sb、Bi、Cu、As、Fe、Zn 及 Al 等元素。易融合金（Wood's Alloy）為 Bi、Pb、Sn 及 Cd 等元素之合金。

（C）加數滴 HNO_3，旨在預防少量 SnO_2 被濾紙灰所含之 C 還原成 Sn：

$$SnO_2 + C \rightarrow Sn + CO_2 \uparrow$$

$$3Sn + 4HNO_3 + H_2O \rightarrow 3H_2SnO_3 \downarrow + 4NO \uparrow$$

$$3H_2SnO_3 \xrightarrow{\quad > 700℃ \quad} 3SnO_2 + 3H_2O \uparrow$$

（D）參照 11-6-1-1-4 節附註（F）（G）（P）。

11-6-1-3 減摩合金（註 A）之 Sn：本法可連續分析 Cu、Sb、Pb

11-6-1-3-1 應備試劑

（1）混酸

量取 550ml H_2O 於 1000ml 燒杯內→加 20 克 KCl →加 400ml HCl（1.2）→加 100ml HNO_3（1.42）→混合均勻。

（2）「酒精－鹽酸」混合液

量取 400ml 酒精（95%）→加 100ml HCl（1.2）→混合均勻。

（3）KOH 溶液（20%）

11-6-1-3-2 分析步驟

(1)稱取 1.00g 試樣於 200ml 燒杯內。

(2)加 70～100ml 混酸（註B），用錶面玻璃蓋好，加熱至沸，以溶解試樣；若試樣難以溶解，則可酌加混酸。俟試樣全部溶解後，再繼續蒸發濃縮至 50ml。

(3)加 5ml HCl（1.2）。放冷。

(4) 置燒杯於冰水中（註 C），至大部分氯化鉛（$PbCl_2$）結晶析出時，一面攪拌，一面緩緩加入 50ml 酒精（95%）（註 D）。再繼續攪拌數分鐘。

(5) 冷卻 10 分鐘後，用吸管注入 50ml 酒精（註 E），再冷卻 20 分鐘。

(6) 以傾泌法（Decantation）過濾。以「酒精－鹽酸」混合液，分別洗滌杯內沉澱三次及濾紙二次（註 F）。聚濾液及洗液於 800ml 燒杯內。沉澱可供 Pb 之定量。

(7) 以錶面玻璃蓋好，再蒸發至乾。

(8) 加 10ml KOH（20%）。數分鐘後，加 20ml H_2O_2（3%）（註 G）。此時若溶液尚呈酸性，則再加 KOH，至恰呈鹼性為止（即石蕊試紙恰由紅變藍）。

(9) 加熱 20 分鐘。

(10) 分別加 10g 草酸銨（註 H）、10g 草酸（註 I）及 200ml H_2O，然後煮沸之。

(11) 引入 H_2S 氣體（註 J）45 分鐘（溶液溫度應保持於恰在沸點之下。）

(12) 通足 H_2S 後，即刻過濾。用已被 H_2S 飽和之草酸（1%）洗滌數次。聚濾液及洗液於 400ml 燒杯內。沉澱可繼續供 Cu、Sb 之定量。

(13) 若濾液及洗液之體積太大，應蒸煮濃縮至約 200ml。

(14) 加 5g 草酸，然後以 0.5 安培電流電解至溶液呈鹼性為止（電解前，應先將鍍銅陰極（註 K）烘乾、稱重。）

(15) 電解畢，將電極取出，依次用水洗滌 2 次，酒精洗液 1 次。

(16) 將陰極置於烘箱內，以 110℃ 乾燥之。

(17) 置於乾燥器內冷卻後，稱其重量（註 L）。

11-6-1-3-3 計算

$$Sn\% = \frac{w}{W} \times 100$$

w ＝陰極上純錫（Sn）之重量（g）

W ＝試樣重量（g）

11-6-1-3-4 附註

（A）減摩合金（Bearing alloy 或 White metal）亦稱巴氏合金（Babbit alloy），主由 Cu、Sb、Pb、Sn 等金屬元素所合成，通常亦含少量之 As、Bi、Fe、Al、Zn 等雜質。本法適用於含 Sn < 95% 之試樣。

（B）（C）（D）（E）

(1) 混酸能使合金中之 Sb、Cu、Sn 等，溶解成可溶性之氯鹽：

$$Sb + HNO_3 + 3HCl \rightarrow SbCl_3 + NO \uparrow + 2H_2O$$

$$3Cu + 6HCl + 2HNO_3 \rightarrow 3Cu^{+2} + 6Cl^- + 2NO \uparrow + 4H_2O$$

$$3Sn + 12HCl + 4HNO_3 \rightarrow 3SnCl_4 + 4NO \uparrow + 8H_2O$$

而 Pb 則生成 $PbCl_2$ 而析出。

(2) 混酸內之 KCl 旨在供應 Cl^-，藉共同離子效應，可減少 $PbCl_2$ 之溶解度；但 Cl^- 亦不得過量，否則 $PbCl_2$ 易生成 $(PbCl_4)^{-2}$ 而溶解：

$$PbCl_2 + 2Cl^- \rightarrow PbCl_4^{-2}$$

(3) $PbCl_2$ 易溶於溫度較高及體積較大（在過濾前已經過濃縮）之水內，但難溶於冷水或酒精裏。酒精加於 HCl 溶液，會產生熱量，故宜一面攪拌，一面緩緩加入。

（F）

(1) 所謂傾泌法，即將上層溶液泌於濾紙上，而沉澱物依然留在燒杯內。

(2) 以「酒精－鹽酸」混合液洗滌杯內沉澱三次後，仍然採用傾泌法，而不需將沉澱注於濾紙上。

(3) 使用「酒精－鹽酸」混合液洗滌，能預防 $PbCl_2$ 水解而透過濾紙。

（G）（H）（I）（J）

(1) 在第(11)步通 H_2S 時，Sn 與 $C_2O_4^{-2}$ 生成較 SnS（固體）更為安定之 $Sn(C_2O_4)_3^{-2}$ 複合離子，而留於溶液內：

$$Sn^{+4} + 3C_2O_4^{-2} \underset{\longrightarrow}{\longleftarrow} Sn(C_2O_4)_3^{-2}$$

而 Sb、 Cu 不會與 $C_2O_4^{-2}$ 發生作用。通入硫化氫氣體，Sb、 Cu 即

分別生成桔紅的三硫化銻（Sb_2S_3）及黑色硫化銅（CuS）沉澱：

$$2Sb^{+3} + 3H_2S \rightarrow Sb_2S_3 \downarrow + 6H^+$$
桔紅

$$Cu^{+2} + S^{-2} \rightarrow CuS \downarrow$$
黑色

故 Sn 得與 Cu、Sb 分開。

(2) 在通 H_2S 前，必須先以 H_2O_2 將 Sn^{+2} 氧生成 Sn^{+4}，否則雖在含 $(C_2O_4)^{-2}$ 之溶液內，Sn^{+2} 仍與 S^{-2} 生成 SnS 沉澱。

（**K**）鉑電極能與錫生成合金而損毀，故電解錫用之電極，宜鍍銅以保護之；其法如下：

溶 4g $CuSO_4$ 於 200ml H_2O（熱）→加 20～30g 草酸銨（結晶）

於此熱溶液→逐漸加入草酸銨飽和溶液（熱），至草酸銅恰恰析出為止→滴入適量 NH_4OH（愈少愈好），至析出物質恰好溶盡為止→以 1～2 安培電流電鍍鉑極（約 1/2～1 分鐘；溶液溫度保持在 80～90℃左右。）

（**L**）稱重後，將電極依次浸於含草酸之 HCl（熱）與 HNO_3 溶液中，而依次將 Sn、Cu 溶盡。

11-6-2 滴定法

11-6-2-1 市場鋁及鋁合金之 Sn（註 A）

11-6-2-1-1 應備儀器：還原裝置（如下圖）

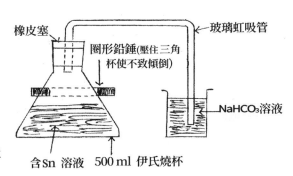

圖 11-1　還原裝置

11-6-2-1-2 應備試劑

（1）純鋁片或鋁箔

（2）純銻粉

（3）標準錫溶液（1ml ＝ 0.001g Sn）

稱取 1.000g 錫（＞ 99.9%）（註 B）於 400ml 燒杯內→蓋好→加
300ml HCl（1：1）→緩緩加溫至試樣溶解（若試樣不易溶解，可
另加 0.5 ～ 1.0g 氯酸鉀（KClO₃）（註 C）→放冷→移杯內物質於
1000ml 量瓶內→加水稀釋至刻度→混合均勻。

（4）重碳酸鈉（NaHCO₃）溶液（10%）

（5）重碳酸鈉丸：共 4 粒，每粒重約 0.5 ～ 0.7g。

（6）「澱粉－碘化鉀」混合液

稱取 1g 澱粉→徐徐加入 5ml H₂O →攪拌至呈漿糊狀→一面攪
拌，一面將此糊狀之澱粉徐徐加於 100ml H₂O（沸）中→冷卻→
加 40g KI →攪拌至 KI 溶解。

（7）碘酸鉀（KIO₃）標準溶液（0.017N）

①溶液配製

稱取適量（約 1 ～ 2g）KIO₃ 於錶面玻璃內→以 180℃烘至恒
重→精稱 0.5945g 上步烘乾之 KIO₃ →加 200ml H₂O（內含 1g
NaOH 及 10g KI）→攪拌至溶解→移溶液於 1000ml 量瓶內→加
水至刻度→混合均勻。

②因數標定（即求取每 ml 碘酸鉀標準溶液相當於若干克之
Sn。）

精確量取適量（註 D）標準錫溶液（1ml ＝ 0.001g Sn），當作試樣，
依下述 11-6-2-1-3 節（分析步驟）（5）～（8）步所述之方法，用新
配碘酸鉀（KIO₃）標準溶液（0.017N）滴定之，以求其滴定因數

③因數計算

$$滴定因數（g/ml）＝ \frac{w}{V}$$

　w ＝所取標準錫溶液之含 Sn 量（g）

　V ＝滴定標準錫溶液時，所耗碘酸鉀（KIO_3）標準溶液之體積
　　　（ml）

11-6-2-1-3 分析步驟

(1) 稱取 1.0 ～ 3.0g 試樣（精確至 1mg）於 500ml 伊氏燒杯內，另取同
　　樣燒杯一個，供作空白試驗。

(2) 加 0.25g 純銻粉（註 E）及 125ml HCl（1：2）（註 F），以溶解試樣。

(3) 作用停止後，加熱煮沸，使金屬錫完全溶解（約需 10 分鐘。）

(4) 此時溶液若含有雜質，應予濾去。以 HCl（1：1）洗淨。將濾液及洗
　　液移回原杯中。若無雜質則不需過濾。

(5) 加 0.25g 純銻粉（註 G）與 0.5g 純鋁片或鋁箔（註 H），然後用附
　　有玻璃虹吸管之橡皮塞（註 I）塞緊（如圖）。

(6) 緩緩煮沸使所有金屬錫及鋁完全溶解（註 J）（約需 10 ～ 15 分鐘）。

(7) 將伊氏燒杯浸於冷水浴鍋（註 K），並將燒杯外面之虹吸管浸在
　　$NaHCO_3$（10%）內（註 L）（如圖）。

(8) 俟溶液冷卻後，移去橡皮塞子，並迅速加入 4 粒 $NaHCO_3$ 丸（註 M）
　　及 5ml「澱粉－碘化鉀」混合液（註 N），再立刻用碘酸鉀標準溶
　　液滴定（註 O），至溶液恰呈不變之藍色為止（註 P）。

11-6-2-1-4 計算

$$Sn\% = \frac{(V_1 - V_2) \times F}{W} \times 100$$

　V_1 ＝滴定試樣溶液時，所耗碘酸鉀標準溶液之體積（ml）

　V_2 ＝滴定空白溶液時，所耗碘酸鉀標準溶液之體積（ml）

　 F ＝碘酸鉀標準溶液之滴定因數（g/ml）

　W＝試樣重量（g）

11-6-2-1-5 附註

（**A**）一般鋁合金百分組成，見下表。本法適用於含 Sn ＝ 0.03 ～ 1.0% 之市場鋁或鋁合金。

元素	%	元素	%
Zn	＜10.0	Mg	＜12.0
Bi	＜1.0	Mn	＜2.0
Ti	＜0.5	Ni	＜4.0
Cr	＜1.0	Si	＜20.0
Cu	＜2.0	Sn	＜1.0
Pb	＜1.0		
Fe	＜3.0		

（**B**）譬如美國國家標準局（NBS）所製造之第 42 號標準熔點錫（Standard melting point Tin No.42），頗適本法使用。

（**C**）金屬錫在 HCl（1：1）中之溶解速度並不太快，若加 $KClO_3$，由於氧化作用，可加速錫之溶解：

$$2ClO^- + 12H^+ + 3Sn \rightarrow 2Cl^- + 3Sn^{+4} + 6H_2O$$

（**D**）所謂「適量」，指所取之標準錫溶液含錫總重量，應與實際試樣所含者約略相等。

（**E**）（**F**）

　（1）$Sn + 2HCl \rightarrow SnCl_2 + H_2 \uparrow$

　（2）金屬錫在 HCl（1：2）溶液中，溶解度並不太快，若加催化劑（如 Pt、Sb 等金屬粉），可加速其溶解作用。

（**G**）（**H**）（**J**）

　（1）為保證在第（8）步用 KIO_3 滴定前，錫完全還原成 Sn^{+2}，故需先加純鋁供作還原劑。然而 Al 能將 Sn^{+4} 及 Sn^{+2} 直接還原成金屬 Sn：

$$2Al + 3Sn^{+4} \rightarrow 2Al^{+3} + 3Sn^{+2} \cdots\cdots\cdots\cdots\cdots\cdots\cdots\cdots ①$$

$$2Al + 3Sn^{+2} \rightarrow 2Al^{+3} + 3Sn \cdots\cdots\cdots\cdots\cdots\cdots\cdots ②$$

　　致無法滴定，故可另加鎂粉或銻鹽（Sb^{+3}）（催化劑），使被 Al 還

原而析出之金屬 Sn，再度被 HCl 溶解成 Sn^{+2}〔參照附註（E）（F）〕。

(2) 因未溶解之金屬鋁，不論在高溫或低溫之溶液內，均能還原第（8）步所釋出之 I_2：

$$2Al + 3I_2 \xrightarrow{\ \ H^+\ \ } 2Al^{+3} + 6I^-$$

致使分析結果偏高，故在滴定前，需使其完全溶解。

（I）亦可使用 7-6-1-2-4 節附註（H）所示之特製橡皮塞代之。

（K）（L）（M）

(1) 由裝置圖可知，此時杯內溶液已與外界隔絕。

(2) 試樣溶液放冷期間，杯內液體雖然冷縮，但因與大氣隔絕，故空氣無被吸入之虞；如冷縮劇烈，則能將杯外之 $NaHCO_3$ 溶液（10%），經玻璃虹吸管吸入杯內，而與杯內之 HCl 作用：

$$NaHCO_3 + HCl \rightarrow NaCl + CO_2 + H_2O \uparrow$$

所生成之 CO_2 能阻止空氣進入，而使 Sn^{+2} 不致被空氣中之 O_2 所氧化。

（N）（O）（P）

(1) IO_3^- 與 I^- 在酸性溶液中所生成之 I_2，能在 HCl 溶液中將 $SnCl_2$ 氧化成 $SnCl_4$。俟 $SnCl_2$ 盡被氧化後，過剩之 I_2 即與澱粉生成藍色之複合離子，故可當作終點：

$$IO_3^- + 5I^- + 6H^+ \rightarrow 3I_2 + 3H_2O$$

$$I_2 + SnCl_2 + 2HCl \rightarrow 2HI + SnCl_4$$

(2) 因 $NaHCO_3$ 丸與 HCl 作用完畢後〔參照附註（K）（L）（M）〕，Sn^{+2} 易被空氣氧化成 Sn^{+4}：

$$2SnCl_2 + O_2 + 6H_2O \rightarrow 2Sn(OH)_4 + 4HCl$$

故橡皮塞移去後，各種操作必須迅速。

11-6-2-2 減摩合金之 Sn

11-6-2-2-1 應備儀器：同 11-6-2-1-1 節

11-6-2-2-2 應備試劑

（1）**純鐵**（＞ 99.85%）：鐵絲網、鐵片、小鐵棒均可。

（2）**「澱粉－碘化鉀」混合液**：同 11-6-2-1-2 節

（3）**重碳酸鈉丸**

（4）**碘酸鉀標準溶液**（0.1N）

①溶液製備：同 11-6-2-1-2 節，唯 KIO₃ 重量改為 3.570g。

②因數標定（即求標準 KIO₃ 溶液每 ml 相當於若干 g 之 Sn。）

分別稱取適量之 Sn（註 A）、Pb、Cu 及 Sb 等四種純金屬（此四種金屬之重量需與實際試樣所含者約略相等，其中純錫需精稱至 1mg）（註 B）於 500ml 伊氏燒瓶內，當作試樣，然後依下述 11-6-2-2-3 節（分析步驟）第（2）～（15）步所述之方法處理之，以求其滴定因數

③因數計算：同 11-6-2-1-2 節

11-6-2-2-3 分析步驟

(1) 稱取 0.300 ～ 2.00g 試樣（以含 Sn ＝ 0.10 ～ 0.30g 為宜）於 500ml 伊氏燒杯內。

(2) 加 20ml H₂SO₄（註 C）及 5g KHSO₄（註 D），然後緩緩加熱（註 E），以溶解試樣。

(3) 俟溶解完畢後，置燒杯於火焰上，劇烈加熱，以驅盡附於瓶蓋上之硫磺。

(4) 冷卻後，加 180ml H₂O。

〔若試樣含 Sb ＜ 0.1g、Cu ＜ 0.01g，則可省去第（5）～（10）步，而直接從第（11）步開始做起。〕

(5) 分別加 50ml HCl 及最少 5g 純鐵（註 F），用錶面玻璃蓋好。加熱至沸後，再繼續煮沸（註 G）30 分鐘。

(6) 用快速濾紙或玻璃棉過濾（註 H）。用熱水洗滌數次。將濾液及洗液暫存於 500ml 燒杯。

(7) 以水將沉澱沖回原燒杯內，加 10ml HCl 及少量 KIO₃，然後緩緩

加熱，使沉澱溶解。

(8) 俟沉澱溶解完畢後，加水稀釋至 50ml，然後加熱趕盡游離之氯氣（Cl_2）。

(9) 加約 3g 純鐵，再緩緩煮沸 15 分鐘。

(10) 以快速濾紙或玻璃棉過濾。濾液及洗液合併於第 (6) 步所遺之濾液及洗液內。沉澱棄去。

(11) （註 I）此時溶液若係直接獲自第 (4) 步者，則加 60ml HCl；獲自第 10 步者，則不需加 HCl。

(12) （註 J）最少加 5g 純鐵（註 K），然後用附有玻璃虹吸管之橡皮塞塞緊（註 L）。

(13) （註 M）加熱至沸，再繼續煮沸至少 30 分鐘〔若有未溶之純鐵，讓它留在溶液內（註 N）。〕

(14) 俟還原作用完畢後，將燒杯外面之虹吸管，浸在飽和之重碳酸鈉（$NaHCO_3$）溶液內（註 O），然後冷卻至 10℃（註 P）。

(15) 移去橡皮塞，並迅速加入 4 粒 $NaHCO_3$ 丸（註 Q）及 5ml「澱粉 - 碘化鉀」混合液（註 R），然後立刻用碘酸鉀標準溶液（註 S）滴定，至溶液恰呈不變之藍色為止（註 T）。

11-6-2-2-4 計算

$$Sn\% = \frac{V \times F}{W} \times 100$$

V ＝滴定時所耗碘酸鉀標準溶液之體積（ml）

F ＝碘酸鉀標準溶液之滴定因數（g/ml）

W ＝試樣重量（g）

11-6-2-2-5 附註

（A）（B）

(1) 參照 11-6-2-1-5 節附註（B）

(2) 由此四種純金屬混合而成之試樣，亦可使用與實際試樣相似，且

　　已知含 Sn% 之標準試樣替代之〔參照 11-6-2-1-5 節附註 (B)〕。

(C)(D)

(1) $Sn + 2H_2SO_4 \xrightarrow{\triangle} SnSO_4 + 2H_2O + SO_2 \uparrow$

(2) 在大量 $KHSO_4$ 存在之狀況下，可阻止 $PbSO_4$ 析出。

(E) 開始加熱時，溫度不可過高，否則試樣易熔化，致溶解不易完全。

(F)(G)(H)

　　若溶液含 Sb > 0.1g、Cu > 0.01g，即能影響分析結果，故需先使用純 Fe，在高溫下，將 Sb、Cu 還原成金屬 Sb 及 Cu 而濾去：

$$Fe + Sb^{+3} \rightarrow Sb \downarrow + Fe^{+3}$$

$$Fe + Cu^{+2} \rightarrow Cu \downarrow + Fe^{+2}$$

(I)(J)(M)

　　第 (11)～(13) 步亦可採用下法替代之：

　　此時溶液若係直接獲自第 (4) 步者，則加 75ml HCl；獲自第 (10) 步者，則加 20ml HCl →加入一捲純鎳片→用附有玻璃虹吸管之橡片塞塞緊→加熱至沸後，再繼續煮沸至少 30 分鐘（煮沸 30 分鐘後，若發現鎳片上包覆一層黑色沉澱，則重新放入一小捲鎳片，並繼續煮沸 15 分鐘→然後接從第 (14) 步開始做起。

(K)(N)(P)

　　為保證第 (15) 步用 KIO_3 溶液滴定時，Sn 已完全還原成 Sn^{+2} 而存於溶液，故需先加純鐵，供作還原劑：

$$Fe + SnCl_6^{-2} \rightarrow Sn^{+2} + Fe^{+2} + 6Cl^-$$

　　但未溶解之純鐵在常溫之酸性溶液內，尚能還原第 (15) 步滴定時所釋出之 I_2〔參照附註 (R)(S)(T)〕：

$$Fe + I_2 \xrightarrow{H^+} Fe^{+2} + 2I^-$$

　　使分析結果偏高，故在滴定前需先冷卻至 10℃，以阻止純鐵之還原作用。

(L) 參照 7-6-1-2-4 節附註 (H)。

(O)(Q)，**(R)(S)(T)**：分別參照 11-6-2-1-5 節附註 (K)(L)(M)，(N)

（O）（P）。

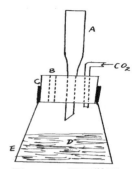

圖 11-2 還原裝置

11-6-2-3 黃銅（註 A）之 Sn

11-6-2-3-1 應備儀器：還原裝置（如右圖）

A＝空氣冷凝管（玻璃製）

B＝滴定孔（滴定管之尖端插入此孔即可滴定）

C＝特製橡皮塞

D＝試樣溶液

E＝250ml 伊氏燒杯

11-6-2-3-2 應備試劑

（1）三氯化鐵（$FeCl_3 \cdot 6H_2O$）（1%）

稱取 10g $FeCl_3 \cdot 6H_2O$ →加少量水溶解後，再繼續以水稀釋成 1000ml。

（2）三氯化銻（$SbCl_3$）（2%）

稱取 2g $SbCl_3$ →加 50ml HCl 溶解之→加水稀釋成 100ml。

（3）「$H_2SO_4 - HNO_3$」混合液

量取 1700ml H_2O →一面攪拌，一面緩緩加入 500ml H_2SO_4 →加 300ml HNO_3。

（4）碘化鉀（KI）溶液（10%）（即用即配）

（5）純鋁片或鋁箔

（6）「澱粉－碘化鉀」混合液

（7）標準錫溶液（1ml=0.001g）

（8）碘酸鉀標準溶液（0.017N）⎫ 同 11-6-2-1-2 節

①溶液配製：同 11-6-2-1-2 節

②因數標定（即求碘酸鉀標準溶液每 ml 相當於若干 g 之 Sn）

量取 10ml 上項標準錫溶液（1ml ＝ 0.001g Sn）於 300ml 伊氏燒杯內，當作試樣→依下述 11-6-2-3-3 節（分析步驟）第（12）～

(15) 步所述之方法處理之，以求其滴定因數。

③**因數計算**：同 11-6-2-1-2 節

11-6-2-3-3 分析步驟

(1) 稱取 2.0g 試樣於 250ml 燒杯內，並用錶面玻璃蓋好。另取同樣燒杯一個，供做空白試驗。

(2) 加 60ml「H_2SO_4 — HNO_3」混合液（註 B），以溶解試樣。

(3) 俟作用緩慢後，置於電熱板上加熱，至溶解完畢後，再緩緩煮沸，以驅盡氮氧化物之黃煙。

(4) 用洗瓶吹洗杯蓋及杯緣，然後加水稀釋至約 150ml。

(5) 加 5～10ml Fe Cl_3・$6H_2O$（1%）（註 C），然後加 NH_4OH 至中和後，再稍加過量（註 D）。

(6) 煮至恰沸。

(7) 以快速濾紙過濾。以 NH_4Cl（1%、熱）洗滌數次。濾液及洗液棄去。

(8) 以 HCl（1：1、熱）溶解沉澱。以熱水洗滌濾紙數次，再用 HCl（1：1）沖洗一次，最後再用熱水洗滌數次。濾液及洗液透過濾紙，聚於原燒杯內。

(9) 加 5～10ml $FeCl_3$・$6H_2O$（1%）（註 E），然後加 NH_4OH 至中和後，再稍加過量（註 F）。

(10) 以快速濾紙過濾。以 NH_4Cl（1%、熱）洗滌數次。濾液及洗液棄去。

(11) 將沉澱連同濾紙移於 500ml 伊氏燒杯內，並加 250ml HCl（註 G）。激烈攪拌，使濾紙碎裂。

(12) （註 H）加冷水稀釋成約 100ml，然後分別加 80ml HCl、2 滴 $SbCl_3$（2%）（註 I）及約 2g 鋁片或鋁箔（註 J）於此冷溶液內。

(13) 當金屬鋁片將溶盡時，塞上特製橡皮塞（如圖），並再繼續煮沸 10～15 分鐘，使所有金屬鋁及金屬錫完全溶解（註 K）。

(14) 俟還原作用完畢後，冷卻杯內溶液至 25℃，同時緩緩通入 CO_2 氣體。

(15) 加 5ml KI（10%）及 5ml「澱粉－碘化鉀」混合液（註 L）。然後用

　　　碘酸鉀標準溶液（註 M）滴定，至溶液恰呈不變之藍色為止。

11-6-2-3-4 計算：同 11-6-2-1-4 節

11-6-2-3-5 附註

　　註：除下列附註外，另參照 11-6-2-1-5 節之有關各項附註。

（**A**）黃銅除含大量之 Cu、Zn 外，有時亦含< 4%Pb、< 15%Sn、及其他微
　　　量雜質（如 Fe、P、As、Pb 等）。

（**B**）試樣所含之金屬錫，與「H_2SO_4－HNO_3」混合液作用時，並不與 HNO_3
　　　生成白色之 H_2SnO_3 沉澱，而係生成 Sn^{+2} 而溶解於溶液中，但由於受
　　　空氣之氧化，亦有少量生成 Sn^{+4} 者。

（**C**）（**D**）（**E**）（**F**）

　　（1）黃銅含 **50%** 以上之 Cu，固可使用電解法去除之，使與 Sn 分開，
　　　　但因速度太慢，故加過量之 NH_4OH，使 Sn^{+2} 或 Sn^{+4} 生成白色之
　　　　$Sn(OH)_2$ 或 $Sn(OH)_4$ 沉澱；而 Cu^{+2}、Zn^{+2} 則均生成 $Cu(NH_3)_4^{+2}$、
　　　　$Zn(NH_3)_4^{+2}$ 等複合離子而溶解於溶液中，於第（7）步過濾時，即
　　　　可隨濾液濾去。

　　　　但 Sn 屬兩性元性，在過量之 NH_4OH 中，稍能成錫酸銨而溶解；
　　　　其溶解量則與 NH_4OH 之濃度成正比。俟溶液內之 Cu、Zn 盡成
　　　　$Cu(NH_3)_4^{+2}$ 及 $Zn(NH_3)_4^{+2}$ 而溶解時，$Sn(OH)_2$ 或 $Sn(OH)_4$ 之溶解
　　　　量即不容忽視，故需另加 Fe^{+3}，使生成 $Fe(OH)_3$，而與溶於溶液中
　　　　之錫離子形成共沉（Coprecipitation）或吸附（Adsorption）之作用，
　　　　如此即可大大減少 $Sn(OH)_2$ 或 $Sn(OH)_4$ 之溶解損失。

　　（2）因 $Sn(OH)_2$ 或 $Sn(OH)_4$ 及 $Fe(OH)_3$ 之沉澱易吸附 Cu^{+2}，而不易
　　　　洗去，故需用 NH_4OH 處理二次。

（**G**）$Sn(OH)_2$ 及 $Sn(OH)_4$ 均能溶於 HCl：

$$Sn(OH)_2 + 2HCl \rightarrow SnCl_2 + 2H_2O$$

$$Sn(OH)_4 + 4HCl \rightarrow SnCl_4 + 2H_2O$$

（**H**）第（12）～（14）步亦可使用下述三法之一替代之：

　　（1）加水稀釋至 200ml → 分別加 75ml HCl、2 滴 $SbCl_3$（2%）及 5g 純

金屬鉛→塞上特製橡皮塞（如圖）→加熱至沸，再緩緩蒸煮 1 小時→冷卻至 $10^{\circ}C$，同時通入 CO_2 氣體→然後繼續從第（15）步開始做起。

(2) 加水稀釋至 200ml →分別加 60ml HCl、2 滴 $SbCl_3$（2%）及最少 2g 純金屬鐵（鐵片、鐵粉、鐵棒或鐵絲網均可）→塞上特製橡片塞（如圖）→加熱至沸後，再緩緩蒸煮 30 分鐘→冷卻至 $10^{\circ}C$，同時通 CO_2 氣體→然後接從第（15）步開始做起。

(3) 加水稀釋至 200ml →分別加 75ml HCl、2 滴 $SbCl_3$（2%）及一捲純鎳片（其暴露面積需大於 10 吋）→依裝置圖所示，塞上特製橡皮塞→加熱至沸，再緩緩煮沸至少 45 分鐘→冷卻至 $10^{\circ}C$，同時通入 CO_2 氣體→然後接從第（15）步開始做起。

（I）（J）（K）

$SbCl_3$ 能將被金屬鋁（Pb、Fe 及 Ni 亦同）所還原而成之金屬 Sn，再氧化成 Sn^{+2}，以供第（15）步滴定之用：

$$3Sn + 2Sb^{+3} \xrightarrow{\quad HCl \quad} 3Sn^{+2} + 2Sb \downarrow$$

（L）（M） 參照 11-6-2-1-5 節附註（N）（O）（P）。

11-6-2-4 特殊黃銅（註 A）及青銅（註 B）之 Sn

11-6-2-4-1 「金屬鋁－碘酸鉀」還原氧化滴定法

11-6-2-4-1-1 應備儀器：同 11-6-2-3-1 節

11-6-2-4-1-2 應備試劑

(1) 三氯化鐵（$FeCl_3 \cdot 6H_2O$）（1%）⎫
(2) 純鋁片或鋁箔　　　　　　　　　⎬ 同 11-6-2-3-2 節
(3) 三氯化銻（$SbCl_3$）（2%）　　　⎭

(4) 「澱粉－碘化鉀」混合液　　　⎫
(5) 碘化鉀（KI）溶液（10%）　　　⎬ 同 11-6-2-3-2 節
(6) 標準錫溶液（1ml ＝ 0.001g Sn）⎭

（7）碘酸鉀標準溶液（0.05N）

①**溶液配製**：同 11-6-2-3-2 節；唯所稱取之 KIO_3 改為 1.785g。

②**因數標定**〔即求每 ml 碘酸鉀標準溶液（0.05N）相當於若干克之 Sn。〕

量取 50ml 標準錫溶液（1ml ＝ 0.001g Sn）於 300ml 伊氏燒杯內，當做試樣，然後依下述 11-6-2-4-1-3 節（分析步驟）第（12）～（15）步所述之方法處理之，以求其滴定因數。

③**因數計算**：同 11-6-2-1-2 節

11-6-2-4-1-3 分析步驟

(1) 依 Sn 含量之多寡，稱取 1.00 ～ 2.00g 試樣於 250ml 燒杯內，用錶面玻璃蓋好。另取同樣燒杯一個，供做空白試驗。

(2) 分別加 5ml HCl（註 C）及 20ml HNO_3（1：1）（註 D），以溶解試樣；若試樣難溶，可另酌加 HCl，使錫溶盡。

(3) 俟反應作用緩慢後，置於電熱板上加熱，使試樣完全溶解，並驅盡氮氧化物之黃煙。

(4) 用洗瓶吹洗杯蓋及杯緣，並加水稀釋至 125ml。若試樣含 Fe 量少於 50mg，需另加 5 ～ 10ml $FeCl_3$（1%）。

(5) 加 NH_4OH（1：1），至鹼式鹽（Basic salts）剛溶盡及溶液恰恰澄清為止（快至終點時，應一滴一滴加入，以免過量）。

(6) 煮至恰沸。

(7) 以快速濾紙過濾。以 NH_4Cl（1%、熱）沖洗燒杯及沉澱數次。濾液及洗液棄去。

(8) 以 HCl（1：1、熱）溶解沉澱。以熱水洗滌濾紙數次。濾液及洗液透過濾紙，聚於原燒杯內。濾紙暫存，以備第（11）步過濾之用。

(9) 加 NH_4OH，至鹼式鹽剛好溶盡及溶液恰恰澄清為止（快至終點時，應一滴一滴加入，以免過量。）

(10) 煮至恰沸。

(11) 以第 (8) 步遺下之快速濾紙過濾。用 NH_4Cl（1%、熱）沖洗燒杯及

沉澱數次，以便洗盡硝酸鹽（註 E）。將沉澱連同濾紙置於 500ml 伊氏燒杯內。濾液及洗液棄去。

(12)（註 F）分別加 100ml H_2O（冷）、80ml HCl、2 滴 $SbCl_3$（2%）及 2g 純鋁片及鋁箔。

(13) 俟金屬鋁將溶盡時，塞上特製橡片塞（如圖）。加熱至沸後，再繼續煮沸 10 ～ 15 分鐘（即煮至所有鋁片及金屬錫完全溶解為止。）

(14)（註 G）俟還原作用完畢後，將杯內溶液冷卻至 25℃，同時緩緩通入 CO_2 氣體。

(15) 俟溫度降至 25℃，加 5ml KI（10%）及 5ml「澱粉－碘化鉀」混合液，然後以碘酸鉀標準溶液（0.05N）滴定，至溶液恰呈不變之藍色為止。

11-6-2-4-1-4 計算：同 11-6-2-1-4 節

11-6-2-4-1-5 附註

註：除下列各附註外，另參照 11-6-2-3-5 節之有關各項附註。

（A）（B）特殊黃銅及青銅包括：鋁黃銅、錳青銅、磷青銅及銅矽合金等。本法適用於含 Sn ＜ 20% 之試樣。

（C）（D）參照 11-6-1-3-4 節附註（B）（C）（D）（E）第（1）項。

（E）因硝酸鹽（NO_3^-）能將第（15）步所加之 I^- 氧化成 I_2：

$$2NO_3^- + 6I^- + 8H^+ \rightarrow 3I_2 + 2NO \uparrow + 4H_2O$$

致使分析結果偏低，故需徹底洗淨。

（F）（G）第（12）～（14）步亦可依照 11-6-2-3-5 節註（H）所列三法之一代替之。

11-6-2-4-2 「次磷酸－碘酸鉀」還原－氧化滴定法

11-6-2-4-2-1 應備儀器：同 11-6-2-1-1 節

11-6-2-4-2-2 應備試劑

（1）硫氰化銨（NH_4CNS）溶液（25%）

（2）次磷酸（H_3PO_2）溶液（30%）

（3）氯化汞（$HgCl_2$）溶液（0.5%）

（4）碘化鉀（KI）（粒狀）

（5）重碳酸鈉（NaHCO₃）溶液（飽和）

（6）「澱粉 – 碘化鉀」混合液：同 11-6-2-1-2 節

（7）碘酸鉀標準溶液（1ml = 0.005g Sn 或 1ml = 0.001g Sn）

①溶液配製

　（a）1ml = 0.005g Sn

　　分別稱取 2.95g（精確）KIO₃（已烘乾）、40g KI 及 0.35g Na₂CO₃ 於 1000ml 量瓶內→以適量水溶解後，再繼續加水稀釋至刻度。

　（b）1ml = 0.001g Sn

　　量取 200ml 上項碘酸鉀標準溶液（1ml = 0.005g Sn）於 1000ml 量瓶內→加水至刻度。

②因數標定（即求每 ml 碘酸鉀標準溶液相當於若干克之 Sn。）

　　精確稱取 1.00g 與實際試樣相似、且已知含 Sn% 之標準銅合金於 500ml 伊氏燒杯內，當作試樣，依下述 11-6-2-4-2-3 節（分析步驟）第（2）～（8）步所述之方法處理之，以求其滴定因數。

③因數計算

$$滴定因數（g/ml）= \frac{W}{V}$$

　　W ＝所取標準銅合金試樣之含 Sn 量（g）

　　V ＝滴定標準銅合金時，所耗碘酸鉀標準溶液之體積（ml）

11-6-2-4-2-3 分析步驟

（1）稱取 1.000g 試樣於 500ml 伊氏燒杯內。另稱取 1.000g 與試樣相似但不含 Sn 之銅合金於另一同樣伊氏燒杯內，供作空白試驗。

（2）加 60ml HCl（註 A）（1:1）及 7ml H₂O₂（註 B）（30%）。然後緩緩加熱，至試樣完全溶解為止。

（3）煮沸 1 分鐘，以驅盡過剩之 H₂O₂。

（4）加 10ml HgCl₂（註 C）（0.5%）及 10ml H₃PO₂（註 D）（30%）。然後用特製橡皮塞塞好（如圖）。

(5) 混合均勻後，煮沸（註 E）5 分鐘。

(6) 冷卻至 10℃以下（註 F），同時將杯外之玻璃虹吸管浸於 NaHCO₃ 之飽和溶液內。

(7) 趁冷，移去特製橡皮塞，並加 20ml NH₄CNS（註 G）（25%）及少量固體 KI，然後均勻混合之。

(8) 加 5ml「澱粉－碘化鉀」混合液（註 H），然後立刻用適當濃度之碘酸鉀（註 I）標準溶液滴定，至溶液恰呈不變之藍色（註 J）為止。

11-6-2-4-2-4 計算：同 11-6-2-1-4 節

11-6-2-4-2-5 附註

（A）（B）金屬錫在 HCl 溶液中雖溶解緩慢，而銅甚至不溶解，但溶液若含 H_2O_2，則 Sn、Cu 立刻分別生成 Sn^{+2}、Cu^{+2} 而溶解：

$$Sn + H_2O_2 + 2H^+ \rightarrow 2H_2O + Sn^{+2}$$

$$Cu + H_2O_2 + 2H^+ \rightarrow 2H_2O + Cu^{+2}$$

（C）（D）（E）（F）（G）

(1) H_3PO_2 能將多種金屬離子還原成金屬。在 HCl（1：1、稀、熱）溶液，加少許細小之金屬汞，當作觸媒劑，則 H_3PO_2 易將 Sn^{+4} 還原成 Sn^{+2}：

$$2Sn^{+4} + H_3PO_2 + 2H_2O \xrightarrow{\quad Hg \quad} 2Sn^{+2} + H_3PO_4 + 4H^+$$

$HgCl_2$ 亦可替代金屬汞，當作觸媒劑。因為 $HgCl_2$ 能被 PO_2^{-2} 首先還原成 Hg_2Cl_2：

$$4HgCl_2 + H_3PO_2 + 2H_2O \rightarrow 2Hg_2Cl_2 \downarrow + H_3PO_4 + 4H^+ + 4Cl^-$$
$$\text{白色}$$

然後 Hg_2Cl_2 再被 PO_2^{-2} 繼續還原成細小之金屬 Hg：

$$H_3PO_2 + 2Hg_2Cl_2 + 2H_2O \rightarrow H_3PO_4 + 4Cl^- + 4H^+ + Hg \downarrow$$
$$\text{灰色}$$

(2) H_3PO_2 亦能還原第 (8) 步滴定時所析出之 I_2，使分析結果偏高，故需冷到 10℃以下，以阻止其還原作用。

(3)因過剩之 $HgCl_2$ 能消耗第(8)步所加之 KI，而生成紅色之 HgI_2 沉澱：

$$HgCl_2 + 2KI \rightarrow HgI_2 \downarrow + 2KCl$$
$$紅色$$

致使滴定終點迷糊不清，故需在滴定前，先加 CNS^-，使其生成無色之 $Hg(CNS)_2$：

$$HgCl_2 + 2NH_4CNS \rightarrow Hg(CNS)_2（無色）+ 2NH_4Cl$$

另外，Cu^{+2} 亦能消耗第(8)步之 I^-，使 I^- 氧化成 I_2：

$$2Cu^{+2} + 4I^- \rightarrow 2CuI \downarrow + I_2$$
$$白色$$

致使分析結果偏低；但在鹵酸（Halogen acid，如 HCl）溶液中，Cu^{+2} 能被 $SnCl_2$、H_3PO_2 及 H_2SO_3 等還原劑，還原成 Cu^+，在 HCl（稀）或 H_2SO_4（稀）中，Cu^+ 能與 CNS^- 化合成黃白色 CuCNS 沉澱，故可除去 Cu 之干擾。

（H）（I）（J）參照 11-6-2-1-5 節附註（N）（O）（P）。

11-6-2-5 市場錫之 Sn

11-6-2-5-1 應備儀器：同 11-6-2-3-1 節

11-6-2-5-2 應備試劑

（1）標準錫溶液 (1ml = 0.001g Sn)
（2）純鐵（99.85%）｝同 11-6-2-3-1 節
（3）「澱粉 – 碘化鉀」混合液
（4）碘（I_2）溶液（0.1N）

①溶液配製

分別稱取 12.70g I_2 及 40g KI 於 1000ml 量瓶內→以 25ml H_2O 溶解之→加水稀釋至刻度→混合均勻→儲於有色瓶內，並以玻璃塞塞好。

②因數標定（即求每 ml 碘標準溶液相當於若干克之 Sn）

以吸管精確吸取 20ml 上項標準錫溶液（1ml = 0.001g Sn）於 300ml

伊氏燒杯內，當作試樣，然後依照下述 11-6-2-5-3 節（分析步驟）第 (5) ～ (8) 步所述之方法處理之，以求取滴定因數。

③**因數計算**

$$滴定因數＝\frac{W}{V}$$

W ＝所取標準錫溶液之含 Sn 量（g）

V ＝滴定標準錫溶液時，所耗碘標準溶液之體積（ml）

11-6-2-5-3 分析步驟

(1) 稱取 5g 試樣於大號燒杯內。另取同號燒杯一個，供做空白試驗。

(2) 加 100ml HCl（1.19）溶解之；不溶之殘渣可加少許氯酸鉀（$KClO_3$），以助溶解。

(3) 溶解完畢後，移此溶液於 500ml 量瓶內。冷後，加水至刻度。

(4) 以吸管精確吸取 500ml 溶液於伊氏燒杯內。

(5) 分別加 25ml HCl 及 5g 純鐵。以特製橡皮塞塞好。（註 A）

(6) 加熱至沸後，再緩緩蒸煮至少 30 分鐘。

(7) 冷卻至 10℃（註 B），同時通入 CO_2 氣體。

(8) 俟溶液溫度降至 10℃後，分別加 50ml HCl 及 5ml「澱粉 - 碘化鉀」混合液（註 C），然後用碘標準溶液（0.1N）（註 D）滴定，至溶液恰呈不變之藍色為止（註 E）。

11-6-2-5-4 計算

$$Sn\% ＝\frac{(V_1 － V_2) \times F}{W \times \dfrac{1}{10}}（註 F）\times 100$$

V_1 ＝滴定試樣溶液時，所耗碘標準溶液之體積（ml）

V_2 ＝滴定空白溶液時，所耗碘標準溶液之體積（ml）

F ＝碘標準溶液之滴定因數（g/ml）

$$W = 試樣重量（g）$$

11-6-2-5-5 附註

（A）（B），（C）（D）（E）

　　分別參照 11-6-2-2-5 節附註（K）（N）（P），11-6-2-1-5 節附註（N）（O）（P）。

（F）因在第（4）步只吸收 50/500（即 1/10）試液，供做試驗，故試樣重量W需乘以 1/10。

11-6-2-6 市場鉛（Pig lead）（註A）之 Sn：本法可連續分析 Sn、 As 及 Sb

11-6-2-6-1 應備儀器：同 11-6-2-3-1 節

11-6-2-6-2 應備試劑

（1）高錳酸鉀（$KMnO_4$）溶液（2%）

（2）硝酸錳〔$Mn(NO_3)_2$〕（10%）

　　量取 200ml $Mn(NO_3)_2$（市售，50%）→以水稀釋成 1000ml。

（3）三氯化銻（$SbCl_3$）（0.2%）

　　稱取 2g $SbCl_3$ →加 200ml HCl →以水稀釋成 1000ml。

（4）純鉛（Sn < 0.001%）

（5）碘化鉀溶液（10%）

（6）「澱粉 – 碘化鉀」混合液 ⎫
　　　　　　　　　　　　　　　　⎬ 同 11-6-2-1-2 節
（7）標準錫溶液 (1ml ＝ 0.001g Sn) ⎭

（8）碘酸鉀標準溶液（0.01N。理論上 1ml ＝ 0.0006g Sn）

　①溶液配製

　　稱取約 1g KIO_3 於錶面玻璃內→以 180℃烘至恒重→烘乾後，精確稱取 0.357g 於 1000ml 量瓶內→加 200ml H_2O（內含 1g NaOH 及 10g KI）→劇烈搖動以溶解之→加水稀釋至刻度→混合均勻。

　②因數標定（即求每 ml 碘酸鉀標準溶液相當於若干克之 Sn）

　　以吸管吸取 10ml 上項標準錫（Sn）溶液（1ml ＝ 0.001g Sn）於

500ml 伊氏燒杯內。另取一 500ml 伊氏燒杯，供做空白試驗 → 分別加 250ml H_2O、10ml H_2SO_4 及 75ml HCl → 依下述 11-6-2-6-3 節（分析步驟）第（6）～（18）步所述之方法還原、滴定之，以求取滴定因數。

③因數計算

$$滴定因數 = \frac{W}{V_1 - V_2}$$

W ＝所取標準錫溶液之含 Sn 量（g）

V1 ＝滴定標準錫溶液時，所耗碘酸鉀標準溶液之體積（ml）

V_2 ＝滴定空白溶液時，所耗碘酸鉀標準溶液之體積（ml）

11-6-2-6-3 分析步驟

(1) 稱取 50g 試樣於 500ml 伊氏燒杯內。另取同樣燒杯一個，供做空白試驗。

(2) 加 250ml HNO_3（1：4）（註 B），再緩緩加熱，以溶解試樣，並驅盡氮氧化物之黃煙。

(3) 加水稀釋成 300ml，再加熱煮沸。

(4) 加 10ml $KMnO_4$（2%）（註 C），再加熱至沸。

(5) 加 20ml $Mn(NO_3)_2$（10%）（註 D），再緩緩煮沸 1～2 分鐘。

(6) 俟溶液稍冷後，用快速濾紙過濾。以熱水洗滌數次。沉澱連同濾紙暫存於原來之 500ml 伊氏燒杯內。

(7) 一面攪拌，一面加 35ml H_2SO_4（1：1）於上項溫熱之濾液及洗液內。

(8) 藉抽氣機之助，使用瓷製濾杯（Porcelam cruicible）及細密濾紙過濾。用水洗滌 1 次。沉澱棄去（註 E）。

(9) 加 NH_4OH（註 F）至中和〔即加至溶液內之 Cu^{+2} 生成藍色之 $Cu(NH_3)_4^{+2}$ 為度；若試樣不含 Cu，則加至石蕊試紙恰變藍色為止，〕然後再過量 15ml。

(10) 加熱至沸。

(11)以快速濾紙過濾。以熱水洗滌 3 ～ 4 次。濾液及洗液棄去。

(12)將沉澱連同濾紙合併於第(6)步所遺之沉澱內(註 G)。

(13)加 35ml HNO₃ 及 15ml H₂SO₄。再緩緩煮沸,至濾紙消失後,再蒸至濃白硫酸煙冒出,以驅盡 HNO₃。

(14)加水稀釋成 250ml。再分別加 75ml HCl、10ml SbCl₃(0.2%)及 5g 純鉛(註 H)。然後緩緩煮沸 15 分鐘,使貴金屬(註 I)完全沉澱。

(15)以棉花(Cotton)或玻璃棉(Glass Wool)過濾。以水沖洗 1 次。聚濾液及洗液於 500ml 伊氏燒杯內。沉澱棄去。

(16)加 5g 純鉛(註 J),然後以特製橡皮塞塞好(參照 11-6-2-3-1 節所示之裝置)(註 K)。加熱至沸後,再繼續緩緩煮沸 1 小時。

(17)冷卻至 10℃,同時通入 CO₂ 氣體(註 L)。

(18)俟溫度降至10℃後,加5ml KI(10%)及5ml「澱粉－碘化鉀」混合液,然後用碘酸鉀標準溶液(0.01N)滴定,至溶液恰呈不變之藍色為止。

11-6-2-6-4 計算:同 11-6-2-1-4

11-6-2-6-5 附註

註:除下列附註外,另參照第 11-6-2-1-5 及 11-6-2-3-5 節之有關各項附註。

(**A**)市場鉛含 Pb 約為 99.5 ～ 99.99%,可能亦含少量之 Ag、Bi、Cu、As、Sb、Sn、Zn 及 Fe 等雜質。

(**B**)(**C**)(**D**)(**F**)

(1)使用稀 HNO₃(1:4)為溶劑,旨在促進金屬鉛之溶解,但在比重低於 1.42 之 HNO₃(1:4) 溶液內,固然大部分金屬錫均生成 H₂SnO₃ 沉澱,但少部分可能生成 Sn(NO₃)₂ 而溶解於溶液中〔參照 11-6-1-1-2-4 節,附註(C)(D)(E)(H)(I)(J)〕,故需再加 Mn(NO₃)₂ 及 KMnO₄:

$$3Mn^{+2} + 2MnO_4^- + 2H_2O \rightarrow 5MnO_2 \downarrow + 4H^+$$

上式所生成之 MnO₂,由於共沉(Coprecipitation)或吸附

（Adsorption）作用，能吸附溶液中微量之 Sn^{+2}，而一併下沉，使 H_2SnO_3 沉澱完全。

(2) 濾液中惟恐還含有 Sn^{+2} 或 Sn^{+4}，故需再用 NH_4OH 處理一次，使其生成 $Sn(OH)_2$ 及 $Sn(OH)_4$ 沉澱，予以回收。

（**E**）沉澱物為 $PbSO_4$。

（**G**）第 (6) 與 (12) 步之沉澱物，包含所有的 Sn、Sb、As 及部分 Mn、Pb，故本法可連續分析 Sn、Sb、As。

（**H**）（**I**）（**J**）

貴金屬（如 Ag）能干擾第 (18) 步之滴定，故需先加金屬鉛，使之還原成純金屬沉澱，而予濾去。而溶液中之 Sn^{+4} 則可被 Pb 還原成 Sn^{+2}：

$$Sn^{+4} + Pb \rightarrow Sn^{+2} + Pb^{+2}$$

（**K**）（**L**）亦可使用 11-6-2-1-1 節所使用之特製橡皮塞；若然，則在第 (17) 步冷卻期間，應將杯外之玻璃虹吸管末端浸入 $NaHCO_3$ 溶液內，以替代 CO_2 之通入。

11-6-2-7 銅鎳（Cu-Ni）及銅鎳鋅（Cu-Ni-Zn）合金（註 A）之 Sn：本法適用於含 Sn < 10% 之樣品。

11-6-2-7-1 應備儀器：同 11-6-2-3-1 節

11-6-2-7-2 應備試劑

（**1**）純鉛（鉛箔或鉛片）

（**2**）三氯化鐵（$FeCl_3 \cdot 6H_2O$）（1%）

（**3**）三氯化銻（$SbCl_3$）（2%）

（**4**）碘化鉀（KI）溶液（10%）

（**5**）標準錫 (Sn) 溶液（1ml = 0.001g Sn）

（**6**）「澱粉 – 碘化鉀」混合液

同 11-6-2-3-2 節

（**7**）氯化銨洗液

稱取 10g NH_4Cl →加 1000ml H_2O →加數滴 NH_4OH，至溶液呈微鹼性為止。

（**8**）**碘酸鉀標準溶液**（0.05N；理論上，1ml ＝ 0.003g Sn）

①**溶液配製**：同 11-6-2-4-1-2 節。

②**因數標定**（即求每 ml 碘酸鉀標準溶液相當於若干克之 Sn）

量取 50ml 上項標準錫溶液（1ml ＝ 0.001g Sn）於 300ml 伊氏燒杯內，當作試樣。另取一杯，供做空白試驗。然後依下述 11-6-2-7-3 節（分析步驟）第（16）～（20）步所述之方法處理之，以求取滴定因數。

③**因數計算**：同 11-6-2-6-2 節

11-6-2-7-3 分析步驟

(1) 依錫含量之多寡，稱取 1.00 ～ 2.00g 試樣（精確至 1mg）於 250ml 燒杯內，並用錶面玻璃蓋好。另取一 250ml 燒杯，供作空白試驗。

(2) 分別加 5ml HCl 及 20ml HNO$_3$ 溶解之。若溶解困難，可酌加 HCl，使 Sn 溶盡。

(3) 試樣溶解完全後，緩緩煮沸，以驅盡氮氧化物之黃煙。

(4) 以洗瓶吹洗蓋子及杯緣，並加水稀釋至 125ml。

(5) 加 5 ～ 10ml FeCl$_3$・6H$_2$O（1%），再加 NH$_4$OH，至鹼式鹽（註 B）恰恰溶盡及溶液恰恰澄清為止。快至終點時，應一滴一滴加入，以免過量。

(6) 煮至恰沸。

(7) 以快速濾紙過濾。以氯化銨洗液（熱）沖洗燒杯及沉澱數次。濾液及洗液棄去。

(8) 以 HCl（1:1，熱）溶解沉澱。以熱水洗滌濾紙數次。濾液及洗液透過濾紙，聚於原燒杯內。濾紙暫存，以備第（11）步過濾使用。

(9) 加 NH$_4$OH（1:1）至鹼式鹽（註 C）剛好溶盡及溶液恰恰澄清為止。快至終點時，應一滴一滴加入，以免過量。

(10) 煮至恰沸。

(11) 使用第（8）步所遺之濾紙過濾。以氯化銨洗液（熱）沖洗燒杯及沉澱數次，以洗淨硝酸鹽（註 D）。濾液及洗液棄去。

(12) 以 HCl（1:1、熱）注於濾紙上，將沉澱溶解於 500ml 伊氏燒杯內。

以熱水洗淨濾紙。濾液及洗液暫存。濾紙置於 300ml 伊氏燒杯內。

(13) 分別加 20ml HNO_3 及 10ml H_2SO_4。然後加熱至濾紙消失；若濾紙無法消失，可另酌加 HNO_3。俟濾紙消失後，再繼續蒸至冒出濃白硫酸煙（註 E）。

(14) 放冷後，以洗瓶吹洗杯緣，然後再蒸煮至冒出濃白煙。

(15) 放冷後，將溶液合併於第（12）步所遺之濾液及洗液內。

(16)（註 F）加水稀釋成 200ml。再分別加 8ml HCl、2 滴 $SbCl_3$（2%）及 2g 純鉛。

(17) 俟金屬鉛將溶盡時，塞上特製橡皮塞（參照 11-6-2-3-1 節圖示），然後通入 CO_2 氣體。

(18) 加熱至沸，再繼續煮沸 10 ～ 15 分鐘（即煮至所有金屬鉛及金屬錫完全溶解為止。）

(19)（註 G）俟還原作用完畢後，冷卻杯內溶液至 25℃，並繼續通入 CO_2 氣體。

(20) 加 5ml KI（10%）及 5ml「澱粉 – 碘化鉀」混合液。然後用碘酸鉀標準溶液滴定，至溶液呈不變之藍色為止。

11-6-2-7-4 計算：同 11-6-2-1-4 節

11-6-2-7-5 附註

註：除下列附註外，另參照 11-6-2-1-5 及 11-6-2-3-5 節之有關各項附註。

（A）

(1) 若 Cu：Zn：Ni ＝ 60 ～ 65%：18 ～ 25%：12 ～ 22%，俗稱「德銀」。為銅鋅合金與銅鎳合金共熔而得，可供製鑄品、板、桿、線、電阻線、機械、家俱、裝飾品及食器等。銅鎳鋅合金之比例若為 Cu：Ni：Zn ＝ 80%：20%：0% 或 60%：20v：20%，則可供製槍彈之彈頭。

(2) Cu-Ni-Zn 合金除含大量之 Cu、Ni、Zn 外，往往含其他元素，如 Pb（＜ 15%）、Sn（＜ 10%）、Fe（＜ 2%）、Mn（＜ 2%）及微量 Co。

（B）（C）此處所稱之鹼式鹽（Basic Salts），係指 Cu、Zn 、Ni 等之氫氧化

物而言。此等元素，首先與 NH_4OH，分別生成雲狀之 $Cu(OH)_2$、$Ni(OH)_2$ 及 $Zn(OH_2)$ 等沉澱；若 NH_4OH 稍加過量，則再與 NH_4OH 生成 $Cu(NH_3)_4^{+2}$、$Zn(NH_3)_4^{+2}$、$Ni(NH_3)_4^{+2}$ 等複合離子而溶解。

（D）（E）

(1) 參照 11-6-2-4-1-5 節附註（E）。

(2) 因 H_2SO_4 之沸點較 HNO_3 高，故若蒸至冒出濃白硫酸煙時，即表示 HNO_3 已趕盡。

（F）（G）第（16）～（19）步亦可以 11-6-2-3-5 節附註（H）所列之第（2）或第（3）法代替之。

11-6-2-8 市場鎂及鎂合金（註 A）之 Sn

11-6-2-8-1 應備儀器：同 11-6-2-1-1 節

11-6-2-8-2 應備試劑

（**1**）純金屬鎂（不含 Sn）。

（**2**）重碳酸鈉（$NaHCO_3$）溶液（飽和）

（**3**）「澱粉－碘化鉀」混合液：同 11-6-2-1-2 節

（**4**）碘標準溶液（0.1N，1ml ＝ 0.006g Sn）：

①**溶液製備**：同 11-6-2-5-2 節。

②**因數標定**（即求每 ml 碘標準溶液相當於若干 g 之 Sn）

稱取適量純錫（註 B）（需精稱至 1mg；所稱取之量應大約與試樣所含者相等）於 500ml 燒杯內，當做試樣，然後依下述 11-6-2-8-3 節（分析步驟）第（2）～（6）步所述之方法處理之，以求取其滴定因數

③**因數計算**：同 11-6-2-5-2 節

11-6-2-8-3 分析步驟

(1) 稱取適量試樣（需精稱至 1mg；試樣以含 0.025 ～ 0.10g Sn 為度）於 500ml 伊氏燒杯內。另取一 500ml 伊氏燒杯，供做空白試驗。

(2) 加 20ml H_2O，再分次加入 100ml HCl（註 C）。

(3) 俟試樣溶解完畢後，放冷。然後小心加入 1g 純金屬鎂（不含 Sn），用特製橡皮塞塞好，並將杯外之玻璃虹吸管置於 NaHCO₃ 溶液（飽和）內（如 11-6-2-1-1 節圖示。）

(4) 俟純金屬鎂溶解後，加熱至溶液澄清（矽之沉澱物除外）。

(5) 放冷（註 D）後，迅速移去特製橡皮塞，並以水沖洗杯緣。

(6) 分別加入 2 粒大理石（或石灰石）之結晶（註 E）及 2～3ml「澱粉－碘化鉀」混合液（註 F），再用橡皮塞（附有一小孔）塞好，然後將滴定管之尖端伸入塞子所附之小孔內，用標準碘（註 G）溶液滴定，至溶液恰呈不變之藍色為止（註 H）。

11-6-2-8-4 計算：同 11-6-2-1-4 節

11-6-2-8-5 附註

（A）一般鎂合金除了含較多之 Mg、Al、Ti、Sn、Zn 外，往往尚含少量之 Cu、Fe、Pb、Ni、Zr 及稀土族等金屬元素。

（B）（D）分別參照 11-6-2-1-5 節附註（B）、（K）（L）（M）。

（C）因 Mg 與 HCl 作用激烈，因此若試樣甚多，或呈粉狀時，溶解期間，應置於冰水浴鍋內，以免濺出。

（E）（F）（G）（H）

(1) 俟金屬鎂之還原作用完畢，並已移去橡皮塞，則滴定期間，溶液中之 Sn^{+2} 易被空氣氧化，故需加大理石（$CaCO_3$）與溶液中之 HCl 作用：

$$CaCO_3 + 2HCl \rightarrow CaCl_2 + H_2O + CO_2 \uparrow$$

所生成之 CO_2，能阻止空氣進入，而使 Sn^{+2} 不致被空氣中之 O_2 所氧化。

(2) 參照 11-6-2-1-5 節附註（N）（O）（P）。

11-6-2-9 焊鑞（註 A）**之 Sn**：本法適用於含 Sn ＜ 80% 之焊鑞樣品。

11-6-2-9-1 應備儀器：同 11-6-2-1-1 節

11-6-2-9-2 應備試劑

（1）**純鐵**（99.85% 以上）

（2）**「澱粉－碘化鉀」混合液**：同 11-6-2-1-2 節

（3）**碘酸鉀標準溶液**（0.1N，1ml ＝ 0.06g Sn）

①**溶液配製**：同 11-6-2-2-2 節

②**因數標定**（即求每 ml 碘酸鉀標準溶液相當於若干 g Sn）

分別稱取適量之 Sn（註 B）、Pb 兩種純金屬〔（此兩種純金屬之重量需與實際試樣所含者相近（註 C）〕，其中純錫之重量需精確至 0.1mg）於 500ml 燒杯內，當做試樣，然後依下述 11-6-2-9-3 節（分析步驟）第（2）～（6）步所述之方法處理之，以求其滴定因數。

③**因數計算**：同 11-6-2-1-2 節

11-6-2-9-3 分析步驟

(1) 稱取 0.300～1.500g 試樣(以含 0.1～0.3g Sn 為度)於 500ml 燒杯內。

(2) 分別加 20ml H_2SO_4（註 D）及 5g $KHSO_4$（註 E）。然後加熱（註 F）至試樣完全溶解為止。

(3) 俟溶解完全後，置燒杯於火焰上，劇烈加熱，以驅盡或洗盡粘附於杯緣上之硫磺。

(4) 放冷後，分別加 180ml H_2O、60ml HCl、以及至少 5g 純鐵（註 G），並用特製橡皮塞（註 H）塞好。然後加熱至沸後，再繼續煮沸至少 30 分鐘。〔若含有未溶之純鐵，讓它留在溶液內（註 F）。〕

(5) 冷卻至 10℃以下（註 J），同時將杯外之虹吸管末端浸於 $NaHCO_3$ 溶液（飽和）中（註 K）（參照 11-6-2-1-1 節所示之裝置圖）。

(6) 俟溫度冷至 10℃後，加 5ml「澱粉－碘化鉀」混合液（註 L）。然後用碘酸鉀標準溶液（註 M）滴定，至溶液恰呈不變之藍色為止（註 N）。

11-6-2-9-4 計算：同 11-6-2-2-4 節

11-6-2-9-5 附註

（A）參照 11-6-1-2-3 節附註（A）（B）。

（B）參照 11-6-2-1-5 節附註（B）。

（**C**）由此二種純金屬混合而成之試樣，亦可用與實際試樣相似、並已知含 Sn 量（%）之合金（如美國國家標準局製訂之 NBS No.127 標準試樣）代之。

（**D**）（**E**）

(1) 參照 11-6-2-2-5 節附註（C）（D）。

(2) 若以 HCl 代替 H_2SO_4 及 $KHSO_4$，做為試樣之溶劑時，則第（2）～（4）步可以下法代之：

加 75ml HCl{若以金屬鎳做還原劑〔參照下面附註（G）（I）（J）第（2）項〕則加 85mlHCl}→用錶面玻璃蓋好，再緩緩加熱，使易溶金屬緩緩溶解（加熱時，溫度不可過高，否則金屬錫易成 $SnCl_4$ 揮發而去）→從熱處移下，並加數十粒 $KClO_3$ 結晶→搖動溶液少時→靜置至黑色金屬殘渣完全溶解→加 $180mlH_2O$ 及最少 5g 純鐵{或一捲鎳片〔參照下面附註（G）（I）（J）第（2）項〕}→用特製橡皮塞塞好→加熱至沸後，再繼續加熱至少 30 分鐘→然後接從第（5）步開始做起。

（**F**）初熱時溫度不宜過高，否則試樣易熔融，致溶解不完全。

（**G**）（**I**）（**J**）

(1) 參照 11-6-2-2-5 節附註附（K）（N）（P）。

(2) 若以金屬鎳替代純鐵當作還原劑時，則第（4）步可以下法替代之：

放冷→分別加 180ml H_2O、75ml HCl 及一捲純金屬鎳片→以特製橡皮塞塞好→加熱至沸後，再繼續煮沸 45 分鐘（煮沸 45 分鐘後，若發現鎳片上包覆一層甚厚之黑色沉澱物，則應從新投入一捲純鎳片，並繼續煮沸至少 15 分鐘）→然後接從第（5）步開始做起。

（**H**）（**K**）亦可以 11-6-2-3-1 節所使用之特製橡皮塞代替之；若然，則在第（5）步冷卻期間，應同時通入 CO_2 氣體，以替代浸於 $NaHCO_3$ 溶液之虹吸管。

（**L**）（**M**）（**N**）：參照 11-6-2-1-5 節附註（N）（O）（P）。

第十二章　銻（Sb）之定量法

12-1 小史、冶煉及用途

一、小史

在早期的聖經時代，天然的銻硫化物，就曾被用作眉毛塗料；另外，在 Tello, Chaldea 地方，發現一個以銻鑄造之花瓶，因此銻及其硫化物的歷史，可溯自公元前 4000 年。而中國人在 5000 年前，就知道銻的存在。

埃及人對銻亦不陌生，在公元前 2500 ～ 2200 年，就曾以一層薄薄的金屬銻塗敷於銅器上，顯示埃及人善於使用銻當作塗敷金屬。Pling the elder' 於公元 50 年首先稱銻為 Stibium; Geber 則另稱為 Antimonium。至拉瓦錫（Lavoisie）時代，此兩種代表銻硫化物之名稱，開始合併使用。

因為硫化銻（Ⅲ）粉所製成之軟膏，能治眼疾及用作化粧品，前人曾稱硫化銻（Ⅲ）為 Platyophthalmon〔意即擴眼器（Eye dilator）〕、Calliblephary〔意即眼皮化粧器（Eyelid cosmetic）〕及 Gynaikeios〔意即溫柔的女性（Feminine）〕等。

由於各種著作陸續出版，對於銻化學、診療效果，以及如何從礦石中收回銻的副產品等，均有甚詳之敘述。這些著作例舉如下：Paraceus（1526 年）、Alchenmia（1597 年）、The yntagmatis arcanorum volumes（1613 年）、以及 De re metallica（1556 年）……等。

至於銻之冶煉，Agricofa（1559 年）與 Biringuccio（約 1550 年）曾敘述銻礦之液化；後者曾舉出銻的用途：①某合金加銻，能提高鐘聲之音調；②白鑞（Pewter）；③玻璃及金屬鏡；④治療潰瘍；⑤提供泥土製品、搪瓷（Enemal）及玻璃等彩繪之黃色顏料等。另外 Nicolas Lemery（1645 ～ 1715）曾出版銻元素之科學論文集。在十八世紀期間，使用煅燒還原法；約於公元 1830 年時，使用反射爐；於 1896 年即開始生產電解銻，在 1940 年才成為重要的商業提煉法。1915 ～ 1918 年開始重視鼓風爐法；至 1930 年後，本法才成為最主要之金屬銻冶煉法。

二、冶煉

很少成天然銻出現。銻的主要礦石為輝銻礦（Stibnite, Sb_2S_3），係一種美麗的鋼灰色結晶。礦石主產地為中國、墨西哥及玻利維亞。金屬銻通常由輝銻礦與鐵共熱而得：

$$Sb_2S_3 + 3Fe \rightarrow 3FeS + 2Sb$$

市場銻之純度約為 99%。

三、用途

銻的主要用途就是，與鉛或其他金屬製成合金。全世界所產的銻，其中將近 50% 用於蓄電池、能量傳送設施、通訊設備、活字金（Type metal）、焊鑞（Solder）及軍用品。銻化合物在工業上用途甚廣，如防火劑、化工材料、橡膠、塑膠、陶器及玻璃等。銻合金、銻之氧化物以及硫化物之主要用途，分別簡述如下：

二級銻（Secondary antimony）主要供作銻鉛合金（Antimony-Lead Alloy）之用。銻佔 6 ～ 8% 時，可供製造化學工業用之泵、管、塞及閥等；2 ～ 3% 時，稱為硬鉛（Hard lead），可供製電纜之被覆（Cable sheaths）、電池柵（Battery grid）、槽內襯（Tank lining）及屋頂材料（Roofing）等。銻能提昇合金之強度和耐蝕性。

銻亦為白合金（或稱軸承合金）和活字金之重要成份。銻能增進合金的硬度、減低收縮度，而得明確之解析度（Definition）。另外，可降低活字金之熔點。含銻合金之特性就是，再現性精確、耐久性良好、及具金屬光澤與經濟性。

高純度之銻，可供製過渡金屬化合物（Intermetallic compound），如 AlSb、GaSb、InSb、ZnSb 及 CdSb 等，用以提供電子半導體及熱電子設備（Thermoelectricdevice）製作之用。

三氧化銻（Antimony trioxide, Sb_2O_3）最主要之用途就是，供作塑膠與自動滅火器之添加劑，可作防火之用。另外，氧化銻亦大量用於五金及陶瓷之製造。它也是油漆中之白色顏料；由於透光率強，故亦可用於玻璃製造。

三硫化二銻（Antimony trisulfide, Sb_2S_3），另名銻紅（Antimony red），為紅色顏料，用於油溶及水溶色料。另外，可供作火柴、藍色信號煙火（Bengal light）及火工品（如電雷管）之製造。

銻化合物可生產黑、朱紅、黃及桔黃等色之顏料。三硫化銻對紅外線之反射特性直似植物，故為隱型漆（Camouflage paint）之重要成份。硫化銻（Antimony pentasulfide）可作橡膠之硬化劑（Vulcanizing agent）。

銻在軍用品方面，用途亦多，譬如在合金中，能增強槍彈和砲彈中之鉛的硬度。信號彈中含有硫化銻混合物，用以傳送光線。每年用作底火（Percussion primer）之摩擦成份（Friction compositon）及熱傳介質（Heat-transfer medium）之硫化銻為數不少。

燃燒中之三硫化銻能發濃白煙，故可作目視火警控制（Visual Fire Control）、潛艇定位（Marine marker）及目視信號（Visual Signaling）等之用。

銻的其他化合物中，氯化銻酸（另名氯氧化亞銻，Antimony Oxychloride, SbOCl）用製銻鹽、吐酒石、醫藥品及煙霧發生劑。氯化銻（另名五氯化銻，Antimony pentachloride, $SbCl_5$）用為氯化劑，可供製有機化學藥品及合成染料。酒石酸氧鉀銻（另名酒石酸銻醯鉀，Antimony potassiumtartrate，$K(SbO)C_4H_4O_6 \cdot H_2O$），因為醫藥上用作催吐劑，故俗稱吐酒石，用於棉布或皮革印染之媒染劑、香料及醫藥品。銻鹽（Antimony salt，$NaF + SbF_3$），用為印染之媒染劑。酒石酸銻〔Antimony tartrate，$Sb_2(C_4H_4O_6)_3 \cdot 6H_2O$〕，用於醫藥與合成化學。硫酸亞銻〔Amtimony sulfate，$Sb_2(SO_4)_3$〕，用製炸藥及火藥。溴化亞銻（另稱三溴化銻，$SbBr_3$），用製銻媒染劑、分析試藥等。氟化亞銻（另稱三氟化銻），用製瓷器、陶器，亦為染棉之媒染劑。銻酸磷酸鈣（Antimoniated Calcium Phosphate）可供醫藥用。

12-2 性質

一、物理性質

銻為銀灰色金屬。質地硬脆，無延展性，為熱不良導體。凝固時有膨脹性，故可供製活字金（Type metal）。在週期表中，與 P、As、Bi 等同屬第

V 族。原子序數為 51，原子量 121.76，比重 6.62（20℃），熔點 630℃，沸點 1440℃。

二、化學性質

(一) 金屬銻

通常呈 +3 及 +5 價。在乾燥空氣中不易變色；在濕空氣中，因表面氧化而緩緩變為灰色氧化層。在空氣中燃燒，會產生火焰。

在 750℃以上，蒸汽能使液態銻氧化為三氧化銻，並釋出氫，故蒸汽能除去鉛銻合金中之銻。

銻在氫氣流中，不能起火燃燒。在氮氣流中燒紅，會形成灰色銻氣，冷卻後，即成不定形（Amorphous）銻。但氮氣不能溶於固態或液態銻內。銻在室溫狀況下，能與鹵族元素發生激烈反應，而生成三鹵化銻。與 Cl_2 反應，則生成 $SbCl_2$、$SbCl_3$ 及 $SbCl_5$ 之混合物。Sb 和 S、H_2S、或 SO_2 等物作用，則生 Sb_2S_3。

銻能溶於含氧化劑或硫磺之硫化鈉溶液中，而生成硫亞銻酸鈉（Sodium thioantimonite）。銻亦能溶於黃色硫化銨或含硫之硫化鉀溶液中。

熔融之銻能與 P、As，但不能與 B、C、Si 等發生反應。

鉛若含 13%Sb，熔點可降至 246℃。

銻不溶於濃氫氟酸、稀鹽酸、稀硝酸，但易溶於硝酸和酒石酸之混合液、含氧化物之濃鹽酸、熱濃硫酸（90 ～ 95℃）以及王水中。另外，磷酸和數種有機酸亦能溶解之。

純銻不易溶於銨和鹼金屬（Alkali metal）之氫氧化物，以及熔融的碳酸鈉。但燒紅的銻能與熔融的氫氧化鉀發生反應，並生成氫氣和亞銻酸鹽（Antimonite）。

金屬銻之反應，另見表 12-1。

表 12-1　金屬銻與各種酸之反應

試　　　劑	條　　　件	反　　　應	反應式
HCl		無反應	
H_2SO_4	稀	無反應	
H_2SO_4	熱、濃	溶　解	（1）
HNO_3	稀＋酒石酸鹽	溶　解	（2）
HNO_3	濃	生成不溶性 Sb_2O_4	（3）
王水 (HNO_3 + HCl)	過量	溶　解	（4）（5）

（1）$2Sb + 6H_2SO_4 \rightarrow 2Sb^{+3} + 3SO_4^{-2} + 3SO_2 \uparrow + 6H_2O$

（2）① $2Sb + 2NO_3^- + 2H^+ \rightarrow Sb_2O_3 + 2NO \uparrow + H_2O$

　　② $Sb_2O_3 + 2C_6H_4O_6^{-2} \rightarrow 2[SbO(C_4H_4O_6)]^- + H_2O$

　　註：其他複合劑亦可取代酒石酸鹽。

（3）$2Sb + 8NO_3^- + 8H^+ \rightarrow Sb_2O_4 + 8NO_2 \uparrow + 4H_2O$

（4）$Sb + 3HCl + HNO_3 \rightarrow SbCl_3 + NO \uparrow + 2H_2O$

（5）$SbCl_3 + Cl_2 + Cl^- \rightarrow [SbCl_6]^-$

（二）重要化合物

　　銻之重要氧化物，以具 +5 與 +3 氧化數者為限，前者如 Sb_2O_5、$HSb(OH)_6$ 及 $SbCl_5$；後者如 Sb_2O_3、H_3SbO_3、$SbCl_3$ 及 Sb^{+3} 等。氧化數最小者為 -3，以 SbH_3 為代表。其五價和三價化合物皆易水解，而生成銻鹽（如 SbOCl）及水合氧化物（Hydrated Oxide）。工業上具有價值之銻的鹵化物為銻的氯化物與氟化物。

　　有「混合氯氟化銻（Mixed Antimony（V） chloride fluorides）」存在，但無五溴化銻（Antimony pentabromide）存在。$SbBr_3$ 之化學性質與 $SbCl_3$ 相似。銻與鹵化物所生成之複合物，主要為性甚安定之六鹵銻陰離子（Hexahaloantimony anion），如 $(SbX_6)^{-3}$，X 代表鹵族元素。

　　銻離子及其複合物均為無色，其分子式及名稱分別見表 12-2 及 12-3。各種銻化合物之反應見表 12-4。

表 12-2 銻離子分子式及名稱

分子式	名　　　稱	附　　　註
Sb^{+3}	亞銻根 (Antimonous)	Sb^{+5} 僅存於濃度很
SbO^+	銻醯根 (Antimonyl)	低，且與複合離子
Sb^{+5}	正銻根 (Antimonic)	平衡之溶液中。
SbO_2^-	偏亞銻酸根 (Meta-antimonite)	
SbO_3^-	偏銻酸根 (Meta-antimonate）	
SbO_4^{-3}	正銻酸根 (Ortho-antimonate）	

表 12-3 銻複合離子分子式及名稱

分　　子　　式	名　　　　稱
$[SbCl_6]^{-3}$	六氯銻酸（Ⅲ）[Hexachloroantimonate(Ⅲ)]
$[SbO(C_4H_4O_6)]$	銻醯基酒石酸 (Antimonyl tartrate)
$[SbO(C_2O_4)]^-$	銻醯基草酸 (Antimonyl Oxalate)

表 12-4 銻化合物之反應

化合物	試　劑	條　　件	反　　應	反應式
$SbCl_3$	H_2O	中性或弱酸性	$SbOCl$ 之白色沉澱	（1）
Sb^{+3}	H_2S	0.3M HCl	Sb_2S_3 之桔黃色沉澱	（2）
Sb_2S_3	HCl	濃	溶解，並生成無色溶液	（3）
Sb_2S_5	HCl	濃	溶解，並有硫磺沉澱	（4）
Sb_2S_3	LiOH,NaOH	水溶性	溶解，並生成無色溶液	（5）
溶液同上	$HC_2H_3O_2$		Sb_2S_3 重新沉澱	（6）
Sb_2S_3	$(NH_4)_2S$		溶解，並生成無色溶液	（14）
Sb_2S_5	$(NH_4)_2S$		溶解，並生成無色溶液	（7）
Sb_2S_3	$(NH_4)_2S$ x		溶解，並生成無色溶液	（8）
			且有硫磺沉澱	
SbS_4^{-3}	HCl	稀	Sb_2S_3 之桔黃色沉澱	（9）
Sb^{+3}	NaOH	過量 Sb^{+3}	$Sb(OH)_3$ 之白色沉澱	（10）
Sb^{+3}	NaOH	過量 NaOH	白色沉澱重新沉澱	（10）（11）
Sb^{+3}	NH_4OH	過量 NH_4OH	$Sb(OH)_3$ 之白色沉澱	（12）
Sb^{+3}	活性金屬		金屬銻之黑色沉澱	（13）
	(Active metal)			

（1）$SbCl_3 + H_2O \rightleftharpoons SbOCl + 2H^+ + 2Cl^-$

（2）$2Sb^{+3} + 3H_2S \rightarrow Sb_2S_3 + 6H^+$

（3）$Sb_2S_3 + 6H^+ \rightarrow 2Sb^{+3} + 3H_2S \uparrow$

（4）$Sb_2S_5 + 6H^+ \rightarrow 2S^{+3} + 2S + 3H_2S \uparrow$

（5）$2Sb_2S_3 + 4OH^- \rightarrow SbO_2^- + 3SbS_2^- + 2H_2O$

（6）$SbO_2^- + 3SbS_2^- + 4H^+ \rightarrow 2Sb_2S_3 + 2H_2O$

（7）$Sb_2S_5 + 3S^{-2} \rightarrow 2SbS_4^{-3}$

（8）$Sb_2S_3 + 3S_2^{-2} \rightarrow 2SbS_4^{-3} + S$

（9）$2SbS_4^{-3} + 6H^+ \rightarrow Sb_2S_5 + 3H_2S$

（10）$Sb^{+3} + 3OH^- \rightarrow Sb(OH)_3$

（11）$Sb(OH)_3 + OH^- \rightarrow SbO_2^- + 2H_2O$

（12）$Sb^{+3} + 3NH_4OH \rightarrow Sb(OH)_3 + 3NH_4^+$

（13）$Sb^{+3} + Al \rightarrow Sb + Al^{+3}$

（14）$Sb_2S_3 + 3S^{-2} \rightarrow 2SbS_3^{-3}$

　　銻 化 物 與 亞 銻 化 合 物 之 溶 解 性（Solubility of Antimonous Compound），以及各種銻化物之化學性質，依次說明如下：

1. 銻化物與亞銻化合物之溶解性

（1）銻化物

　　五氯化銻（Antimonic Chloride, $SbCl_5$）溶於濃鹽酸，但易水解為銻酸（Antimonic acid, H_3SbO_4）之白色沉澱。在 $SbCl_5$ 之鹽酸溶液中，大部份之銻均成氯複合離子〔Chloro complex ion, $(SbCl_6)^-$〕而存在。硫化銻（Antimony pentasulfide, Sb_2S_5）是最重要之不溶性銻化物。

（2）亞銻化物

　　易溶性：氟化亞銻與酒石酸亞銻。

　　中溶性：酒石酸銻醯鉀（Potassium antimonyl tartrate）。

　　不溶性：氫氧化亞銻、氧化亞銻、硫化亞銻。加水於亞銻之氯化、溴化、碘化、及硫酸等鹽，則各生成相對之銻醯鹽（Antimonyl salts）；

但若再加入相對之無機酸，則遂即溶解。例如，氯化亞銻可溶於鹽酸溶液。

2. 各種銻化物之化學性質

（1）銻的氧化物

①**三氧化銻**（Diantimony trioxide, Sb_4O_6）

亦稱銻花（Antimony bloom）。白色結晶，加熱則變為黃色，冷後恢復原色。為兩性化合物，能與鹼類作用而生成銻酸鹽（Antimonite）；與酸類作用而生銻鹽〔如 $Sb(SO_4)_3$〕。銻離子（Sb^{+3}）水解，易生成銻醯或銻氧離子（Antimonyl ion, SbO^+）。

②**氧化銻**（Sb_2O_5）

黃色粉末。加熱則首先變為深黃色；$300℃$ 以上，則變為棕黃色；超過 $380℃$，則顏色變淡。Sb_2O_5 不易溶於水，但易溶於鹼。

（2）銻的氯化物（Antimony Chloride）

①**三氯化銻**（Antimony trichloride, $SbCl_3$）

無色軟質。遇水即水解，生成氯化氧銻（另稱：氯化銻酸或氧氯化亞銻，Antimonyl oxychloride, Antimonyl chloride oxide or Antimonyl chloride, SbOCl）沉澱；再進一步稀釋，則生成水合氧化銻（Ⅲ）〔Hydrated antimony(Ⅲ) Oxide〕。此種反應可因添加鹽酸而行逆反應，生成複合陰離子，$SbCl_4^-$。此種陰離子能被碘酸根離子氧化，而生成五價銻之複合離子（即 $SbCl_6^-$）：

$$5SbCl_4^- + 2IO_3^- + 12H^+ + 10Cl^- \rightarrow 5SbCl_6^- + I_2 + 6H_2O$$

$SbCl_3$ 能與許多化合物生成複合物；某些複合物呈現很深的顏色。

②**氧氯化亞銻**（另稱氯化銻酸，Antimony Oxychloride 或 Antimony Chloride Oxide, SbOCl）

白色結晶粉末，溶於鹽酸，不溶於水及乙醇，係三氯化銻遇水生成沉澱而得。沉澱反應時，應控制反應條件，否則可能生成其他氧氯化亞銻，如 $Sb_4O_5Cl_2$。

③**氯化銻**（Antimony pentachloride, $SbCl_5$）

淡黃色油狀液體，溶於鹽酸。遇水分解為鹽酸及五氧化銻。在潮濕空氣中，會產生難聞之煙霧。

（3）銻的氟化物

①三氟化銻（SbF_3）

灰色乃至白色的潮解性晶體。溶於水及氟化鉀溶液。係氟與銻直接作用而得。

②氟化銻（SbF_5）

室溫時為無色油狀液體；7℃時凝固成結晶狀。能與水產生激烈反應。

（4）三溴化銻（$SbBr_3$）

帶黃色之潮解性晶體。溶於二硫化碳、氫溴酸、乙醇及鹼液。

（5）三碘化銻（SbI_3）

紅色晶體。高溫揮發，遇水分解。溶於乙醇、二硫化碳、鹽酸及碘化鉀溶液等。由碘與銻作用而得。

（6）銻酸（Antimonic acid, H_3SbO_4）和銻酸鹽（Antimonate）

①銻酸

銻酸其實是一種水合氧化銻（Hydrated antimony oxide），易溶於氫氧化鉀或其他酸和鹼液。銻酸為白色沉澱物，為銻受硝酸之氧化，或五氯化銻水解而得。

②銻酸鉀〔$K(Sb(OH)_6)$〕

係 Sb_2O_5 與 KOH 作用而得之結晶固體。

（7）銻的硫化物（Antimony Sulfides）

①三硫化二銻（另稱硫化亞銻，Antimony Sulfide, Sb_2S_3）

灰黑色粉末或不安定之桔紅色晶體，二者混合則成紅棕色混合物。溶於硫化銨、硫化鉀、濃鹽酸及煮沸之鹼性碳酸鹽等溶液。

②硫化銻（另稱五硫化二銻，Antimony Pentasulfide, Sb_2S_5）

桔黃至暗紅色粉末。溶於氫氧化鈉、鹽酸。係硫化氫通於五氯化銻及水之混合物而得。

（8）**硫酸亞銻**〔Antimony Sulfate, $Sb_2(SO_4)_3$〕

易吸水，溶於酸。係硫酸與氧化亞銻作用而得。

（9）**酒石酸氧銻鉀**〔**另稱酒石酸銻醯鉀**，（Potassium Antimonyl tartrate, $K(SbO)C_4H_4O_6$）〕

無色結晶，易溶於水。為 Sb_4O_6 溶於煮沸的酒石酸氫鉀溶液而得。

（10）**氫化銻**（Stibine, SbH_3）

性毒，味惡臭氣體。沸點－88.5℃。其氣體溶於酒精和二硫化碳。

12-3 分解與分離

一、分解：見 12-2 節第二－（一）項。

二、分離

　　首先以古典方法分離各元素。在古典的定性分析學上屬於第Ⅱ-B 屬之硫化物（如 As_2S_3、Sb_2S_3 及 SnS_2）混合物中，加入 HCl，至濃度達到 6～8M 時，Sb_2S_3 與 SnS_2 溶解：

$$Sb_2S_3 + 6H^+ \rightarrow 2Sb^{+3} + 3H_2S \uparrow$$

$$SnS_2 + 4H^+ \rightarrow Sn^{+4} + 2H_2S \uparrow$$

　　將溶液泌入乾淨試管內。加入足量草酸，使與錫生成安定的複合離子，而留於溶液中：

$$Sn^{+4} + 3C_2O_4^{-2} \rightarrow [Sn(C_2O_4)_3]^{-2}$$

　　而銻則不會與 $C_2O_4^{-2}$ 發生作用。加入硫脲（Thioacetamide）或通入硫化氫氣體，銻即成桔紅的三硫化銻（Sb_2S_3）沉澱：

$$2Sb^{+3} + 3H_2S \rightarrow Sb_2S_3 \downarrow + 6H^+$$

$$桔紅$$

12-4 定性

　　Sb^{+3} 能與各種試劑生成不同之化合物，可用以確定其之存在（見表 12-5）。

表 12-5　Sb^{+3} 與不同試劑所生成之不同生成物

試　　　　　　劑	Sb^{+3}
通 H$_2$S 於 HCl 溶液內	Sb$_2$S$_3$，桔紅色沉澱
NaOH（當量）	Sb(OH)$_3$，白色沉澱
NaOH（過量）	SbO$_3$$^{-3}$，無色溶液
NH$_4$OH（當量）	Sb(OH)$_3$，白色沉澱
NH$_4$OH（過量）	Sb(OH)$_3$，白色沉澱
H$_2$O（加入約為中性之溶液，且 Sb^{+3} 夠濃）	若為 SbCl$_3$ 溶液，則生成 SbOCl，白色沉澱。
Zn（金屬鋅）＋ H$^+$（酸）	SbH$_3$ ↑ 和 Sb°（金屬銻），黑色沉澱。

12-5 定量

　　銻之定量法中，以溴酸鉀滴定法、碘滴定法及光電比色法，較廣被採用。前者係以 BrO$_3$$^-$ 滴定 Sb^{+3}；中者係以 I$_2$ 滴定〔H（Sb^{+3}O）（C$_4$H$_4$O$_6$）〕。後者係 Sb^{+3} 在含 NaH$_2$PO$_4$ 之稀冷硫酸中，與 I$^-$ 生成黃色「碘－亞銻酸」複合離子，以供光電比色之用。

12-6 分析實例

12-6-1 溴酸鉀滴定法

12-6-1-1 市場銻及硬鉛（註A）之 Sb

12-6-1-1-1 應備試劑

（1）溴飽和溶液

　　　量取 70ml 溴水→加 500ml HCl（1.18）。

（2）甲基橙指示劑

　　　稱取 0.1g 甲基橙（Methyl Orange），加 100ml H$_2$O 溶解之。如有不溶物應予濾去。

（3）三氯化銻（SbCl$_3$）標準溶液（50ml ＝ 0.3g Sb）

　　　稱取 6g 純銻粉（註B）於 1000ml 燒杯內→分別加 500ml HCl(1.18)（註C）及 100ml 上項溴飽和溶液（註D）溶解之。若溶解困難，可

酌加 HCl 及溴水→煮沸久時（註 E）→加 200ml HCl（1.18）→移杯中溶液於 1000ml 量瓶內→加水稀釋至刻度。

（4）溴酸鉀（KBrO₃）標準溶液（1ml = 0.006g Sb）

①溶液製備

稱取 2.82g（註 F）KBrO₃（純）於 1000ml 量瓶內→加適量水溶解後，再繼續加水至刻度。

②因數標定（即求取每 ml 溴酸鉀標準溶液相當於若干 g Sb）

用吸管吸取 50ml 三氯化銻標準溶液於 500ml 燒杯內→分別加 100ml HCl（1.18）（註 G）及 15mlNa₂SO₃（註 H）溶液（新製、飽和）→以錶面玻璃蓋好→置於沙盤上蒸發濃縮至 40ml（註 I）→依次以 200ml HCl（1.2）及數 ml H₂O（熱）（註 J）沖洗錶面玻璃及杯緣。洗液合併於主液內→加熱至沸→加數滴甲基橙指示劑（註 K）→乘熱用溴酸鉀（註 L）標準溶液滴定，至溶液恰呈無色為止（註 M）。

③因數計算

$$滴定因數（g/ml）= \frac{W}{V}$$

W ＝所取 50ml 三氯化銻標準溶液含 Sb 量（g）

V ＝滴定三氯化銻標準溶液時，所耗溴酸鉀標準溶液之體積（ml）。

12-6-1-1-2 分析步驟

(1)稱取適量試樣（市場銻稱取 0.2g，硬鉛則稱取 1g）於 500ml 燒杯內。

(2)分別加 100ml HCl（註 N）（1.18）及 20ml 溴飽和溶液（註 O），以錶面玻璃蓋好，並置於熱水鍋上加熱。至試樣溶解後，再繼續蒸發濃縮至 40ml（註 P）。試樣如難溶解，可另酌加 HCl 及溴之飽和溶液。溶解時，若有白色之 Sb、Sn 氧化物析出，而不能溶解時，可加 NaOH 於不溶物，灼熱熔融之（註 Q）。

(3)分別加 100ml HCl（1.18）（註 R）及 10ml Na₂SO₃（註 S）溶液（新製、飽和）。然後置於沙盤上蒸發濃縮至 40ml（註 T）。

(4) 依次用 200ml HCl（1.2）及數 ml H$_2$O（熱）（註 U），沖洗錶面玻璃及杯緣。

(5) 加數滴甲基橙指示劑（註 V）。趁熱用溴酸鉀標準溶液（註 W）滴定，至粉紅色溶液恰呈無色為止（註 X）。

12-6-1-1-3 計算

$$Sb\% = \frac{V \times F}{W} \times 100$$

V ＝滴定時，所耗溴酸鉀標準溶液之體積（ml）

F ＝溴酸鉀標準溶液之滴定因數（g/ml）

W＝試樣重量（g）

12-6-1-1-4 附註

（A）

(1) 市場銻純度約為 99 ～ 99.5%，通常含少量 Pb、Ag、S、Sn、As、Cu、Fe 及 Ni 等雜質。

(2) 硬鉛（hard lead）亦稱銻鉛齊。因性較鉛為硬，可分為兩類，第一類之組成約為 Pb：Sb ＝ 98：2 或 99：1，可作槍彈彈頭之填充料。另一類之組成約為 Pb：Sb ＝ 85：15 或 84：16。

（B）（C）（D）（N）（O）

Sb 易溶於含有氧化物（如 Cl$_2$、Br$_2$、HNO$_3$ 及 KClO$_3$）之 HCl 溶液或 HNO$_3$ 與 H$_4$C$_4$O$_6$ 之混合物。

（E）煮沸久時，旨在驅盡過多之 Br$_2$。

（F）理論上僅需 2.7834g KBrO$_3$，但因其中常含雜質（KBr），故其實際用量較理論值為多（2.82 係經驗值）。

（G）（H）（R）（S）

(1) 在滴定前，溶液內不得有 Sb^{+5} 存在，否則分析結果偏低，故需以 SO$_3^{-2}$ 還原之。在酸性溶液中 Sb^{+5} 能被 SO$_3^{-2}$ 還原成 Sb^{+3}：

$$Sb^{+5} + SO_3^{-2} + H_2O \xrightarrow{\quad H^+ \quad} Sb^{+3} + SO_4^{-2} + 2H^+$$

(2) 溶液經 Na_2SO_3 還原後，若呈棕色，則係含 Fe^{+3} 之故，宜加 H_3PO_4 溶液至無色為度，以便下步滴定時易於觀察滴定終點。

(3) As^{+3} 及過剩之 SO_3^- 均可使 BrO_3^- 還原，致使分析結果偏高，故在滴定前，需加 HCl，再蒸煮之，使 As 成為 $AsCl_3$ 逸去：

$$As^{+3} + 3Cl^- \xrightarrow{\quad \triangle \quad} AsCl_3 \uparrow$$

，並使過剩之 SO_3^{-2} 分解：

$$SO_3^{-2} + 2H^+ \xrightarrow{\quad \triangle \quad} H_2O + SO_2 \uparrow$$

(4) 蒸煮時溫度不得超過 110℃，否則 $SbCl_3$ 亦成氣體而逸去。

（J）（U）

沖洗杯緣時不得加過量熱水，否則 $SbCl_3$ 能水解成次氯酸銻（SbOCl）或 Sb_2O_3 而沉澱析出：

$$SbCl_3 + H_2O \rightarrow 2HCl + SbOCl \downarrow$$
$$\text{白色}$$

$$2SbOCl + H_2O \rightarrow 2HCl + Sb_2O_3 \downarrow$$
$$\text{白色}$$

（K）（L）（M）（V）（W）（X）

(1) 在 HCl 溶液中，$KBrO_3$ 能將 Sb^{+3} 氧化成 Sb^{+5}：

$$3Sb^{+3} + BrO_3^- + 6H^+ \rightarrow 3Sb^{+5} + 3H_2O + Br^-$$

當 BrO_3^- 完全將 Sb^{+3} 氧化後，轉而氧化甲基橙，破壞甲基橙分子結構，而使甲基橙在酸性溶液中所呈之粉紅色消失，故可當做終點。

(2) 因 BrO_3^- 與 Sb^{+3} 作用甚緩，故需趁熱滴定，同時快至終點時需一滴一滴加入；若能在接近終點前加入指示劑更佳。

(3) Pb、Zn、Sn、Ag、Cr 及 H_2SO_4 對本法無干擾。但大量之 Cu^{+2}、

Mg^{+2}、NH$_4^+$ 等，能使分析結果偏高。試樣每含 0.1%Cu，能使分析結果增加約 0.012%。在滴定前若通以 5 分鐘之空氣或氧氣流，雖可將 Cu$^+$（Sb 還原期間所生成者）再氧化成 Cu^{+2}，但由於小部分 Sb^{+3} 亦隨同氧化成 Sb^{+5}，故分析結果可能稍低。

（4）使用溴酸鉀滴定法時，通常錯誤產生之原因計有：

　　①蒸發不當，即 As 未被完全蒸發掉，或 Sb 成氣體逸去。

　　② SO$_2$ 未趕盡。

　　③ HCl 含量不足，而產生滴定過度之現象。

（P）煮沸濃縮至 40ml，旨在除去 Br$_2$ 及過量之 H$_2$O。

（Q）銻之氧化物中，SbOCl 可溶於 HCl（濃）：

$$SbOCl + 2HCl \rightarrow H_2O + SbCl_3$$

；Sb$_2$O$_4$ 雖不溶於稀酸，但可溶於強酸；Sb$_2$O$_5$ 則能溶於 HCl（濃）：

$$Sb_2O_5 + 10HCl \rightarrow 5H_2O + 2SbCl_5$$

；Sb$_2$O$_3$ 雖不溶於 HCl，但可溶於 NaOH：

$$Sb_2O_3 + 6OH^- \rightarrow 2SbO_3^{-3} + 3H_2O$$

12-6-1-2 減摩合金（註A）之 Sb

12-6-1-2-1 應備試劑

（1）溴酸鉀標準溶液（0.01N 或 0.05N）

　　稱約 4g KBrO$_3$（純）→以 180℃烘至恒重→精確稱取適量（若配製 0.01N 則稱 0.282g；0.05N 則稱 1.410g）（註 B）上步已烘乾之 KBrO$_3$ 於 1000ml 量瓶內→加少量水溶解後，再繼續加水稀釋至刻度。

（2）甲基橙指示劑

　　稱取 0.1g 甲基橙→加 100ml H$_2$O 溶解之。若有沉澱應予濾去。

12-6-1-2-2 分析步驟

（1）依 Sb 含量之多寡，稱取 0.500～2.000g 試樣於 500ml 伊氏燒杯內。另取同樣燒杯一個，供作空白試驗。

(2) 分別加 15ml H_2SO_4（濃）及約 7g $KHSO_4$ 或 $K_2S_2O_7$（註 C）。加熱（註 D）溶解之。

(3) 俟試樣溶解完畢，置杯於火焰上劇烈加熱，以驅盡或洗下粘附於杯緣之硫磺。

(4) 稍冷，加 10ml H_2O（註 E）。然後搖動溶液少時（註 F）。

(5) 冷後，分別加 3～4 粒碳化矽（Silicon carbide）（註 G）、75ml HCl（註 H）及 1g Na_2SO_3（註 I）。

(6) 加熱至沸後，再繼續煮沸（註 J）濃縮至 60±5ml（註 K）。

(7) 以沸水稀釋成 300ml。然後急速引入空氣流 1 分鐘（註 L）。

(8) 加數滴甲基橙指示劑（註 M）。趁熱用適當濃度（0.01N 或 0.05N）之溴酸鉀標準溶液（註 N）滴定之，至粉紅色溶液恰呈無色為止（註 O）。

12-6-1-2-3 計算

$$Sb\% = \frac{(V_1 - V_2) \times C \times 0.0609}{W} \times 100$$

V_1 ＝滴定試樣溶液時，所耗溴酸鉀標準溶液之體積（ml）

V_2 ＝滴定空白溶液時，所耗溴酸鉀標準溶液之體積（ml）

C＝溴酸鉀標準溶液之濃度（N）

W＝試樣重量（g）

12-6-1-2-4 附註

（A）參照 11-6-1-3-4 節附註（A）。

（B）參照 12-6-1-1-4 節附註（F）。

（C）

(1) $2Sb + 6H_2SO_4 \rightarrow 6H_2O + 3SO_2 \uparrow + Sb_2(SO_4)_3$

(2) 因 $Sb_2(SO_4)_3$ 不安定，$K_2S_2O_7$ 或 $KHSO_4$ 能供應大量之 SO_4^{-2}，藉共同離子效應，可增進 $Sb_2(SO_4)_3$ 之生成及安定性。

（D）開始加熱時，溫度不得過高，否則試樣易熔融，致溶解不完全。

（E）（F）

加 H2O 於 H2SO4（濃）內並搖混後，能使 H2SO4 生成帶水物（Hydrated sulfuric acid），於第（5）步加 HCl 時，即不致生成大量的熱及氣體，而使溶液濺出。

（G）碳化矽不易與溶液內所含之各種化合物作用，卻能防止第（6）步操作時，溶液濺出之虞。

（H）（I）（J）（K）

分別參照 12-6-1-1-4 節附註（G）（H）（R）（S）與（I）（T）。煮沸時，杯口不必覆蓋。

（L）溶液若仍有 Cu^{+2}、Sn^{+3}、Bi^{+3}、Fe^{+3} 等離子存在，經第（5）步 SO_3^{-2} 還原成低價物後，能被第（8）步滴定時所加之 BrO_3^- 所氧化。例如：

$$6Cu^+ + BrO_3^- + 6H^+ \rightarrow Br^- + 3H_2O + 6Cu^{+2}$$

使分析結果偏高。通入空氣，能將這些低價物再氧化成高價物；但空氣不能通入太久，否則 Sb^{+3} 亦可能被氧化。

（M）（N）（O）參照 12-6-1-1-4 節附註（K）（L）（M）（V）（W）（X）。

12-6-1-3 焊鑞（註A）之 Sb

12-6-1-3-1 應備試劑：以下 2 項同 12-6-1-2-1 節

（1）甲基橙指示劑

（2）溴酸鉀（$KBrO_3$）標準溶液（0.01N 或 0.05N）

12-6-1-3-2 分析步驟

（1）依 Sb 含量之多寡，稱取 1.00 ～ 5.00g 試樣於 500ml 燒杯內。另取同樣燒杯一個，供作空白試驗。

（2）分別加 15g $KHSO_4$（註B）及 20ml H_2SO_4（註C）。然後加熱（註D），使試樣溶解完畢。

（3）置杯於火焰上加熱，以驅去或洗下黏附於杯緣之硫磺（註E）。

（4）稍冷後，加 50ml HCl（註F）及 10g NaCl。加熱至沸後，再繼續蒸煮，至杯內溫度達 105℃為止。（註G）

(5) 加 25g NaCl（註 H），並加沸水至約 350ml。

(6) 加數滴甲基橙指示劑（註 I）。趁熱用適當濃度（0.01 或 0.05N）溴酸鉀標準溶液（註 J）滴定，至粉紅色之溶液恰恰變成無色為止（註 K）。

12-6-1-3-3 計算：同 12-6-1-2-3 節

12-6-1-3-4 附註

（A）含 Sb ＜ 3% 之焊臘均適用本法。另外，參照 11-6-1-2-3 節附註（A）（B）。

（B）（C）（D）參照 12-6-1-2-4 節附註（C）、（D）。

（E）因 S 能還原 BrO_3^-，致使分析結果偏高，故需驅盡。

（F）（G）（H）

(1) 因 HCl 及 NaCl 均可供應 Cl^-，在高溫下能使溶液中之 As^{+3} 生成 $AsCl_3$ 氣體而逸去：

$$As^{+3} + 3Cl^- \xrightarrow{\triangle} AsCl_3 \uparrow$$

；否則 As^{+3} 能與滴定時所加之 $KBrO_3$，發生氧化還原作用，影響分析：

$$3As^{+3} + KBrO_3 + 6H^+ \rightarrow 3As^{+5} + KBr + 3H_2O$$

(2) 蒸去 $AsCl_3$ 時，杯內蒸氣溫度切忌超過 110℃，否則 $SbCl_3$ 亦開始揮發逸去。

(3) 另加 NaCl，可避免 $SbCl_3$ 水解成 SbOCl 或 Sb_2O_3 而沉澱。

（I）（J）（K）參照 12-6-1-1-4 節附註（K）（L）（M）（V）（W）（X）。

12-6-2「錳 – 溴酸鉀」共沉 – 滴定法

12-6-2-1 市場鉛（註 A）之 Sb

12-6-2-1-1 應備試劑

（1）高錳酸鉀溶液（2%）。

（2）硝酸錳〔$Mn(NO_3)_2$〕（10%）

量取 200 ml $Mn(NO_3)_2$（市售，50%）→加水稀釋至 1000 ml。

（3）高硫酸銨〔$(NH_4)_2S_2O_8$〕（10%）：

稱取 10g $(NH_4)_2S_2O_8$ →加 100 ml H_2O 溶解之（本溶液宜即用即配）。

（4）甲基橙指示劑

（5）溴酸鉀標準溶液（0.01N 或 0.05N） ｝ 同 12-6-1-2-1 節

12-6-2-1-2 分析步驟

（1）稱取 50g 試樣於 500ml 燒杯內。另取 500ml 燒杯一個，供作空白試驗。

（2）加 25ml HNO_3（1：4）（註 B）。緩緩加熱以溶解試樣，並驅盡氮氧化物之黃煙。

（3）加水稀釋成 300ml，再加 10ml $KMnO_4$（2%）（註 C）。加熱至沸。

（4）加 20ml $Mn(NO_3)_2$（10%）（註 D）。然後緩緩煮沸 1 ～ 2 分鐘。

（5）稍冷後，用快速濾紙過濾。以熱水洗滌數次。濾液及洗液暫存。

（6）將沉澱連同濾紙置於原來之 500ml 燒杯內。分別加 15ml H_2SO_4 及 35ml HNO_3。然後置於電熱板上，緩緩加熱，至濾紙消失為止。

（7）一面攪拌，一面加 35ml H_2SO_4（1：1）（註 E）於第 (5) 步所遺溫熱之濾液及洗液內。

（8）藉抽氣機之助，使用布氏瓷過濾漏斗（Buchner funnel）及細密濾紙過濾。用水洗滌 1 次。沉澱棄去（註 F）。

（9）以 NH_4OH（註 G）中和濾液及洗液，至溶液內之銅離子（Cu^{+2}）恰恰生成藍色之銅氨複合離子〔$Cu(NH_3)_4^{+2}$〕為止。若試樣不含 Cu，則加至石蕊試紙恰恰變藍為止。最後再過量 5ml。

（10）加熱至沸。加 10ml $(NH_4)_2S_2O_8$（10%）（註 H），然後劇烈沸騰 1 分鐘。

（11）以快速濾紙過濾。以熱水洗滌 3 ～ 4 次。濾液及洗液棄去。

（12）將沉澱連同濾紙合併於第 (6) 步之溶液內。

（13）加 35ml HNO_3。然後緩緩煮沸至濾紙消失（註 I）後，再蒸至冒濃白硫酸煙，以驅盡 HNO_3（註 J）。

(14) 稍冷後，加約 0.2g 硫酸聯氨〔(NH₂)₂H₂SO₄〕（註 K）。以 15ml H₂O 洗淨杯緣後，蒸至冒濃白硫酸煙。

(15) 將杯置於火焰上，劇烈蒸煮濃縮至約 10ml（註 L）。

(16) 稍冷，以 10ml H₂O 洗淨杯緣。冷至室溫。

(17) 分別加 50ml HCl（註 M）及 10g NaCl（註 N）。加熱，至杯內蒸氣達 105℃（註 O）為止。

(18) 加 200ml H₂O（熱）（註 P）。加熱至 80 ～ 90℃。

(19) 加數滴甲基橙指示劑（註 Q）。趁熱以適當濃度（0.01N 或 0.05N）之溴酸鉀標準溶液（註 R）滴定，至粉紅色溶液恰恰變成無色為止（註 S）。

12-6-2-1-3 計算：同 12-6-1-2-3

12-6-2-1-4 附註

（A）參照 11-6-2-6-5 節附註（A）。

（B）（C）（D）

金屬銻與 HNO₃（稀）作用，能生成五氧化二銻(Sb₂O₅)之白色沉澱:

$$6Sb + 10HNO_3 \rightarrow 3Sb_2O_5 \downarrow + 10NO \uparrow + 5H_2O$$

HNO₃（1：4）雖易於溶解金屬鉛，但在此稀硝酸溶液中，可能有小部分銻生成 Sb(NO₃)₃ 而溶解，使分析結果偏低，故需加 Mn(NO₃)₂ 及 KMnO₄：

$$3Mn^{+2} + 2MnO_4^- + 2H_2O \rightarrow 5MnO_2 \downarrow + 4H^+$$
$$\text{褐色}$$

上式所生成之 MnO₂ 能與 Sb⁺³ 生成共沉作用（Coprecipitation），以消除溶液中之 Sb⁺³ 量。

（E）（F）

溶液中，過多之 Pb⁺³ 能干擾第 (9) 步 NH₄OH 之沉澱作用，故需用 H₂SO₄（稀）使 Pb 成 PbSO₄ 沉澱而濾去。

（G）（H）

第(5)步濾液中唯恐還含有 Sb^{+3}，故再用 NH_4OH 及 $(NH_4)_2S_2O_8$ 處理一次，使生成 $Sb(OH)_5$ 沉澱，而予收回。

（I）（J）

HNO$_3$ 或其所產生之氮氧化物（如 NO、NO$_2$），能阻止第(14)步 Sb^{+5} 之還原反應，故需蒸至冒出硫酸煙（300℃以上），以驅盡 HNO$_3$。

（K）（L）

(1) $NH_2 \cdot NH_2 \cdot H_2SO_4$ 能將 Sb^{+5} 還原成 Sb^{+3}：

$$2Sb^{+5} + NH_2 \cdot NH_2 \cdot H_2SO_4 \rightarrow 2Sb^{+3} + N_2 \uparrow + H_2SO_4 + 4H^+$$

(2) $NH_2 \cdot NH_2 \cdot H_2SO_4$ 能與 BrO_3^- 生成氧化還原作用，故需將溶液蒸煮濃縮至小體積，予以分解而除去之。

（M）（N）（O） 參照 12-6-1-3-4 節附註（F）（G）（H）。

（P）、（Q）（R）（S） 分別參照 12-6-1-1-4 節附註（J）（U）、（K）（L）（M）（V）（W）（X）。

12-6-2-2 特殊黃銅及青銅之 Sb（註A）：本法適用於含 Sb ＜1% 之試樣。

12-6-2-2-1 應備試劑

（1）硫酸聯胺（$NH_2 \cdot NH_2 \cdot H_2SO_4$）（固體）。

（2）亞硫酸（H_2SO_3）（6%）。

（3）硫化氫洗液：配製適量 H_2SO_4（1：99）→引入 H_2S 氣體至飽和。

（4）硝酸錳〔$Mn(NO_3)_2$〕溶液（市售，50%）

（5）高錳酸鉀（$KMnO_4$）溶液（2%）。

（6）甲基橙指示劑

（7）溴酸鉀標準溶液（0.01N 或 0.05N）

}　同 12-6-2-1-1 節

12-6-2-2-2 分析步驟

(1) 依 Sb 含量之多寡，稱取 2.00 ～ 3.00g 試樣於 500ml 燒杯內。另取一同樣燒杯，供作空白試驗。

(2) 加 5～20ml HNO$_3$（註 B），以錶面玻璃蓋好。緩緩加熱至試樣溶解完畢，及氮氧化物之黃煙驅盡。

(3) 以熱水稀釋成 250ml。加 1ml Mn(NO$_3$)$_2$（註 C）（50%）。然後一面攪拌，一面加熱至沸。

(4) 加 5ml KMnO$_4$（註 D）（2%）。煮沸 1 分鐘後，再加 5ml KMnO$_4$（註 E）（2%）。再煮沸 1 分鐘。

(5) 趁熱過濾〔使用中速濾紙（Medium Paper）〕。以熱水沖洗數次。濾液及洗液棄去。

(6) 將沉澱連同濾紙置於原燒杯內。分別加 25ml HNO$_3$ 及 15ml H$_2$SO$_4$。然後加熱，至濾紙消失後，蒸至冒濃白硫酸煙（註 F）。

（若試樣未含 Fe、P，則可省去第(7)～(10)步，直接從第(11)步做起；否則依次操作下去。）（註 G）

(7) 冷卻後，加水稀釋成 250ml。然後通入急速之 H$_2$S（註 H）氣流 20 分鐘。

(8) 靜止 2 小時。

(9) 以細密濾紙過濾。用 H$_2$S 洗液沖洗數次。洗液及濾液棄去。

(10) 將沉澱連同濾紙置於原燒杯內，分別加 25ml HNO$_3$ 及 15ml H$_2$SO$_4$。然後加熱，至濾紙消失後，再蒸至冒濃白硫酸煙。

(11) 冷卻後，加約 0.2g NH$_2$·NH$_2$·H$_2$SO$_4$（註 I）。用 10ml H$_2$O 洗淨杯緣，然後再蒸發至冒濃白硫酸煙。

(12) 冷卻後，分別加 10ml H$_2$O、50ml HCl（註 J）、25ml H$_2$SO$_3$（註 K）（6%）、及 1.5～2g 碳化矽。然後置於表面溫度為 275～300℃之電熱板上加熱至沸，然後再繼續煮沸濃縮至 60±5ml（註 L）。

(13) 加熱水稀釋成 300ml。趁熱通入頗速之空氣或氧氣流（註 M）5 分鐘。

(14) 加入數滴甲基紅指示劑（0.1%）（註 N）。以適當濃度（0.01N 或 0.05N）之溴酸鉀標準溶液（註 O）滴定之，至粉紅色溶液恰恰變成無色為止（註 P）。滴定時，溶液溫度應始終保持在 90℃左右（註 Q）。

12-6-2-2-3 計算：同 12-6-1-2-3

12-6-2-2-4 附註

（**A**）參照 11-6-2-4-1-5 附註（A）（B）。

（**B**）（**C**）（**D**）（**E**）參照 12-6-2-1-4 附註（B）（C）（D）。

（**F**）因 HNO_3 能氧化第（7）步所通入之 H_2S，故需用 H_2SO_4 趕盡。

（**G**）（**H**）

(1) 試樣所含之金屬 Sn，經 HNO_3 溶解後，生成 H_2SnO_3：

$$3Sn + 4NO_3^- + 4H^+ + H_2O \rightarrow 3H_2SnO_3 \downarrow + 4NO \uparrow$$

白色

H_2SnO_3 能與 Sb_2O_3 一同沉澱，且幾能吸附溶液中所有之 PO_4^{-3}；而 PO_4^{-3} 又能吸附 Fe^{+3}，生成 $FePO_4$，共同混於沉澱中。Fe^{+3} 經第（11）步之 $(NH_2)_2 \cdot H_2SO_4$ 及第（12）步之 H_2SO_3 還原後，可生成 Fe^{+2}。而 Fe^{+2} 能還原 BrO_3^-，使分析結果偏高：

$$6Fe^{+2} + BrO_3^- + 6H^+ \rightarrow 6Fe^{+3} + Br^- + 3H_2O$$

故需再經第（7）～（10）步之處理。

(2) 在強酸溶液中通 H_2S 氣體，Sb_2 成 Sb_2S_3 或 Sb_2S_5 之桔紅色沉澱，而 Fe^{+3} 則留於溶液內，故兩者得以分離。

（**I**）（**J**）（**K**）（**L**）（**M**）

參照 12-6-2-1-4 節附註（K）（L），及 12-6-1-1-4 節附註（G）（H）（R）（S）（I）（T）。

（**N**）（**O**）（**P**）（**Q**）

參照 12-6-1-1-4 節附註（K）（L）（M）（V）（W）（X）。

12-6-3 蒸餾－碘滴定法：本法適用於青銅、特殊黃銅及普通黃銅（註A）之 Sb。

12-6-3-1 應備儀器：三氯化銻蒸餾器（如下圖）

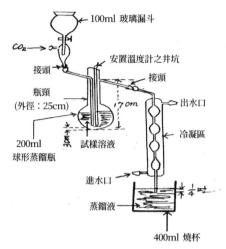

圖 12-3 三氯化銻蒸餾器

12-6-3-2 應備試劑

（1）**硝酸鐵**〔$Fe(NO_3)_3 \cdot 9H_2O$〕（**20%**）：

稱取 20g $Fe(NO_3)_3 \cdot 9H_2O$ →加 100ml H_2O 溶解之。

（2）**次磷酸**（H_3PO_2）（50%）。

（3）**碘化鉀溶液**（1%）（即用即配）。

（4）**酒石酸溶液**（10%）。

（5）**「澱粉－碘化鉀」混合液**：

稱取 1g 可溶性澱粉→加約 5ml H_2O →攪拌至呈漿狀→一面攪拌，一面將此漿狀溶液徐徐注於 100ml H_2O（沸）中→放冷→加 5g KI →攪拌均匀。

（6）**亞砷酸**（H_3AsO_3）**標準溶液**（0.1N）：

稱取 4.9460g 三氯化二砷（As_2Cl_3）於 1000ml 量瓶內→加 40 ml KOH（10%）溶解之→加 H_2SO_4（1：1），至溶液呈酸性為止→冷至室溫→加水至刻度→混合均匀。

（7）**碘標準溶液**（0.02N）

①溶液製備

分別稱取 2.54g I_2（註 B）及 40g KI（註 C）於 1000ml 量瓶內→加 25ml H_2O 溶解之（註 D）→加水稀釋至刻度→混合均勻→儲於暗色瓶內，並用玻璃塞（註 E）塞好。

②因數標定

分別加 6ml H_2O、0.5g KI 及 1g $NaHCO_3$ 於 250ml 燒杯內→以吸管加 5.0ml 亞砷酸（H_3AsO_3）標準溶液（0.1N）→加 2ml「澱粉－碘化鉀」混合液→以新配碘標準溶液滴定，至溶液恰呈不變之藍色為止。

③因數計算（註 F）

$$C = \frac{0.5}{V}$$

C＝碘標準溶液之濃度（N）

V＝滴定亞砷酸（H_3AsO_3）標準溶液（0.1N）時，所耗碘標準溶液之體積（ml）

12-6-3-3 分析步驟

(1) 稱取 50g 試樣於 400ml 燒杯內。

(2) 加 25ml HNO_3（註 G）及 10ml HCl（註 H），以溶解試樣。

(3) 俟試樣完全溶解後，加 10ml $Fe(NO_3)_2 \cdot 9H_2O$（20%）（註 I），然後煮沸 1～2 分鐘。

(4) 加水稀釋成 200ml。然後加微過量 NH_4OH，使溶液成微鹼性（註 J）。

(5) 煮沸 5 分鐘。然後靜置少時，讓沉澱下沉。

(6) 以快速濾紙過濾。用 NH_4OH（1：9、熱）沖洗數次（註 K）。

(7) 以 80ml H_2SO_4（1：3）溶解沉澱。用熱水徹底沖洗濾紙。濾液及洗液透過濾紙，聚於原燒杯內。

(8) 經由玻璃漏斗，將溶液移於球形蒸餾瓶內（如圖），然後一面通入 CO_2（每秒 6～8 個氣泡），一面加熱蒸發，至冒濃白硫酸煙為止。

(9) 稍冷後，接一冷凝管於蒸餾瓶上，並置一 400ml 燒杯（內盛 50ml H_2O）（註 L）於冷凝管之出口下端，使管之尖端浸於水面下 1cm（如圖）。

(10) 經由玻璃漏斗，加 20ml H_2O，並混合之。冷卻後，加 35ml HCl（註 M）及 1ml H_3PO_2（50%）（註 N）。

(11) 加 75ml HCl（註 O）於玻璃漏斗內（如圖）。然後一面通 CO_2（註 P）（每秒 6 ～ 8 個氣泡），一面將玻璃漏斗內所儲之 HCl 滴下（滴下速度，以能保持溫度於 155℃～ 158℃為度）（註 Q），一面加熱蒸餾，至漏斗內之 HCl 滴盡為止。

(12) 拆去裝置，移出盛有蒸餾液之 400ml 燒杯。

(13) 加 1g Na_2SO_3（註 R）於蒸餾液內，蓋好。然後置於電熱板上，蒸發濃縮至 40 ～ 50ml。

(14) 以水洗盡杯蓋及杯緣。然後移去蓋子，煮沸濃縮至 20ml（註 S）。

(15) 分別加 80ml H_2O 及 10ml 酒石酸（註 T）（10%），然後以數滴甲基紅溶液當作指示劑，加 NaOH（20%）至中和後，再加 HCl（1：1）至溶液恰呈微酸性（註 U）。

(16) 冷卻後，分別加 8 ～ 10g $NaHCO_3$（註 V）、5ml「澱粉 - 碘化鉀」混合液（註 W）及 1ml KI（10%）。然後以碘標準溶液（註 X）滴定，至溶液恰呈不變之藍色為止（註 Y）。

12-6-3-4 計算

$$Sb\% = \frac{(V_1 - V_2) \times C \times 0.0375 \times 1.62}{W} \times 100$$

$V_1 =$ 滴定試樣溶液時，所耗碘標準溶液之體積（ml）

$V_2 =$ 滴定空白溶液時，所耗碘標準溶液之體積（ml）

$C =$ 標準碘溶液濃度（N）

$W =$ 試樣重量（g）

12-6-3-5 附註

（**A**）

  （1）普通黃銅（如七三、六四、八二、九一等黃銅）除含大量之 Cu、Zn 外，亦可能含少量之 Sn，及微量之 P、As、Ni、Fe、Sb（0.1% 以下）等元素。本法之設計以試樣不含 As 為原則；否則若試樣含 As，則化驗結果偏高。

  （2）本法適用於含 Sb < 0.1% 之試樣。

（**B**）（**C**）（**D**）

  I_2 不能溶於 H_2O，但能溶於 KI 之水溶液中，而生成 I_3^-（Triiodide）：

$$I_2 + I^- \rightarrow I_3^-$$

（**E**）因 I_2 能與橡膠發生作用，故宜用玻璃蓋。

（**F**）設

$$C_1 = H_3AsO_3 \text{ 溶液之濃度（= 0.1N）。}$$

$$V_1 = H_3AsO_3 \text{ 溶液之使用量（= 5.0ml）}$$

$$C = I_2 \text{ 溶液之濃度（N）}$$

$$V = I_2 \text{ 溶液之使用量（ml）}$$

$$因 \quad C \cdot V = C_1 \cdot V_1$$

$$故 C = \frac{0.5}{V}$$

（**G**）（**H**）（**I**）（**J**）

  （1）$6Sb + 10HNO_3 \rightarrow 3Sb_2O_5 \downarrow + 10NO \uparrow + 5H_2O$

                       白色

    $Sb_2O_5 + 10HCl \rightarrow 5H_2O + 2SbCl_5$

    $SbCl_5 + 5NH_4OH \rightarrow Sb(OH)_5 \downarrow + 5HN_4Cl$

                       白色

  （2）因銻屬兩性元素，故其氫氧化物能溶於強酸，亦能溶於較強之鹼性溶液。為防在過量 NH_4OH 中，仍有 Sb^{+5} 存在於溶液，故加 Fe^{+3}，與 OH^- 生成 $Fe(OH)_3$ 之沉澱，以吸附溶液中微量之 Sb^{+5}，而

　　　一併下沉。

（K）無需將 Cu^{+2} 完全洗淨；留下少許 Cu^{+2} 於沉澱內，反而有益第（11）步
　　之蒸餾操作。

（L）（M）（N）（O）（P）（Q）

　　（1）H_3PO_2 能將 Sb^{+5} 還原成 Sb^{+3}：

$$2Sb^{+5} + PO_2^{-3} + 2H_2O \rightarrow 2Sb^{+3} + PO_4^{-3} + 4H^+$$

　　　　上式所生成之 Sb^{+3}，在 155～158℃ 之 HCl 溶液中，能生成 $SbCl_3$
　　　　氣體，完全揮發而出。沿冷凝器進入 400ml 燒杯內之後，即為杯
　　　　內之 50ml H_2O 吸收。

　　（2）通 CO_2，旨在保護 Sb^{+3}，使不為空氣所氧化。

　　（3）試樣不得含 As，否則 H_3PO_2 亦能將 As^{+5} 還原成 As^{+3}：

$$2AsO_4^{-3} + PO_2^{-3} + 12H^+ \rightarrow 2As^{+3} + PO_4^{-3} + 6H2O$$

　　　　在 HCl 溶液中，As^{+3} 亦生成 $AsCl_3$ 氣體逸出，並混於 $SbCl_3$ 之蒸餾
　　　　液內，使分析結果偏高。

　　（4）因 Sb^{+3} 能被 H_3PO_2 再進一步還原成金屬 Sb 析出：

$$4Sb^{+3} + 3PO_2^{-3} + 6H_2O \rightarrow 4Sb \downarrow + 3PO_4^{-3} + 12H^+$$

　　　　故 H_3PO_2 之量需依規定加入。

（R）（S）

　　（1）$NaSO_3$ 可防止 Sb^{+3} 被氧化為 Sb^{+5}〔參照 12-6-1-1-4 節附註（G）（H）
　　　　（R）（S）（I）（T）第（1）項。〕

　　（2）第（14）步之體積縮至 20ml 時，即能將 H_2SO_3 完全驅去。若再繼
　　　　續加熱濃縮，$SbCl_3$ 將成氣體逸去。

（T）（U）（V）（W）（X）（Y）

　　（1）使用本法時，生成誤差之原因，主要有三點：

　　　①銻成 $SbCl_3$ 氣體而逸去。

　　　②在滴定前，由於溶液中 HCl 含量太少，致 $SbCl_3$ 水解成白色之
　　　　SbOCl 沉澱：

$$Sb^{+3} + H_2O + Cl^- \rightarrow SbOCl \downarrow + 2H^+$$
$$\text{白色}$$

使滴定結果偏低。

③在酸性溶液中，I_2 與 Sb^{+3} 之氧化還原作用係屬可逆反應，並產生 H^+：

$$H_3SbO_3 + I_2 + H_2O \leftrightarrows H_3SbO_4 + 2I^- + 2H^+$$

若在較強之酸性溶液中滴定時，則方向驅向左邊，故滴定時所耗 I_2 溶液較少，化驗結果偏低。

(2) 針對上述誤差原因，應依規定操作〔參照附註（R）（S）〕。其次在滴定前，應加足量之酒石酸，使 Sb^{+3} 先與之生成易溶於水之〔$H(Sb^{+3}O)(C_4H_4O_6)$〕，然後再以碘溶液滴定氧化之。萬一 $SbCl_3$ 已被水解成 SbOCl 沉澱時，加入酒石酸後亦仍能被溶解成 $H(Sb^{+3}O)C_4H_4O_6$：

$$C_4H_4O_6^{-2} + SbOCl \rightarrow Cl^- + [SbO(C_4H_4O_6)]^-$$

另外，為控制滴定時試樣溶液之 pH，故滴定前需加緩衝劑，使溶液成微鹼性；否則鹼性太強，OH^- 能分解 I_2：

$$I_2 + 2OH^- \rightarrow IO^- + I^- + H_2O$$

$$3IO^- \rightarrow IO_3^- + 2I^-$$

$NaHCO_3$ 本身呈微鹼性，在水溶液中可中和過量之酸，故可用來當作緩衝劑，以消除滴定時所生成之 H^+，俾利作用之進行。

(3) 茲將（15）（16）兩步之化學反應原理，綜列如下：

① $Sb^{+3} + 4Cl^- \xrightarrow{H^+} SbCl_4^-$

② $SbCl_4^- + H_2C_4H_4O_6 + H_2O \rightarrow H(Sb^{+3}O)C_4H_4O_6 + 4Cl^- + 3H^+$

③ $H(Sb^{+3}O)C_4H_4O_6 + I_2 + 2HCO_3^- \rightarrow$
$$H(Sb^{+5}O_2)C_4H_4O_6 + 2I^- + 2CO_2 + H_2O$$

俟滴定完畢，過剩的 I_2 即與溶液中之澱粉化合成藍色之複合物，故可當做終點。

12-6-4 光電比色法：本法適用於市場銅及銅合金（註 A）之 Sb

12-6-4-1 應備儀器：光電比色儀

12-6-4-2 應備試劑

「碘化鉀－次磷酸二氫鈉（NaH$_2$PO$_2$）」混合液：

分別稱取 100g KI 及 20g NaH$_2$PO$_2$·H$_2$O 於燒杯內→加 100ml H$_2$O →攪拌之→靜止 1 天。

12-6-4-3 分析步驟

(1) 稱取適量試樣（試樣重量以含 0.04 ～ 0.08mg Sb 為度，並精稱至 1mg）於 50ml 離心管（Centrifuge tube）內。

(2) 加 10ml HNO$_3$（註 B）（1：1）。加熱溶解後，再緩緩煮沸，以驅盡氮氧化物之黃煙。

(3) 以熱水稀釋至 40ml，再混合均勻。然後以離心機分離溶液及沉澱。

(4) 俟沉澱完全後，以傾泌法泌去上層液體。

(5) 加 3ml H$_2$SO$_4$（註 C）。然後加熱，至沉澱完全溶解後，再緩緩蒸至恰好冒出濃白硫酸煙（切忌過度蒸煮）。

(6) 稍冷，小心加 20ml H$_2$O（冷）。混合均勻後，冷至室溫。

(7)（註 D）

①將此澄清溶液移於 50ml 量瓶內，加 10.0ml「碘化鉀－次磷酸二氫鈉」混合液（註 E），然後加水稀釋至刻度，並均勻混合之。

②另取一 50ml 量瓶，並依次加 20mlH$_2$O 及 3ml H$_2$SO$_4$。冷至室溫後，加 10ml「碘化鉀－磷酸二氫鈉」混合液。然後加水稀釋至刻度，並混合均勻之，當作空白溶液。

(8) 分別移適量空白溶液及試樣溶液於儀器所附之兩支吸光試管。靜置 10 分鐘（註 F）。

(9) 首先以 530mμ 光波之光線測定空白溶液（不必記錄），次將指示吸光度之指針調至(0)點後，抽出試管，換上盛有試樣溶液之試管，繼續測其吸光度，並記錄之，然後由「吸光度 –Sb%」標準關係曲

線圖（註 G），可直接查出試樣含 Sb%。

12-6-4-4 附註

（**A**）

(1) 本法適用於含 Sb ＜ 1 % 之市場銅及一般銅合金。

(2) Bi 雖能干擾比色，但市場銅及一般銅合金並不含 Bi。

(3) 銅合金中，若 Sn/Sb ＜ 10 ，則需另加 0.1mg 純金屬錫。

（**B**）（**C**）（**E**）

(1) 試樣經 HNO_3 溶解後，銻、錫分別成白色之 Sb_2O_5 與 H_2SnO_5 沉澱，此二沉澱物均能溶解於 H_2SO_4（濃）。

(2) 在含 NaH_2PO_2 之 H_2SO_4（稀、冷）中，Sb^{+5} 能被還原為 Sb^{+3}。Sb^{+3} 能與 KI 生成黃色之「碘－亞銻酸」複合物（Iodo-Antimonite Complex），其顏色之深度與含 Sb 量成正比，故可供光電比色之用。

（**D**）（**F**）

(1) 「$KI\text{-}NaH_2PO_2$」加於溶液後，最少需靜止 10 分鐘，「碘－亞銻酸」複合離子才能化合完全。靜置期間切忌攪動，否則易被空氣氧化而釋出 I_2，使分析結果偏高。

(2) 在第 (7) 步加入「$KI\text{-}NaH_2PO_2$」混合液後，若再加入 25ml 粉狀之維他命 C（Ascorbic acid），即可消除溶液被空氣氧化而析出 I_2 之虞，且不需靜置 10 分鐘。

（**H**）「吸光度－Sb%」標準關係曲線圖之製備：

稱取數份含 Sb 量（%）不同之標準合金，當作試樣（Sb 之含量需在 0.04 ～ 0.80mg 之間，且標準試樣之重量需與實際樣品之試樣相同），依 12-6-4-3 節「分析步驟」所述之方法，以測定其吸光度，並分別記錄之。然後以「吸光度」為縱軸，「Sb%」為橫軸，做其標準關係曲線圖。

第十三章　鋅（Zn）之定量法

13-1 前言、冶煉及用途

一、前言

自有冶金歷史以來，鋅在商業上雖屬重要元素之一，但其在分析化學方面，與大部份商用金屬比較之下，似未受到明確、適度之研發。

鋅的古典分析化學，仍以暫定方法（Proposed method）為主，缺少堅實、確定之分析步驟。亦即大部份分析方法均為特定應用而研發出來之經驗及半量預估法（Semiquantitative estimation）。之所以如此，大部份歸因於鋅元素之化學性質。因為只有少數之鋅反應，稍具特定性（Specific），但仍有嚴重之限制性。

譬如有些反應〔如亞鐵氰化物（Ferrocyanide）沉澱反應〕，無法供作計算；其餘反應〔如硫化物（Sulfide）及氫氧化物（Hydroxide）沉澱反應〕包括試劑和反應生成物在內，其化學和物理性質均不利於化學分析，且均或多或少會受到通常與鋅結合之金屬元素（如 Cd、Fe、Cu、Pb 等）之干擾。

二、冶煉

鋅元素在地球上分佈甚廣，但只約佔地殼的 0.008%。鋅的主要礦石為閃鋅礦（Sphalerite or Zinc blende, ZnS）；次要者有：紅鋅礦（Zincite, ZnO）、菱鋅礦（Smithsonite, $ZnCO_3$）、矽鋅礦（Willemite, Zn_2SiO_4）、異極礦〔Calamine, $Zn_2SiO_3(OH)_2$〕及鋅鐵礦晶石（Franklinite, Fe_2ZnO_4）等。

鋅礦石在熔融之前，需先用浮游選礦法濃縮之。硫化礦及碳酸礦需經焙燒，而成氧化物：

$$2ZnS + 3O_2 \xrightarrow{\triangle} 2ZnO + 2SO_2 \uparrow$$

$$ZnCO_3 \xrightarrow{\triangle} ZnO + CO_2 \uparrow$$

將此氧化鋅與碳混合，置於耐火泥迴轉器內，加熱至足夠使鋅氣化之

高溫，則：

$$ZnO + C \rightarrow Zn \uparrow + CO \uparrow$$

　　鋅蒸氣凝集於耐火泥接收器內。鋅在冷凝器中凝固成細粉，稱為「鋅塵（Zinc dust）」，其中含少許氧化鋅。俟接收器變熱後，鋅蒸氣凝成液體，將此液體鑄成塊，稱為「粗鋅（Spelter）」，內含少量 Cd、Fe、Pb 及 As，可用再蒸餾法精製之。

　　氧化鋅亦可用電解法還原。將氧化鋅溶於硫酸，用鋁片為陰極而行電解，鋅即積沉而析出。所得鋅之純度，約為 99%。從陰極片刮下，熔融鑄成鋅錠，可供作各種用途，如製造黃銅。整個製程之反應式如下：

溶　液：$ZnO + 2H^+ \rightarrow Zn^{+2} + H_2O$
陰　極：$Zn^{+2} + 2e^- \rightarrow Zn$
陽　極：$H_2O \rightarrow 1/2O_2 + 2H^+ + 2e^-$
全反應：$ZnO \rightarrow Zn + 1/2O_2$

三、用途

　　鋅為硬度適中之金屬。室溫時質脆，但在 $100 \sim 150°C$ 之間，則具延展性，可做成鋅板或拉成鋅線。$150°C$ 以上則變脆。鋅為活潑金屬，其電動勢位於氫之上，故即使在稀酸溶液中，亦能取代氫。在潮濕空氣中，鋅可被氧化，而在表面形成一層鹼式碳酸鋅〔$Zn_2CO_3(OH)_2$〕之韌膜，可保護鋅而免受侵蝕。由於鋅具有此種性質，因而使鋅之主要用途為，保護鐵之免於生銹。鐵片與鐵線之鍍鋅（Galvanizing），係先以硫酸或噴砂將其洗淨，然後浸入熔態鋅中，使鐵吸附一層鋅薄層。某些鍍鋅鐵，係將鐵片電鍍鋅而製成。

　　鋅可用以製造合金，其中以黃銅最為重要。另外可供作乾或濕電池中之反應電極。另外，氧化鋅是製造油漆、醫藥、陶磁及橡膠製品之重要原料。

13-2 性質

一、物理性質

(1) 金屬鋅

純鋅是一種藍白、具延展性的金屬。原子序數為 30，原子量 65.38，熔點 419.46℃，密度 7.133g/cc。其性質與所含雜質、熱處理及機械加工有密切關係。

另外，金屬鋅能與許多其他金屬產生複雜的合金系統。在不同的溫度下，各種金屬在金屬鋅內之熔解性亦異。

(2) 鋅化合物

Zn^{+2} 離子無色，除非與有色陰離子（如鉻離子）結合，否則其化合物亦然。大部份無水鋅化合物，屬共價結合，其中多種可溶於有機液體中。帶水鋅鹽則呈離子狀。

(3) 電化性質

能使鋅沉析之負電位，亦能使通常與鋅結合在一起之金屬沉析。從金屬表面（如光亮的鉑、汞及鋅）上，通入較高的氫過電壓（Overvoltage of hydrogen），才能使鋅從溶液中沉析而出。

鋅可能是具最高正電性（Electropositive）之元素，故可使用電解法定量之，但由於其還原電位（Reduction potential）靠近氫放電電位（Hydrogencharge potential），故溶液之 pH，能影響鋅之電化學行為。

二、化學性質

(1) 金屬鋅

在週期表第 II B 次屬（Subgroup）中，鋅是最輕之元素。溶於酸中，所生成之無色水合 Zn^{+2} 離子，$Zn(H_2O)_4^{+2}$，對人類及細菌均具毒性，可作消毒劑。溶於強鹽基溶液，則生成鋅酸鹽〔可能為 $Zn(OH)_4^{-2}$ 或 ZnO_2^{-2}〕。鋅愈純，酸之作用愈慢。鹵族酸（Hydrohalogen acid）之作用較快，因其酸的陰離子（Acid anion），能與 Zn^{+2} 生成複合離子之故。純水與鋅作用，生成氫氧化鋅時，亦有同樣現象；若含氧或氰化物複合劑，可加速此種反應。在溶液或在化合物中，鋅均為二價。鋅易於形成最大配位數（Coordination number）為四之複合離子，如 $Zn(NH_3)_4^{+2}$、$Zn(CN)_4^{-2}$ 及 $Zn(OH)_4^{-2}$ 等。當

氫氧化銨加於含 Zn^{+2} 離子之溶液中，則生成白色氫氧化鋅〔$Zn(OH)_2$〕沉澱。此沉澱溶於含過量氫氧化銨之溶液，形成鋅氨複合離子 $[Zn(NH_3)_4]^{+2}$；亦溶於過量強鹼，而形成鋅酸根離子〔$Zn(OH)_4^{-2}$〕。$Zn(OH)_2$ 為兩性化合物。

(2) 鋅離子

在具有微溶性之鋅的無機化合物中，以硫化物、草酸鹽、鐵氰化物、硫氰化二吡啶鋅〔Dipyridinozinc(Ⅱ)thiocyanate〕、硫氰化汞〔Tetrathiocyanomercurate(Ⅱ)〕、及磷酸銨等鋅的化合物，對於分析化學最有用處；其中之末三項，可供作重量法稱重之用。硫化鋅適用於高精度之定量分析。

氨、鹵化物、氰化物及氫氧離子（Hydroxyl ion）能與鋅形成複合離子，故廣用於鋅與其他元素之分離。另外，鋅還能與某些含氮複合離子形成螯鉗化合物（Chelate）；此種反應，是近代發展鋅定量法之基礎。

13-3 分解與分離

一、分解

鋅溶於硝酸、鹽酸及王水等酸溶液中。注意，所生成之氯化鋅及硝酸鋅在高溫時會有少量揮發而去。

二、分離

在鋅合金中，大部份之合金元素均能干擾鋅之定量，故應作前期分離。其方法簡述如下：

(1) 沉澱法

安息香肟鋁鹽（Aluminum benzoate）能於 pH3.5～4.0 之間沉澱而析出。藉硫氰化物（Thiocyanate）之「酸性水解作用（Acid hydrolysis）」，鎘與銅分別成硫化鎘與硫化銅沉澱而析出。另外，在 pH4.0 之溶液中，鋅能與硫氰化銨（NH_4SCN）和異喹啉（Isoquinoline）生成胺複合物（Amine complex）而沉澱。在 pH5.4、且含六甲烯四胺（Hexamethylenetetramine）之溶液中，鎳成水楊醛肟鎳鹽（Nickel salt of Salicylaldoximate）而沉澱析

出；另外鎳亦可成二甲基丁二肟（Dimethylglyoxime）之鎳化合物而沉澱。錫亦可藉酸的水解作用而沉澱。

(2) 電解

使用控制陰極電位法，可除去較易被還原之干擾性金屬元素。

(3) 萃取

在硫氰化銨溶液（小於 1M）中，鋅能被乙醚所萃取，而與鈷分離。在 pH2.1 之溶液中，銅能被乙醯丙酮（Acetylacetone）萃取，而與鋅分離。在 HBr 溶液中，Zn、Fe^{+3}、Cu^{+2} 及 $Sn^{+2,+4}$ 能被甲基異丁酮（Methyl isobutyl ketone）所萃取，而與 Fe^{+2}、Al^{+3}、Mn、Co 及 Ni 分離。

(4) 離子交換

使用鹽酸與硝酸為載體時，鎘碘複合物（Cadmium iodide complex）能留在陰離子交換樹脂上，而鋅則被洗出而離去。本法較萃取法費時，故不宜用於件數太多之分析。

(5) 餾份蒸餾法（Fractional distillation）

本法適用於「鋅–銅–錫」合金中鋅之定量。在管狀爐中，以0.05mmHg壓力和 750 ～ 850℃溫度加熱 30 分鐘，所失去之重量即為鋅含量。

13-4 定性

最常用之定性測試，係在鋅溶液中，添加複合劑（Complexing agent）；其法如下：取 5ml 試樣溶液→加酚肽試劑（Phenol phthalein reagent）→以 NaOH（4N）中和之，再過量 0.5ml →以1滴上層澄清溶液與 1 滴甲醇溶液〔含 2.5%CS_2 和 10% 二「羥乙基」胺（diethanolamine）〕混合→以水稀釋成約1ml→加1滴冰醋酸（Glacial acetic acid），使成酸性→加0.25mlCCl_4〔含 0.005% 戴賽松（Dithizone）〕→劇烈搖動約 30 秒鐘。如含有 Zn^{+2}，則溶液層呈紫或紅色。若 Cd、Cu、Pb 和 Ni 含量不多，則可測至 0.8ppm Zn。

13-5 定量

一、沉澱和重量法

傳統的磷酸鹽和硫化物等無機物沉澱法與 8- 羥喹啉（8-Hydroxy-quinoline）、鄰氨基苯甲酸（Anthranilic acid）、以及草酸乙酯（Ethyl Oxalate）等有機物沉澱法，所得分析結果之準確度，尚稱良好。

（一）硫化鋅（ZnS）法

本法適用於大量（Macro）及半微量（Semimicro）鋅之分析。雖然準確度高，但浪費工時，而且會發生嚴重之共沉作用（Coprecipitation）和局部沉澱作用（Post precipitation），尤其是在同時含少量鋅及能生成不溶性硫化物之大量 Cd、Co、Ni、Fe 及其他元素時為然。

最適於硫化鋅沉澱之酸度為 pH 2 ～ 3，太低會降低硫化氫之離子化（Ionization），致沉澱不完全；太高則會產生物理性質不佳之沉澱。調節此種酸度之緩衝劑，計有：蟻酸鹽、醋酸鹽、檸檬酸鹽、單氯醋酸鹽（Monochloroacetate）、及「硫代硫酸鹽 - 硫酸鹽（Bisulfate-Sulfate）」混合液等，其中以「硫代硫酸鹽 - 硫酸鹽」緩衝系統之操作最為簡單，沉澱亦最為完全。硫化鋅達到完全沉澱，費時甚長。樣品溶液以硫化氫飽和後，需靜置 1 小時，然後在 H_2S 壓力下，加熱 2 ～ 3 小時。使用其他硫化物源，如三硫氨基甲酸鈉(Sodium trithiocarbamate)和硫乙醯胺(Thioacetamide)等，可消除硫化鋅沉澱之導引期(Induction period)，並可降低共沉作用之程度。

宜避免生成膠質沉澱，尤以鋅含量很少時為然。為了改善其過濾性，可添加電解質（如硫酸銨）、濾紙屑或載體（Carrier）。汞離子或銅離子都是很好的載體，前者在當硫化物燒灼成氧化物時，汞會揮發而去；後者適用於銅離子不會干擾所採用之定量方法。硫化鋅最後宜轉化為氧化鋅或硫酸鋅，以供稱重。

（二）磷酸銨鋅法（$ZnNH_4PO_4$）

本法在沉澱前，幾乎需除去所有陽離子，是其最大缺點。沉澱物極易溶於水或含氨溶液，亦易溶於氯化氨及磷酸二氫銨(Dihydrogenammonium phosphate）溶液。100ml 冷水洗液能溶解 0.22mg 沉澱物中之鋅。磷酸氫二銨（Diammoniumhydrogen phosphate）試劑溶液之酸度為 pH8.1 時，會引起 0.7mg Zn/100ml 之損失，但在 pH6.8 時，則減至 0.05mg。沉澱物易於乾燥，是本法最大優點。

$ZnNH_4PO_4$（無水），在 50 ～ 150℃時很安定，高於此溫度，則逐漸分解。高於 610℃，則易失去水和氨，而生成焦磷酸鋅（$Zn_2P_2O_7$）。本法簡述如次：樣品溶液→加大量 NH_4Cl →加 $(NH_3)_2HPO_4$（200 ～ 500% 超量）→加 NH_4OH 至鹼性→煮沸，使 pH 降至 6.4 ～ 6.9 →使用最少量之冷水、$(NH_3)_2HPO_4$（pH6.8）試劑，或以 $(NH_3)_2HPO_4$ 飽和之水溶液洗滌之→以酒精洗滌→以 110℃乾燥之，殘質為 $ZnNH_4PO_4$；若為 600℃，則為 $Zn_2P_2O_7$。

（三）硫氰化汞鋅〔Zinc tetrathiocyanomercurate(Ⅱ)；$ZnHg(SCN)_4$〕法

本法沉澱物在水中之溶解性（Solubility）較磷酸銨鋅為大，但若試劑稍微超量，其溶解性即遽減 100 倍，而為約 10^{-5}moles ／公升。本法會受小量的 Cd、Co、Cu、Bi、Mn、及 Hg^+ 等元素之干擾，是其最大缺點。

在 4：1 之理論 $KCNS/HgCl_2$ 分子比值（Molecular ratio）中，KCNS 應超量 10 ～ 20%。另外，建立前期的溶液種核（Seeding），可得過濾性良好之沉澱。其法簡述如次：抽取部份樣品溶液→加入試劑，以產生種子結晶→一面攪拌，一面以 2.5ml ／分鐘之速度，加入試劑溶液（0.1M）→以室溫靜置 1 小時→以傾泌法，使用試劑（0.001M，冷）洗滌兩次→以古氏坩堝過濾→再洗滌兩次→以 105 ～ 110℃烘乾。

（四）硫氰化二異喹啉鋅〔Diisoquinolinozinc thiocyanate, $Zn(C_9H_7N)_2$ $(CNS)_2$〕法

加吡啶（Pyridine）或異喹啉（Isoquinoline）於含鋅和過量硫氰化鉀（KSCN）之中性溶液中，能生成微溶性之複合物。鋅的吡啶化合物之熱安定性甚差，71℃以上即開始分解，故需置於乾燥器（Dessicator）內，以室溫乾燥之。此化合物以 780℃燒灼之，能完全轉化為氧化鋅。而鋅的異喹啉化合物，需燒灼至其熔點（205℃）才開始分解；因其易於處理，故以下只討論此種化合物。此種化合物之干擾元素計有 Ag、Hg^{+2}、Cd、Sb^{+3}、Bi^{+3}、Ni^{+2}、Co^{+2} 及 Cu^{+2} 等離子。在沉澱操作前，調整酸度為 pH3.0，銅即先成硫氰化

二異喹啉銅（Ⅱ）而沉澱除去之。加磷酸於溶液中，則可除去錫。本法簡述如次：加超量 10 ～ 15% 二異喹啉（4.0mg 二異喹啉／1mg Zn）於含鋅和超量 10 ～ 15%NH₄CNS（2.3mg NH₄CNS/1mgZn）之溶液（pH6.5）內→加熱至 70℃→靜置 1 小時→以玻璃濾杯（Sintered glass crusible）過濾→以冷水洗滌→以 105 ～ 110℃烘至恒重。

（五）草酸鋅法

本法易發生各種金屬之草酸鹽共沉問題，是其缺點。在含鋅之醋酸溶液（70 ～ 85%）中，煮沸可溶性之草酸乙酯（Ethyl Oxalate）複合物，可生成草酸鋅沉澱。

干擾物計有 SO_4^{-2}、Fe、Cd、Cu、Pb、Ca 及 Mg。此種含二結晶水之沉澱物，可在 70℃以下之溫度烘至恒重。無水草酸鋅不安定，若以 590℃以上之溫度燒灼之，可得安定之氧化鋅。

（六）有機沉澱劑（Organic precipitation reagent）法

（1）8- 羥喹啉及其衍生物（8-Hgdroxyquinoline and derivatives）法

本法適用於微量和巨量分析。8- 羥喹啉鋅（Zinc Oxinate）在水中之溶解度為 10^{-6} mole ／公升。8- 羥喹啉雖非選擇性試劑，但若適當調整 pH 和使用遮蔽劑（Masking agent），能使鋅與幾乎所有元素分離，但大量之 Co、Ni 及 Cd 除外。

在含「醋酸－醋酸鹽」或鹽基性酒石酸鹽（Basic tartrate）緩衝劑之 pH4.6 ～ 13.4 之溶液中，8- 羥喹啉鋅能沉澱完全。在 pH5 之醋酸鹽溶液中，能獲得純淨之沉澱；Cu、Pb、Mn、鹼金屬、及鹼土族金屬均不會干擾。在含 0.2M 酒石酸鹽和氫氧化鈉之溶液中，8- 羥喹啉鋅能完全沉澱，且不會受到含量在 0.2g 以下之 Al、Sb⁺⁵、As⁺⁵、Bi、Cr⁺³、Fe⁺³ 及 Pb，以及小於 0.05g 之 Mn、Co 及 Ni 等元素之干擾。其操作方法簡述如次：加含 3%8- 羥喹啉之酒精溶液於 pH5 之熱醋酸鹽溶液中→過濾→以水洗滌→沉澱物以 45 ～ 65℃烘至恒重，殘渣為帶水複合物，$Zn(C_9H_6NO)_2 \cdot 1/2H_2O$；若以 130 ～ 180℃烘至恆重，則為無水複合物，$Zn(C_9H_6NO)_2$；若以 960℃以上溫度燒灼至恒重，則為 ZnO。複合物之重量因數（Gravimetric factor）理論上為 0.1849，實際為 0.1861。

8- 羥喹啉之二甲基衍生物（2-Methyl derivative）之性質與分析方法，同 8- 羥喹啉；唯在任何條件下，Al 不會沉澱。另外，鋅需在酸度大於 pH5.3 之條件下沉澱。含單水之沉澱物，$Zn(C_{10}H_8ON)_2 \cdot H_2O$，在 130℃ 內很安定；而無水物則在 255℃內很安定。

（2）氨基苯甲酸（Anthranilic acid）及其衍生物法

本法之干擾元素較 8- 羥喹啉為多，能與試劑生成沉澱之元素，計有 Fe、Cd、Ni、Co、Mn、Pb、Hg^{+2} 及 Cu 等，以及能促使分析結果偏低之 K^+、Na^+、NH_4^+、NO_3^-、Cl^-、SO_4^{-2} 及 CH_3COO^- 等。干擾物多，是其缺點；但沉澱物之溶解性較小，特別適用於鋅之沉澱，是其優點。

其操作方法如次：微酸性及未加緩衝溶液之含鋅溶液→加微過量之「氨基苯甲酸鈉（Sodium anthranilate）試劑，使鋅沉澱→過濾→以冷水或極稀之試劑洗滌之→以 105 ～ 110℃烘至恒重，殘質為 $Zn(C_7H_6O_2N)_2$，重量因數為 0.1937；若以 0℃及 100℃烘乾者，則分別為 0.1925 及 0.1951。

本試劑之 5- 溴衍生物，5- 溴 -2- 氨基苯甲酸（5-Bromo-2-aminobenzoic acid）之分析性質近似母化合物（Parent compound），唯分子量較大，更適用於鋅之微量分析。其理論重量因數為 0.1319。

（3）二甲喹啉酸（Quinaldinic acid）及其衍生物

在酸度為 pH2.3 之溶液中，試劑與鋅生成之複合物能完全沉澱。本法甚簡單，但干擾物甚多，尤以 Cu、Ag、W 及 Mo 為然。溶液若含酒石酸鹽，則可消除 Fe、Al、Cr 及 Ti 等之干擾。若沉澱酸度調整為 pH10.7 ～ 1.22，並加過量試劑，則 Cu 會沉澱而除去。加入硫脲（Thiourea），則能與 Ag 及 Cu^+ 生成複合物，而得消除其干擾性。在沉澱前，宜進行前期硫化物沉澱。本法最適含鋅量為 1mg。本法簡述如次：將二甲喹啉酸鈉或銨（Sodium or Ammonium quinaldinate）一滴一滴加入未加緩衝劑（unbuffered）之含鋅溶液（pH3 ～ 6）內，至鋅完全沉澱為止→以熱水洗滌兩次，以 125℃乾燥至恒重。殘質為 $Zn(C_{10}H_6NO_2) \cdot H_2O$，重量因數為 0.1529。

若以本試劑之衍生物，5- 硝基二甲喹啉酸（5-Nitroquinaldinic acid），取代其母化合物，酸度需調整為 pH2.5 ～ 8.0。

（七）其他重量法

（1）硫酸鋅（ZnSO₄）法

若樣品溶液不含其他金屬，也不含非揮發性酸之陰離子（Anion of nonvolatile acid），則本法可得精確之分析結果。樣品與過量硫酸共同蒸煮，沉澱物以 500℃燒灼後，即得無水硫酸鋅；若溫度提昇至 950℃，則轉化為氧化鋅。

（2）氧化鋅（ZnO）

許多鋅的「稱重沉澱物（Weighing precipitate）」之熱安定性差，但經燒灼後，可得安定性良好之稱重物，ZnO。許多鋅的有機沉澱物以高於950℃燒灼之；或鋅的硝酸或硫酸鹽，以約 1000℃燒灼之，均可轉化為氧化鋅。

（3）氨基氰化鋅（Zinc Cyanamide, ZnCN₂）

加過量氨基氰化鈉（Sodium Cyanamide）（5%）於恰被氨水溶解之氫氧化鋅溶液內，能使鋅完全成 ZnCN₂ 沉澱。因其組成不定，故需經燒灼，轉化為 ZnO，才能稱重。鎂不會干擾。溶液若含硫氰化物（SCN⁻），則鎳會沉澱，而鋅則留在溶液內。本法干擾元素甚多。

二、滴定法

除了複合滴定法（Complexometric procedure）外，所有滴定法，均需經鋅的沉澱分離。本法具快速、準確之優點，適於樣品件數較多之分析。工業上常採用黃血鹽法與複合滴定法。

（一）黃血鹽法

在滴定前，鋅與黃血鹽（Ferrocyanide，或稱亞鐵氰化鉀）生成｛K₂Zn₃[Fe(CN)₆]₂｝之複合物沉澱；此物之安定性範圍（Range of Stability）很窄，且與多種參數有關。

分析結果之良窳與滴定終點之鑑定有密切關係。傳統上係使用鈾鹽（Uranium Salt）當做外指示劑（External indicator）。已發現之內指示劑種類甚多，如：

(1) 還原氧化指示劑類（Redox indicator）：

二苯胺（Diphenylamine）、二苯對氨基聯苯（Diphenylbenzidine）、磺酸二苯對氨基聯苯（Diphenylbenzidine Sulfonate）、DAS（o-Dianisidine）、DMN（3,3'-Dimethylnaphthidin）、ETC(p-Ethoxychrysoidine) 等。

(2) 螢光指示劑類（Fluorescence indicator）：硫酸奎寧（Quinine Sulfate）。

(3) 顏色指示劑類（Color indicator）：戴賽松（Dithizone, DTZ）和四氯化碳之混合物、以及鐵離子（Fe^{+3}）。

(4) 吸附指示劑類（Adsorptionindicator）：甲基紅（Methyl red）。

黃血鹽滴定時之適當條件：

(1) 樣品溶液含 HCl（0.001～0.5N）或 H_2SO_4（2M）；另含 3～10% 之鹽，如氯化鉀、氯化銨、或硫酸銨。

(2) 溶液溫度保持在室溫至 70℃ 之間。

在滴定期間，真實終點未到達前，會有指示劑顏色改變的現象，即所謂的「假性終點（False end point）」。此時可暫停滴定，或減緩滴定速度，溶液即逐漸變回正常狀態。假性終點所產生之效應大小和產生之時機，與溶液條件和滴定速度有關。

在干擾物中，有些陽離子能與試劑生成不溶性沉澱物或堅實的複合離子。有些氧化劑能將黃血鹽氧化為赤血鹽（或稱鐵氰化鉀，Potassium ferricyanide）。離子通常為 Fe、Mn、Cu、Ni、As、Co、Sb、Ag、Al 及大量 Pb 或 Cd；其干擾範圍，和溶液條件與所用之指示劑有關。Fe、Mn 及 Cu 通常需加以分離。在含過量氫氧化銨之溶液內，加入溴水、高硫酸鹽（Persulfate）、或二者之混合物，則錳可生成二氧化錳（Manganese dioxide），而與氫氧化鐵一併沉澱、濾去；而在含過量氫氧化銨之溶液中，鋅離子不易與沉澱生成共沉現象。鉛粒能使銅還原成金屬銅沉澱。另外 Fe^{+3} 和 Mn^{+3} 亦可與焦磷酸鹽（Pyrophosphate）生成複合離子。

本法通常採用直接滴定；也可一次加入過量黃血鹽試劑，再以標準鋅溶液進行反滴定（Back-titration），並以電位法或內指示劑法判定其滴定終

點。過量之黃血鹽試劑亦可使用氧化劑（如 Ce^{+4}）滴定之。黃血鹽加入速度不可過快，以免影響分析結果。

碘化鉀（KI）和赤血鹽之混合物加入樣品溶液中，則此混合物先生成下列平衡反應式：

$$2Fe(CN)_6^{-3} + 3I^- \leftrightarrows 2Fe(CN)_6^{-4} + I_3^-$$

上式所生成之 $Fe(CN)_6^{+4}$ 能與 Zn^{+2} 生成 $K_2Zn_3[Fe(CN)_6]_2$ 而沉澱；至溶液不含 Zn^{+2} 時，則上式不再向右反應。因 I^- 係弱還原劑，在含稍過量黃血鹽鹽之溶液中，不會再繼續還原赤血鹽，故上式即停止。而上式所生成之碘（I_3^-），即可使用硫代硫酸鹽標準溶液滴定之。

本法之鋅和硫代硫酸鹽不成理論比值，因此滴定硫代硫酸鹽之「規定濃度（Normality）」，應乘以因數 1.019。

（二）硫氰化汞鋅法

加過量硫氰化汞鉀試劑於樣品溶液內，使鋅成硫氰化汞鋅（另名：四硫氰汞酸鋅，Zinc tetrathiocyanomercurate）沉澱，然後以鐵離子（Fe^{+3}）為指示劑，使用硝酸汞標準溶液滴定過量之試劑：

$$Hg(CNS)_4^{-2} + Hg^{+2} \rightarrow 2Hg(CNS)_2$$

另外，亦可使用過量之碘化鉀，溶解經洗滌之硫氰化汞鋅沉澱物，過量之碘化鉀以汞離子（Hg^{+2}）滴定之：

$$4I^- + ZnHg(CNS)_4 \rightarrow Zn^{+2} + HgI_4^{-2} + 4CNS^{-1}$$

$$Hg^{+2} + 4I^- \rightarrow HgI_4^{-2}$$

到達終點時，過量之 Hg^{+2} 能生成 HgI_2 之紅色沉澱。另外，亦可改用 HCl（9～12N）溶解沉澱，然後使用偏過碘酸鹽（Metaperiodate）或氯胺 -B（Chloramine-B）滴定所釋出之硫氰化物。

（三）複合滴定法

複合滴定法（Complexometric titration）可分為戴賽松（Dithizone, DTZ）、氰化物（Cyanide）以及 EDTA 等滴定法，在此僅介紹較重要之 EDTA 滴定法。

pH10 之樣品溶液，可使用 EBT（Eriochrome Black T）作為指示劑，進行 EDTA 直接滴定。較嚴重之干擾元素計有 Mn、Cu、Co 及 Ni 等。為避免這些元素之干擾，可改變滴定條件及改用其他指示劑，如 SBW（Solchrome Black WEFA）、兒茶酚紫（Pyrocatechol Violet）、1-（2- 吡啶偶氮）-2- 萘酚〔1-(2-Pyridylazo)-2-naphthol；PAN〕、二甲酚橙（Xylenol orange）以及辛昆（Zincon）。

加遮蔽劑，可消除某些干擾元素，如氟化物（F⁻）能消除 Mg、Ti、及 Al。另外，氰化物（CN⁻）與 Zn、Cd、Co、Cu 及 Ni 等元素生成複合物後，可再加甲醛或三氯乙醛水合物（Chloral hydrate），選擇性破壞複合結構較弱之鋅與鎘之氰化複合物。鐵經維他命 C（Ascorbic acid）還原後，可生成安定的亞鐵氰化物。最後鋅（如果 Cd 存在亦然）即可使用 EDTA 滴定之。在 EDTA 滴定前，干擾元素亦可使用離子交換、色層分離（Chromatographic）以及萃取法分離之。

樣品溶液如果含小量銅和鹼土族元素，則可加過量 EDTA，以及含鐵氰化鉀（Potassinm ferricyanide）與 DMN（3,3'-Dimethylnaphthidine）之指示劑，並將溶液酸度調整為 pH5，然後以標準鋅溶液反滴定之，至溶液呈現淡紫色為止。

（四）8- 羥喹啉鋅法

8- 羥喹啉鋅（Zinc 8-Hydroxyquinolate）沉澱物之有機部份，經「溴酸鹽 - 溴化物」試劑（Bromate-Bromide reagent）溴化後，過量之試劑以碘化鉀處理之，使生成碘後，可用硫代硫酸鹽滴定之。每一 8- 羥喹啉分子消化四當量之溴（Br_2）；而在沉澱物中，一鋅分子則與二分子 8- 羥喹啉分子化合。因此整個反應中，每一原子鋅需用去八當量之溴（Br_2）。同樣方法，可測試沉澱後，或沉澱濾去後，溶液中過量之試劑。8- 羥喹啉化合物（Oxinate Compound）生成時所釋出之酸（$2H^+/Zn$）之測定，亦可供作鋅之定量。

三、光電比色法

在適當緩衝溶液中，鋅易與戴賽松（Dithizone, DTZ）生成複合物。在 pH7.8 ～ 9.3 之酸度、且含檸檬酸鹽遮蔽劑（Masking reagent）之樣品溶液中，鋅易被含戴賽松之氯仿或四氯化碳溶液所萃取，並產生混合色（Mixed color），可供比色用。

　　干擾元素計有：Cu、Mn、Cd、Sn、Al、Ni、Co、Bi、Pb、Ag 及 Fe 等。樣品溶液以檸檬酸鹽緩衝劑調整至 pH8.5，然後以含有戴賽松之四氯化碳萃取之。再將鋅萃取入 HCl（0.01N）內。以「硫代硫酸鹽 - 醋酸鹽「（Thiosulfate-acetate）」緩衝溶液將酸度調整至 pH4 ～ 4.5，再以含戴賽松之四氯化碳萃取。最後以 530μm 之光線測試混合色。

13-6 分析實例

13-6-1 EDTA 滴定法

13-6-1-1 市場鋁及鋁合金（註 A）之 Zn

13-6-1-1-1 第一法

13-6-1-1-1-1 應備儀器

　　(1)電動攪拌器〔攪拌棒應以聚四氯乙烯（Teflon）緊密包覆之〕。

　　(2)500ml 分液澱斗。

13-6-1-1-1-2 應備試劑

　　（1）氟化銨（NH₄F）（20%）

　　　　稱取 200g NH₄F →以適量水溶解後，再加水稀釋成 1000ml →儲於聚乙烯（PE）塑膠瓶內。

　　（2）硫氰化銨（NH₄SCN）（50%）

　　　　稱取 500g NH₄SCN →以適量水溶解後，再加水稀釋成 1000ml →若有雜質，應予濾去→儲於塑膠瓶內。

　　（3）硫氰化銨（NH₄SCN）洗液

　　　　量取 100ml 上項硫氰化銨（50%）→加水稀釋至約 700ml →混合均勻→分別加 9ml HCl 及 4ml HNO₃ →加水稀釋成 1000ml。

　　（4）緩衝溶液（pH10）

　　　　稱取 54g NH₄Cl →分別加 200mlH₂O 及 350ml NH₄OH →加水稀釋成 1000ml →儲於塑膠瓶內。

（5）甲醛溶液（37%）

（6）甲基異丁酮（Methyl isobutyl ketone）。

（7）氰化鉀（KCN）（註 B）（10%）

　　稱取 100g KCN → 以 500ml H_2O 溶解之，再加水稀釋成
1000ml →儲於塑膠瓶內。

（8）**EBT**（Erichrome Black T）（註 C）**指示劑**

　　稱取 0.4g EBT→分別加 20ml 酒精及 30ml「三（羥乙基）胺」（註 D）
溶解之→儲於聚乙烯塑膠滴瓶（Polyethylenedropping bottle）內。

（9）**EDTA**（Disodium ethylenediamine tetraacetate dihydrate）**標準溶
液**（0.01M 或 0.05M）

①**溶液製備**

　　依下表稱取適量之 EDTA（$Na_2H_2 \cdot C_{10}H_{12}O_8N_2 \cdot 2H_2O$）於
1000ml 量瓶內。以適量水溶解後，再加水至刻度，然後均勻混
合之（註 E）。

溶液濃度（M）	0.01	0.05
EDTA 重量（g）	3.72	18.61

②**標定因數**（即求取每 ml EDTA 標準溶液相當於若干 mg 之
Zn）

　　稱取適量標準鋁合金（含 Zn 重量需與試樣所含者相略似，並需
精稱至 1mg）於 250ml 燒杯內，當作試樣，然後依下述 13-6-1-1-
1-3 節（分析步驟）第（2）～（21）步所述之方法處理之，以求其
滴定因數。

③**因數計算**

$$滴定因數（g/ml）＝\frac{W}{V}$$

　　W＝所取標準試樣含 Zn 量（g）

　　V＝滴定標準試樣溶液時，所耗 EDTA 標準溶液之體積（ml）

13-6-1-1-1-3 分析步驟

(1) 依下表稱取適量試樣於 250ml 燒杯內。

試樣含 Zn 量（％）	0.3 ～ 3.0	3.0 ～ 10.0
試樣重量（g）	1.00	0.50

(2) 緩緩加 25ml HCl（1：1）（註 F），溶解試樣。

(3) 俟作用停止後，加 2ml HNO$_3$（註 G）。

(4) 以水洗淨杯緣。此時溶液若含有未溶解之 Si，則應一滴一滴加入 HF，至 Si 溶解完畢為止（註 H）。

(5) 加水稀釋成約 75ml，並煮沸至氮氧化物之黃煙驅盡（註 I）。

(6) 冷卻。移溶液於 500ml 分液漏斗內，加水稀釋成約 250ml。

(7) 加 30ml NH$_4$SCN（註 J）（50%），並徹底混合之。

(8) 加 80ml 甲基異丁酮（註 K），並劇烈搖動 1 分鐘。

(9) 靜止少時，俟兩液層完全分離後，將下面液層排於另一分液漏斗內，上面有機液層暫存（註 L）。

(10) 加 50ml 甲基異丁酮（註 M），並劇烈搖動 1 分鐘。

(11) 靜止少時，讓上下兩液層完全分離。下層液體排棄。上層有機液體合併於第（9）步所遺之上層有機液體內。

(12) 分別加 100ml NH$_4$SCN（註 N）洗液及 15ml NH$_4$F（註 O）（20%）。劇烈搖動之。

(13) 靜止少時，讓上下兩液層完全分離。下層液體排棄。

(14) 加 40ml 緩衝溶液（pH10）（註 P）於上層溶液內，並劇烈振盪少時。加 60mlH$_2$O，再劇烈振盪少時。

(15) 靜止少時，讓上下兩液層分離。

(16) 將下層溶液（註 Q）排於 600ml 燒杯內。上層有機溶液棄去。

(17) 若溶液混濁，則過濾之。以水洗滌數次。沉澱棄去。

(18) 加水稀釋成約 300ml。分別加 20ml KCN（註 R）（10%）及 5 滴 EBT 指示劑（註 S）。以電動攪拌器快速攪動。

(19) 一小份一小份加入甲醛（37%）（註 T），至溶液變成深紅色（註 U），再過量 1 ～ 1.5ml。

(20) 以適當濃度（0.01M 或 0.05M）之 EDTA（註 V）標準溶液滴定，至紅色溶液恰恰變成純藍色為止（註 W）。

(21)（註 X）再加少量甲醛（37%）（切忌加入過量）。此時溶液若復呈酒紅色，則再繼續用 EDTA 標準溶液滴定，至酒紅色溶液恰恰變成不變之藍色為止。

13-6-1-1-1-4 計算

$$Zn\% = \frac{V \times F}{W} \times 100$$

V ＝滴定試樣溶液時，所耗 EDTA 標準溶液之體積（ml）

F ＝ EDTA 標準溶液（0.01 或 0.05M）之滴定因數（g/ml）

W ＝試樣重量（g）

13-6-1-1-1-5 附註

（A）

(1) 一般鋁合金所含之成份（如 Bi、B、Cr、Pb、Fe、Mg、Mn、Ni、Si、Sn 及 Ti 等）均不會干擾本法。

(2) 使用本法時，試樣含 Zn 量以 0.3 ～ 10% 為度；含量低於 0.3% 時，應使用硫氰化銨汞或硫化氫沉澱法（見 13-6-2 節。）

(3) 試樣含 Cu > 500mg 時，會產生干擾作用，應使用第 14-6-4-4-3 節第（三）步（電解手續），定銅後所遭之溶液，當作試樣，並從本法（13-6-1-1-3 節）第（5）步開始做起。

（B）KCN 性極毒，故溶液之製備、儲存及使用時，應特別小心，不可吸入其氣體及不得黏於皮膚上，並應在通風櫃內處理之。

（C）EBT 為 Eriochrome Black-T 之縮寫，學名：1-(1-hydroxy-2- Naphthylazo)-6-nitro-2-Naphthol-4-sulfonic acid, Sadium Salt:分子式:1-ONC$_{10}$ • H$_6$-2-N：N-1-C$_{10}$H$_4$-2-OH-4-SO$_3$Na-5NO$_2$ 或

此物儲於聚乙烯塑膠滴瓶內，可保持至少三個月。

（D）「三（羥乙基）胺」亦稱氨基三乙醇；學名：Triethanolamine 或 2-2'-2"-Nitrilotriethanol；分子式：$(HOCH_2CH_2)_3N$ 。

（E）若儲於緊密之派勒克斯玻璃瓶（亦稱硼玻璃瓶，Pyres or Borosilicate glass bottles）或聚乙烯瓶（Polyethylene bottles）內，EDTA 溶液可歷數月而不變。

（F）（G）（I）

(1) 金屬銅不溶於 HCl，故需另加 HNO_3 以溶解之。

(2) 因 HNO_3 能分解第 (7) 步所加之 NH_4SCN：

$$3CNS^- + 10H^+ + 13NO_3^- \rightarrow 16NO \uparrow + 3CO_2 \uparrow + 3SO_4^{-2} + 5H_2O$$

故不可加入過多。

(3) 氫氧化物之黃煙驅盡，表示溶液已無 NO_3^-。

（H）未溶解之 Si 在第(5)步與 HNO_3 共煮後，所生成之膠狀矽酸（H_2SiO_3）易吸附 Zn^{+2}（可能生成 $ZnSiO_3$），而一併下沉，使分析結果偏低，故需加 HF，使 Si 成 H_2SiF_6

$$H_2SiO_3 + 6HF \xrightarrow{\triangle} H_2SiF_6 + 3H_2O$$

而溶解於水內。

（J）（K）（L）（M）

(1) $Zn^{+2} + 4SCN^- \rightarrow Zn(SCN)_4^{-2}$。

(2) 因甲基異丁酮〔$(CH_3)_2 \cdot CHCH_2COCH_3$〕能溶解 $[Zn(SCN)_4]^{-2}$，故以之作為 $[Zn(SCN)_4]^{-2}$ 之萃取劑。

(3) 上層有機液體為含有 $[Zn(SCN)_4]^{-2}$ 之甲基異丁酮。

(4) 萃取可能不完全，故需用甲基異丁酮萃取兩次。

（N）（O）

(1)溶液內可能仍含 Al^{+3}、Fe^{+3}，干擾下列操作，故加 NH_4F，先予以除去。

(2) 因 AlF_6^{-3} 及 FeF_6^{-3} 之溶解積常數（Ksp）較 $[Al(SCN)_6]^{-3}$ 與 $[Fe(SCN)_6]^{-3}$ 小，故有大量之 F^- 存在時，$[Al(SCN)_6]^{-3}$ 與 $[Fe(SCN)_6]^{-3}$ 均能轉變成較易溶解於水之 AlF_6^{-3} 與 FeF_6^{-3} 複合離子，故得與較難溶於水之 $[Zn(SCN)_4^{-2}]$ 分開。

(3)藉共同離子效應，洗液若加少量 NH_4SCN，則可減少 $[Zn(SCN)_4]^{-2}$ 溶於下面水溶液層之趨向。

（P）（Q）

在鹼性且含過量 NH_4^+ 之溶液中，$[Zn(SCN)_4]^{-2}$ 能與 NH_4^+ 生成不溶於甲基異丁酮，但溶於下層水溶液之 $Zn(NH_3)_4^{+2}$ 複合離子。

（R）（S）（T）（U）（V）（W）

(1) 因 $Zn(CN)_4^{-2}$ 之溶解積常數（Ksp）較 $Zn(NH_3)_4^{+2}$ 為小，故 KCN 能與 $Zn(NH_3)_4^{+2}$ 複合離子生成 $Zn(CN)_4^{-2}$ 複合離子。

(2) 雖然許多二價金屬元素，亦能與 CN^- 生成各種複合物〔如 $Cu(CN)_4^{-2}$、$Fe(CN)_6^{-3}$、$Fe(CN)_6^{-4}$、$Ni(CN)_4^{-2}$、$Co(CN)_6^{-4}$ 等〕，但只有 $Zn(CN)_4^{-2}$ 能被甲醛分解成 Zn^{+2} 及 CN^-，其餘金屬元素與 CN^- 所生成之複合離子則否，故 Zn^{+2} 得獨自生成單離子。

(3)Zn^{+2} 能與藍色之 EBT 指示劑生成紅色之化合物，若以 EDTA 滴定之，則 Zn^{+2} 轉而與 EDTA 生成無色之 EDTA 之二鈉鋅鹽（Disodium Zinc Salt Ethylenediamine Tetraacetate）：

$$Zn^{+2} + Na_2H_2 \cdot C_{10}H_{12}O_8N_2 \rightarrow Na_2ZnC_{10}H_{12}O_8N_2 + 2H^+ \uparrow$$

俟滴定完畢，溶液內無 Zn^{+2} 存在，則 EBT 指示劑即回復其本身原來之藍色，故可當做滴定終點。

（X） 溶液中可能尚含有 $Zn(CN)_4^{-2}$，故需再用甲醛處理，並再繼續用 EDTA 標準溶液滴定之。

13-6-1-1-2 第二法

13-6-1-1-2-1 應備儀器：強鹽基陰離子樹脂柱（R-Cl）（見附註 A）

13-6-1-1-2-2 應備試劑

（1）**HCl**（特級）

（2）**HCl**（1：1、1：5）（特級）

（3）**HNO₃**（1：150）（特級）

（4）**NaOH**（10%）（特級）

（5）**KCN**（6%）（特級）

（6）**甲醛**（35%）

（7）**緩衝溶液**

稱取 67.5g NH_4Cl →以 200ml H_2O 溶解之→加 570mlNH_4OH →加水稀釋成 1000ml。

（8）**標準鋅溶液**

稱取 1.000g 純鋅（99.99% 以上）於燒杯內→分別加 20mlH_2SO_4 （1：1）及 5ml HCl →加熱分解後，蒸至冒出濃白硫酸煙→冷至常溫→移溶液於 1000ml 量瓶內→加水稀釋至刻度（1ml ＝ 1mg Zn）。（註 B）

（9）**EBT**（註 C）**指示劑**

稱取 0.5g EBT →以 100ml 酒精溶解之→加 4g 鹽酸羥胺（$NH_2OH \cdot HCl$）→攪拌溶解之。

（10）**EDTA 標準溶液**（0.05M）

①**溶液製備**

稱取 18.6g EDTA →以適量水溶解之→將溶液移於 1000ml 量瓶內→加水稀釋至刻度→以 PE（聚乙烯）塑膠瓶保存之（此溶液可用水稀釋成 0.02、0.01 及 0.005M 等濃度。）

②**因數標定**（即求取每 ml 新配 EDTA 標準溶液相當於若干 g Zn）

稱取與試樣同重之純鋁或鋁合金標準樣品（含微量 Zn）於 500ml 燒杯內，當作試樣。另取一杯，供作空白試驗→每 g 試料以 15ml HCl（1：1）分解之→以吸管加入 25ml 標準鋅溶液（註 D）（空白試

驗則加 25ml H$_2$O）→然後依照下述 13-6-1-1-2-3 節（分析步驟）第
（3）～（11）步所述之方法處理之，以求其滴定因數。

③**因數計算**

$$滴定因數（g/ml）=\frac{0.025（註 E）}{V_1-V_2}$$

V$_1$＝滴定試樣溶液時，所耗EDTA標準溶液（0.05M）之體積（ml）

V$_2$＝滴定空白溶液時，所耗EDTA標準溶液（0.05M）之體積（ml）

13-6-1-1-2-3 分析步驟

（1）依下表稱取適量試樣於 500ml 燒杯內：

試樣含 Zn 量（％）	試樣重量（g）
＜ 0.1	5
＞ 0.1 ～＜ 0.5	3
＞ 0.5 ～＜ 2	1
＞ 2 ～＜ 5	0.5
＞ 5	0.2

（2）以錶面玻璃蓋好。每 g 試樣加 15ml HCl（1：1）（需一小份一小份
加入），以分解之（註 F）。

（3）置於砂浴鍋上，加熱蒸發至乾涸。

（4）放冷後，加約 150ml H$_2$O（溫）。加熱至可溶鹽溶解。

（5）過濾。以溫水洗滌數次。濾液及洗液聚於燒杯內。沉澱棄去。

（6）將濾液及洗液蒸發濃縮至 150ml。

（7）加 35ml HCl，然後加水稀釋成約 200ml（註 G）。

（8）冷卻後，將溶液以每分鐘 5 ～ 10ml 之流速流經強鹽基性陰離子
交換樹脂柱（註 H）。然後依照附註（I）之規定，以適量 HCl（1：5，
溫）洗滌燒杯。洗液再以每分鐘 10ml 之流速，通過樹脂。

（9）使用 250 ～ 300ml HNO$_3$（1：50，溫）（註 J），以每分鐘 10ml 之流
速通過樹脂柱，將吸附於樹脂上之鋅離子（Zn^{+2}）完全溶於燒杯內
（註 K）。

(10) 分別加 10ml 緩衝溶液、10ml KCN 及 0.1ml EBT 指示劑,再攪拌之。

(11) 加 1ml 甲醛,然後依照附註(L)之規定,以適當濃度之 EDTA 標準溶液滴定,至溶液之紅色恰恰完全變成藍色為止。

13-6-1-1-2-4 計算

$$Zn\% = \frac{V \times F}{W} \times 100$$

V＝滴定試樣溶液時,所耗 EDTA 標準 溶液之體積（ml）

F＝EDTA 標準溶液之滴定因數（g/ml）

W＝試樣重量（g）

13-6-1-1-2-5 附註

註:除下列各附註外,另參照 13-6-1-1-1-5 節有關之各項附註。

（A）

(1) 強鹽基陰離子樹脂柱之剖面圖（圖 13-1) 與使用說明如下:

在使用前,需先使用約 50ml NaOH（10%）,以每分鐘 5ml 之流速通過樹脂柱,然後再使用約 50ml H_2O,以同速通過洗淨。最後使用約 50ml HCl(1: 5),亦以每分鐘 5ml 之流速,通過樹脂。

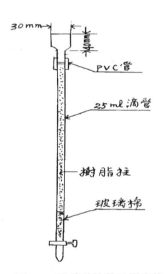

圖 13-1 強鹽基陰離子樹酯柱

(2) 每次使用後,均應依上法洗淨、再生,以備下次使用。

（B）（D）（E）

∵ 1 ml 標準鋅溶液 =1 mg Zn

　 25 ml 標準鋅溶液 =25mg Zn

$$\therefore 滴定因數（g/ml）= \frac{25mg\ Zn \times 1\ g/1000（mg）}{V_1 - V_2} = \frac{0.025g}{V_1 - V_2}$$

（**C**）參照 13-6-1-1-1-5 節附註（C）。

（**F**）此時，若試樣仍難以分解時，可另加少量 H_2O_2（3%）。

（**G**）此時溶液中 HCl 之濃度約為 2N。

（**H**）（1）此時之溶液約為 20 ～ 40℃。

（2）當含 Zn^{+2} 之溶液流經樹脂柱時，Zn^{+2} 即為樹脂之強鹽基陰離子所吸附，其餘雜質（如 Mg^{+2}、Al^{+3} 等）則隨流出之溶液棄去。

（**I**）鹽酸洗淨液之使用量規定如下：

試樣重量 g	HCl 使用量（ml）
＜ 1	200
3	400
5	600

（**J**）此時所用之 HNO_3（1：150）約為 0.1N。

（**K**）從吸附、洗淨、溶離至滴定，溶液最適含 Zn 濃度為 0.1 ～ 50mg。

（**L**）

溶液含 Zn 量（mg/200ml）	EDTA 標準溶液濃度（M）
＜ 2	5/1000
2 ～ 10	1/100
5 ～ 20	2/100
10 ～ 50	5/100

13-6-1-2 市場鎂及鎂合金（註A）之 Zn

13-6-1-2-1 第一法（使用本法時，試樣含 Zn 量以 0.3 ～ 20% 為宜。）

13-6-1-2-1-1 應備儀器：同 13-6-1-1-1-1 節

13-6-1-2-1-2 應備試劑

（1）硫氰化銨（NH_4SCN）（50%）

稱取 500g NH_4SCN →以適量水溶解後，再繼續加水稀釋成 1000ml。

（2）「NH₄SCN–HCl」混合洗液

量取 100ml 上項 NH₄SCN（50%）→加 700ml H₂O →混合均勻→分別加 8ml HCl 及 3ml HNO₃ →加水稀釋成 1000ml。

（3）緩衝溶液（濃）

稱取 65.5g NH₄Cl →加適量水溶解之→加 570ml NH₄OH →加水稀釋成 1000ml。

（4）緩衝溶液（稀）

量取 400ml 上項緩衝溶液（濃）→加水稀釋成 1000ml。

（5）甲醛（37%）

（6）甲基異丁酮（Methyl isobutyl ketone）。

（7）氰化鉀（KCN）（註 B）（5%）

稱取 5g KCN →加適量水（含 3ml NH₄OH）溶解後，再繼續加水稀釋成 100ml。

（8）EBT（註 C）指示劑

稱取 0.4g EBT→分別加 20ml 酒精（95%）及 30ml「三（羥乙基）胺」（註 D），以溶解之。

（9）標準鋅溶液（1ml ＝ 0.001g Zn）

稱取 1.000g 鋅粉（純）於 1000ml 量瓶內→分別加 55ml H₂O 及 23ml HCl →俟鋅粉悉數溶解後，加水稀釋至刻度。

（10）EDTA 標準溶液（0.01M）

①溶液製備

稱取 4.0g EDTA 於 1000ml 量瓶內→以適量水溶解之→加 0.1g 氯化鎂（MgCl₂・6H₂O）→加水稀釋至刻度。

②因數標定（即求取每 ml 新配 EDTA 標準溶液相當於若干 g Zn）

精確量取適量標準鋅（Zn）溶液（以含 4 ～ 10mg Zn 為宜）於 500ml 量瓶內，當做試樣，然後依照下述 13-6-1-2-1-3 節（分析步驟）所述之方法〔從第（二）步（萃取）開始做起〕處理之，以求其

滴定因數。

③**因數計算**

$$滴定因數（g/ml）＝\frac{W}{V}$$

W ＝所取標準鋅溶液之含 Zn 量（g）

V ＝滴定標準鋅溶液時，所耗新配 EDTA 標準溶液 （0.01M）
之體積（ml）

13-6-1-2-1-3 分析步驟

一、溶解

（一）設 Zn ＜ 1.0%

(1)稱取適量試樣（以含 4 ～ 10mg Zn 為宜，但試樣總量不可超過
1.5g，同時精稱至 1.0mg）於 250ml 燒杯內。

(2)加 25ml H₂O，然後每 g 試樣加 7.5ml HCl（濃），以溶解之。

(3)冷卻後，移溶液於 500ml 分液漏斗內，然後依下法（第二步）萃取之。

（二）設 Zn ＞ 1.0%

(1)稱取適量試樣（以含 40 ～ 100mg Zn 為宜，並需精稱至 1mg）於
250ml 燒杯內。

(2)加 25ml H₂O，然後每 g 試樣加 7.5ml HCl（濃），以溶解之。

(3)放冷後，移溶液於 500ml 量瓶內，然後加水稀釋至刻度，並均勻混
合之。

(4)以吸管吸取適量溶液（以含 4 ～ 10mg Zn 為宜）於 500ml 量瓶內，
然後依下法（第二步）萃取之。

二、萃取

(1)分別加 2.5ml HCl 及 1.0ml HNO₃。加水稀釋成 300ml 後，均勻混
合之。

(2)加 30ml NH₄SCN（註 E）（50%），並均勻混合之。

(3)加 50ml 甲基異丁酮（註 F），並充份振盪 1 分鐘。

(4) 靜止少時，俟兩液層完全分離後，將下層液體排棄。

(5) 加 100ml「NH₄SCN-HCl」混合洗液（註 G），並充分振盪之。

(6) 靜止少時，俟上下兩液層完全分離後，將下層液體排棄。

(7) 加 40ml 緩衝溶液（濃）（註 H）。小心充分振盪之。

(8) 靜止少時，俟上下兩液層完全分離後，將下層液體排於 500ml 伊氏燒杯內，暫存。

(9) 加 25ml 緩衝溶液（稀）（註 I）於上層有機溶液內，並小心充分振盪之。

(10) 靜止少時，讓上下兩液層完全分離。

(11) 將下層液體排出，並合併於第(8)步所遺溶液內。所遺上層液體棄去。

三、滴定

(1) 加水稀釋成 300ml 後，再加 10ml KCN（註 J）（5%）及數滴 EBT 指示劑（註 K），然後以電動攪拌器快速攪拌之。

(2) 加 3ml 甲醛（37%）（註 L）於此藍色溶液內，然後以 EDTA 標準溶液（註 M）滴定，至酒紅色（註 N）溶液恰恰變成純藍色為止（註 O）。

13-6-1-2-1-4 計算

$$Zn\% = \frac{V \times F}{W} \times 100$$

V ＝滴定試樣溶液時，所耗 EDTA 標準溶液之體積（ml）

F ＝ EDTA 標準溶液（0.01M）之滴定因數（g/ml）

W＝試樣重量（g）

13-6-1-2-1-5 附註

（A）一般鎂合金所含之成份（如 Al、Cu、Fe、Pb、Mn、Ni、Si、Ti、Sn、Zr 等），對本法均不生干擾作用。

（B）（C）（D）

分別依次參照 13-6-1-1-1-5 節附註（B）、（C）、（D）。

（**E**）（**F**）

參照 13-6-1-1-1-5 節附註（J）（K）（L）（M）第（1）（2）（3）項。

（**G**）

(1) 參照 13-6-1-1-1-5 節附註（N）（O）。

(2) 除 NH_4F 外，HCl 亦能與 Al^{+3}、Fe^{+3} 生成各種易溶於水之複合離子（如 $FeCl_4^-$、$FeCl_2^+$、$FeCl_6^{-3}$、及 $AlCl_4^-$ 等）。

（**H**）（**I**）

(1) 參照 13-6-1-1-1-5 節附註（P）（Q）。

(2) 上層溶液可能仍遺有 $[Zn(SCN)_4]^{-2}$，故需再用緩衝溶液（稀）重新萃取一次。

（**J**）（**K**）（**L**）（**M**）（**N**）（**O**）

參照 13-6-1-1-1-5 節附註（R）（S）（T）（U）（V）（W）。

13-6-1-2-2 第二法

13-6-1-2-2-1 應備儀器：如附註（A）

13-6-1-2-2-2 應備試劑

（**1**）**HCl**

（**2**）**HCl**（1：23）

（**3**）**HNO$_3$**（1：13）

（**4**）**NH$_4$OH**（1：1）

（**5**）**醋酸銨溶液**（20%）

（**6**）**二甲酚橙**（Xylenol orange）**指示劑**

稱取 0.1g 二甲酚橙 $\{C_6H_4SO_2OC[C_6H_2\text{-}5\text{-}CH_3\text{-}4\text{-}O\,H\text{-}3\text{-}CH_2N\text{-}(CH_2COOH)_2]\}$ →以 100ml 酒精（50%）溶解之

（**7**）**H$_2$O$_2$**（3%）

（**8**）**標準鋅溶液**

稱取 1.00g 純鋅（99.95% 以上）→加 20ml HCl（1：1）→加熱分解

之→冷卻→移溶液於 1000ml 量瓶內→加水稀釋至刻度（1ml ＝ 0.001g Zn）。

（9）EDTA 標準溶液（0.015M）

①溶液製備

稱取 5.7g EDTA（註 C）→以適量水溶解之→移溶液於 1000ml 量瓶內→加水稀釋至刻度。（理論上，1ml ＝ 0.001g Zn）。

②因數標定

精確量取 25ml 標準鋅溶液。另取 25ml H_2O，供作空白試驗→加 10ml 醋酸銨（20％）（註 B）→加水稀釋成約 100ml →加入數滴二甲酚指示劑→以新配之 EDTA 溶液滴定，至溶液之紅色恰恰完全變成黃色為止。

③因數計算

$$F = \frac{0.025（註 C）}{V_1 - V_2}$$

F＝ EDTA 標準溶液之滴定因數（g/ml）

V_1＝滴定標準鋅溶液時，所耗 EDTA 標準溶液之體積（ml）

V_2＝滴定空白溶液時，所耗 EDTA 標準溶液之體積（ml）

13-6-1-2-2-3 分析步驟

（1）精確稱取 1.00g 試樣於 300ml 燒杯內。

（2）加 10ml H_2O。以錶面玻璃蓋好。

（3）徐徐加入 8ml HCl，以分解試樣。

（4）反應停止後，再加熱，至試樣完全分解為止（註 D）。

（5）冷卻後，將溶液以每分鐘 2ml 之流速，流經強鹽基性陰離子交換樹脂柱（註 E）。然後以 40ml HCl（1：23）洗滌燒杯（分次洗滌），洗液再以每分鐘 3ml 之流速，通過樹脂柱。（註 F）

（6）使用 40ml HNO_3（1：13），以每分鐘 2ml 之流速通過樹脂柱，將吸附於樹脂上之鋅離子（Zn^{+2}）完全溶於 300ml 燒杯內。

(7) 加 10ml 醋酸銨（20%）於試樣溶液內，然後以 NH₄OH（1:1）將溶液調整至 pH5.5。最後加水稀釋至約 100ml。

(8) 加數滴二甲酚橙指示劑，然後以 EDTA 標準溶液滴定，至溶液之紅色恰恰變為黃色為止（註 G）。

13-6-1-2-2-4 計算

$$Zn\% = \frac{F \times V}{W} \times 100$$

F = EDTA 標準溶液之滴定因數（g/ml）

V = 滴定試樣溶液所耗 EDTA 標準溶液之體積（ml）

W = 試樣重量（g）

13-6-1-2-2-5 附註

（A）強鹽基性陰離子樹脂柱之使用說明及剖面圖（圖 13-2）如次：

（1）強鹽基性陰離子樹脂在乾燥時，其粒子大小為 149 ～ 74μ（或 100 ～ 200mesh）。

（2）每次用畢，需再分別用 20ml HNO₃（1:13）及 20ml HCl（1:5）洗淨、再生後，才可供第二次使用。用完後，需再用 HNO₃（1:13）洗滌，方可儲存。

下次使用前需再用鹽酸及硝酸洗滌數次。

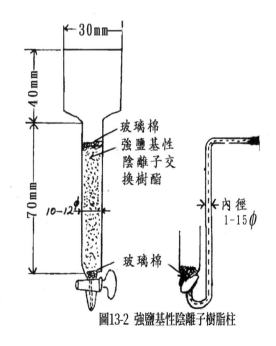

圖13-2 強鹽基性陰離子樹脂柱

（B）此時溶液 pH 值應為 5.5。

（C）同 13-6-1-1-2-5 節附註（B）（D）（E）。

（**D**）加熱後，若仍有試樣不溶，則可另加少量 H_2O_2（3%），並繼續加熱分解之。

（**E**）參照 13-6-1-1-2-5 節附註（H）。

（**F**）因鋅易吸附 Fe^{+3}、Cu^{+2} 等離子，故需以 HCl 洗淨之。

（**G**）若 pH 值過低，近終點時，會有變色不明之現象，需及時使用 NH_4OH（1:1）調整至 pH5.5，並追加 1～2 滴指示劑，然後再繼續滴定。

13-6-1-3 特殊黃銅（註 A）及青銅（註 B）之 Zn

13-6-1-3-1 應備儀器：同 13-6-1-1-1-1 節

13-6-1-3-2 應備試劑（註 C）

（**1**）氟化銨（NH_4F）（20%）

（**2**）硫氰化銨（NH_4SCN）（50%）

（**3**）硫氰化銨（NH_4SCN）洗液

（**4**）緩衝溶液（pH10）

（**5**）甲醛溶液（37%）

（**6**）甲基異丁酮（Methyl isobutyl ketone）

（**7**）氰化鉀（KCN）（10%）

（**8**）**EBT**（Erichrome Black T）指示劑

〉同 13-6-1-1-1-2 節

（**9**）**NaOH**（20%）

稱取 200g NaOH →加適量水溶解之→冷卻→加水稀釋成 1000ml →儲於聚乙烯塑膠瓶內。

（**10**）**EDTA 標準溶液**（0.01M 或 0.05M）

①溶液製備：同 13-6-1-1-1-2 節。

②因數標定（即求每 ml 新配 EDTA 標準溶液相當於若干 g Zn）

以已知含鋅量（%）之標準銅合金（Standard Copper Base Alloy），當作樣品，依照下述 13-6-1-3-3 節（分析步驟）所述之方法處理之，以求取滴定因數。

③因數計算

$$滴定因數（g/ml）= \frac{W}{V}$$

W ＝所取標準試樣之含 Zn 量（g）

V ＝滴定標準銅合金溶液時，所耗新配 EDTA 標準溶液之體積（ml）

13-6-1-3-3 分析步驟

（一）溶解

(1) 稱取適量樣品（以不超過 100mg Zn 為宜，並精稱至 1mg）於 250ml 燒杯內，並以錶面玻璃蓋好。

(2) 加 25ml HNO₃（1：1）。加熱，至試樣悉數溶解，及氮氧化物之黃煙驅盡為止。

(3) 加少許濾紙屑過濾之。用 HNO₃（1：99）洗滌數次。沉澱（註 D）棄去。

(4) 加 1 滴 HCl(0.1N)於濾液及洗液內。加水稀釋成 150ml 後，依下法〔第（二）步〕電解之。

（二）電解

(1) 裝上電極。

(2) 以 1 ～ 1.5 安培電流，電解至溶液無色（註 E）。

(3) 以洗瓶沖洗燒杯內壁及露於液面之電極，然後繼續電解 30 分鐘（註 F）。

(4) 一面繼續通電，一面移下盛溶液之燒杯，然後以水沖洗陰陽兩電極（註 G），並聚溶液於主液內。電極上之沉澱物棄去。

（三）萃取

(1) 以石蕊試紙當做指示劑，加 NaOH(20%)，至溶液恰恰中和為止（註 H）。

(2) 加 10ml HCl（1：1）。冷卻之。

(3) 移溶液於 500ml 分液漏斗內。加水稀釋成 250ml 後，加 30ml NH₄SCN（註 I）（50%），並徹底混合之。

(4) 加 50ml 甲基異丁酮（註 J）。劇烈振盪 1 分鐘。

(5) 靜止少時，讓上下兩液層完全分開。

(6) 將下層水溶液排於另一分液漏斗內。上層有機液暫存。

(7) 加 50ml 甲基異丁酮（註 K），並振盪 1 分鐘。

(8) 靜止少時，讓上下兩液層完全分開。

(9) 排棄下層水溶液，將上層有機溶液合併於第 (6) 步暫存之有機溶液內。

(10) 加 100ml NH₄SCN 洗液（註 L）及 10ml NH₄F（20%）（註 M），並充分振盪之。

(11) 靜止少時，讓上下兩液層完全分開後，再排棄下層水溶液。

(12) 加 40ml 緩衝溶液（pH10）（註 N）及 60ml H_2O 於上層有機溶液內，然後充分振盪之。

(13) 靜止少時，讓上下兩液層完全分開。將下層含銨（NH_4^+）溶液（註 O）排於 600ml 燒杯內。上層有機溶液棄去。

（四）滴定

(1) 加水稀釋成 300ml。加 5 滴 EBT 指示劑，再一小份一小份滴加 KCN（10%），至紅色溶液轉變成藍色為止。然後以電動攪拌器快速攪拌。

(2) 一滴一滴加入甲醛（註 S）（37%），至溶液再轉變成酒紅色（註 T）為止。

(3) 以適當濃度（0.01M 或 0.05M）之 EDTA 標準溶液滴定，至紅色溶液恰恰變成純藍色為止。

(4) （註 W）再加少量甲醛（37%）（切忌加入過多）。此時溶液若復呈酒紅色，則再繼續用 EDTA 標準溶液滴定，至酒紅色恰恰變成純藍色為止。

13-6-1-3-4 計算

$$Zn\% = \frac{V \times F}{W}$$

　　　V＝滴定試樣溶液時，所耗 EDTA 標準溶液之體積（ml）

　　　F＝EDTA 標準溶液（0.01M 或 0.05M）之滴定因數（g/ml）

　　　W＝試樣重量（g）

13-6-1-3-5 附註

（A）（B）

　　（1）參照第 11-6-2-4-1-5 節附註（A）（B）。

　　（2）使用本法時，試樣含 Zn 量，以 0.5 ～ 40% 為宜。

（C）所有試劑均不得含多種金屬離子（尤其是 Ca^{+2}、Mg^{+2}、Cd^{+2} 等），否則會產生干擾，而需加作空白試驗。

（D）沉澱物為 Si、As、Sb、Sn 等元素之氧化物。

（E）電解液中之 Cu^{+2} 呈藍色，溶液若變成無色，表示溶液中幾無 Cu^{+2} 存在。

（F）溶液可能仍含有微量之 Cu^{+2}，故需繼續電解 30 分鐘。

（G）陰陽兩電極上之沉澱物，可使用 HNO_3 溶解之，使電極恢復原狀。

（H）試樣若不含 Mn、Al 兩元素，則此時以 NaOH（20%）中和溶液後，再加 40ml 緩衝溶液，然後直接從第（四）步（滴定）開始做起，以節省時間。

（I）（J）（K）、（L）（M）、（N）（O）

　　分別參照 13-6-1-1-1-5 節附註（I）（J）（K）（L）（M）、（N）（O）、（P）（Q）。

（P）參照 13-1-1-1-5 節附註（R）（S）（T）（U）（V）（W）、（X）。

13-6-1-4 銀焊條（Silver brazing alloy）（註A）之 Zn：本法可連續分析 Zn、Cd。

13-6-1-4-1 應備儀器

　　30ml 中孔度玻璃濾杯（Fritted-Glass Cruicible of Medium Porosity）

13-6-1-4-2 應備試劑

　　（1）緩衝溶液（pH10）

（2）**EBT 指示劑**

（3）**KCN**（10%）　｝ 同 13-6-1-1-1-2 節

（4）**甲醛溶液**（37%）

（5）**甲醛**（1：9）：量取 100ml 甲醛（37%）→加 900ml H_2O。

（6）**甲基紅指示劑**（0.04%）

稱取 0.1g 甲基紅（Methyl red）→加 3.72mlNaOH（0.4%）→攪拌溶解之→加水稀釋成 250ml→若有雜質，應予濾去。

（7）**標準鋅溶液**（1ml ＝ 0.001g Zn）

稱取 1.000g 鋅（純）於 1000ml 量瓶內→加 50ml H_2SO_4（1：4）→冷至室溫→加水稀釋至刻度。

（8）**氨基二乙基硫羥羧酸鈉**（2%）

稱取 20g 氨基二乙基硫羥羧酸鈉（Sodium Diethyldithiocarbamate）→加 800ml H_2O →加熱溶解→冷至室溫→加水稀釋成 1000ml（本溶液應即用即配）。

（9）**NaOH**（20%）

稱取 200g NaOH →以 800ml H_2O 溶解之→冷至室溫→加水稀釋成 1000ml。

（10）**鹼性混合洗液**

量取 20ml 上項 NaOH（20%）→分別加 10ml 上項 KCN（10%） 及 10ml 上項氨基二乙基硫羥羧酸鈉（2%）→加水稀釋成 1000ml。

（11）**酒石酸**（30%）

稱取 300g 酒石酸→加 700ml H_2O →加熱助溶→冷至室溫→加水稀釋成 1000ml。

（12）**EDTA 標準溶液**（0.05M）

①**溶液製備**

稱取 18.6g EDTA 於 1000ml 燒杯內→加 600ml H_2O →加熱溶解之→冷至室溫→加 0.1g 氯化鎂（$MgCl_2 \cdot 6H_2O$）→將溶液移於

1000ml 量瓶內一加水至刻度。

②**因數標定**（即求每 ml EDTA 標準溶液相當於若干 g Zn）

量取適量標準鋅溶液〔其含 Zn 量需大約相等於下述 13-6-1-4-3 節（分析步驟）第（7）步所取溶液之含 Zn 量〕當作試樣，然後依照下述 13-6-1-4-3 節（分析步驟）第（3）～（9）步所述之方法處理之，以標定其滴定因數。

③**因數計算**

$$滴定因數（g/ml）＝\frac{W}{V}$$

W ＝所取標準鋅溶液之含 Zn 量（g）

V ＝滴定標準鋅溶液時，所耗新配 EDTA 標準溶液之體積（ml）

13-6-1-4-3 分析步驟

(1) 將 6-6-2-9-1 節第（二）步電解完畢後，所遺之電解液，蒸煮至冒出濃白硫酸煙。

(2) 冷至室溫後，加水稀釋成 250ml。

(3) 分別加 15ml 酒石酸（30%）及 8 滴甲基紅指示劑（0.04%）。然後小心加入 NaOH（20%），至溶液恰恰中和為止（切忌過量）。（註 B）

(4) 加 10ml KCN（10%）及 75ml 氨基乙二基硫羥羰酸鈉（註 C）（2%）。徹底攪拌後，靜置約 30 分鐘。

(5) 使用 30ml 玻璃濾杯，並藉真空泵抽氣，以傾泌法（Decantation）過濾之。以鹼性混合洗液，沖洗燒杯內及濾杯內之沉澱各 2 次。沉澱可繼續供 Cd 定量之用。

(6) 移濾液及洗液於 500ml 量瓶內，再加水稀釋至刻度。

(7) 量取適量溶液（以含 50 ～ 150mg Zn 為宜）於 800ml 燒杯內。加 150ml 緩衝溶液（pH10），然後加水稀釋成 600ml。

(8) 加 5 滴 EBT 指示劑（註 D），再加足量甲醛（1：9），至溶液恰呈紅色為止。

(9) 以 EDTA（註 E）標準溶液（0.05M）滴定，至溶液恰呈藍綠色為止。

如此反覆加入甲醛（1：9），及用 EDTA 標準溶液滴定，迄加入甲醛（1：9）後，在 2 分鐘內，溶液之藍綠色不再轉變成紅色為止。

13-6-1-4-4 計算

$$Zn\% = \frac{V_1 \times F}{V_2 \times W} \times 50000 \text{（註 G）}$$

V_1 ＝滴定時，所耗 EDTA 標準溶液（0.05M）之體積（ml）

V_2 ＝第（7）步所取溶液之體積（ml）

F ＝ EDTA 標準溶液（0.05M）之滴定因數（g/ml）

W＝試樣重量（g）

13-6-1-4-5 附註

（A）參照 19-6-1-3 節附註（A）。

（B）在中性溶液中，若有足量酒石酸存在，可防 Fe^{+3}、Al^{+3} 等離子之氫氧化物沉澱析出。

（C）（D）（E）（F）

　（1）因 Zn^{+2} 與 Cd^{+2} 對於 EBT、EDTA、CN^- 及甲醛之作用完全相同〔參照 21-6-3-4 節附註（B）（C）（D）（E）〕，故使用 EDTA 滴定前，需完全予以分開。

　（2）此時 Cd^{+2} 能與氨基二乙基硫羥羧酸鈉〔$(CH_3CH_2)_2NCS_2Na$〕化合而沉澱；而 Zn^{+2} 則與 CN^- 生成 $Zn(CN)_4^{-2}$ 之複合物而留於溶液中，故 Cd^{+2} 與 Zn^{+2} 得以分開。

（G）

$$Zn\% = \frac{V_1 \times F}{V_2 \times W/500} \times 100 = \frac{V_1 \times F}{V_2 \times W} \times 50,000$$

13-6-2「硫氰化銨汞或硫化氫」沉澱法： 適用於市場鋁及鋁合金之 Zn（註A）

13-6-2-1 應備試劑

（1）硫氰化銨汞 {Ammonium mercury thiocyanate；$(NH_4)_2Hg(SCN)_4$} 溶液
分別稱取 32g NH_4SCN 及 27g $HgCl_2$（註B）→加 500ml H_2O 溶解之→若有雜質，應予濾去。

（2）硫氰化銨汞洗液
量取 10ml 上項硫氰化銨汞溶液→加水稀釋成 1000ml。

（3）蟻酸混合液
量取 200ml 蟻酸（1.20）→加水稀釋成約 900ml→加 30ml NH_4OH→加水稀釋成 1000ml。

（4）蟻酸洗液
量取 25ml 上項蟻酸混合液→加水稀釋成 1000ml→引入 H_2S 氣體至飽和。

（5）硫化氫洗液
量取適量 H_2SO_4（1：99）→引入 H_2S 氣體至飽和。

（6）甲基紅指示劑（0.04%）
稱取 0.1g 甲基紅（Methyl red）→以 4mlNaOH（0.4%）溶解之→加水稀釋至 250ml→若有雜質，應予濾去。

（7）高錳酸鉀（$KMnO_4$）（1%）
稱取 10g $KMnO_4$→加適量水溶解後，再繼續加水稀釋成 1000ml。

（8）硫氫化鈉（NaSH）溶液
稱取 0.2g NaOH→加適量水溶解後，再加水稀釋成 1000ml→引入 H_2S 氣體至飽和（註C）。

（9）酒石酸溶液（25%）：
稱取 25g 酒石酸→以適量水溶解後，再繼續稀釋成 1000ml。

13-6-2-2 分析步驟

一、溶解

(1) 依下表稱取適量試樣於 400ml 燒杯內。另取同樣燒杯一個，供作空白試驗。

樣品含 Zn 量（%）	試樣重量（g）
0.01 ～ < 0.10	5.0 ～ 3.0
> 0.1 ～ < 0.90	2.0
> 0.90 ～ < 1.00	1.0

(2) 以每 g 試樣小心加入 15ml HCl（1:1）後，再過量 10ml，以溶解之。

(3) 作用停止後，加 1ml HNO_3。煮沸，以趕盡氮氧化物之黃煙。

二、分離

(1) 加水稀釋成 125ml。加 10ml HCl（1:1）。引入 H_2S 氣體 3 分鐘。（註 D）

(2) 加入少量濾紙屑。以中速濾紙（Medium Paper）過濾之。以 H_2S 洗液洗滌數次。沉澱棄去。

(3) 煮沸 10 分鐘，以驅盡 H_2S 氣體。

(4) 冷卻後，每 g 試樣加 25ml 酒石酸（25%）（註 E），然後加水稀釋成 250ml。

(5) 加數滴甲基紅指示劑（0.04%）。然後加 NH_4OH（註 F），至溶液恰呈中性為止。

(6) 加 25ml 蟻酸混合液（註 G）。加熱至近沸點時，即快速通入 H_2S（註 H）氣體 15 分鐘。

(7) 加入少量濾紙屑，充分攪拌後，用細密濾紙（內含少量濾紙屑）過濾。以蟻酸洗液（註 I）洗滌數次。濾液及洗液棄去。

(8) 以 HCl（1:3）（註 J）注於濾紙上，以溶解沉澱。以熱水徹底洗淨濾紙。洗液及濾液透過濾紙，聚於原燒杯內。濾紙棄去。

(9) 加 3ml H_2SO_4。蒸煮至冒出白色硫酸煙。

(10) 冷卻後，加 50ml H_2O。加熱至沸。

(11) 乘熱加 25ml NaSH 溶液。

(12) 以中速濾紙（Medium Paper）過濾。以 H₂S 洗液沖洗數次。沉澱棄去。

(13) 煮沸濾液及濾紙 5 分鐘，以驅盡 H₂S 氣體。

三、沉澱

（一）設 Zn ＜ 0.10%：以 (NH₄)₂Hg(SCN)₄ 作為沉澱劑

(1) 加水稀釋至 150ml。加足量 KMnO₄（1%）（註 K），使鐵氧化完全。

(2) 一面劇烈攪拌，一面加 25ml(NH₄)₂Hg(SCN)₄ 溶液（註 L）。然後靜止過夜。

(3) 以已烘乾稱重之中速玻璃濾杯（Tared Medium Porosity fritted glass Crucible）過濾。以 (NH₄)₂Hg(SCN)₄ 洗液沖洗數次。濾液及洗液棄去。

(4) 將沉澱連同濾杯，置於烘箱內，以 105℃烘乾 1 小時。

(5) 置於乾燥器內，冷後，稱重。殘渣為硫氰化鋅汞〔ZnHg(SCN)₄〕。

（二）設 Zn ＞ 0.10%：以 H₂S 作為沉澱劑（註 M）

(1) 加水稀釋成 100ml。加 5ml 酒石酸（25%）及數滴甲基紅指示劑（0.04%）。然後加 NaOH，至溶液恰恰中和為止。（註 N）

(2) 加熱，至近沸時，引入 H₂S 氣體 3 分鐘。

(3) 加 10ml 蟻酸混合液（註 O），再繼續引入 H₂S（註 P）氣體 5 分鐘。

(4) 加入少量濾紙屑，充分攪拌後，用細密濾紙（內含少量濾紙屑）過濾。以蟻酸洗液（註 Q）沖洗 5 次。濾液及洗液棄去。

(5) 將沉澱連同濾紙移於已烘乾稱重之瓷坩堝內。然後將坩堝斜置於三角架上，首先用本生燈以較低溫度焙燒，至濾紙消失後，再置於空氣充足、蓋子打開之馬福電爐（Muffle furnace）內，漸漸增高溫度，最後以 950℃（註 R）燒灼約 20 分鐘。殘渣為氧化鋅（ZnO）。

13-6-2-3 計算

（1）以 (NH₄)₂Hg(SCN)₄ 作為沉澱劑：

$$Zn\% = \frac{(w_1 - w_2) \times 0.1289}{W} \times 100$$

w_1＝由試樣溶液所得殘渣〔$ZnHg(SCN)_4$〕之重量（g）

w_1＝由空白溶液所得殘渣〔$ZnHg(SCN)_4$〕之重量（g）

W＝試樣重量（g）

（2）以 H_2S 作為沉澱劑：

$$Zn\% = \frac{(w_1 - w_2) \times 0.8034}{W} \times 100$$

w_1＝由試樣溶液所得殘渣〔ZnO〕之重量（g）

w_1＝由空白溶液所得殘渣〔ZnO〕之重量（g）

W＝試樣重量（g）

13-6-2-4 附註

（**A**）參照 13-1-1-1-5 節附註（A）第（1）（2）項。

（**B**）$4NH_4SCN + HgCl_2 \rightarrow (NH_4)_2Hg(SCN)_4 + 2NH_4Cl$

（**C**）$NaOH + H_2S \rightarrow NaHS + H_2O$

（**D**）（**M**）

(1)若第三步採用 H_2S 作為沉澱劑，在定性分析上屬 H_2S 族之元素（如 Cu、Pb、Bi、As、Cd、Sn 等）皆能產生干擾作用，故需先予除去。

(2)在微酸性（如含 0.3N 之 H^+）溶液中通 H_2S 時，屬 H_2S 族之元素，即分別成硫化物沉澱而除去；惟 PbS 耐酸力較弱，故 Pb^{+2} 不易沉澱完全。因此第三步若採 H_2S 作沉澱劑，由於沉澱不完全而遺下之 Pb^{+2}，最後能生成黑色之 PbS，而與 ZnS 一併下沉，使分析結果偏高。因此若試樣含 Pb 甚多時，可採用 14-6-4-4-4-3 節第（三）步（電解手續）電解 Cu 後所遺之電解液，作為試樣。茲將其分析步驟述之如下：

電解液→加 5ml H_2SO_4 →蒸至冒出濃白硫酸煙→冷卻→分別

加 50mlH$_2$O 及 25ml NaHS →加熱至沸→以中速濾紙（Medium Paper）過濾。用 H$_2$S 洗液充分洗滌→沉澱棄去→煮沸濾液及洗液，以趕盡 H$_2$S 氣體（約 5 分鐘）→然後直接從第三步（沉澱）開始做起（兩種沉澱劑均可使用。）

（E）（F）（G）（H）（M）（N）（O）（P）

(1) 在 pH 較低之溶液內，ZnS 沉澱不完全（因 ZnS 在含 H$^+$ = 0.02N 之溶液內，即開始溶解）；在 pH 值較高之溶液內，在定性分析上屬 (NH$_4$)$_2$S 族之元素（如 Fe、Co、Ni、Mn、Cr 等）亦能生成各該元素之硫化物，而與 ZnS 一併下沉，故在通 H$_2$S，使 Zn^{+2} 成 ZnS 沉澱前，需細心調整溶液之 pH。

(2) 第二－(4)、(5)、(6)，及第三－(二)－(1)、(2)、(3) 等六步操作，均旨在調整溶液至最適於 ZnS 沉澱之 pH 值，故應小心操作。

(3) 引 H$_2$S 氣體於含有足量酒石酸銨（Ammonium Tartrate）與蟻酸銨（Ammonium Formate）之蟻酸溶液內，Zn^{+2} 能悉數成 ZnS 沉澱，但屬 (NH$_4$)$_2$S 族之其他各元素則否，故 Zn 遂得以分離。

（I）（Q）

以含 H$_2$S 之蟻酸洗液沖洗沉澱，可預防 ZnS 溶解，及阻止屬 (NH$_4$)$_2$S 族之元素成硫化物沉澱。

（J） 2HCl + ZnS → ZnCl$_2$ + H$_2$S ↑

（K）（L）

(1) Zn^{+2} + Hg(SCN)$_4^{-2}$ → ZnHg(SCN)$_4$ ↓

　　　　　　　　　　　白色

(2) 以 (NH$_4$)$_2$Hg(SCN)$_4$ 做沉澱劑時，能產生干擾之元素，計有 Cu、Bi、Cd、Co、Ni、Mn、Fe^{+2} 等；前三者已在第二－(1)、(2) 兩步中除去，後四者在第二－(6)、(7) 兩步中除去。但因鋁合金往往含甚多之 Fe，能生成 Fe^{+2} 而摻於第一次沉澱之 ZnS 內，不易洗淨，而混於 ZnHg(SCN)$_4$ 之沉澱中，故需另加 KMnO$_4$，使 Fe^{+2} 氧化成無害之 Fe^{+3}。

(3) ZnHg(SCN)$_4$ 若含有微量之 Cu，則呈巧克力糖之棕色；若量多，則呈暗綠色。另外若摻雜 Ni^{+2}、Fe^{+2} 等離子時，亦均能使之變色。

（R）

(1) $2ZnS + 3O_2 \xrightarrow{\triangle} 2ZnO + 2SO_2 \uparrow$

(2) 在高溫時，濾紙所含之碳質，能將 ZnO 還原成金屬 Zn：

$$2ZnO + C \xrightarrow{\triangle} 2Zn \downarrow + CO_2 \uparrow$$

故需先在較低之溫度下焙燒，俟濾紙消失後，再漸漸增高溫度。

(3) ZnS 在空氣中燒成 ZnO，共分成三個步驟：

$$ZnS \xrightarrow{\triangle} ZnSO_4 \xrightarrow{900℃以上} ZnO$$

燒灼溫度若太低，ZnSO$_4$ 分解不完全，分析結果偏高；若溫度太高，則 Zn 易昇華（Sublimation）而逸去，致分析結果偏低，故燒灼溫度需慎加控制。

(4) ZnO 極具吸溼性，燒灼完畢後，需立刻置於乾燥器內。

13-6-3 黃血鹽滴定或氧化鋅重量法：適用於普 通黃銅（註 A）、特殊黃銅與青銅（註 B）、以及銅鎳或銅鎳鋅合金之 Zn（註 C）

13-6-3-1 應備儀器：電解器

13-6-3-2 應備試劑

（1）硫化氫洗液

量取 10ml H$_2$SO$_4$ →加水稀釋成 1000ml →引入 H$_2$S 氣體至飽和。

（2）硝酸鈾醯（亦稱硝酸鈾氧）（Uranyl Nitrate）（5%）

稱取 5g 硝酸鈾醯〔UO$_2$(NO$_3$)$_2$·6H$_2$O〕→加適量水溶解後，再繼續加水稀釋成 100ml。

（3）混酸

量取 1700ml H$_2$O →一面攪拌，一面緩緩加入 500ml H$_2$SO$_4$ →加

300ml HNO$_3$。

（4）**H$_2$SO$_4$**（1N）

（5）**標準鋅溶液**

　　稱取適量純金屬鋅（純度＞ 99.9%）於 600ml 燒杯內。所稱取之重量應與試樣所含者相近，並應精稱至 1mg →加 20ml HCl（1：1）溶解之→以熱水稀釋成 300ml →加 10g NH$_4$Cl 及 2 〜 3ml 上項 H$_2$S 洗液。

（6）**黃血鹽**（Potassium Ferrocyanide）**標準溶液**（理論上，1ml ＝ 0.01g Zn）

　①**溶液製備**

　　精稱 42.0g 黃血鹽〔K$_4$Fe(CN)$_6$・3H$_2$O〕於 1000ml 量瓶內→加適量水溶解後，再繼續加水稀釋至刻度→混合均勻。

　②**因數標定**

　　以上項標準鋅溶液當作試樣，加熱至 80℃，然後以數滴硝酸鈾〔UO$_2$(NO$_3$)$_2$〕（5%）作為外指示劑（滴於白磁板上之小盂內），乘熱以黃血鹽標準溶液滴定，至外指示劑恰恰生成棕紅色沉澱為止。

　③**因數計算**

$$滴定因數（g/ml）＝\frac{W}{V}$$

　　W＝標準鋅溶液含 Zn 量（g）

　　V ＝滴定標準鋅溶液時，所耗新配黃血鹽標準溶液之體積（ml）

13-6-3-3 分析步驟

一、試樣之溶解

（一）普通黃銅

　　(1)依含 Zn 之多寡，稱取 1.000 〜 2.000g 試樣（以含 0.1 〜 0.5g Zn 為宜）於 250ml 內，用錶面玻璃蓋好。

(2) 加 60ml 混酸，然後加熱，至作用停止及氮氧化物之黃煙驅盡為止。

(3) 靜止 2 小時。

(4) 過濾。以 H_2SO_4（3：97）沖洗數次。聚濾液及洗液於 200ml 電解燒杯內。沉澱棄去（註 D）。

(5) 加水稀釋成 150ml 後，再依下法〔第（二）步〕電解之。

（二）特殊黃銅及青銅

(1) 依下表稱取試樣於 250ml 燒杯內，並用錶面玻璃蓋好。

試樣含 Zn 量（％）	試樣重量（g）
＜1	5
＞1	1.000 ～ 4.000 （以含 0.04g Zn 為宜）

(2) 加 25ml HNO_3（1：1），然後加熱，至試樣溶解及氮氧化物之黃煙驅盡為止。

(3) 加少許濾紙屑，再過濾之。用 HNO_3（1：99）洗滌數次。沉澱棄去（註 E）。

(4) 加 1 滴 HCl（0.1N）及 5ml 氨基磺酸（Sulfamic acid）（註 F）於濾液及洗液內，再稀釋成 150ml，然後依下法電解之。

（三）銅鎳或銅鎳鋅合金

(1) 依下法稱取試樣於 250ml 燒杯內，並用錶面玻璃蓋好。

試樣含 Zn 量（％）	試樣重量（g）
＜1	5
＞1	0.5000 ～ 2.500 （以含 0.05 ～ 0.25g Zn 為宜）

(2) 加 25ml HNO_3（1：1），然後加熱，至試樣悉數溶解及氮氧化物之黃煙驅盡為止。

(3) 加 50ml H_2O，再加熱 1 小時，使沉澱成塊下沉。

(4) 加入少許濾紙屑，然後過濾。以 HNO_3（1：99）沖洗數次。聚濾液及洗液於 250ml 燒杯內。沉澱棄去（註 G）。

(5) 加 1 滴 HCl（1：99）及 5ml 氨基磺酸（Sulfamic acid）。加水稀釋成 150ml 後，依下法電解之。

二、Cu、Pb 之電解

(1) 以 1 ～ 1.5 安培電流電解至溶液無藍色之銅離子（Cu^{+2}）存在為止。

(2) 以水沖洗杯緣及露出液面之電極後，再繼續電解 30 分鐘。

(3) 一面繼續通電，一面將盛電解液之燒杯移下。然後以水沖洗電極，並將洗液聚於盛電解液之燒杯內。電極上之沉澱物棄去（註 H）。

三、雜質之分離

（一）普通黃銅

(1) 加 3ml H_2SO_4（1：1）於電解液內，再蒸發至冒出濃白硫酸煙。

(2) 冷至室溫。加 15 ～ 25ml HBr（註 I）。然後小心蒸發至冒出濃白硫酸煙（註 J）。

(3) 冷至室溫後，加水稀釋成 200ml。快速引入 H_2S 氣體（註 K）15 分鐘。

(4) 靜止 2 小時。

(5) 以細密濾紙過濾。以 H_2S 洗液沖洗數次。聚濾液及洗液於 600ml 燒杯內。沉澱棄去。

（二）特殊黃銅、青銅及銅鎳或銅鎳鋅合金

(1) 加 15ml H_2SO（1：1）於電解液內。蒸發至冒出濃白硫酸煙。

(2) 冷至室溫後，加水稀釋成 200ml。快速引入 H_2S 氣體（註 L）15 分鐘。

(3) 靜止 2 小時。

(4) 以細密濾紙過濾。以 H_2S 洗液沖洗數次。聚濾液及洗液於 600ml 燒杯內。沉澱棄去。

四、ZnS 之沉澱

(1) 煮沸濾液及洗液 25 ～ 30 分鐘，以驅盡 H_2S。

(2) 冷卻後，以數滴甲基橙（Methyl Orange）作指示劑，加 NH_4OH（1：2）至溶液恰呈中性。

(3) 加水稀釋成 400ml，然後以每 100ml 溶液加 1ml H_2SO_4（1N）（註 M）。

(4)冷卻至室溫。以每秒6個氣泡之速度，通入 H_2S（註 N）至少30分鐘。

(5)靜止少時，讓白色硫化鋅（ZnS）沉澱完全。

(6)以細密濾紙過濾（註 O）。以冷水洗淨所有可溶鹽類，並用附有橡皮擦頭之玻璃棒，拭淨黏附於燒杯內壁之 ZnS。濾液及洗液棄去。

五、Zn 之定量

（一）氧化鋅重量法

(1)將沉澱（ZnS）連同濾紙移於已烘乾稱重之瓷坩堝內。將坩堝斜置於三角架上，以低溫焙燒至濾紙消失。

(2)將坩堝置於空氣充足、且打開蓋子之高溫電爐內，漸漸增高溫度，最後以 950℃（註 P）燒灼 15 分鐘。

(3)置於乾燥器內，冷卻後，稱其重量。然後再置於高溫爐內，以 950℃燒灼 10 分鐘，冷卻後，再稱重。如此燒灼、冷卻、稱重，至殘渣之重量不變為止。殘渣為氧化鋅（ZnO）。

（二）黃血鹽滴定法

(1)將沉澱（ZnS）連同濾紙置於原燒杯內，加 20ml HCl（註 Q）（1：1），蓋好後，加熱至沉澱物完全溶解。

(2)將杯蓋及燒杯內壁沖洗乾淨。以熱水稀釋成 300ml。

(3)加 10g NH_4Cl（註 R）。加熱至 80℃（註 S）。

(4)趁熱，加數滴硝酸鈾醯（註 T）作為外指示劑（Outside indicator）（註 U），然後立刻以黃血鹽標準溶液（註 V）滴定試樣溶液，至外指示劑恰恰生成紅棕色之亞鐵氰化鈾氧（Uranyl ferrocyanide）（註 W）為止。

13-6-3-4 計算

（1）採用氧化鋅（ZnO）重量法

$$Zn\% = \frac{w \times 0.8034}{W} \times 100$$

w ＝殘渣（ZnO）重量（g）

W ＝試樣重量（g）

（2）採用黃血鹽滴定法

$$Zn\% = \frac{V \times F}{W} \times 100$$

V ＝滴定時，所耗黃血鹽標準溶液之體積（ml）

F ＝黃血鹽標準溶液之滴定因數（g/ml）

W ＝試樣重量（g）

13-6-3-5 附註

（A）（B）（C）

(1) 參照第 11-6-2-3-5 節附註（A）。

(2) 特殊黃銅及青銅包括鋁黃銅、錳青銅、磷青銅及銅矽合金等。含 Zn ＜ 50%。

（D）沉澱物為白色之 $PbSO_4$。

（E）（G）沉澱物為 Sb、Sn、As、Si 等之氧化物。

（F）加氨基磺酸（$HO \cdot SO_2 \cdot NH_2$）於第（二）– (4) 及（三）– (5) 步之電解液內，可消除溶液內因電解而生成之 NO_2^-，以免阻礙電解之進行，並可促進電解速度，節省電解時間。

（H）陽極之沉澱物為氧化鉛（PbO），陰極為金屬銅。沉澱物均可用 HNO_3 溶解而除去。

（I）（J）

此時溶液中若仍存有 Sn、As、Pb 等元素，則均能與 HBr 生成各該元素之溴化物，在硫酸冒白煙（300℃以上）之溶液內，均能成氣體而揮發逸去。

（K）（L）

(1) 此時溶液中可能仍含有微量之 Cu、Pb、Sn、As、Sb 等元素，致爾後

產生干擾作用，故需在較強之含酸（H^+）溶液中，通 H_2S，使上述各元素均成硫化物沉澱而除去。

(2) 在通 H_2S 以前之各項操作，必須符合規定，否則溶液酸性過強，則硫化物不易沉澱完全；酸性過弱，則 ZnS 亦可能與其他硫化物一併析出而棄去，致分析結果偏低。

（**M**）（**N**）

(1) 參照 13-6-2-4 節附註（E）（F）（G）（H）（M）（N）（O）（P）第(1)項。

(2) 每 100ml 中性溶液中，含有 1ml H_2SO_4（1N），即表示該溶液之含酸（H^+）量恰為 0.01N。在此種酸度之溶液中引入 H_2S，能使 Zn^{+2} 完全生成白色之 ZnS 而沉澱析出。

（**O**）ZnS 粒子非常細微，易透過濾紙，故需用細密濾紙過濾之。

（**P**）參照 13-6-2-4 節附註（R）。

（**Q**）$ZnS + 2HCl \rightarrow ZnCl_2 + H_2S \uparrow$

（**R**）（**S**）（**T**）（**U**）（**V**）（**W**）

(1) 所謂外指示劑（Outside indicator），即不將指示劑直接加於試樣溶液內，而係另置於白磁板上之小盂內。每滴下小量之滴定液後，即取1小滴試樣溶液於指示劑內，至指示劑恰呈所規定之顏色時，即表示已達滴定終點。

(2) 若滴下過量之黃血鹽，可再用標準鋅（Zn）溶液反滴定之。

(3) 在含 NH_4Cl 之稀酸溶液（80℃）中，Zn^{+2} 最易與 $Fe(CN)_6^{-4}$ 生成白色之 $K_2Zn_3[Fe(CN)_6]_2$ 沉澱：

$$[Fe(CN)_6]^{-4} + 2Zn^{+2} \rightarrow Zn_2[Fe(CN)_6]$$

$$3Zn_2[Fe(CN)_6] + K_4[Fe(CN)_6] \rightarrow 2K_2Zn_3[Fe(CN)_6]_2 \downarrow$$

白色

俟溶液中無 Zn^{+2} 存在時，則過量之 $[Fe(CN)_6]^{-4}$ 即轉而與 $UO_2(NO_3)_2$ 生成棕紅色之亞鐵氰化鈾氧 [Uranyl ferrocyanide；$(UO_2)_2[Fe(CN)_6]$：

$$Fe(CN)_6^{+4} + 2UO_2^{+2} \rightarrow (UO_2)_2 [Fe(CN)_6] \downarrow$$

棕紅色

13-6-4 黃血鹽滴定法：適用於市場鎂及鎂合金（註 A）之 Zn。使用本法時，以試樣含 Zn ＜ 0.5% 為宜。

13-6-4-1 第一法

13-6-4-1-1 應備試劑

（1）對二苯氨基聯苯指示劑

稱 取 0.5g 對 二 苯 氨 基 聯 苯 [DipHenyl benzidine；$(C_6H_5 \cdot NH \cdot C_6H_4 \cdot C_6H_4 \cdot NH \cdot C_6H_5)$] →加 500ml H_2SO_4 溶解之。（本溶液需即配即用。）

（2）蟻酸

（3）蟻酸洗液　}　同 13-6-2-1 節

（4）甲基紅（Methyl red）指示劑（0.04%）

（5）硫化氫（H_2S）洗液

配製適量 HCl（3：97）→引入 H_2S 氣體至飽和。

（6）酒石酸（5%）

稱取 50g 酒石酸→加適量水溶解後，再加水稀釋成 1000ml。

（7）標準鋅溶液

稱取適量純金屬鋅（純度＞ 99.9%）於 600ml 燒杯內。所稱取之重量應與試樣所含者相近似，並精稱至 1mg →加 20ml HCl（1：1）溶解之→以熱水稀釋成 150ml →以石蕊試紙當作指示劑，加 NH₄OH（1：1），至溶液恰呈中性為止→加 10g NH₄Cl →加 15ml H₂SO₄（1：1）及 2 ～ 3ml 上項 H_2S 洗液→調整溶液至約 200ml。

（8）黃血鹽標準溶液（理論上，1ml ＝ 0.005g Zn）

①溶液製備

精 稱 21.00g 黃 血 鹽〔Potassium Ferrocyanide；K₄Fe(CN)₆ ·3H₂O〕於 1000ml 量瓶內→加適量水溶解後，再繼續加水稀釋

至刻度→混合均勻。

②**因數標定**（即求每 ml 新配黃血鹽標準溶液相當於若干 g Zn）

以上項標準鋅溶液當作試樣→加入一小粒赤血鹽〔$K_3Fe(CN)_6$〕及 5～6 滴「對二苯氨基聯苯」指示劑→靜止，讓溶液呈藍紫色→一面攪拌，一面以黃血鹽標準溶液緩緩滴定之；滴定近終點時，溶液呈鮮紫色；至終點時，則轉呈黃綠之豆莢色（註 B）

③**因數計算**

$$滴定因數（g/ml）= \frac{W}{V}$$

W ＝所取標準鋅溶液之含 Zn 量（g）

V ＝滴定標準鋅溶液時，所耗黃血鹽標準溶液之體積（ml）

13-6-4-1-2 分析步驟

(1) 稱取適量試樣（以含 0.05～0.1g Zn 為宜，並精稱至 1mg）於 400ml 燒杯內。

(2) 加 20ml H_2O。然後每 g 試樣加 75ml HCl（需一小份一小份加入）（註 C），最後再過量 10ml。

(3) 若有未溶解之金屬銅（註 D），則用傾泌法（Decantation），將溶液泌於另一燒杯內暫存。然後加 1ml HNO_3（註 E）及 0.5ml H_2SO_4（註 E）。

(4) 加熱至銅溶盡後，再繼續蒸煮至冒出濃白硫酸煙。冷卻後，與主液合併。

(5) 加水稀釋成 200ml。快速引入 H_2S（註 G）氣體 3 分鐘。用細密濾紙（含少許濾紙屑）過濾。以 H_2S 洗液沖洗數次。沉澱棄去。

(6) 將濾液及洗液煮沸 10 分鐘，以驅盡 H_2S。

(7) 加 50ml 酒石酸（註 H）（5%）。加水稀釋成 300ml。

(8) 以數滴甲基紅作指示劑，加 NH_4OH（1：1）至溶液恰呈中性。

(9) 加 25ml 蟻酸混合液（註 I）。加熱至沸。

(10) 乘熱快速引入 H_2S 氣體（註 J）15 分鐘（每秒至少8個氣泡）。

(11) 靜止少時後，用細密濾紙（含少許濾紙屑）過濾之。以蟻酸洗液沖洗兩次。濾液及洗液棄去。

(12) 以 20ml HCl（註 K）（1：4）注於濾紙上，以溶解沉澱。以熱水沖洗濾紙數次。濾液及洗液透過濾紙，聚於 400ml 燒杯內。

(13) 加水稀釋成 150ml，然後煮沸驅盡 H_2S。

(14) 冷卻後，以石蕊試紙作指示劑，加 NH_4OH（1：1）至溶液恰呈中性。

(15) 加 10g NH_4Cl（註 L）及 15ml H_2SO_4（1：4）（註 M）。冷至室溫。

(16) 將溶液調整至200ml（註N）。加一小粒赤血鹽（註O）及 5～6 滴「對二苯氨基聯苯」指示劑（註 P）。

(17) 靜止少時，俟溶液呈藍紫色（註 Q）後，一面攪拌，一面以黃血鹽（註 R）標準溶液緩緩滴定之；滴定至近終點時，溶液呈鮮紫色；至終點時，則轉呈黃綠之豆莢色。

13-6-4-1-3 計算

$$Zn\% = \frac{V \times F}{W} \times 100$$

V ＝滴定試樣溶液時，所耗黃血鹽標準溶液之體積（ml）

F ＝黃血鹽標準溶液之滴定因數（g/ml）

W ＝試樣重量（g）

13-6-4-1-4 附註

（A）參照 13-6-1-2-1-5 節附註（A）。

（B）淡綠之豆莢色可維持數分鐘之久。

（C）因鎂或鎂合金與 HCl 作用劇烈，故 HCl 需一小份一小份加入，以免溶液濺出。

（D）（E）（F）

因金屬銅不易溶於 HCl 溶液中，故需另加 HNO_3 溶解之。因 HNO_3 對本法有干擾作用，故需用 H_2SO_4 驅盡之。

（G）

(1) 因 Cu^{+2} 能干擾第（17）步滴定，故需在較強之含酸（H^+）溶液中通 H_2S，使成 CuS 沉澱濾去。

(2) 在通 H_2S 以前之各項操作，必須符合規定；否則溶液之酸性過強，則 CuS 可能溶解；酸性過弱，則 ZnS 亦可能與 CuS 一併析出而濾去，致分析結果趨低。

（H）（I）（J）

(1) 參照 13-6-2-4 節附註（E）（F）（G）（H）（M）（N）（O）（P）。

(2) Fe、Mn、Ni 等，雖均能干擾第（17）步之滴定，但在微酸性、且含足量酒石酸溶液中，不能生成硫化物沉澱，故得與 Zn 分開。

（K）$ZnS + 2HCl \rightarrow ZnCl_2 + H_2S$

（L）（M）（N）（O）（P）（Q）（R）

(1) Zn^{+2} 在含 NH_4Cl 之稀酸溶液中，易與 $Fe(CN)_6^{-4}$ 生 $K_2Zn_3[Fe(CN)_6]_2$ 之白色沉澱，故需依規定調整溶液。

(2) 將溶液調整至 200ml，意即溶液體積超過 200ml，應將過多之水份蒸去；若不足，則應加水稀釋成約 200ml。

(3) 滴定原理概述如下：

滴定前，赤血鹽〔$K_3Fe(CN)_6$〕首先與 $C_6H_5NHC_6H_4 \cdot C_6H_4NHC_6H_5$ 生成藍紫色之複合離子。俟滴定完畢，溶液內之 Zn^{+2} 即完全與 $K_4Fe(CN)_6$ 生成 $K_2Zn_3[Fe(CN)_6]_2$ 之白色沉澱：

$$[Fe(CN)_6]^{-4} + 2Zn^{+2} \rightarrow Zn_2[Fe(CN)_6] \downarrow$$

白色

$$3Zn_2[Fe(CN)_6] + K_4[Fe(CN)_6] \rightarrow 2K_2Zn_3[Fe(CN)_6]_2 \downarrow$$

白色

俟溶液內不再有 Zn^{+2} 存在，過多之 $K_4Fe(CN)_6$ 即轉而與 $C_6H_5NHC_6H_4C_6H_4NHC_6H_5$ 化合成黃綠之豆莢色複合離子，故可當做終點。

13-6-4-2 第二法

13-6-4-2-1 應備試劑

（1）NH_4Cl

（2）HCl

（3）H_2SO_4（1：4）

（4）H_3PO_4

（5）NH_4OH（1：1）

（6）赤血鹽〔$K_3Fe(CN)_6$〕

（7）對二苯氨基聯苯（DipHenyl benzidine）指示劑

稱取 0.1g 對二苯氨基聯苯→加 10ml H_2SO_4 溶解之→儲於暗色瓶內（註 A）。

（8）標準鋅溶液

稱取 5.000g 純鋅（純度＞ 99.95%）→加 50ml HCl 分解之→冷卻→將溶液移於 1000ml 量瓶內→加水至刻度（1ml ＝ 0.005g Zn）（註 B）。

（9）黃血鹽〔$K_4Fe(CN)_6$〕標準溶液

①溶液製備：同 13-6-4-1-1 節

②因數標定（即求每 ml 新配黃血鹽標準溶液相當於若干 g Zn）

正確量取 20ml 標準鋅溶液（註 C）。另取 20ml H_2O，供作空白試驗→加約 100ml H_2O →加 NH_4OH（1：1）以中和溶液→分別加 10g NH_4Cl 及 15ml H_4SO_4（1：4）→加水稀釋成約 200ml →冷卻→分別加 0.05g 赤血鹽（結晶）、2 ～ 3ml H_3PO_4 及 2 ～ 3 滴對二苯氨基聯苯指示劑→以新配黃血鹽標準溶液滴定，至溶液之藍紫色完全轉呈黃綠之豆莢色為止。

③因數計算

$$滴定因數 = \frac{0.100g（註 D）}{V_1 - V_2}$$

V_1＝滴定標準鋅溶液時，所耗黃血鹽標準溶液之體積（ml）

V_2＝滴定空白溶液時，所耗黃血鹽標準溶液之體積（ml）

13-6-4-2-2 分析步驟

(1) 依照下表稱取適量試樣於 500ml 燒杯內：

試樣含 Zn 量（%）	試樣重量（g）
0.4 ～< 1.5	5
> 1.5 ～ 3.5	2

(2) 加 25ml H_2O，並以錶面玻璃蓋好。然後以每 1g 試樣加 7.5ml HCl（需一小份一小份加入），以分解之。

(3) 反應停止後，再加 10ml HCl，使試樣分解完全（註 E）。

(4) 加 NH_4OH（1:1），以中和溶液（註 F）。然後分別加 10g NH_4Cl 及 15mlH_2SO_4（1：4）。最後加水稀釋成約 200ml。

(5) 冷卻後，分別加 0.05g 赤血鹽（結晶）、2 ～ 3ml H_3PO_4 及 2 ～ 3 滴對二苯氨基聯苯指示劑。然後以黃血鹽標準溶液滴定，至溶液之藍紫色完全轉呈黃綠之豆莢色為止。

13-6-4-2-3 計算

$$Zn\% = \frac{F \times V}{W} \times 100$$

F＝黃血鹽標準溶液之滴定因數

V＝滴定試樣溶液時，所耗黃血鹽標準溶液之體積（ml）

W＝試樣重量（g）

13-6-4-2-4 附註

（A）本溶液若儲於暗色瓶內，可保持約 2 個月；否則應即配即用。

（B）（C）（D）

∵ 1ml 標準鋅溶液 =0.005g Zn，20ml 標準鋅溶液則

∴滴定因數（g/ml）$= \dfrac{0.005g/ml \times 20ml}{V_1 - V_2} = \dfrac{0.100\ g}{V_1 - V_2}$

（E）此時若有不溶之金屬銅析出，應以濾紙濾去。

（F）此時溶液之 pH 值應在 4.5 ～ 8 之間〔可用酸度計（pH meter）或石蕊試紙測定之。〕

13-6-5 氧化鋅重量法：適用於炮銅（註 A）、普通青銅（註 B）及銅鎳或銅鎳鋅合金（註 C）之 Zn。可連續分析 Ni。

13-6-5-1 應備試劑

（1）單氯醋酸（$CH_2ClCOOH$）

（2）〔H_2S-H_2SO_4〕洗液

量取 1ml H_2SO_4 →加水稀釋成 100ml →引入 H_2S 氣體至飽和。

（3）「H_2S-$(NH_4)_2S$」洗液

量取 200 ～ 300ml H_2O →引入 H_2S 氣體至飽和→加 5g $(NH_4)_2S$ →攪拌至溶解。

13-6-5-2 分析步驟

（1）以第 6-6-2-7-2 節第（二）步電解後。所遺之電解液作為試樣。

（2）將溶液加熱少時。通入 H_2S 氣體至飽和。

（3）以細密濾紙過濾之。以「H_2S-H_2SO_4」洗液沖洗數次。沉澱棄去。

（4）將濾液及洗液煮沸久時，以驅盡 H_2S。

（5）加 NH_4OH（1:1），至溶液恰呈中性為止（即以剛果試紙變成淡紫色為止。）

（6）加單氯醋酸，至溶液含單氯醋酸量達 3%（以體積計）為止（註 D）。

（7）加熱至近沸。乘熱引進 H_2S 氣體（註 E）至飽和（約需 1 ～ 2 小時）。

（8）以細密濾紙過濾。用「H_2S-$(NH_4)_2S$」洗液洗滌數次。濾液濾出時，若呈暗黑色，需再過濾，至濾液無色為止。濾液及洗液可繼續供 Ni 之定量。

（9）將沉澱連同澱紙，置於一已烘乾稱重之瓷坩堝內。將坩堝斜置於本生燈上焙燒，至濾紙消失為止。然後置於不蓋蓋子之電爐內，

漸漸增高溫度，最後以 950℃（註 F）燒灼至恒重。殘渣為氧化鋅（ZnO）。

13-6-5-3 計算

$$Zn\% = \frac{W_1 \times 0.8034}{W_2} \times 100$$

W_1＝殘渣（ZnO）重量（g）

W_2＝試樣重量（g）

13-6-5-4 附註

（A）（B）（C）

　　　參照 11-6-1-15 節附註（A）（B）第（1）項，以及 11-6-2-7-5 節附註（A）。

（D）（E）

　　　通入 H_2S 氣體於 $CH_2ClCOOH$ 溶液（3%，體積計），Zn^{+2} 能悉數與 H_2S 生成 ZnS 之白色沉澱；而在定性分析化學上與 Zn 同屬一族之 Fe、Ni、Mn 等元素則不能生成硫化物沉澱，故 ZnS 得以獨自分開。

（F）參照 13-6-2-4 節附註（R）。

13-6-6 磷酸銨鋅重量法：適用於普通黃銅之 Zn

13-6-6-1 應備試劑

　　（1）石蕊試液（稀）

　　（2）磷酸氫二銨 $[(NH_4)_2HPO_4]$ 洗液（1%）

　　（3）酒精洗液（50%）

13-6-6-2 分析步驟

　　（1）將 6-6-2-7-2 節〔第（二）步〕電解後，所遺之電解液作為試樣。

　　（2）煮沸少時。然後加過量 NH_4OH，使成鹼性（註 A）。

　　（3）若有沉澱，應予過濾，以熱水沖洗數次。沉澱棄去（註 B）。

(4) 加 HNO_3（稀），使溶液呈酸性。

(5) 調整溶液體積至 150ml（註 C）。

(6) 於冷溶液中，加 NH_4OH（0.96），至微有氨臭。滴入石蕊試液一滴，再用滴瓶滴入 HNO_3（稀），至藍色恰變成紅色為止。（註 D）

(7) 在近沸之溶液中，加 4g $(NH_4)_2HPO_4$（固體）（註 E）。

(8) 置燒杯於沸水鍋上，水浴約 30 分鐘（註 F），並時加攪拌（註 G）。

(9) 以已烘乾稱重之玻璃濾杯或古氏坩堝過濾。先以溫熱之 $(NH_4)_2HPO_4$（1%）洗液（註 H）洗滌數次，再用熱水沖洗數次，最後再以酒精（註 I）（50%）沖洗之。濾液及洗液棄去。

(10) 將沉澱連同坩堝置於烘箱內，以 105℃ 烘至恒重（約需 1 小時）。然後置於乾燥器內放冷、稱重。殘渣為磷酸銨鋅（Zinc Ammonium Phosphate；NH_4ZnPO_4）。

13-6-6-3 計算

$$Zn\% = \frac{w \times 0.3664}{W} \times 100$$

w ＝殘渣（NH_4ZnPO_4）（g）

W＝試樣重量（g）

13-6-6-4 附註

（A）（B）

(1) 因 Fe^{+3} 能干擾第（6）～（7）步 NH_4ZnPO_4 之沉澱作用，故需以 NH_4OH 去除之。

(2) 在過量之 NH_4OH 溶液中，Fe^{+3} 能成氫氧化鐵沉澱析出：

$$Fe^{+3} + 3OH^- \rightarrow Fe(OH)_3 \downarrow$$
$$\text{棕紅色}$$

Zn^{+2} 在中性之 NH_4OH 溶液中，能成 $Zn(OH)_2$ 沉澱，但在過量之 NH_4OH 溶液中，則與 NH_3 生成複合離子而溶解：

$$Zn^{+2} + 2NH_3 + 2H_2O \leftrightarrows Zn(OH)_2 + 2NH_4^+$$

$$Zn(OH)_2 + 4NH_3 \leftrightarrows [Zn(NH_3)_4]^{+2} + 2OH^-$$

故 Zn^{+2} 與 Fe^{+3} 得以分開。

（C）所謂調整至 150ml，意即溶液超過 150ml，則蒸發至 150ml；若不足，則加水稀釋成 150ml。

（D）（E）

(1) $Zn^{+2} + NH_4^+ + 2HPO_4^{-2} \rightarrow H_2PO_4^- + NH_4ZnPO_4 \downarrow$
　　　　　　　　　　　　　　　　　　　　　　白色

(2) NH_4ZnPO_4 易溶於過量之 NH_4OH 及多種酸溶液中，故在加入 $(NH_4)_2HPO_4$ 之前，需依規定，將溶液細心調節至適於 NH_4ZnPO_4 沉澱之微酸性。

(3) $(NH_4)_2HPO_4$（固體）之使用量，需視試樣中 Zn 含量之多寡而定，例如黃銅含 30%Zn，則每 g 試樣應加入 3g $(NH_4)_2HPO_4$；餘此類推。

（F）（G）

(1) 在 $(NH_4)_2HPO_4$ 加入含 Zn^{+2} 溶液之初，Zn^{+2} 與 $(NH_4)_2HPO_4$ 可能具有多種不同結合之形式，而形成無定形之沉澱，故需靜置久時，方能完全轉變為吾人所需之 $NH_4ZnPO_4 \cdot 6H_2O$ 沉澱。

(2) 靜止期間攪拌，可加速沉澱結晶之形成。

（H）用含 $(NH_4)_2HPO_4$ 之水溶液沖洗，可預防沉澱因水解而透過濾紙。

（I）使用酒精洗滌，旨在減少沉澱所含之水份，俾利乾燥。

國家圖書館出版品預行編目資料

金屬材料化學定性定量分析法 / 張奇昌著. -- 初版. -- 臺北市：蘭臺
出版社, 2021.10　冊；　公分. --（自然科普；6）
ISBN 978-986-99137-2-0(全套：平裝)
1.金屬材料 2.分析化學

440.35　　　　　　　　　　　　　　　110005210

自然科普6

金屬材料化學定性定量分析法(上)

作　　者：張奇昌
主　　輯：楊容容
校　　對：沈彥伶、古佳雯
美　　編：陳勁宏
封面設計：陳勁宏
出 版 者：蘭臺出版社
發　　行：蘭臺出版社
地　　址：台北市中正區重慶南路1段121號8樓之14
電　　話：(02)2331-1675或(02)2331-1691
傳　　真：(02)2382-6225
E— MAIL：books5w@gmail.com或books5w@yahoo.com.tw
網路書店：http://5w.com.tw/
　　　　　https://www.pcstore.com.tw/yesbooks/
　　　　　https://shopee.tw/books5w
　　　　　博客來網路書店、博客思網路書店
　　　　　三民書局、金石堂書店
總 經 銷：聯合發行股份有限公司
電　　話：(02) 2917-8022　　傳　真：(02) 2915-7212
劃撥戶名：蘭臺出版社 帳號：18995335
香港代理：香港聯合零售有限公司
電　　話：(852)2150-2100　　傳真：(852)2356-0735
出版日期：2021年10月 初版
定　　價：新臺幣1600元整（平裝套書不分售）
ISBN：978-986-99137-2-0